河道工程的险情抢护

主　编　王国强　刘柱法
副主编　董继坤　刘晓伟　许海涛

黄河水利出版社
·郑州·

内 容 提 要

本书在参阅了大量的河道治理工程及抢险类图书、借鉴各类抢险专家的实践经验，并结合国内外最新研究成果的基础上编写而成。重点对堤防工程常见险情抢护、河道整治工程抢险、水闸常见险情抢护、游荡性河段的险情特点等进行了系统的研究，提供了可用于堤防、河道整治抢险实际工作的技术参考。全书共分七章，主要内容有：堤防工程常见险情抢护，决口堵复抢险的施工方法，河道工程抢险，国外河道工程的几种抢险方法简介，工程抢险的测量控制技术，水闸常见险情抢护，游荡性河段的险情特点。

本书可供青年技术人员学习及抢险时参考。

图书在版编目(CIP)数据

河道工程的险情抢护/王国强，刘柱法主编.—郑州：黄河水利出版社，2020.11

ISBN 978-7-5509-2863-3

Ⅰ.①河… Ⅱ.①王… ②刘… Ⅲ.①河道-堤防抢险 Ⅳ.①TV871.3

中国版本图书馆 CIP 数据核字(2020)第 238697 号

出 版 社：黄河水利出版社　　网址：www.yrcp.com

地址：河南省郑州市顺河路黄委会综合楼 14 层　　邮政编码：450003

发行单位：黄河水利出版社

发行部电话：0371-66026940、66020550、66028024、66022620(传真)

E-mail：hhslcbs@126.com

承印单位：河南新华印刷集团有限公司

开本：787 mm×1 092 mm　1/16

印张：19.75

字数：456 千字

版次：2020 年 11 月第 1 版　　印次：2020 年 11 月第 1 次印刷

定价：80.00 元

前　言

治黄 70 年来，通过历代治黄人的艰苦奋斗，战胜了多次的洪水，确保了黄河的岁岁安澜。经过标准化堤防建设和十三五项目的实施，黄河下游已形成了较为完备的防洪工程体系。

近年来，黄河防洪工程建设任务较多，日常工程管理任务较重。黄河管理者认真贯彻落实党的十九大精神和习近平总书记关于治水重要论述，遵循“水利工程补短板、水利行业强监管”总基调，从多方面加快培育治黄技术人才，适应新时代对黄河治理的能力需求。

在青年人才培养的过程中，历代建设者积累了丰富的经验。为系统整理各种资料，组织编写了《河道工程的险情抢护》，供青年技术人员学习及抢险时参考。

全书共分七章，具体编写人员及分工为：第一章由王国强编写，第二章由刘晓伟编写，第三、四、六章由董继坤编写，第五章由董继坤、许海涛编写，第七章由刘柱法编写，许海涛参与书中图表的绘制。本书由王国强、刘柱法担任主编，由董继坤负责全书统稿；由董继坤、刘晓伟、许海涛担任副主编。

由于大江大河险情复杂，加上时间仓促，编者水平有限，书中不当或谬误之处，敬请读者批评指正。

编　者

2020 年 10 月

前言

目　录

前　言
第一章　堤防工程常见险情抢护 …………………………………… (1)
　第一节　防漫溢抢险 …………………………………… (1)
　第二节　渗水(散浸)抢险 …………………………………… (10)
　第三节　管涌(翻沙鼓水、泡泉)抢险 …………………………………… (21)
　第四节　滑坡(脱坡)抢险 …………………………………… (33)
　第五节　漏洞抢险 …………………………………… (41)
　第六节　风浪抢险 …………………………………… (52)
　第七节　裂缝抢险 …………………………………… (57)
　第八节　坍塌抢险 …………………………………… (61)
　第九节　跌窝抢险 …………………………………… (70)
第二章　决口堵复抢险的施工方法 …………………………………… (74)
　第一节　堤防决口产生的原因 …………………………………… (74)
　第二节　堤防决口的堵复 …………………………………… (75)
　第三节　黄河传统堵口截流工程 …………………………………… (86)
　第四节　当代堵口技术 …………………………………… (95)
　第五节　堤防堵口实例 …………………………………… (104)
　第六节　堵复决口的施工组织 …………………………………… (109)
第三章　河道工程抢险 …………………………………… (113)
　第一节　根石坍塌 …………………………………… (114)
　第二节　坦石坍塌 …………………………………… (117)
　第三节　坝基坍塌(墩蛰)险情 …………………………………… (120)
　第四节　坝垛滑动险情 …………………………………… (125)
　第五节　坝垛漫溢险情 …………………………………… (127)
　第六节　溃膛险情 …………………………………… (130)
　第七节　土坝裆坍塌 …………………………………… (133)
　第八节　其他结构河道工程抢险 …………………………………… (135)
　第九节　河道工程发生丛生险情的抢护 …………………………………… (140)
　第十节　新修河道工程出险的抢护 …………………………………… (142)
第四章　国外河道工程的几种抢险方法简介 …………………………………… (145)
　第一节　土工包抢护方法 …………………………………… (145)

第二节 其他常见险情抢险方法 …………………………………………（149）
第五章 工程抢险的测量控制技术 …………………………………………（152）
第一节 常见的测量仪器及应用 …………………………………………（152）
第二节 水利工程施工放样的基本工作 …………………………………（159）
第六章 水闸常见险情抢护 …………………………………………（163）
第一节 水闸概述 …………………………………………（163）
第二节 土石结合部破坏抢险 …………………………………………（167）
第三节 闸基破坏抢险 …………………………………………（172）
第四节 滑动抢险 …………………………………………（176）
第五节 上下游坍塌抢险 …………………………………………（180）
第六节 闸顶漫溢抢险 …………………………………………（183）
第七节 建筑物裂缝抢险 …………………………………………（186）
第八节 闸门失控抢险 …………………………………………（191）
第九节 闸门漏水抢险 …………………………………………（195）
第七章 游荡性河段的险情特点 …………………………………………（197）
第一节 黄河下游河道特性 …………………………………………（197）
第二节 黄河洪水特点 …………………………………………（201）
第三节 黄河防洪形势 …………………………………………（205）
第四节 游荡性河段的险情特点 …………………………………………（208）
第五节 常见险情解析 …………………………………………（215）
第六节 河道工程防洪抢险的基本概念 ……………………………………（229）
第七节 黄河滩区防洪预案的编制 …………………………………………（244）
参考文献 …………………………………………（309）

第一章　堤防工程常见险情抢护

堤防工程是防御洪水的主要屏障;当堤防工程出险后,要立即查看出险情况,分析出险原因,按照抢早抢小、因地制宜、就近取材的原则,有针对性地采取有效措施,及时进行抢护,以防止险情扩大,保证工程安全。一般来讲,堤防工程的常见险情主要有漫溢、渗水、管涌、滑坡、漏洞、风浪、裂缝、坍塌、跌窝等9种险情,本章对各种险情的出险原因、险情鉴别、抢护原则、抢护方法、注意事项等进行详细介绍。

第一节　防漫溢抢险

一、险情说明

漫溢是洪水漫过堤、坝顶的现象。堤防工程多为土体填筑,抗冲刷能力差,一旦溢流,冲塌速度很快,如果抢护不及时,会造成决口。当遭遇超标准洪水、台风等,根据洪水预报,洪水位(含风浪高)有可能超越堤顶时,为防止漫溢溃决,应迅速进行加高抢护。

据记载,黄河下游自西汉文帝十二年(公元前168年)到清道光二十年(1840年)的2 008年间有316年决溢;从1841~1938年的98年间有64年决溢。黄河下游每次决溢多是由堤防工程低矮、质量差、隐患多,发生大暴雨漫溢造成的。由于黄河是"地上河",决口灾害极为严重,常常有整个村镇甚至整个城市或其大部分被淹没的惨事,造成毁灭性的灾害。长江遇到超标准洪水,水位暴涨,并超过堤顶高程,抢护不及而漫溢成灾的事例也屡有发生。如1931年7月底湖北长江四包公堤肖家洲洪水位高出堤顶近2 m,造成全堤漫决。

二、原因分析

一般,造成堤防工程漫溢的原因是:

(1)发生降雨集中、强度大、历时长的大暴雨,河道宣泄不及,实际发生的洪水超过了堤防的设计标准,洪水位高于堤顶。

(2)设计时,对波浪的计算与实际不符,发生大风大浪时最高水位超过堤顶。

(3)堤顶未达设计高程,或因地基有软弱层,填土碾压不实,产生过大的沉陷量,使堤顶高程低于设计值。

(4)河道内存在阻水障碍物,如未按规定在河道内修建闸坝、桥涵、渡槽以及盲目围垦、种植片林和高秆作物等,形成阻水障碍,降低了河道的泄洪能力,使水位壅高而超过堤顶。

(5)河道发生严重淤积,过水断面缩小,抬高了水位。

(6)主流坐弯,风浪过大,以及风暴潮、地震等壅高水位。

三、漫溢险情的预测

对已达防洪标准的堤防工程，当水位已接近设防水位时以及对尚未达到防洪标准的堤防工程洪水位已接近堤顶，应及时根据水文预报和气象预报，分析判断更大洪水到来的可能性以及水位可能上涨的程度。为防止洪水可能的漫溢溃决，应在更大洪峰到来之前抓紧在堤顶临水侧部位抢筑子堰。

一般，根据上游水文站的水文预报，通过洪水演进计算的洪水位准确度较高。没有水文站的流域，可通过上游雨量站网的降雨资料，进行产汇流计算和洪水演进计算，做洪峰和汇流时间的预报。目前，气象预报已具有了比较高的准确程度，能够估计洪水发展的趋势，从宏观上提供加筑子堰的决策依据。

大江大河平原地区行洪需历经一定时段，这为决策和抢筑子堰提供了宝贵的时间，而山区性河流汇流时间就短得多，抢护更为困难。

四、抢护原则

险情的抢护原则是“预防为主，水涨堤高”。当洪水位有可能超过堤(坝)顶时，为了防止洪水漫溢，应迅速果断地抓紧在堤坝顶部，充分利用人力、机械，因地制宜，就地取材，抢筑子堤(埝)，力争在洪水到来之前完成。

五、抢护方法

防漫溢抢护，常采用的方法是：运用上游水库进行调蓄，削减洪峰，加高加固堤防工程，加强防守，增大河道宣泄能力，或利用分洪、滞洪和行洪措施，减轻堤防工程压力；对河道内的阻水建筑物或急弯壅水处，如黄河下游滩区的生产堤和长江中下游的围垸，应采取果断措施进行拆除清障，以保证河道畅通，扩大排洪能力。防止堤、坝顶部洪水漫溢的一般性抢护方法介绍如下。

(一)纯土子堤(埝)

纯土子堤应修在堤顶靠临水堤肩一边，其临水坡脚一般距堤肩0.5~1.0 m，顶宽1.0 m，边坡不陡于1∶1，子堤顶应超出推算最高水位0.5~1.0 m。在抢筑前，沿子堤轴线先开挖一条结合槽，槽深0.2 m，底宽约0.3 m，边坡1∶1。清除子堤底宽范围内原堤顶面的草皮、硬化路面及杂物，并把表层刨松或犁成小沟，以利新老土结合。在条件允许时，应在背河堤脚50 m以外取土，以维护堤坝的安全，如遇紧急情况可用汛前堤上储备的土料——土牛修筑，在万不得已时也可临时借用背河堤肩浸润线以上部分土料修筑。土料宜选用黏性土，不要用砂土或有植物根叶的腐殖土及含有盐碱等易溶于水的物质的土料。填筑时要分层填土夯实，以确保质量(见图1-1)。此法能就地取材，修筑快，费用省，汛后可加高培厚成正式堤防工程，适用于堤顶宽阔、取土容易、风浪不大、洪峰历时不长的堤段。

(二)土袋子堤

土袋子堤适用于堤顶较窄、风浪较大、取土较困难、土袋供应充足的堤段。一般用草袋、麻袋或土工编织袋，装土七八成满后，将袋口缝严，不要用绳扎口，以利铺砌。一般用

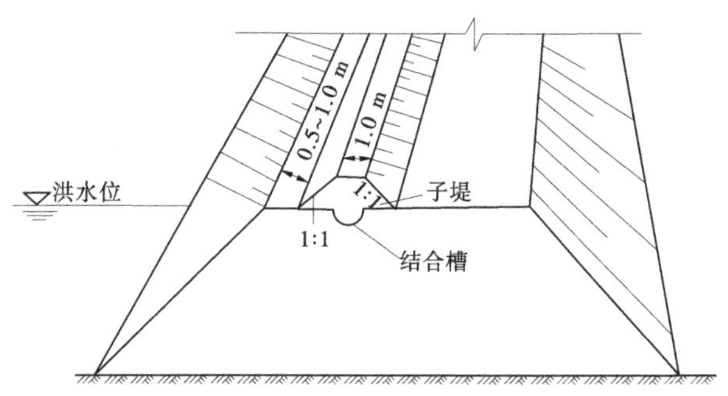

图 1-1　纯土子堤示意图

黏性土，颗粒较粗或掺有砾石的土料也可以使用。土袋主要起防冲作用，要避免使用稀软、易溶和易于被风浪冲刷吸出的土料。土袋子堤距临水堤肩 0.5~1.0 m，袋口朝向背水，排砌紧密，袋缝上下层错开，上层和下层要交错掩压，并向后退一些，使土袋临水形成 1∶0.5、最陡 1∶0.3 的边坡。不足 1.0 m 高的子堤，临水叠砌一排土袋，或一丁一顺。对较高的子堤，底层可酌情加宽为两排或更宽些。土袋后面修土戗，随砌土袋，随分层铺土夯实，土袋内侧缝隙可在铺砌时分层用砂土填垫密实，外露缝隙用麦秸、稻草塞严，以免土料被风浪抽吸出来，背水坡以不陡于 1∶1 为宜。子堤顶高程应超过推算的最高水位，并保持一定超高（见图 1-2）。

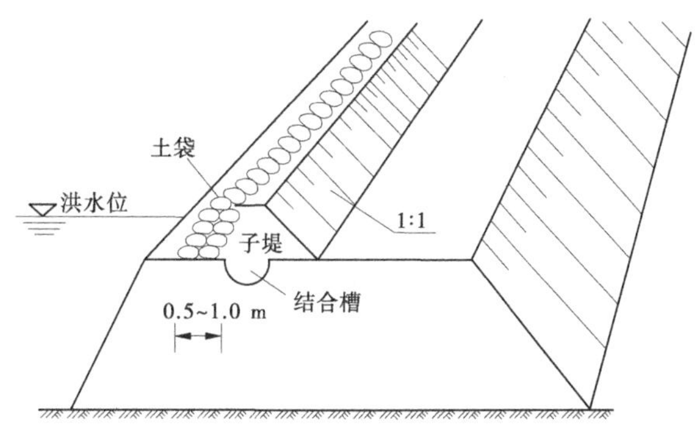

图 1-2　土袋子堤示意图

在个别堤段，如即将漫溢，来不及从远处取土，在堤顶较宽的情况下，可临时在背水堤肩取土筑子堤（见图 1-3）。这是一种不得已抢堵漫溢的措施，不可轻易采用。待险情缓和后，即抓紧时间，将所挖堤肩土加以修复。

土袋子堤的优点是用土少而坚实，耐水流、风浪冲刷，在 1958 年黄河下游抗洪抢险和 1954 年、1998 年长江防汛抢险中均广泛应用。

（三）桩柳（木板）子堤

当土质较差，取土困难，又缺乏土袋时，可就地取材，采用桩柳（木板）子堤。其具体做法是：在临水堤肩 0.5~1.0 m 处先打木桩一排，桩长可根据子堤高而定，梢径 5~10 cm，木桩入土深度为桩长的 1/3~1/2，桩距 0.5~1.0 m。将柳枝、秸料或芦苇等捆成长

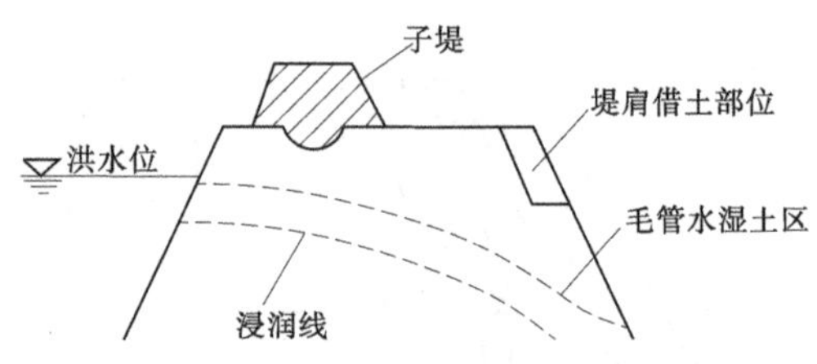

图 1-3　堤肩借土示意图

2~3 m、直径约 20 cm 的柳把,用铅丝或麻绳绑扎于木桩后(亦可用散柳厢修),自下而上紧靠木桩逐层叠放。在放置第一层柳把时,先在堤顶上挖深约 0.1 m 的沟槽,将柳把放置于沟内。在柳把后面散放秸料一层,厚约 20 cm,然后再分层铺土夯实,做成土戗。土戗顶宽 1.0 m,边坡不陡于 1∶1,具体做法与纯土子堤相同。此外,若堤顶较窄,也可用双排桩柳子堤。排桩的净排距 1.0~1.5 m,相对绑上柳把、散柳,然后在两排柳把间填土夯实。两排桩的桩顶可用 16~20 号铅丝对拉或用木杆连接牢固。在水情紧急缺乏柳料时,也可用木板、门板、秸箔等代替柳把,后筑土戗。

常用的几种桩柳(木板)子堤见图 1-4。

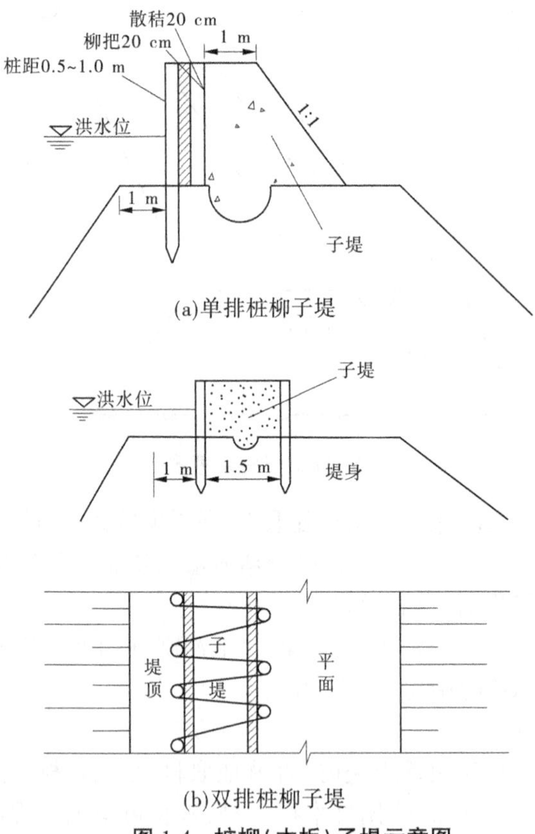

图 1-4　桩柳(木板)子堤示意图

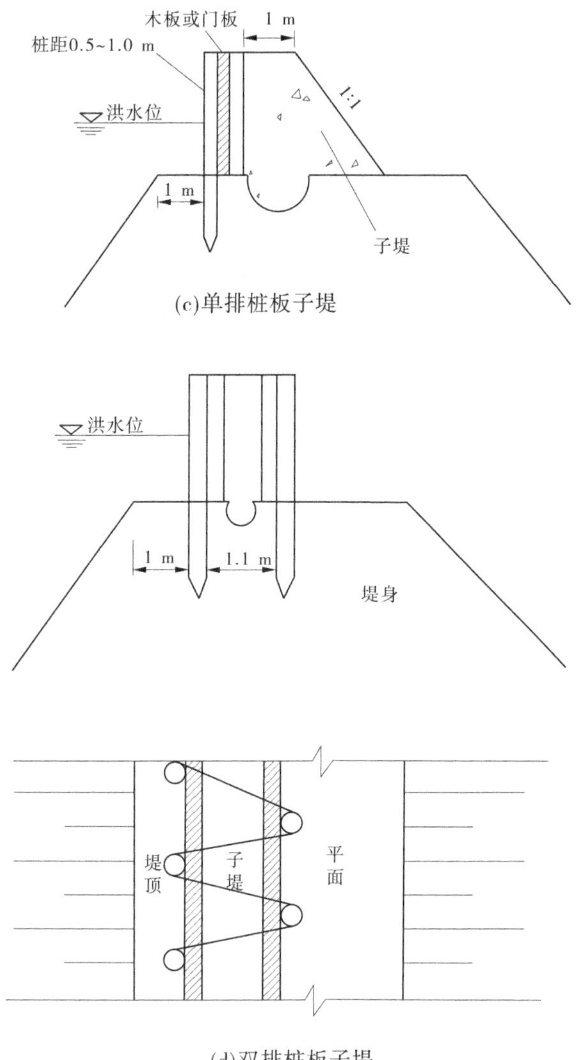

(c)单排桩板子堤

(d)双排桩板子堤

续图 1-4

(四)柳石(土)枕子堤

当取土困难、土袋缺乏而柳源又比较丰富时,采用柳石(土)枕子堤。具体做法是:一般在堤顶临水一边距堤肩 0.5~1.0 m 处,根据子堤高度,确定使用柳石枕的数量。如高度为 0.5 m、1.0 m、1.5 m 的子堤,分别用 1 个、3 个、6 个枕,按品字形堆放。第一个枕距临水堤肩 0.5~1.0 m,并在其两端最好打木桩 1 根,以固定柳石(土)枕,防止滚动,或在枕下挖深 0.1 m 的沟槽,以免枕滑动和防止顺堤顶渗水。枕后用土做戗,戗下开挖结合槽,刨松表层土,并清除草皮杂物,以利结合。然后在枕后分层铺土夯实,直至戗顶。戗顶宽一般不小于 1.0 m,边坡不陡于 1∶1,如土质较差,应适当放缓坡度(见图 1-5)。

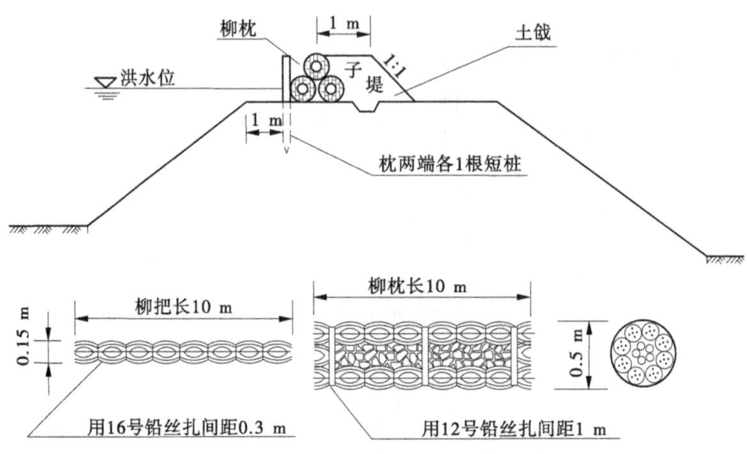

图 1-5　柳石(土)枕子堤示意图

(五)防洪(浪)墙防漫溢子堤

当城市人口稠密缺乏修筑土堤的条件时,常沿江河岸修筑防洪墙;当有涵闸等水工建筑物时,一般都设置浆砌石或钢筋混凝土防洪(浪)墙。遭遇超标准洪水时,可利用防洪(浪)墙作为子堤的迎水面,在墙后利用土袋加固加高挡水。土袋应紧靠防洪(浪)墙背后叠砌,宽度、高度均应满足防洪和稳定的要求,其做法与土袋子堤相同(见图 1-6)。但要注意防止原防洪(浪)墙倾倒,可在防浪墙前抛投土袋或块石。

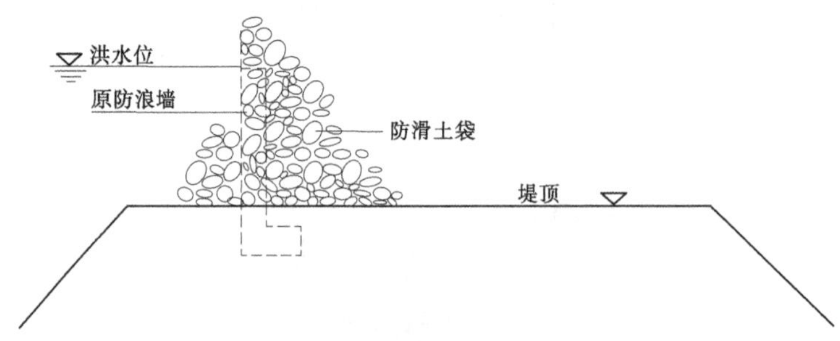

图 1-6　防洪(浪)墙防漫溢子堤示意图

(六)编织袋土子堤

使用编织袋修筑子堤,在运输、储存、费用,尤其是耐久性方面,都优于以往使用的麻袋、草袋。最广泛使用的是以聚丙烯或聚乙烯为原料制成的编织袋。用于修做子堤的编织袋,一般宽为 0.5~0.6 m,长 0.9~1.0 m,袋内装土质量为 40~60 kg,以利于人工搬运。当遇雨天道路泥泞又缺乏土料时,可采用编织袋装土修筑编织袋土子堤(最好用防滑编织袋),编织袋间用土填实,防止涌水。子堤位置同样在临河一侧,顶宽 1.5~2.0 m,边坡可以陡一些。如流速较大或风浪大,可用聚丙烯编织布或无纺布制成软体排,在软体下端缝制直径 30~50 cm 的管状袋。在抢护时将排体展开在临河堤肩,管状袋装满土后,将两侧袋口缝合,滚排成捆,排体上端压在子堤顶部或打桩挂排,用人力一齐推滚排体下沉,直至风浪波谷以下,并可随着洪水位升降变幅进行调整(见图 1-7)。

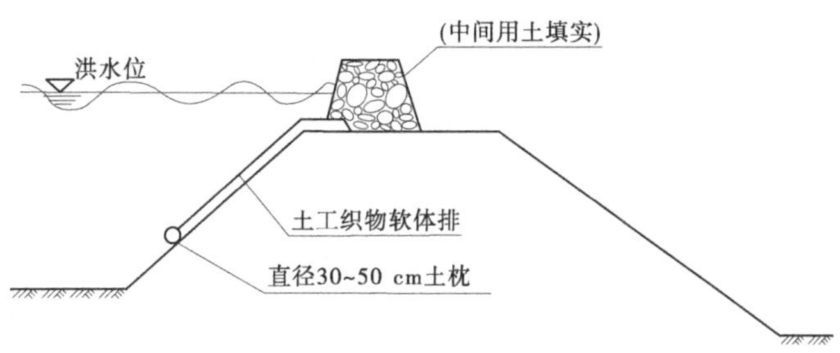

图 1-7　编织袋土子堤示意图

(七)土工织物土子堤

土工织物土子堤的抢护方法基本与纯土子堤相同,不同的是将堤坡防风浪的土工织物软体排铺设高度向上延伸覆盖至子堤顶部,使堤坡防风浪淘刷和堤顶防漫溢的软体排构成一个整体,收到更好效果(见图 1-8)。

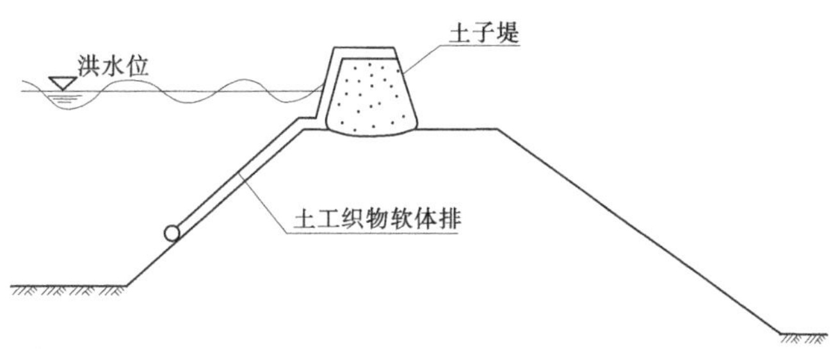

图 1-8　土工织物土子堤示意图

六、注意事项

防漫溢抢险应注意的事项是:①根据洪水预报估算洪水到来的时间和最高水位,做好抢修子堤的料物、机具、劳动力、进度和取土地点、施工路线等安排。在抢护中要有周密的计划和统一的指挥,抓紧时间,务必抢在洪水到来之前完成子堤。②抢筑子堤务必须全线同步施工,突击进行,决不能做好一段,再加一段,决不允许留有缺口或部分堤段施工进度过慢的现象存在。③为了争取时间,子堤断面开始可修得矮小些,然后随着水位的升高而逐渐加高培厚。④抢筑子堤要保证质量,派专人监理,要经得起洪水期考验,绝不允许子堤溃决,造成更大的溃决灾害。⑤临时抢筑的子堤一般质量较差,要派专人严密巡查,加强质量监督,加强防守,发现问题,及时抢护。⑥子堤切忌靠近背河堤肩,否则,不仅缩短了渗径和抬高了浸润线,而且水流漫原堤顶后,顶部湿滑,对行人、运料及继续加高培厚子堤的施工都极为不利。⑦子堤往往很长,一种材料难以满足。当各堤段使用不同材质时,应注意处理好相邻段的接头处,要有足够的长度衔接。

七、抢险实例

(一)黄河山东堤段抢修子堤战胜洪水实例

1958 年 7 月 17 日 17 时,黄河花园口站出现洪峰流量 22 300 m^3/s,为黄河有水文实测记录以来的最大洪水。19 日 16 时洪峰到达高村站,流量 17 900 m^3/s;22 日到达艾山站,洪峰流量 12 600 m^3/s;23 日到达泺口站,洪峰流量 11 900 m^3/s;25 日到达利津站,洪峰流量 10 400 m^3/s。这次洪水洪峰高,水量大,来势凶猛,持续时间长,含沙量小。花园口站大于 10 000 m^3/s 流量持续 81 h,12 d 洪水总量 88.85 亿 m^3。

由于山东境内河道狭窄,此次洪水位表现较高,再加上花园口 19 日又出现 14 600 m^3/s 的洪峰,两峰到山东河段汇合,水位尤高,堤根水深一般 2~4 m,个别堤段深达 5~6 m。大堤出水仅 1 m 多,洪水位已高于保证水位 0.8~1 m。部分危险堤段洪水位几乎与堤平,险工坝岸几乎与水平,多处险工坝岸水漫坝顶。

东平湖湖水位以 8~14 cm/h 的速度急剧上涨,安山最高水位 44.81 m,超出保证水位 1.31 m,超蓄水量 3.8 亿 m^3。有 44 km 长湖堤洪水超过堤顶 0.01~0.4 m。又加上遭遇 5 级东北风袭击,情势险恶万分。山东河道两岸堤防工程和东平湖堤防工程均处于十分严峻的危险局面。

根据水情、雨情和工情,黄河防汛抗旱总指挥部提出不分洪、加强防守、战胜洪水的意见,征得河南、山东两省同意,并报告国家防汛抗旱总指挥部。周恩来总理亲临黄河下游视察后,决定采取"依靠群众,固守大堤,不分洪、不滞洪,坚决战胜洪水"的方针。豫、鲁两省坚决贯彻执行,决心全力以赴,加强防守,确保安全。动员 200 多万军民上堤防守抢护,同时紧急抢修子堤。

在此危急时刻,山东军民在东阿以下临黄大堤和东平湖堤上全线抢修子堤,经过 19 h 的奋力拼抢,共抢修高 1~2 m 的子堤长 600 km,在 2 000 多段(座)险工坝岸上用土袋及柳石料加高 1~2 m,防止了河湖堤防漫溢成灾,战胜了中华人民共和国成立以来首次出现的特大洪水(见图 1-9)。

图 1-9　1958 年黄河大洪水加高堤坝抢护场景

(二)武汉市沿江堤防工程防浪墙防漫溢子堤

1. 险情概况

武汉市沿江堤防均修有防浪墙,墙顶高程按 1931 年武汉关最高洪水位 28. 28 m,加上超高 0. 6~0. 7 m 确定。1954 年长江发生大洪水,最高洪水位达 29. 73 m,超过防浪墙顶 0. 8 m 左右。由于内填土及修筑子堤,防浪墙承受土压力增大,同时高洪水位超过防浪墙顶历时长,水漫入墙后填土,使土壤达到饱和状态,从而附加水压力,因而部分堤段防浪墙倾倒失事。

2. 工程抢险

为防止洪水漫溢堤顶淹没汉口,在防浪墙内侧填土抢修土堤,堤顶高程略低于防浪墙顶,然后在土堤与防浪墙顶上修筑土袋子堤,在防浪墙外侧抛投块石。随着洪水位上涨,子堤不断加高,土袋最高达 11 层,高度超过 2 m(见图 1-10)。

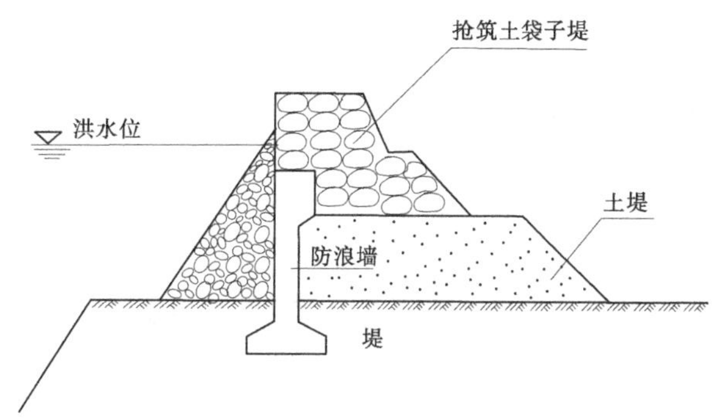

图 1-10 武汉市沿江堤防工程漫溢抢修子堤示意图

(三)湖北石首市长江调关以下堤段漫溢抢险

1. 险情概况

湖北石首市长江调关以下堤段设计堤顶高程 38. 60~39. 50 m,为 1954 年最高水位超高 1 m,堤面宽 5. 5~6 m,内外坡 1 : 3,堤身 5. 6~7 m。石首河段按照 50 年一遇或 80 年一遇洪水的泄洪能力为 38 500 m^3/s。1998 年第 6 次洪峰经过石首段的流量为 46 900 m^3/s,造成下顶上压,水位屡创新高,造成了子堤作为抵御特大洪水最后屏障的局面。调关以下共 4 次抢险加高加固子堤。

2. 工程抢险

6 月 26 日,根据市防指的要求,动用民工 2 万人次,历时 2 d,完成土方 2 万多 m^3,抢筑一道顶宽 0. 5 m、高 0. 5 m、底宽 1. 5 m 的子堤。7 月 18 日,长江第 2 次洪峰安全经过调关。第 3 次洪峰预报调关水位将达 39. 0 m,部分堤段子堤将挡水,子堤必须加高至 0. 8 m,顶面宽加至 0. 6 m,底宽加至 2 m。7 月 26 日长江第 3 次洪峰顺利通过调关,洪峰水位 39. 0 m,干堤鹅公凸段 400 m 子堤挡水。

7 月 29 日获悉长江第 4 次洪峰将于 8 月 9 日左右到达调关,将达 39. 80 m,子堤再次加高到 1. 2 m,顶面宽 1 m,底宽 2. 5 m。8 月 9 日 8 时,第 4 次洪峰通过调关,洪峰水位 39. 76 m,子堤挡水深 0. 2~0. 6 m。由于高水位持续浸泡时间长,在第 5 次洪峰到来之前,又对全线子堤进行了加固。8 月 13 日 19 时，调关水位 39.74 m 水位仍在缓慢上涨，长江第 5 次洪峰尚未通过，上游更大的第 6 次洪峰已经形成，预报水位将达 40.40 m。3 万多军民奋战两昼夜，抢运土方近 10 万 m^3，子堤再次加至高 1.7~2.2 m，顶面宽 1.5~2.2 m，底宽 2~4 m。8 月 17 日 11 时经上游水库成功调节错峰后的长江第 6 次特大洪峰抵达调关，洪峰水位 40.10 m，子堤挡水深度 0.5~1.2 m。

3. 经验及做法

1998 年长江干堤调关以下全线漫溢成功抢护的主要经验及做法如下：

(1) 子、母堤的有效衔接。母堤为砂石堤面，透水性强。所以，一是消除母堤外肩草质和砂石层，降低透水性；二是适当加宽子堤，延长渗透；三是子堤层层捣实（木桩捣、踩）。

(2) 新旧土体的有效结合。子堤加高加固时，新旧土体间容易出现较大缝隙，留有隐患。所以，一定要消除旧土体表面覆盖物及其土表层，用湿度相近的疏松泥土与新土体结合，避免新旧土体间出现缝隙，减小渗水。

(3) 子堤防浪。调关全段子堤临水面大多由 7~12 层编织袋层层错开垒成，防浪作用良好。有些重点堤段，风大浪高，子堤很容易被淘空，所以又采取了两种防浪措施，一是覆盖土工布或油布等，二是打桩固枕（柴枕、柳枕）。

第二节　渗水（散浸）抢险

一、险情说明

汛期高水位历时较长时，在渗压作用下，堤前的水向堤身内渗透，堤身形成上干下湿两部分，干湿部分的分界线称为浸润线。如果堤防工程土料选择不当，施工质量不好，渗透到堤防工程内部的水分较多，浸润线也相应抬高，在背水坡出逸点以下，土体湿润或发软，有水渗出的现象，称为渗水（见图 1-11、图 1-12）。渗水也叫散浸或洇水，是堤防工程较常见的险情之一。即使渗水是清水，当出逸点偏高，浸润线抬高过多时，也要及时处理。若发展严重，超出安全渗流限度，即可能成为严重渗水，导致土体发生渗透变形，形成脱坡（或滑坡）、管涌、流土、陷坑甚至漏洞等险情。如 1954 年长江大水，荆江堤段发生渗水险情 235 处，长达 53.45 km。1958 年黄河发生大洪水，下游堤段发生渗水险情，长达 59.96 km。

二、原因分析

堤防工程发生渗水的主要原因是：

(1) 水位超过堤防工程设计标准或超警戒水位持续时间较长。

(2) 堤防工程断面不足，浸润线在背水坡出逸点偏高。

(3) 堤身土质多砂，尤其是成层填筑的砂土或粉砂土，透水性强，又无防渗斜墙或其他有效控制渗流的工程设施。

(4) 堤防工程修筑时，土粒多杂质，有干土块或冻土块，碾压不实，施工分段接头处理不密实。

图 1-11　背河堤脚渗水

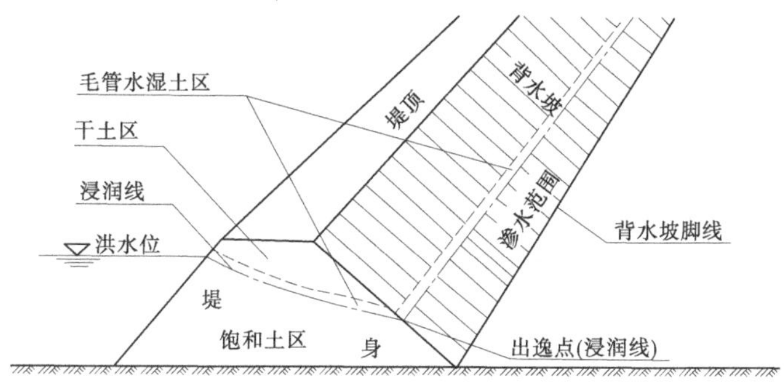

图 1-12　堤身渗水示意图

(5)堤身、堤基有隐患,如蚁穴、树根、鼠洞、暗沟等。

(6)堤防工程与涵闸等水工建筑物结合部填筑不密实。

(7)堤基土壤渗水性强,堤背排水反滤设施失效,浸润线抬高,渗水从坡面逸出等。

(8)堤防工程的历年培修,使堤内有明显的新老结合面缝隙存在。

三、险情判别

渗水险情的严重程度可以从渗水量、出逸点高度和渗水的浑浊情况等三个方面加以判别。目前,常从以下几方面区分险情的严重程度:

(1)堤背水坡严重渗水或渗水已开始冲刷堤坡,使渗水变浑浊,有发生流土的可能,证明险情正在恶化,必须及时进行处理,防止险情的进一步扩大。

(2)渗水是清水,但如果出逸点较高(黏性土堤防工程不能高于堤坡的1/3,而对于砂性土堤防工程,一般不允许堤身渗水),易引发堤背水坡滑坡、漏洞及陷坑等险情,也要及时处理。

(3)渗水为少量清水,出逸点位于堤脚附近,经观察并无发展,同时水情预报水位不再上涨或上涨不大时,可加强观察,注意险情的变化,暂不处理。

(4)其他原因引起的渗水,通常与险情无关,如堤背水坡河道水位以上出现渗水,是由雨水、积水排出造成的。

(5)许多渗水的恶化都与雨水的作用关系甚密,特别是填土不密实的堤段。在降雨过程中应密切注意渗水的发展,该类渗水易引起堤身凹陷,从而使一般渗水险情转化为严重险情。

四、抢护原则

以“临水(河)截渗,背水(河)导渗”为原则,减小渗压和出逸流速,抑制土粒被带走,稳定堤身。即在临水坡用黏性土修筑前戗,也可用篷布、土工膜隔渗,以减少渗水入堤;在背水坡用透水性较强的砂子、石子、土工织物或柴草反滤,通过反滤,将已入渗的水,有控制地只让清水流走,不让土粒流失,从而降低浸润线,保持堤身稳定。切忌在背水坡面用黏性土压渗,这样会阻碍堤身内的渗流逸出,势必抬高浸润线,导致渗水范围扩大和险情加剧。

在抢护渗水险情之前,还应首先查明发生渗水的原因和险情的程度,结合险情和水情,进行综合分析后,再决定是否采取措施及时抢护。当堤身因浸水时间较长,在背水坡出现散浸,但坡面仅呈现湿润发软状态,或渗出少量清水,经观察并无发展,同时水情预报水位不再上涨,或上涨不大时,可加强观察,注意险情变化,暂不做处理。若遇背水坡渗水很严重或已开始出现浑水,有发生流土的可能,则证明险情在恶化,应采取临“水(河)截渗、背水(河)导渗”的方法,及时进行处理,防止险情扩大。

五、抢护方法

(一)临河截渗

为增加阻水层,以减少向堤身的渗水量,降低浸润线,达到控制渗水险情发展和稳定堤身堤基的目的,可在临河截渗。一般根据临水的深度、流速,对风浪不大,取土较易的堤段,均可采用临河截渗法进行抢护。临河截渗有以下几种方法。

1.黏土前戗截渗

当堤前水不太深,风浪不大,水流较缓,附近有黏性土料,且取土较易时,可采用此法。具体做法是:①根据渗水堤段的水深、渗水范围和渗水严重程度确定修筑尺寸。一般戗顶宽3~5 m,长度至少超过渗水段两端各5 m,前戗顶可视背水坡渗水最高出逸点的高度决定,高出水面约1 m,戗底部以能掩盖堤脚为度。②填筑前应将边坡上的杂草、树木等杂物尽量清除,以免填筑不实,影响戗体截渗效果。③在临水堤肩准备好黏性土料,然后集中力量沿临水坡由上而下,由里向外,向水中缓慢推下,由于土料入水后的崩解、沉积和固结作用,即成截渗戗体(见图1-13)。填土时切勿向水中猛倒,以免沉积不实,失去截渗作用。如临河流急,土料易被水冲失,可先在堤前水中抛投土袋作隔堤,然后在土袋与堤之间倾倒黏土,直至达到要求高度。

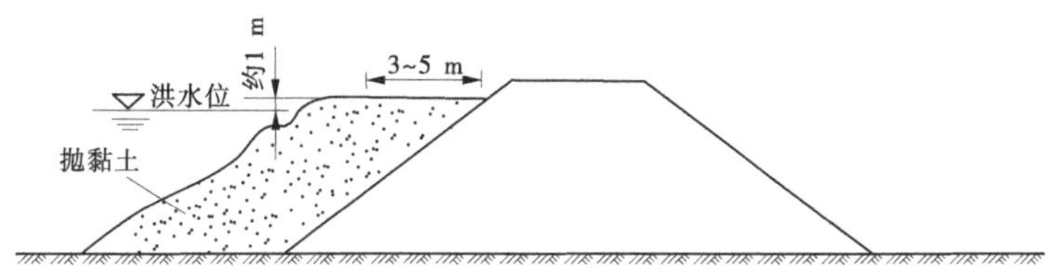

图 1-13　抛黏土截渗示意图

2. 桩柳(土袋)前戗截渗

当临河水较浅有溜时,土料易被冲走,可采用桩柳(土袋)前戗截渗。具体做法如下:①在临河堤脚外用土袋筑一道防冲墙,其厚度及高度以能防止水流冲刷戗土为度,防冲墙和随其后的填土同时筑高。如临河水较深,因在水下用土袋筑防冲墙有困难,可做桩柳防冲墙,即在临水坡脚前 1~2 m 处,打木桩或钢管桩一排,桩距 1 m,桩长根据水深和溜势决定。桩一般要打入土中 1/3,桩顶高出水面约 1 m。②在已打好的木桩上,用柳枝或芦苇、秸料等梢料编成篱笆,或者用木杆、竹竿将桩连起来,上挂芦席或草帘、苇帘等。编织或上挂高度,以能防止水流冲刷戗土为度。木桩顶端用 8 号铅丝或麻绳与堤顶上的木桩拴牢。③在抛土前,应清理边坡并备足土料,然后在桩柳墙与堤坡之间填土筑戗。戗体尺寸和质量要求与上述抛填黏土前戗截渗相同。也可将抛筑前戗顶适当加宽,然后在截渗戗台迎水面抛铺土袋防冲(见图 1-14)。

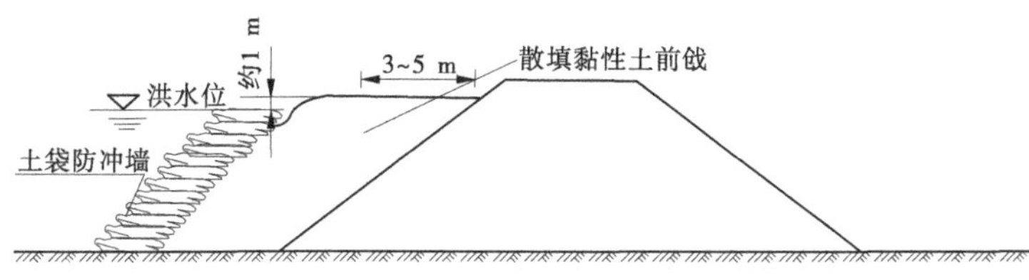

图 1-14　土袋前戗截渗示意图

3. 土工膜截渗

当缺少黏性土料时,若水深较浅,可采用土工膜加保护层的办法,以达到截渗的目的。防渗土工膜种类较多,可根据堤段渗水具体情况选用。具体做法是:①在铺设前,应清理铺设范围内的边坡和坡脚附近地面,以免造成土工膜的损坏。②土工膜的宽度和沿边坡的长度可根据具体尺寸预先黏结或焊接(用脉冲热合焊接器)好,以满铺渗水段边坡并深入临水坡脚以外 1 m 以上为宜。顺边坡宽度不足可以搭接,但搭接长应大于 0.5 m。③铺设前,一般在临水堤肩上将长 8~10 m 的土工膜卷在滚筒上,在滚铺前,土工膜的下边折叠黏牢形成卷筒,并插入直径 4~5 cm 的钢管加重(如无钢管可填充土料、石子等,并用长条型塑料袋装填),以使土工膜能沿边坡紧贴展铺。④土工膜铺好后,应在其上满压一两层内装砂石的土袋,由坡脚最下端压起,逐层错缝向上平铺排压,不留空隙,作为土工膜的保护层,同时起到防风浪的作用(见图 1-15)。

(二)反滤沟导渗

当堤防工程背水坡大面积严重渗水时,应主要采用在堤背开挖导渗沟、铺设反滤料、

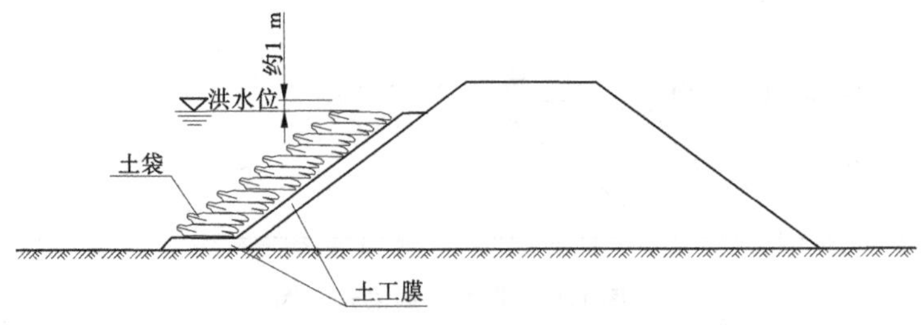

图 1-15　土工膜截渗示意图

土工织物和加筑透水后戗等办法,引导渗水排出,降低浸润线,使险情趋于稳定。但必须起到避免水流带走土颗粒的作用,具体做法简述如下。

1. *砂石导渗沟*

堤防工程背水坡导渗沟的形式,常用的有纵横沟、“Y”字形沟和“人”字形沟等。沟的尺寸和间距应根据渗水程度和土壤性质而定。一般沟深 0.5~1.0 m,宽 0.5~0.8 m,顺堤坡的竖沟一般每隔 6~10 m 开挖一条。在施工前,必须备足人力、工具和料物,以免停工待料。施工时,应在堤脚稍外处沿堤开挖一条排水纵沟,填好反滤料。纵沟应与附近地面原有排水沟渠连通,将渗水排至远离堤脚外的地方。然后在边坡上开挖导渗竖沟,与排水纵沟相连,逐段开挖,逐段填充反滤料,一直挖填到边坡出现渗水的最高点稍上处。开挖时,严禁停工待料,导致险情恶化。导渗竖沟底坡一般与堤坡相同,边坡以能使土体站得住为宜,其沟底要求平整顺直。如开沟后排水仍不显著,可增加竖沟或加开斜沟,以改善排水效果。导渗沟内要按反滤层要求分层填放粗砂、小石子、卵石或碎石(一般粒径 0.5~2.0 cm),大石子(一般粒径 4~10 cm),每层厚要大于 20 cm。砂石料可用天然料或人工料,但务必洁净,否则会影响反滤效果。反滤料铺筑时,要严格符合下细上粗,两边细中间粗,分层排列,两侧分层包住的要求,切忌粗料(石子)与导渗沟底、沟壁土壤接触,粗细不能掺合。为防止泥土掉入导渗沟内,阻塞渗水通道,可在导渗沟的砂石料上面铺盖草袋、席片或麦秸,然后压上土袋、块石加以保护(见图 1-16、图 1-17)。

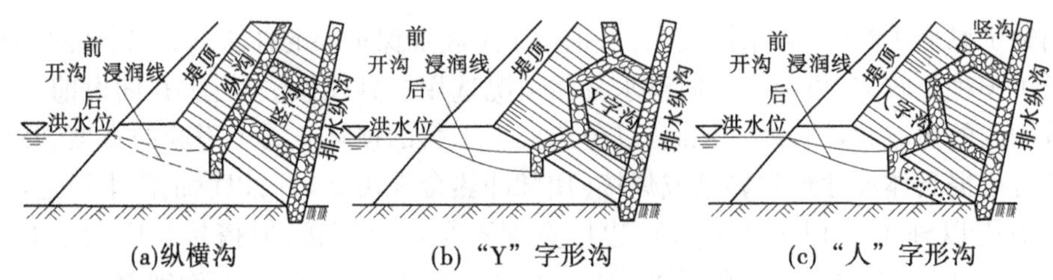

图 1-16　导渗沟开沟示意图

2. *梢料导渗沟(又称芦柴导渗沟)*

梢料导渗沟的开挖方法与砂石导渗沟的开挖方法相同。沟内用稻糠、麦秸、稻草等细料与柳枝或芦苇、秫秸等粗料,按下细上粗、两侧细中间粗的原则铺放,严禁粗料与导渗沟底、沟壁土壤接触。

梢料导渗沟的铺料方法有两种:一种是先在沟底和两侧铺细梢料,中间铺粗梢料,每

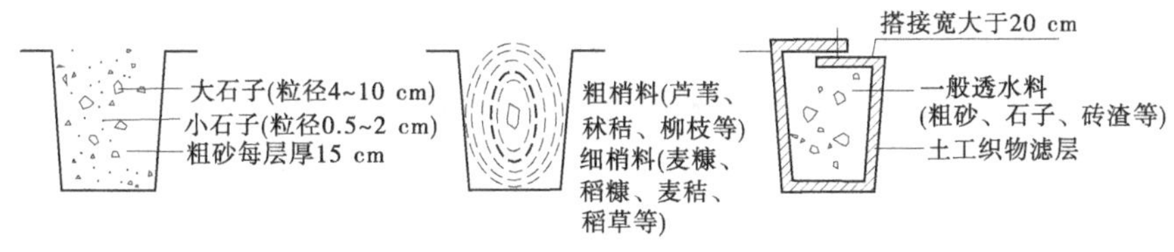

(a)砂石导渗沟　　(b)梢料导渗沟　　(c)土工织物导渗沟

图 1-17　导渗沟铺填示意图

层厚大于 20 cm,顶部如能再盖以厚度大于 20 cm 的细梢料更好。然后上压块石、草袋或上铺席片、麦秸、稻草,顶部压土加以保护。另一种是先将芦苇、秫秸、柳枝等粗料扎成直径 30~40 cm 的把子,外捆稻草或麦秸等细料厚约 10 cm,以免粗料与堤土直接接触,梢料铺放要粗枝朝上,梢向下,自沟下向上铺,粗细接头处要多搭一些。横(斜)沟下端滤料要与坡脚排水纵沟滤料相接,纵沟应与坡脚外排水沟渠相通。梢料导渗层做好后,上面应用草袋、席片、麦秸等铺盖,然后用块石或土袋压实(见图 1-16、图 1-17)。

3. 土工织物导渗沟

土工织物导渗沟的开挖方法与砂石导渗沟的开挖方法相同。土工织物是一种能够防止土粒被水流带出的导渗层。如当地缺乏合格的反滤砂石料,可选用符合反滤要求的土工织物,将其紧贴沟底和沟壁铺好,并在沟口边沿露出一定宽度,然后向沟内细心地填满一般透水料,如粗砂、石子、砖渣等,不必再分层。在填料时,要避免有棱角或尖头的料物直接与土工织物接触,以免刺破土工织物。土工织物长宽尺寸不足时,可采用搭接形式,其搭接宽度不小于 20 cm。在透水料铺好后,上面铺盖草袋、席片或麦秸,并压土袋、块石保护。开挖土层厚度不得小于 0.5 m。在坡脚应设置排水纵沟,并与附近排水沟渠连通,将渗水集中排向远处。在紧急情况下,也可用土工织物包梢料捆成枕放在导渗沟内,然后在上面铺盖土料保护层。在铺放土工织物过程中应尽量缩短日晒时间,并使保护层厚度不小于 0.5 m(见图 1-17、图 1-18)。

图 1-18　导渗沟开挖

（三）反滤层导渗

当堤身透水性较强，背水坡土体过于稀软，或者堤身断面小，经开挖试验，采用导渗沟确有困难，且反滤料又比较丰富时，可采用反滤层导渗法抢护。此法主要是在渗水堤坡上满铺反滤层，使渗水排出，以阻止险情的发展。根据使用反滤材料的不同，抢护方法有以下几种。

1. 砂石反滤层

在抢护前，先将渗水边坡的软泥、草皮及杂物等清除，清除厚度20～30 cm。然后按反滤的要求均匀铺设一层厚15～20 cm的粗砂，上盖一层厚10～15 cm的细石，再盖一层厚15～20 cm、粒径2 cm的碎石，最后压上块石厚约30 cm，使渗水从块石缝隙中流出，排入堤脚下导渗沟（见图1-19）。反滤料的质量要求、铺填方法及保护措施与砂石导渗沟铺反滤料相同。

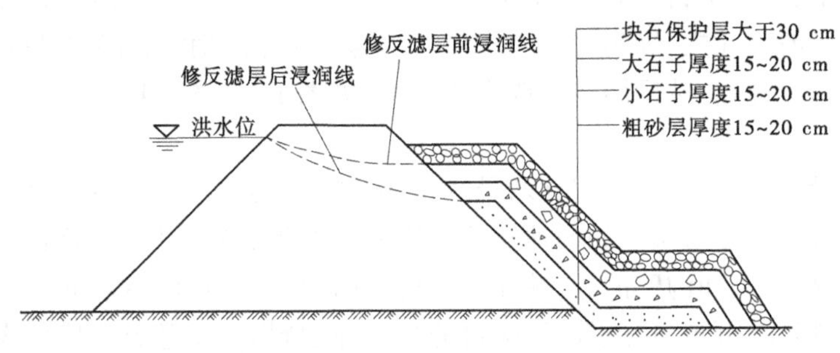

图1-19　砂石反滤层示意图

2. 梢料反滤层（又称柴草反滤层）

在抢护前，先按砂石反滤层的做法，将渗水堤坡清理好后，铺设一层稻糠、麦秸、稻草等细料，其厚度不小于10 cm，再铺一层秫秸、芦苇、柳枝等粗梢料，其厚度不小于30 cm。所铺各层梢料都应粗枝朝上，细枝朝下，从下往上铺置，在枝梢接头处，应搭接一部分。梢料反滤层做好后，所铺的芦苇、稻草一定露出堤脚外面，以便排水；上面再盖一层草袋或稻草，然后压块石或土袋保护（见图1-20）。

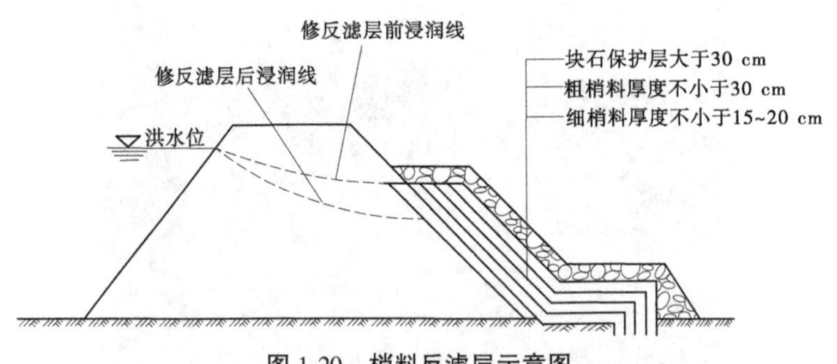

图1-20　梢料反滤层示意图

3. 土工织物反滤导渗

当背水堤坡渗水比较严重，堤坡土质松软时，采用土工织物反滤导渗。具体做法是，按砂石反滤层的要求,清理好渗水堤坡坡面后,先满铺一层符合反滤层要求的土工织物,铺时应使搭接宽度不小于 30 cm。其下面是否还要满铺一般透水料,可据情况而定,其上面要先满铺一般透水料,最后再用块石、碎石或土袋进行压载(见图 1-21)。

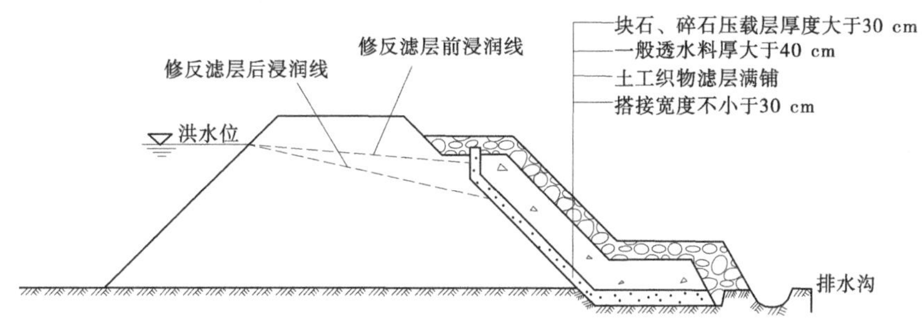

图 1-21 土工织物反滤层示意图

当背水堤坡出现一般渗水时,可覆盖土工织物、压重导渗或做导渗沟(见图 1-22)。

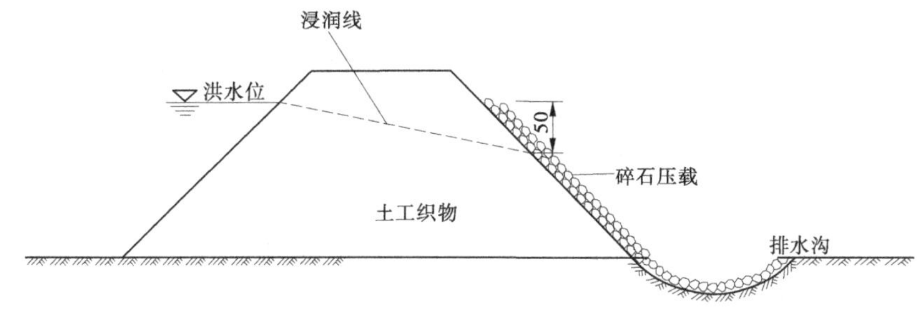

图 1-22 背水坡散浸压坡 (单位:cm)

在选用土工织物做滤层时,除要考虑土工织物本身的特性外,还要考虑被保护土壤及水流的特性。根据土工织物特性和大堤的土壤情况,常采用机织型透水土工织物和热粘非机织型透水土工织物,其厚度、孔隙率、孔眼大小及透水性不随压应力增减而改变。目前,生产的土工织物有效孔眼通常为 0.03~0.6 mm。针刺型土工织物,随压力的增加有效孔眼逐渐减小,为 0.05~0.15 mm。对于被保护土壤的特性,常采用土壤细粒含量的多少或土壤特征粒径表示,如 d_{10}、d_{15}、d_{50}、d_{80}、d_{90},发展到考虑土壤不均匀系数($C_u=d_{60}/d_{10}$)或相对密度、水力坡降等因素,比较细致和完善地进行分析研究与计算。

(四)透水后戗(透水压渗台)

透水后戗法既能排出渗水,防止渗透破坏,又能加大堤身断面,达到稳定堤身的目的。一般适用于堤身断面单薄、渗水严重、滩地狭窄、背水堤坡较陡或背河堤脚有潭坑与池塘的堤段。当背水坡发生严重渗水时,应根据险情和使用材料的不同,修筑不同的透水后戗。

1. 砂土后戗

在抢护前,先将边坡渗水范围内的软泥、草皮及杂物等清除,开挖深度 10~20 cm。然后在清理好的坡面上,采用比堤身透水性大的砂土填筑,并分层夯实。砂土后戗一般高出浸润线出逸点 0.5~1.0 m,顶宽 2~4 m,戗坡 1∶3~1∶5,长度超过渗水堤段两端至少 3 m。

采用透水性较大的粗砂、中砂修做后戗,断面可小些;相反,采用透水性较小的细砂、粉砂修做后戗,断面可大些(见图 1-23)。

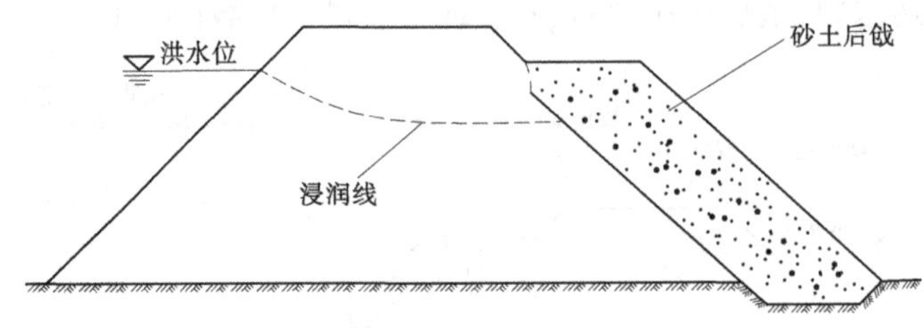

图 1-23　砂土后戗示意图

2. 梢土后戗

当附近砂土缺乏时,可采用梢土后戗法。其外形尺寸以及清基要求与砂土后戗基本相同。地基清好后,在坡脚拟抢筑后戗的地面上铺梢料厚约 30 cm。在铺料时,要分三层,上下层均用细梢料,如麦秸和秫秸等,其厚度不小于 20 cm;中层用粗梢料,如柳枝、芦苇和秫秸等,其厚度 20~30 cm,粗梢料要垂直堤身,头尾搭接,梢部向外,并伸出戗身,以利排水。在铺好的梢料透水层上,采用砂性土(忌用黏土)分层填土夯实,填土厚 1.0~1.5 m,然后在此填土层上仍按地面铺梢料的办法(第一层)再铺第二层梢料透水层,如此层梢层土,直到设计高度。多层梢料透水层要求梢料铺放平顺,并垂直堤身轴线方向,应做成顺坡,以利排水,免除滞水(见图 1-24)。在渗水严重堤段背水坡上,为了加速渗水的排出,也可顺边坡隔一定距离铺设透水带,与梢土后戗同时施工。在边坡上铺放梢料透水带,粗料也要顺堤坡首尾相接,梢部向下,与梢土后戗内的分层梢料透水层接好,以利于坡面渗水排出,防止边坡土料带出和戗土进入梢料透水层,造成堵塞。

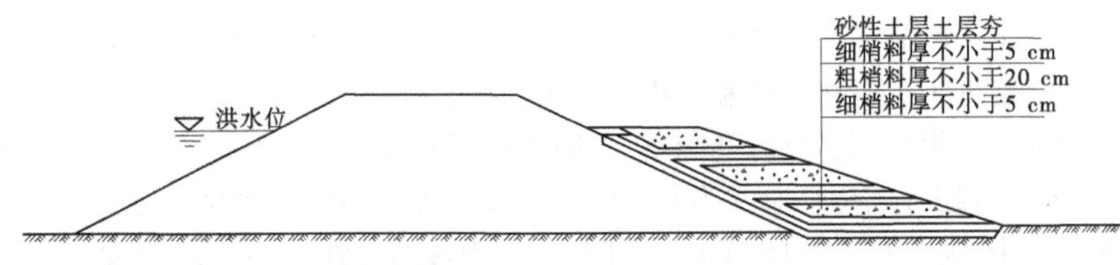

图 1-24　梢土后戗示意图

六、注意事项

在渗水险情抢险中,应注意以下事项:

(1)对渗水险情的抢护,应遵守“临水(河)截渗,背水(河)导渗”的原则。但临水截渗,需在水下摸索进行,施工较难。为了避免贻误时机,应在临水截渗实施的同时,更加注意在背水面做反滤导渗。

(2)在渗水堤段坡脚附近,如有深潭、池塘,在抢护渗水险情的同时,应在堤背坡脚处抛填块石或土袋固基,以免因堤基变形而引起险情扩大。

(3)在土工织物与土工膜等合成材料的运输、存放和施工过程中,应尽量避免或缩短其直接受阳光暴晒的时间,完工后,其表面应覆盖一定厚度的保护层。尤其要注意准确选料。

(4)采用砂石料导渗,应严格按照反滤质量要求分层铺设,并尽量减少在已铺好的面上践踏,以免造成反滤层的人为破坏。

(5)导渗沟开挖形式,从导渗效果看,斜沟("Y"字形与"人"字形)比竖沟好,因为斜沟导渗面积比竖沟大。可结合实际,因地制宜选定沟的开挖形式,但背水坡面上一般不要开挖纵沟。

(6)使用梢料导渗,可以就地取材,施工简便,效果显著。但梢料容易腐烂,汛后须拆除,重新采取其他加固措施。

(7)在抢护渗水险情中,应尽量避免在渗水范围内来往践踏,以免加大加深稀软范围,造成施工困难和险情扩大。

(8)切忌在背河用黏性土做压渗台,因为这样会阻碍堤内渗流逸出,势必抬高浸润线,导致渗水范围扩大和险情恶化。

七、抢险实例

(一)荆江大堤闵家潭排渗沟和填塘抢护

1. 险情概况

闵家潭位于荆江市荆州区荆江大堤桩号 783+700—786+000 处,长 2 300 m,水域面积 26. 4 万 m^2,系二次溃口冲刷而成,临河距大堤 800~1 000 m 处筑有民垸谢古垸围堤,大洪水时要分洪。本堤段在历史上有许多险情发生,1984 年谢古垸分洪时,翻沙涌水险情十分严重,1972 年谢古垸未分洪,大堤并未挡水,但在潭边浅水区进行摸探时,仍发现冒水孔 23 个,孔径 0. 2~0. 5 m。

2. 出险原因

该段地层结构是双层堤基,上部为粉质壤土($k<2.74\times10^{-5}$ cm/s),一般厚 2 m;下部为强透水层,厚约 90 m,由粉细砂、砂砾石组成($k=1\times10^{-3}\sim1\times10^{-2}$ cm/s)。

通过天然状态渗流分析,得出设计洪水位时潭边坡砂层出逸坡降为 0. 124~0. 15,大于允许坡降 0. 1,因而引起渗透变形与破坏,这是历年来产生险情的主要原因。

3. 工程抢险

通过技术经济比较,选用了排渗沟和局部填塘方案。靠背河堤脚设 50 m 一级平台和 40 m 二级平台,在距堤脚 90 m 处设置底宽 1 m 左右,坐落于砂层或深入砂层 0. 5 m 的排渗沟,距排渗沟中心 45 m 内以透水料填塘。通过渗控计算,当沟内水位控制在 31. 0~31. 5 m 时,潭边砂坡水平出逸坡降小于 0. 1,满足要求(见图 1-25、图 1-26)。

经过 1996 年、1998 年高水位长时间浸泡考验,潭内没有再发现冒泡现象,证明处理方法是有效的。

(二)黄河东平湖围堤反滤

1. 险情概况

黄河东平湖水库位于山东省境内,1960 年 7 月 26 日开启进湖闸开始蓄洪,至 9 月 17 日最高蓄水位达 43. 5 m,相应蓄水量 24. 5 亿 m^3,当湖水位上升到 41. 5 m 时,西堤段即出现渗水。

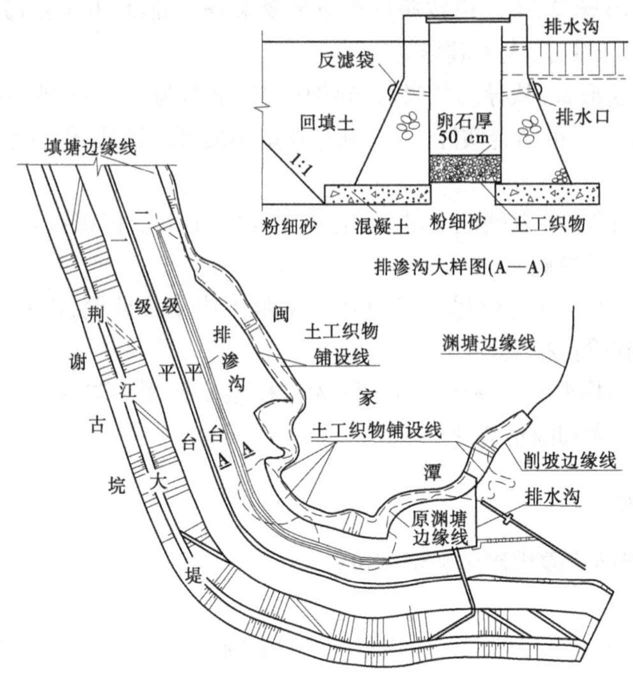

图 1-25 荆江大堤闵家潭平面图

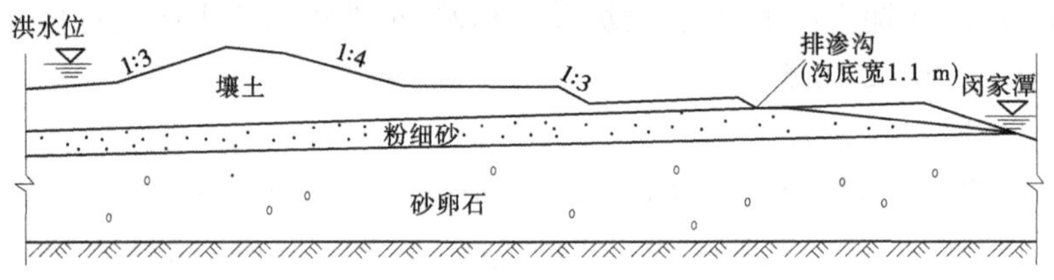

图 1-26 荆江大堤闵家潭堤基处理横剖面图

2. 出险原因

渗水的原因主要是:断面不足;堤身土质不均,间杂有黏性土,渗流不畅,抬高浸润线;堤基有透水性很强的古河道砂层,以致堤基渗水压力大,在堤基薄弱点逸出。随着湖水位不断上涨,险情越来越严重。蓄水位达到 43.5 m 时,渗水严重堤段达 48 km,约占堤线长的 50%。有的堤段发生滑坡、裂缝、流土破坏;有的已出现管涌、漏洞等险情。

3. 工程抢险

经对地质条件论证,选择了以下抢护措施:

(1)导渗。对堤身渗水比较严重的堤段,在渗水堤坡的后戗和坡脚处开沟填砂,上面加土盖压,让渗水集中从导渗沟排出,如东段二郎庙、前泊、武家漫、杜窑窝、张坝口等 5 段共挖沟长 755 m,共用砂石料 1 660 m^3、土 9 210 m^3。

(2)压渗。对堤脚附近低洼、坑塘边沿发生严重渗水有流土破坏的险象,采用在堤脚附近增加盖重的方法,延长渗径,减小渗流坡降,保护基土不受冲刷。盖土分砂石盖重、砂石后戗和压渗台工程等类型，共抢修砂土后戗 8 段，计土方 4.1 万 m^3；在背水洼地、坑塘边抢修压渗固基台长 676 m，用土 1.4 万 m^3；部分堤段抢修了砂石盖重。

（3）反滤排水。对渗压大、渗流严重堤段，抢修了反滤坝趾和贴坡反滤（见图 1-27）。

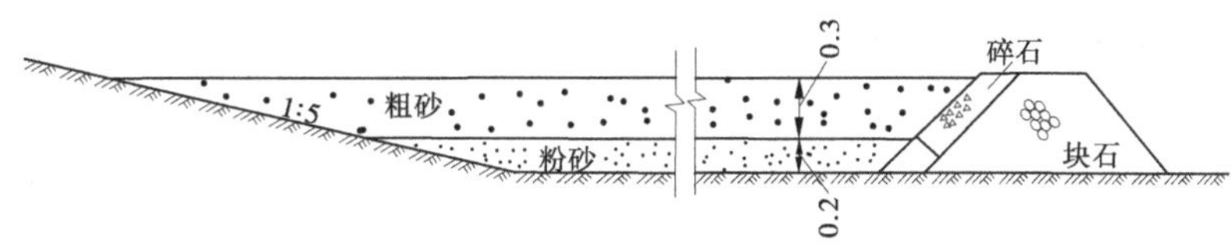

(a)北大桥险段抢修的反滤盖重

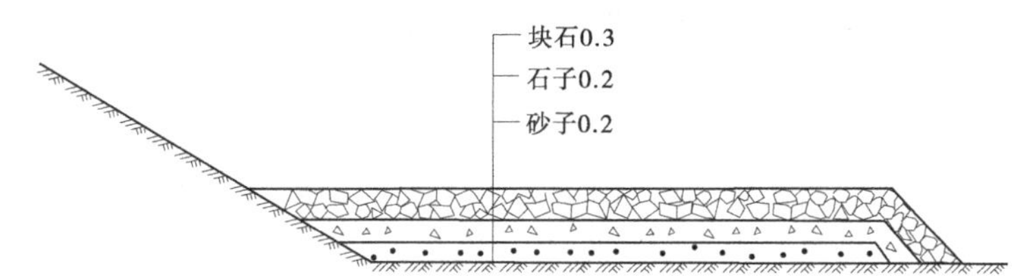

(b)南大桥险段抢修的反滤透水盖重

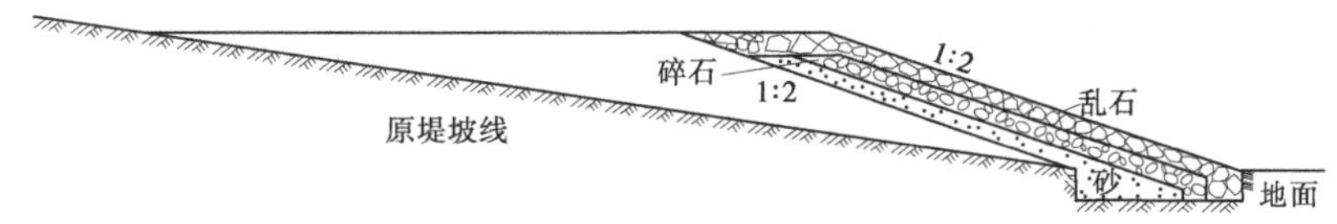

(c)索桃园杨城坝险段抢修的贴坡反滤

图 1-27　东平湖围堤透水盖重和贴坡反滤结构　（单位：m）

第三节　管涌（翻沙鼓水、泡泉）抢险

堤防工程挡水后，由于临水面与背水面的水位差较大而发生渗流，若渗流出逸点的渗透坡降大于允许坡降，则可能发生管涌或流土等渗流破坏，导致堤防工程出现溃决或沉陷等险情。

一、险情说明

当汛期高水位时，在堤防工程下游坡脚附近或坡脚以外（包括潭坑、池塘或稻田中），可能发生翻沙鼓水现象。从工程地质特征和水力条件来看，有两种情况：一种是在一定的水力梯度的渗流作用下，土体（多半是砂砾土）中的细颗粒被渗流冲刷带至土体孔隙中发生移动，并被水流带出，流失的土粒逐渐增多，渗流流速增加，使较粗粒径颗粒亦逐渐流失，不断发展，形成贯穿的通道，称为管涌（又称泡泉等）；另一种是黏性土或非黏性土、颗粒均匀的砂土，在一定的水力梯度的上升渗流作用下，所产生的渗透动水压力超过覆盖的有效压力时，则渗流通道出口局部土体表面被顶破、隆起或击穿发生“沙沸”，土粒随渗水流失，局部成洞穴、坑洼，这种现象称为流土。在堤防工程险情中，把这种地基渗流破坏的管涌和流土现象统称为翻沙鼓水。

翻沙鼓水一般发生在背水坡脚或较远的坑塘洼地，多呈孔状出水口冒水冒沙。出水口孔径小的如蚁穴，大的可达几十厘米。少则出现一两个，多则出现冒孔群或称泡泉群，冒沙处形成“沙环”，又称“土沸”或“沙沸”。有时也表现为地面土皮、土块隆起（又称“牛皮包”）、膨胀、浮动和断裂等现象。如翻沙鼓水发生在坑塘，水面将出现翻沙鼓泡，水中带沙色浑。随着大河水位上升，高水位持续时间增长，挟带沙粒逐渐增多，沙粒不再沿出口停积成环，而是随渗水不断流失，相应孔口扩大。如不抢护，任其发展，就将把堤防工程地基下土层淘空，导致堤防工程出现骤然坍陷、蛰陷、裂缝、脱坡等险情，往往造成堤防工程溃决。因此，如有管涌发生，不论距大堤远近，不论是流土还是潜流，均应足够重视，严密监视。对堤防工程附近的管涌应组织力量，备足料物，迅速进行抢护。“牛皮包”常发生在黏土与草皮固结的地表土层，它是由于渗压水尚未顶破地表而形成的。发现“牛皮包”亦应抓紧处理，不能忽视。管涌冒水见图1-28。

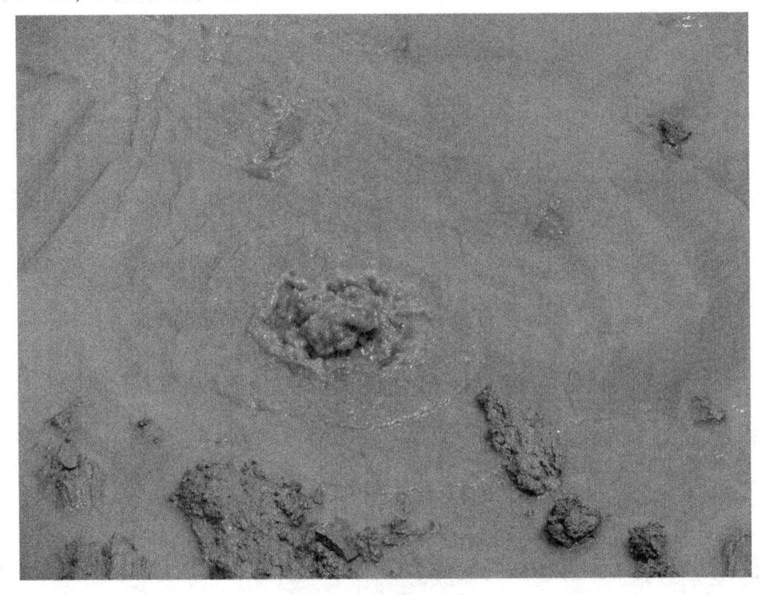

图1-28 管涌冒水

管涌是常见险情，据中华人民共和国成立以来荆江大堤14次较大洪水统计，共发生管涌险情160处，主要发生在1954年和1998年大洪水时；据中华人民共和国成立以来长江荆江辖区堤防工程的36年资料统计，共发生管涌险情389处，其中1983年大水发生管涌93处。黄河下游1958年洪水时发生管涌堤段4 312 m；1976年洪水不大，但发生管涌堤段长2 925 m，险情比较严重。1985年8月20日辽河支流小柳河陈家乡堤段，在背水堤脚3~7 m处发生管涌，23日翻沙管涌增加到20多处，长50多 m，因抢护不及，24日发生决口，决口10 m很快扩展到70 m，造成严重灾害。

二、原因分析

堤防工程背河出现管涌的原因,一般是堤基下有强透水砂层,或地表虽有黏性土覆盖,但由于天然或人为的因素,土层被破坏。在汛期高水位时,渗透坡降变陡,渗流的流速和压力加大。当渗透坡降大于堤基表层弱透水层的允许渗透坡降时,即发生渗透破坏,形成管涌。或者在背水坡脚以外地面,因取土、建闸、开渠、钻探、基坑开挖、挖水井、挖鱼塘等及历史溃口留下冲潭等,破坏表层覆盖,在较大的水力坡降作用下冲破土层,将下面地层中的粉细砂颗粒带出而发生管涌(见图 1-29)。

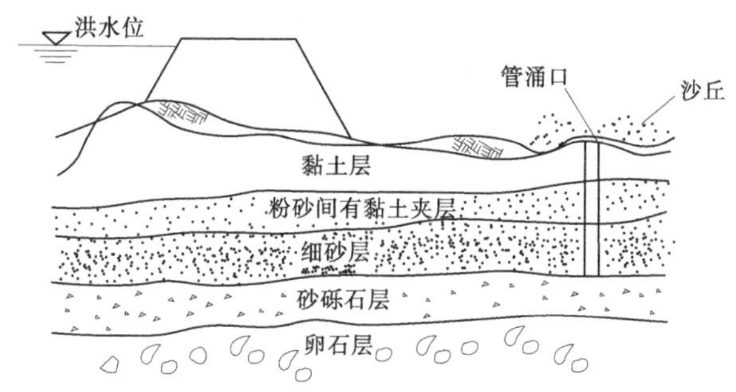

图 1-29　翻沙鼓水险情示意图

例如,黄河东平湖分滞洪区的围坝位于第四系全新统的河流冲积层上,埋藏有渗透性大的细砂、中砂、粗砂层。砂层厚 0.5~6.0 m。东坝段有小唐河、安流渠、赵王河、龙公河及小清河等古河道纵横穿越围坝地基,且在修围堤时黏性土层被挖穿。在 1960 年蓄水时就发生渗水、管涌、冒水、翻沙、流土、表层开裂等严重险情,其中发生较大管涌、流土 12 922 处,裂缝 11.088 km,渗水 48.6 km,漏洞 9 个。在围坝附近 1 km 的地表积水,并向周围扩展 3~5 km,造成梁山县城周围严重沼泽化,对围坝、湖周危害十分严重。

三、险情判别

管涌险情的严重程度一般可以从以下几个方面加以判别:管涌口离堤脚的距离,涌水浑浊度及带沙情况,管涌口直径,涌水量,洞口扩展情况,涌水水头等。由于抢险的特殊性,目前都是凭查险人员的经验来判断的。具体操作时,管涌险情的危害程度可从以下几方面分析判别:

(1)管涌一般发生在背水堤脚附近地面或较远的坑塘洼地。距堤脚越近,其危害性就越大。一般以距堤脚 15 倍水位差范围内的管涌最危险,在此范围以外的次之。

(2)有的管涌点距堤脚虽远一点,但是管涌不断发展,即管涌口径不断扩大,管涌流量不断增大,带出的沙越来越粗,数量不断增大,这也属于严重险情,需要及时抢护。

(3)有的管涌发生在农田或洼地中,多是管涌群,管涌口内有沙粒跳动,似“煮稀饭”,涌出的水多为清水,险情稳定,可加强观测,暂不处理。

(4)管涌发生在坑塘中,水面会出现翻花鼓泡,水中带沙、色浑,有的由于水较深,水面只看到冒泡,可潜水探摸,是否有凉水涌出或在洞口是否形成沙环。

需要特别指出的是,由于管涌险情多数发生在坑塘中,管涌初期难以发现。因此,在荆江大堤加固设计中曾采用填平堤背水侧 200 m 范围内水塘的办法,有效地控制了管涌险情的发生。

(5)堤背水侧地面隆起("牛皮包"、软包)、膨胀、浮动和断裂等现象也是产生管涌的前兆,只是目前水的压力不足以顶穿上覆土层。随着江河水位的上涨,有可能顶穿,因而对这种险情要高度重视并及时进行处理。

四、抢护原则

堤防工程发生管涌,其渗流入渗点一般在堤防工程临水面深水下的强透水层露头处,汛期水深流急,很难在临水面进行处理。所以,险情抢护一般在背水面,其抢护应以"反滤导渗,控制涌水带沙,留有渗水出路,防止渗透破坏"为原则。对于小的仅冒清水的管涌,可以加强观察,暂不处理;对于流出浑水的管涌,不论大小,均必须迅速抢护,决不可麻痹疏忽,贻误时机,造成溃口灾害。"牛皮包"在穿破表层后,应按管涌处理。有压渗水会在薄弱之处重新发生管涌、渗水、散浸,对堤防工程安全极为不利,因此防汛抢险人员应特别注意。

五、抢护方法

(一)反滤围井

在管涌出口处,抢筑反滤围井,制止涌水带沙,防止险情扩大。此法一般适用于背河地面或洼地坑塘出现数目不多和面积较小的管涌,以及数目虽多,但未连成大面积,可以分片处理的管涌群。对位于水下的管涌,当水深较浅时,也可采用此法。根据所用材料不同,具体做法有以下几种。

1. 砂石反滤围井

在抢筑时,先将拟建围井范围内的杂物清除干净,并挖去软泥约 20 cm,周围用土袋排垒成围井。围井高度以能使水不挟带泥沙从井口顺利冒出为度,并应设排水管,以防溢流冲塌井壁。围井内径一般为管涌口直径的 10 倍左右,多管涌时四周也应留出空地,以 5 倍直径为宜。井壁与堤坡或地面接触处,必须做到严密不漏水。井内如涌水过大,填筑反滤料有困难,可先用块石或砖块袋装填塞,待水势消杀后,在井内再做反滤导渗,即按反滤的要求,分层抢铺粗料、小石子和大石子,每层厚度 20~30 cm,如发现填料下沉,可继续补充滤料,直到稳定。如一次铺设未能达到制止涌水带沙的效果,可以拆除上层填料,再按上述层次适当加厚填筑,直到渗水变清(见图 1-30)。

对小的管涌或管涌群,也可用无底粮囤、筐篓,或无底水桶、汽油桶、大缸等套住出水口,在其中铺填砂石滤料,亦能起到反滤围井的作用。在易于发生管涌的堤段,有条件的可预先备好不同直径的反滤水桶(见图 1-31)。在桶底、桶周凿好排水孔,也可用无底桶,但底部要用铅丝编织成网格,同时备好反滤料,当发生管涌时,立即套好并按规定分层装填滤料。这样抢堵速度快,也能获得较好效果(反滤水桶只能作为参考,实战中无实例)。

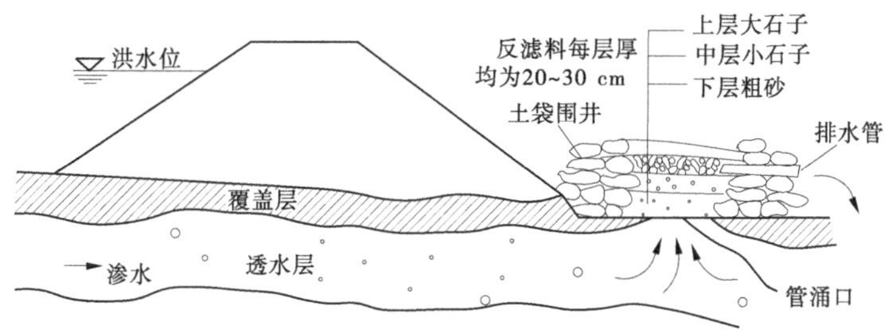

图 1-30　砂石反滤围井示意图

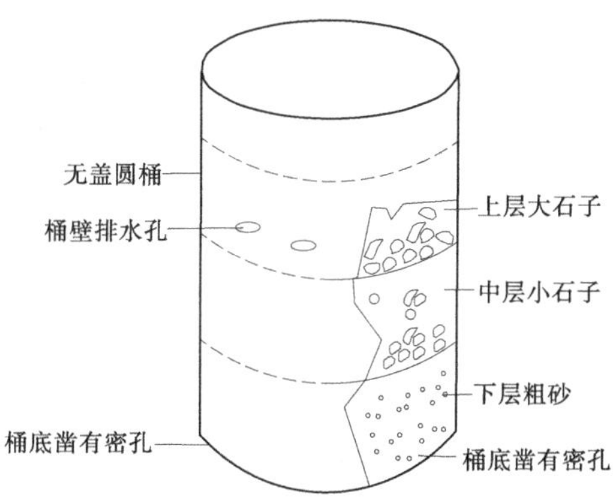

图 1-31　反滤水桶示意图

2. 梢料反滤围井

在缺少砂石的地方，抢护管涌可采用梢料代替砂石，修筑梢料反滤围井。细料可采用麦秸、稻草等，厚 20~30 cm；粗料可采用柳枝、秫秸和芦苇等，厚 30~40 cm；其他与砂石反滤围井相同。但在反滤梢料填好后，顶部要用块石或土袋压牢，以免漂浮冲失（见图 1-32）。

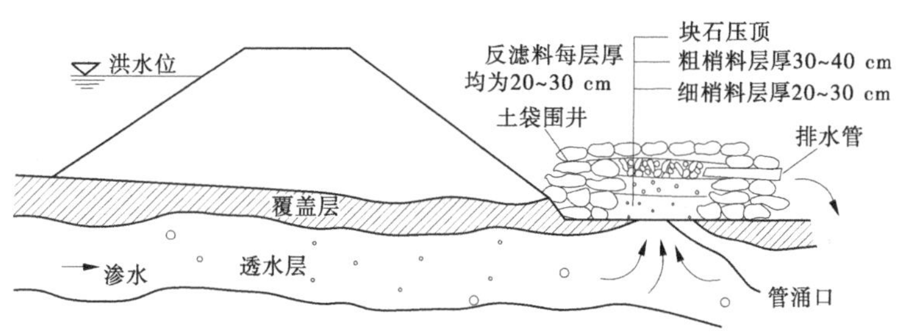

图 1-32　梢料反滤围井示意图

3. 土工织物反滤围井

土工织物反滤围井的抢护方法与砂石反滤围井基本相同，但在清理地面时，应把一切带有尖、棱的石块和杂物清除干净，并加以平整，先铺符合反滤要求的土工织物。铺设时块与块之间要互相搭接好，四周用人工踩住土工织物，使其嵌入土内，然后在其上面填筑

40~50 cm 厚的一般砖、石透水料(见图 1-33)。

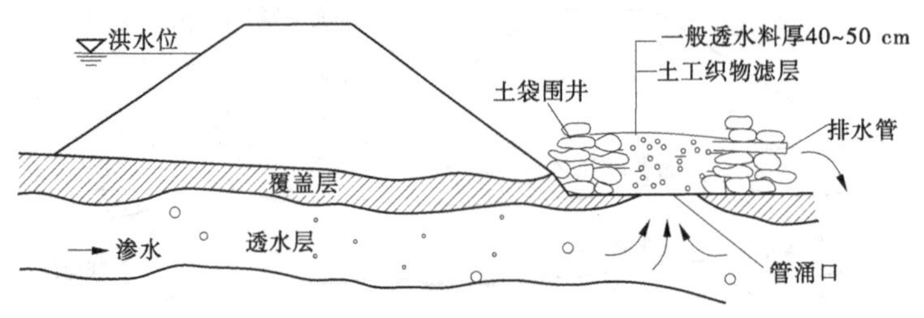

图 1-33 土工织物反滤围井示意图

(二)无滤减压围井(或称养水盆)

根据逐步抬高围井内水位减小临背河水头差的原理,在大堤背水坡脚附近险情处抢筑围井,抬高井内水位,减小水头差,降低渗透压力,减小渗透坡降,制止渗透破坏,以稳定管涌险情。此法适用于当地缺乏反滤材料,临背水位差较小,高水位历时短,出现管涌险情范围小,管涌周围地表较坚实完整且未遭破坏,渗透系数较小的情况。具体做法有以下几种。

1. 无滤层围井

在管涌周围用土袋排垒无滤层围井,随着井内水位升高,逐渐加高加固,直至制止涌水带沙,使险情趋于稳定,并应设置排水管排水(见图 1-34)。

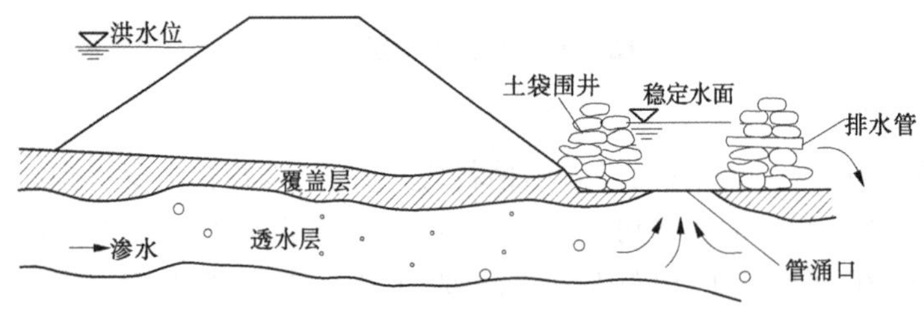

图 1-34 无滤层围井示意图

2. 无底滤水桶

对个别或面积较小的管涌,可采用无底铁桶、木桶或无底的大缸,紧套在出水口的上面。四周用袋围筑加固,做成无底滤水桶,紧套在出水口,四周用土袋围筑加固,靠桶内水位升高,逐渐减小渗水压差,制止涌水带沙,使险情得到缓解。

3. 背水月堤(又称背水围堰)

当背水堤脚附近出现分布范围较大的管涌群险情时,可在堤背出险范围外抢筑月堤,截蓄涌水,抬高水位。月堤可随水位升高而加高,直到险情稳定。然后安设排水管将余水排出。背水月堤必须保证质量,同时要慎重考虑月堤填筑工作与完工时间是否能适应管涌险情的发展和保证安全(见图 1-35)。

4. 装配式橡塑养水盆

此法适用于直径 0.05~0.1 m 的漏洞、管涌险情,根据逐步壅高围井内水位减少水头差的原理,利用自身的静水压力抵抗河水的渗漏,使涌泉渗流稳定。

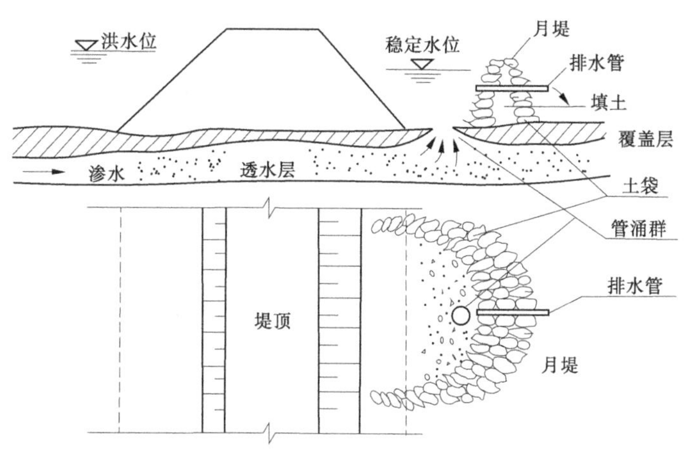

图 1-35　背水月堤示意图

装配式橡塑养水盆采用有机聚酯玻璃钢材料制成,为直径 1.5 m、高 1.0 m、壁厚 0.005 m 的圆桶,每节重 68 kg,节与节之间用法兰盘螺丝加固连接而成。底节分别做成 1∶2、1∶3 坡度的圆桶。它具有较高的抗拉强度和抗压强度,能满足 6 m 水头压力不发生变形的要求。

使用装配式橡塑养水盆的具体方法是:先以背河出逸点为中心,以 0.75 m 为半径,挖去表层土深 20 cm,整平,底节分别做成 1∶2、1∶3 坡度的圆桶,迅速用粉质黏土沿桶内壁填筑 40 cm,防止底部漏水。紧接着,用编织袋装土,根据水头差围筑外坡为 1∶1 的土台,从而增强养水盆的稳定性。采用装配式橡塑养水盆的突出特点是速度快,坚固方便,可抢在险情发展之前使漏水稳定,以达到防止险情扩大的目的(见图 1-36)。如在底节铺设一层反滤布,则成为反滤围井。

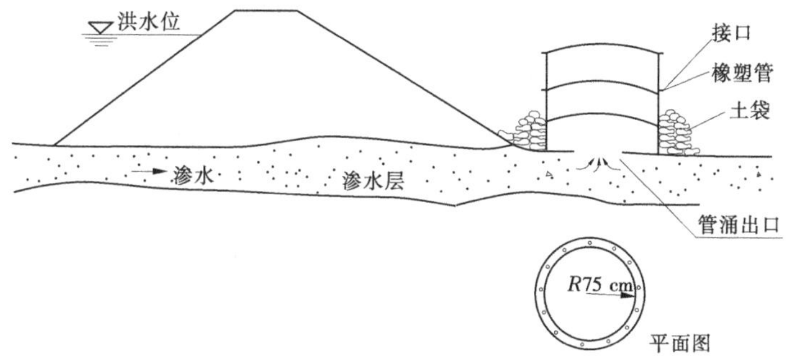

图 1-36　装配式橡塑养水盆示意图

(三)反滤压(铺)盖

在大堤背水坡脚附近险情处,抢修反滤压盖,可降低涌水流速,制止堤基泥沙流失,以稳定险情。此种方法一般适用于管涌较多,面积较大,涌水带沙成片的堤段。对于表层为黏性土,洞口不易迅速扩大的情况,可不用围井。

根据所用反滤材料的不同,具体抢护方法有以下几种。

1. 砂石反滤压(铺)盖

此法需要铺设反滤料面积较大,相对用砂石料较多,在料源充足的前提下,应优先选用。在抢筑前,先清理铺设范围内的软泥和杂物,对其中涌水带沙较严重的管涌出口,用块石或砖块抛填,以消杀水势。同时,在已清理好的大片有管涌冒孔群的面积上,普遍盖压一层粗砂,厚约 20 cm,其上再铺小石子或大石子各一层,厚度均约 20 cm,最后压盖块石一层,予以保护(见图 1-37)。如 1983 年 7 月 2 日在湖北省浠水永保支堤先后发现 5 处严重的管涌冒沙,一处距堤脚 350 m,口径达 80 cm,涌水水流色黄流急,出水流量约 0.1 m^3/s,冒沙 5 m^3;另一处距堤脚 400 m,口径 40 cm,涌水高 0.5 m。开始抛小卵石也稳不住,后采用反滤导渗的原理,分层抢铺砂石反滤料,险情逐渐得到缓解。

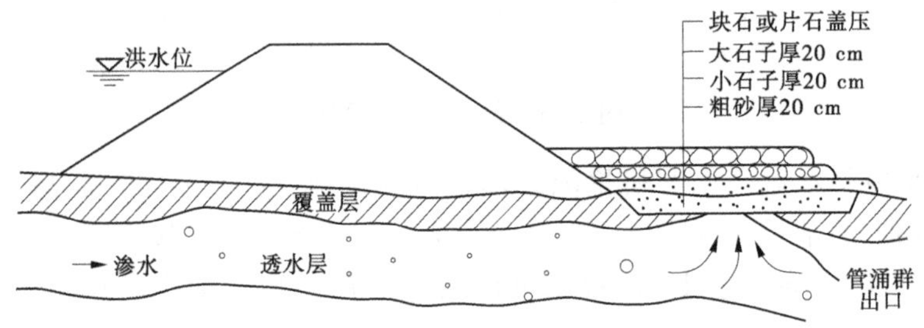

图 1-37　砂石反滤压(铺)盖示意图

2. 梢料反滤压(铺)盖

梢料反滤压(铺)盖的清基要求、消杀水势措施和表层盖压保护均与砂石反滤压盖相同。在铺设时,先铺细梢料,如麦秸、稻草等厚 10~15 cm,再铺粗料,如芦苇、秫秸和柳枝等厚 15~20 cm,粗细梢料共厚约 30 cm,然后上铺席片、草垫等。这样层梢层席,视情况可只铺一层或连续数层,然后上面压盖块石或砂土袋,以免梢料漂浮。必要时再盖压透水性大的砂土,修成梢料透水平台。但梢层末端应露出平台脚外,以利渗水排出,总的厚度以能制止涌水挟带泥沙、浑水变清、稳定险情为度(见图 1-38)。

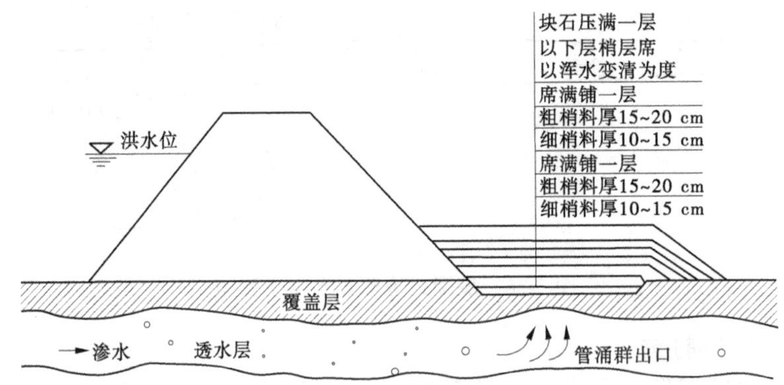

图 1-38　梢料反滤压盖示意图

3. 土工织物反滤压(铺)盖

抢筑土工织物反滤压(铺)盖的要求与砂石反滤压盖基本相同。在平整好地面、清除杂物,并视渗流流速大小采取抛投块石或砖块措施消杀水势后,先铺一层土工织物,再铺一般砖、石透水料厚 40~50 cm,或铺砂厚 5~10 cm,最后压盖块石一层(见图 1-39、图 1-40)。在单个管涌口,可用反滤土工织物袋(或草袋)装粒料(如卵石等)排水导渗。如 1989 年齐齐哈尔嫩江大堤两处管涌,均采用此法控制了险情。

图 1-39　铺设土工布

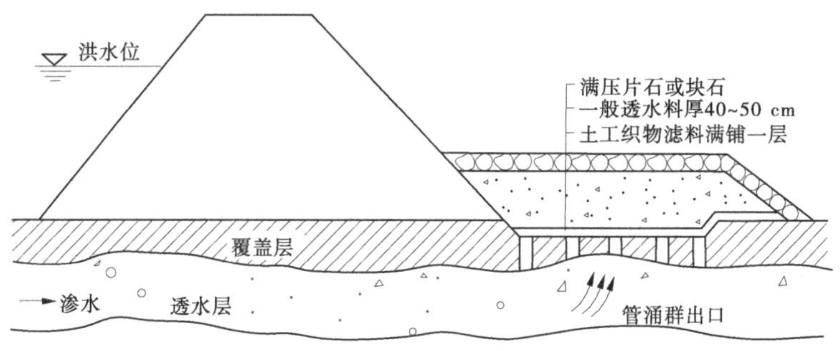

图 1-40　土工织物反滤压盖示意图

(四)透水压渗台

在河堤背水坡脚抢筑透水压渗台,可以平衡渗压,延长渗径,减小水力坡降,并能导渗滤水,防止土粒流失,使险情趋于稳定。此法适用于管涌险情较多,范围较大,反滤料缺乏,但砂土料丰富的堤段。具体做法是:先将抢筑范围内的软泥、杂物清除,对较严重的管涌或流土的出水口用砖、砂石填塞,待水势消杀后,用透水性大的砂土修筑平台,即为透水压渗台。其长、宽、高等尺寸视具体情况确定。透水压渗台的宽、高,应根据地基土质条件,分析弱透水层底部垂直向上渗压分布和修筑压渗台的土料物理力学性质,分析其在自然容重或浮容重情况下,平衡自下向上的承压水头的渗压所必需的厚度,以及因修筑压渗台导致渗径的延长,渗压的增大,最后所需要的台宽与高的确定,以能制止涌沙,使浑水变清为原则(见图1-41)。1985年辽宁台安县傅家镇辽河大堤发生管涌,先在其上铺草袋,上压树枝0.3 m,再修筑透水压渗台,取得了良好的效果。

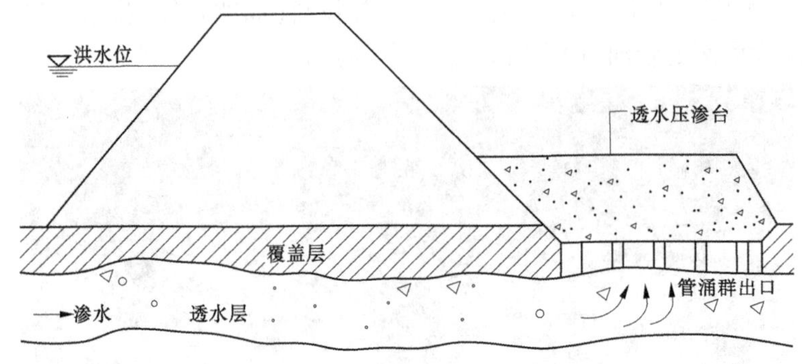

图1-41　透水压渗台示意图

(五)水下管涌抢护

当在潭坑、池塘、水沟、洼地等水下出现管涌时,可结合具体情况,采用以下方法。

1. 填塘

在人力、时间和取土条件允许时,可采用填塘法。填塘前应对较严重的管涌先抛石、砖块等填塞,待水势消杀后,集中人力和抢护机械,采用砂性土或粗砂将坑塘填筑起来,以制止涌水带沙。

2. 水下反滤层

如坑塘过大,填塘贻误时间,可采用水下抛填反滤层的抢护方法。在抢筑时,应先填塞较严重的管涌,待水势消杀后,从水上直接向管涌区内分层按要求倾倒砂石反滤料,使管涌处形成反滤堆,不使土粒外流,以控制险情发展。这种方法用砂石较多,亦可用土袋做成水下围井,以节省砂石反滤料。

3. 抬高坑塘、沟渠水位

此法的抢护、作用原理与减压围井(养水盆)相似。为了争取时间,常利用涵闸、管道或临时安装抽水机引水入坑,抬高坑塘、沟渠水位,减少临背水头差,制止管涌冒沙现象。

(六)“牛皮包”的处理

草根或其他胶结体把黏性土层凝结在一起组成地表土层,其下为透水层时,渗透水压未能顶破表土而形成的鼓包现象称为“牛皮包”险情,这实际上是流土现象,严重时可造成漏洞。抢护方法是:在隆起部位,铺青草、麦秸或稻草一层,厚10~20 cm,其上再铺柳枝、秫秸或芦苇一层,厚20~30 cm。厚度超过30 cm时,可横竖分两层铺放,铺成后用锥戳破鼓包表层,使内部的水和空气排出,然后再压土袋或块石进行处理。

六、注意事项

(1)在堤防工程背水坡附近抢护管涌险情时,切忌使用不透水的材料强填硬塞,以免截断排水通路,造成渗透坡降加大,使险情恶化。各种抢护方法处理后排出的清水,应引至排水沟。

(2)堤防工程背水坡抢筑的压渗台,不能使用黏性土料,以免造成渗水无法排出。违反"背水导渗"的原则,必然会加剧险情。

(3)对无滤层减压围井的采用,必须具备减压围井中所提条件,同时由于井内水位高、压力大,井壁围堰要有足够的高度和强度,以免井壁被压垮,并应严密监视围堰周围地面是否有新的管涌出现。同时,还应注意不在险区附近挖坑取土,否则会因井大抢筑不及,或围堰倒塌,造成决堤的危险。

(4)对严重的管涌险情抢护,应以反滤围井为主,并优先选用砂石反滤围井和土工织物反滤围井,辅以其他措施。反滤盖层只能适用于渗水量较小、渗透流速较小的管涌,或普遍渗水的地区。

(5)应用土工合成材料抢护各种险情时,要正确掌握施工方法:①土工织物铺设前应将铺设范围内的地表尽力进行清理、平整,除去尖锐硬物,以防碎石棱角刺破土工织物;②若土工织物铺设在粉粒、黏粒含量比较高的土壤上,最好先铺一层5~10 cm的砂层,使土工织物与堤坡较好地接触,共同形成滤层,防止在土工织物(布)的表层形成泥布;③尽可能将几幅土工织物缝制在一起,以减少搭接,土工织物铺设在地表不要拉得过紧,要有一定宽松度;④土工织物铺设时,不得在其上随意走动或将块石、杂物重掷其上,以防人为损坏;⑤当管涌处水压力比较大时,土工织物覆盖其上后,往往被水柱顶起来,原因是重压不足,应当继续加石子,也可以用编织袋或草袋装石子压重,直到压住;⑥要准备一定数量的缝制、铺设器具。

(6)用梢料或柴排上压土袋处理管涌时,必须留有排水出口,不能在中途把土袋搬走,以免渗水大量涌出而加重险情。

(7)修筑反滤导渗的材料,如细砂、粗砂、碎石的颗粒级配要合理,既要保证渗流畅通排出,又不让下层细颗粒土料被带走,同时不能被堵塞。导滤的层次及厚度要根据反滤层的设计而定,此外反滤层的分层要严格掌握,不得混杂。

七、抢险实例

(一)黄河山东东阿县牛屯堤段的抢护

1. 险情概况

1954年8月8日涨水时,位山水位43.30 m,堤顶出水3.19 m,东阿县牛屯堤段堤脚30 m处沟内出现管涌4处,直径0.3~0.6 m,涌水带沙,呈黑色或黄色。

2. 出险原因

此段堤防工程堤顶宽11 m,并修有后戗,戗顶宽5 m,边坡1∶5,高3.3 m,临背差3.2 m。背河距堤脚10~15 m以外有一水沟,宽30 m,深1.5 m,与堤线平行,距堤脚附近的一段长200 m。地面土质为砂质,局部含有少量黏性土。由于堤基土质多砂、临背悬差大,加之水头与渗径(当时洪水位)的比值仅1∶7,不满足1∶8的要求等因素引起险情。

3. 工程抢险

由于当时缺少抢护管涌险情的经验,采用了草捆草袋土堵塞的方法,堵塞后又在四周发现新的管涌,并且逐渐增多。当即在沟内管涌处用土压盖,越压翻沙鼓水越严重,沟内管涌长度由开始抢护的 45 m 增加到 100 m，在压土的两端又出现管涌 10 余处，这样先后共出现大小管涌 36 处。直径一般为 0.5 m 左右，最大的直径 1 m，深 3.2 m，呈翻花状，险情严重。经研究，改用在未盖土前先把管涌用麦秸塞严，用麻袋装土压住，然后在上面及四周铺麦糠厚 30 cm，上盖席片，阻止浑水涌出，并迅速压土厚 1.5~3.0 m，修筑长 200 m、宽 30 m 的戗台，又在两端各加修一段后戗，方保大堤未失事。

（二）湖北监利县荆江大堤杨家湾管涌抢险

1. 险情概况

1998 年 8 月 30 日 12 时，在监利县杨家湾桩号 638+400、距堤脚 400 m 处发现一孔径 0.50 m 的管涌险情，出沙 2 m^3，涌水高出地面 0.20 m。堤背水侧原是吹填淤区外缘的一块低洼农田，因地势低，农民弃种，已成沼泽地。历史上曾出现过大型管涌，背水坡脱坡（滑坡）、堤身裂缝等溃口性险情。当时吹填平台已有 120~250 m 宽，平台高程 31 m。堤顶高程 40.24 m，顶宽 12 m。8 月 17 日该段最高水位曾达 38.81 m，8 月 30 日出险时长江水位 37.60 m，出险部位高程 28.50 m。

2. 出险原因

杨家湾大堤堤基为细沙层，20 世纪 70 年代以前，出险部位在距堤脚 100 m 范围内，经吹填加宽、加高内辅盖层，险情得到稳定。1998 年的水位高，持续时间较长，出现了新的险情。

3. 工程抢险

工程出险后采取的抢护措施：一是围井三级反滤，二是围堰抽水反压。8 月 30 日 14 时开始做直径 5 m 的围井，高 1.1 m。具体做法是：先用大卵石填平洞口，消杀水势，再填黄沙 0.3 m 厚，在其上填瓜米石（又称豆石，是一种体积很小的碎石子，粒度大小跟绿豆相似）0.25 m 厚，最后填卵石 0.20 m 厚。围井水位蓄至为 29.50 m。与此同时，对南沼泽地加做围堰，高程为 29.40 m，蓄水位为 29.20 m，以防险情转移。17 时处理结束，并测出涌水量为 14 kg/s。20 时发现填料周围冒沙，到 22 时，测得管涌口环形沙带内径为 2 m，外径为 3 m，厚为 0.05 m，出沙量为 0.157 m^3/h。上述情况表明采取的抢护措施不当，处理效果不好。当即决定清除直径 3 m、厚 0.3 m 范围内的反滤料。重新做三级反滤。具体做法是，第一层填黄沙厚 0.2 m，第二层填瓜米石厚 0.2 m，第三层填卵石厚 0.15 m。9 月 3 日零时完成。但第二天早晨 6 时，滤料周围又出水带沙，测出沙量为 0.116 m^3/h。经初步分析，以上两次处理不理想的原因是：管涌口涌水压力过大，将第一层滤料黄沙冲动带出孔口。决定再次返工，重做三级反滤。8 时 30 分开始处理，首先清除直径 3.5 m、厚 0.4 m 范围内的滤料，然后铺直径 3.0 m 的纱布，以消杀水势，在纱布上做三层反滤，第一层厚 0.20 m，第二层厚 0.20 m，第三层厚 0.1 m，并将围井水位由 29.50 m 升至 29.80 m，围堰水位升至 29.50 m，于 11 时 20 分处理完华。

8 月 31 日 16 时观察到出水不带沙，但出浑水。在滤料上有三处下陷，深 0.05~0.10 m，总面积约 1 m^2，分析认为，这是填料空隙的自然调整和补填的石料整平所致。

9 月 1 日 8 时观察，出水已基本变清，但仍有少量的沙和泥，此时出沙主要在一处，也不像以前呈环形带沙。8 时 30 分，对此带沙处（1.5 m^2）重做三级反滤。至 16 时出水比 8 时明显变清，带沙量减少，险情基本稳定。此时长江水位为 37.78 m。此次管涌险情抢护共耗用沙石料 140 t,纺织袋 25 000 条,橡胶(直径 6 寸)虹吸管 240 m,抽水机械 2 台套,投入劳动力 4 200 人(含武警官兵)。

在管涌险情抢护过程中,有以下两个经验教训:①对孔径大,涌水量亦大的管涌,必须解决好涌水压力大的问题。保证第一级黄沙铺垫厚度到位,是保证三级反滤成功与否的关键。②做反滤料的沙石料级配要合理,滤料沙被带出的主要原因是瓜米石的粒径过大,以滤料砂粒径的 9~15 倍为宜。

第四节　滑坡(脱坡)抢险

堤坡(包括堤基)部分土体失稳滑落,同时出现趾部隆起外移的现象,称为滑坡。滑坡(亦称脱坡)有背河滑坡和临河滑坡两种,从性质上又可分为剪切破坏、塑性破坏和液化破坏,其中剪切破坏最为常见。脱坡险情见图 1-42。

图 1-42　脱坡险情

一、险情说明

堤防工程出现滑坡,主要是边坡失稳下滑造成的。开始时,在堤顶或堤坡上发生裂缝或蛰裂,随着险情的发展,即形成滑坡。根据滑坡的范围,一般可分为堤身与基础一起滑动和堤身局部滑动两种。前者滑动面较深,呈圆弧形,滑动体较大,堤脚附近地面往往被推挤外移、隆起,或沿地基软弱层一起滑动;后者滑动范围较小,滑裂面较浅。虽危害较轻,也应及时恢复堤身完整,以免继续发展。滑坡严重者,可导致堤防工程溃口,须立即抢护。由于初始阶段滑坡与崩塌现象不易区分,应对滑坡的原因和判断条件认真分析,确定滑坡性质,以利采取抢护措施。1954 年长江荆江大堤及其他干堤共发生脱坡 361 处,长达 13. 8 km。1958 年洪水黄河下游发生脱坡长达 238. 79 km。

二、原因分析

(1)高水位持续时间长,在渗透水压力的作用下,浸润线升高,土体抗剪强度降低,在渗水压力和土重增大的情况下,可能导致背水坡失稳,特别是边坡过陡时,更易引起滑坡。

(2)堤基处理不彻底,有松软夹层、淤泥层和液化土层,坡脚附近有渊潭和水塘等,有时虽已填塘,但施工时未处理,或处理不彻底,或处理质量不符合要求,抗剪强度低。

(3)在堤防工程施工中,由于铺土太厚,碾压不实,或含水量不符合要求,干容重没有达到设计标准等,致使填筑土体的抗剪强度不能满足稳定要求。冬季施工时,土料中含有冻土块,形成冻土层,解冻后水浸入软弱夹层。

(4)堤身加高培厚时,新旧土体之间结合不好,在渗水饱和后,形成软弱层。

(5)高水位时,临水坡土体处于大部分饱和、抗剪强度低的状态下。当水位骤降时,临水坡失去外水压力支持,加之堤身的反向渗压力和土体自重大的作用,可能引起失稳滑动。

(6)堤身背水坡排水设施堵塞,浸润线抬高,土体抗剪强度降低。

(7)堤防工程本身稳定安全系数不足,加上持续大暴雨或地震、堤顶堤坡上堆放重物等外力的作用,易引起土体失稳而造成滑坡。

(8)水中填土坝或水坠坝填筑进度过快,或排水设施不良,形成集中软弱层。

三、险情判别

滑坡对堤防工程安全威胁很大,除经常进行检查外,当存在以下情况时,更应严加监视:一是高水位时期;二是水位骤降时期;三是持续特大暴雨时;四是春季解冻时期;五是发生较强地震后。发现堤防工程滑坡征兆后,应根据经常性的检查资料并结合观测资料,及时进行分析判断,一般应从以下几方面着手:

(1)从裂缝的形状判断。滑动性裂缝主要特征是,主裂缝两端有向边坡下部逐渐弯曲的趋势,两侧往往分布有与其平行的众多小缝或主缝上下错动。

(2)从裂缝的发展规律判断。滑动性裂缝初期发展缓慢,后期逐渐加快,而非滑动性裂缝的发展则随时间逐渐减慢。

(3)从位移观测的规律判断。堤身在短时间内出现持续而显著的位移,特别是伴随着裂缝出现连续性的位移,而位移量又逐渐加大,边坡下部的水平位移量大于边坡上部的水平位移量;边坡上部垂直位移向下,边坡下部垂直位移向上。

四、抢护原则

造成滑坡的原因是滑动力超过了抗滑力,所以滑坡抢护的原则应该是设法减小滑动力和增加抗滑力。其抢护原则和做法可以归纳为“清除上部附加荷载,视情削坡,下部固脚压重”。对因渗流作用引起的滑动,必须采取“临截背导”,即临水帮戗,以减少堤身渗流的措施。上部减载是在滑坡体上部削缓边坡,下部压重是抛石(或沙袋)固脚。如堤身单薄、质量差,为补救削坡后造成的堤身削弱,应采取加筑后戗的措施予以加固。如基础不好,或靠近背水坡脚有水塘,在采取固基或填塘措施后,再行还坡。必须指出,在抢护滑坡险情时,如果江河水位很高,则抢护临河坡的滑坡,要比背水坡困难得多。为避免贻误时机,造成灾害,应临、背坡同时进行抢护。

五、抢护方法

(一)滤水土撑(又称滤水戗垛法)

在背水坡发生滑坡时,可在滑坡范围内全面抢筑导渗沟,导出滑坡体渗水,以减小渗水压力,降低浸润线,消除产生进一步滑坡的条件。对于因滑坡造成堤身断面的削弱,可采取间隔抢筑透水土撑的方法加固，防止背水坡继续滑脱。此法适用于背水堤坡排渗不畅、滑坡严重、范围较大、取土又较困难的堤段。具体做法是：先将滑坡体松土清理，然后在滑坡体上顺坡到脚直至拟做土撑部位挖沟，沟内按反滤要求铺设土工织物滤层或分层铺填砂石、梢料等反滤材料，并在其上做好覆盖保护。顺滤沟向下游挖明沟，以利渗水排出。抢护方法同渗水抢险采用的导渗法。土撑可在导渗沟完成后抓紧抢修，其尺寸应视险情和水情确定。一般每条土撑顺堤方向长 10 m 左右，顶宽 5～8 m，边坡 1∶3～1∶5，间距 8～10 m，撑顶应高出浸润线出逸点 0.5～2.0 m。土撑采用透水性较大的土料，分层填筑夯实。如堤基不好，或背水坡脚靠近坑塘，或有渍水、软泥等，需先用块石、沙袋固基，用砂性土填塘，其高度应高出渍水面 0.5～1.0 m。也可采用撑沟分段结合的方法，即在土撑之间，在滑坡堤上顺坡做反滤沟，覆盖保护，在不破坏滤沟的前提下，撑沟可同时施工（见图 1-43）。

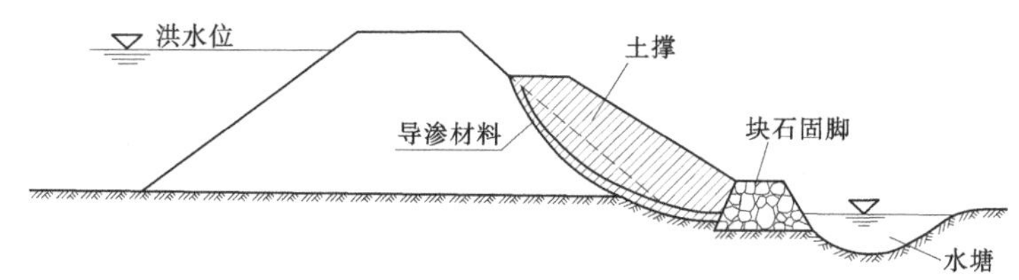

图 1-43　滤水土撑示意图

（二）滤水后戗

当背水坡滑坡严重，且堤身单薄，边坡过陡，又有滤水材料和取土较易时，可在其范围内全面抢护导渗后戗。此法既能导出渗水，降低浸润线，又能加大堤身断面，可使险情趋于稳定。具体做法与上述滤水土撑法相同。其区别在于滤水土撑法的土撑是间隔抢筑，而滤水后戗法则是全面连续抢筑，其长度应超过滑坡堤段两端各 5～10 m。当滑坡面土层过于稀软不易做滤沟时，常可用土工织物、砂石或梢料做反滤材料代替，具体做法详见抢护渗水的反滤层法。

（三）滤水还坡

凡采取反滤结构恢复堤防工程断面、抢护滑坡的措施，均称为滤水还坡。此法适用于背水坡，主要是由于土料渗透系数偏小引起堤身浸润线升高，排水不畅，而形成的严重滑坡堤段。具体抢护方法如下。

1. 导渗沟滤水还坡

先在背水坡滑坡范围内做好导渗沟，其做法与上述滤水土撑导渗沟的做法相同。在导渗沟完成后，将滑坡顶部陡立的土堤削成斜坡，并将导渗沟覆盖保护后，用砂性土层土层夯，做好还坡（见图 1-44）。

2. 反滤层滤水还坡

此法与导渗沟滤水还坡法基本相同，仅将导渗沟改为反滤层。

反滤层的做法与抢护渗水险情的反滤层做法相同（见图 1-45）。

3. 透水体滤水还坡

当堤背滑坡发生在堤腰以上，或堤肩下部发生蛰裂下挫时，应采用此法。其做法与上

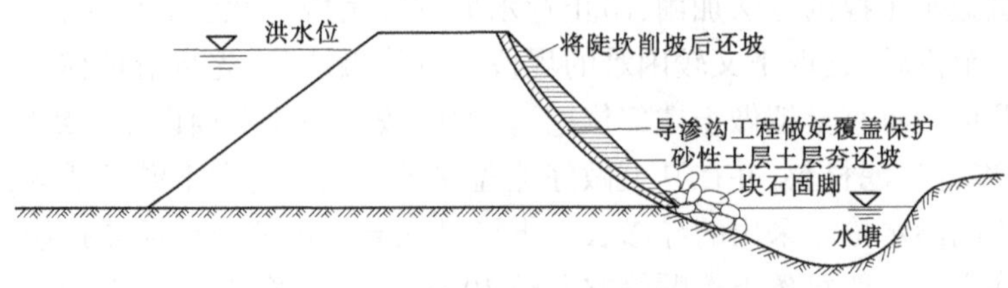

图 1-44　导渗沟滤水还坡示意图

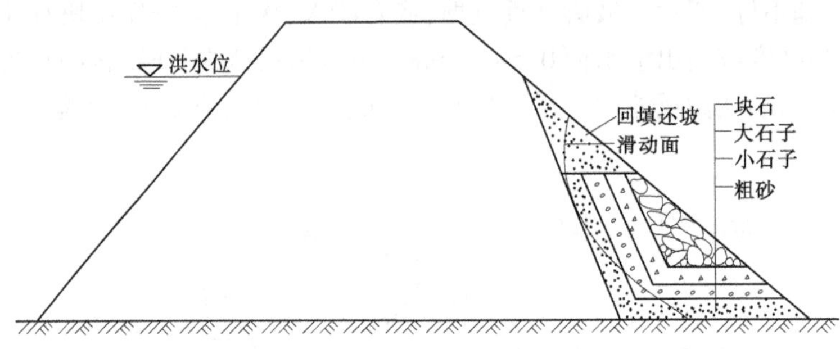

图 1-45　反滤层滤水还坡示意图

述导渗沟和反滤层的做法基本相同。如基础不好,亦应先加固地基,然后对滑坡体的松土、软泥、草皮及杂物等进行清除,并将滑坡上部陡坎削成缓坡,然后按原坡度回填透水料。根据透水体材料不同,可分为以下两种方法:

(1)砂土还坡。其作用和做法与抢护渗水险情采用的砂土后戗相同。如采用粗砂、中砂还坡,可恢复原断面。如采用细砂或粉砂还坡,边坡可适当放缓。回填土时亦应层层压实(见图 1-46)。

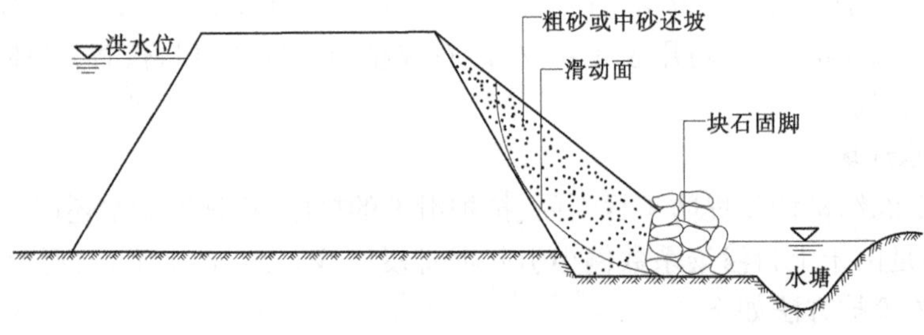

图 1-46　砂土还坡示意图

(2)梢土还坡。其作用和具体做法与抢护渗水险情采用的梢土后戗及柴土帮戗基本相同。其区别在于抢筑的断面是斜三角形,各坯梢土层是下宽上窄不相等(见图 1-47)。

4. 前戗截渗(又称临水帮戗法)

此法主要是在临河用黏性土修前戗截渗。当背水坡滑坡严重、范围较大,在背水坡抢筑滤水土撑、滤水后戗及滤水还坡等工程需要较长时间,一时难以奏效,而临水坡又有条件抢筑截渗土戗时,可采用此法。也可与抢护背水堤坡同时进行。其具体做法与抢护渗水险情采用的抛投黏性土方法相同。

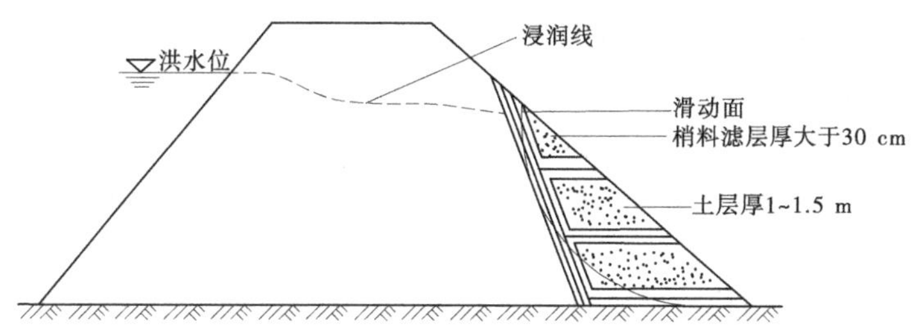

图 1-47　梢土还坡示意图

5. 护脚阻滑

此法在于增加抗滑力，减小滑动力，制止滑坡发展，以稳定险情。具体做法是：查清滑坡范围，将块石、土袋(或土工编织土袋)、铅丝石笼等重物抛投在滑坡体下部堤脚附近，使其能起到阻止继续下滑和固基的双重作用。护脚加重数量可由堤坡稳定计算确定。滑动面的上部和堤顶，除有重物时要移走外，还要视情况削缓边坡，以减小滑动力。

6. 土工织物反滤土袋还坡

在背水坡发生严重滑坡，又遇大风暴雨的情况下，采用此法。即在滑坡堤段范围内，全面用透水土工织物或无纺布铺盖滤水，以阻止土粒流失，此法亦称贴坡排水(见图 1-48)。对大堤滑坡部位使用编织袋土叠砌还坡，以保持堤防工程抗洪的基本断面。如高邮湖天长县境内堤段，汛期发生严重滑坡险情，堤防工程很快就要溃决，迅速调来土工编织袋加固大堤，应用土工编织土袋还坡衬砌，控制住险情，转危为安。

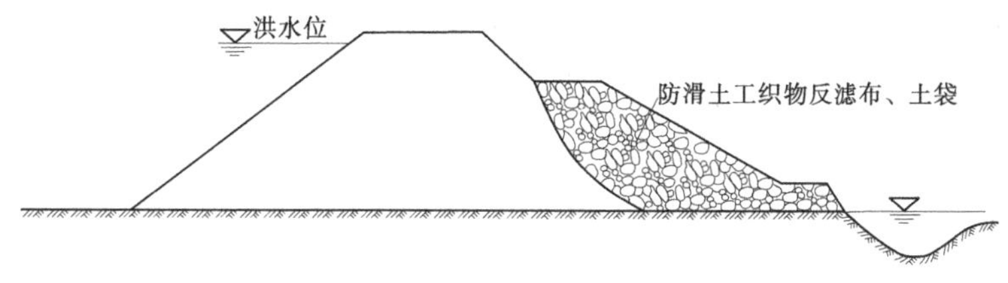

图 1-48　土工织物反滤布、土袋还坡示意图

六、注意事项

在滑坡抢护中，应注意以下事项：

(1)滑坡是堤防工程的严重险情之一，一般发展较快，一旦出险，就要立即采取措施，在抢护时要抓紧时机，事前把料物准备好，一气呵成。在滑坡险情出现或抢护时，还可能伴随浑水漏洞、严重渗水以及再次滑坡等险情，在这种复杂紧急的情况下，不要只采取单一措施，应研究选定多种适合险情的抢护方法，如抛石固脚、填塘固基、开沟导渗、透水土撑、滤水还坡、围井反滤等，在临、背水坡同时进行或采用多种方法抢护，以确保堤防工程的安全。

(2)在渗水严重的滑坡体上，要尽量避免大量抢护人员践踏，造成险情扩大。如坡脚泥泞，人上不去，可铺些芦苇、秸料、草袋等，先上少数人工作。

(3)抛石固脚阻滑是抢护临水坡行之有效的方法,但一定要探清水下滑坡的位置,然后在滑坡体外缘进行抛石固脚,才能制止滑坡土体继续滑动。严禁在滑动土体的中上部抛石,这不但不能起到阻滑作用,反而加大了滑动力,会进一步促使土体滑动。

(4)在滑坡抢护中,也不能采用打桩的方法。因为桩的阻滑作用小,不能抵挡滑坡体的推动,而且打桩会使土体振动,抗剪强度进一步降低,特别是脱坡土体饱和或堤坡陡时,打桩不但不能阻挡滑脱土体,还会促使滑坡险情进一步恶化。只有当大堤有较坚实的基础,土压力不太大,桩能站稳时才可打桩阻滑,桩要有足够的直径和长度。

(5)开挖导渗沟,应尽可能挖至滑裂面。如情况严重,时间紧迫,不能全部挖至滑裂面,可将沟的上下两端挖至滑裂面,尽可能下端多挖,也能起到部分作用。导渗材料的顶部必须做好覆盖防护,防止滤层被堵塞,以利排水畅通。

(6)导渗沟开挖填料工作应从上到下分段进行,切勿全面同时开挖,并保护好开挖边坡,以免引起坍塌。在开挖中,对于松土和稀泥土都应予以清除。

(7)对由水流冲刷引起的临水堤坡滑坡,其抢护方法可参照“坍塌抢险”的方法进行。在滑坡抢险过程中,一定要做到在确保人身安全的情况下进行工作。

(8)背水滑坡部分,土壤湿软,承载力不足,在填土还坡时,必须注意观察,上土不宜过急、过量,以免超载影响土坡稳定。

七、抢险实例

(一)黄河山东齐河县南坦堤防工程滑坡险情的抢护

1. 险情概况

齐河县南坦堤段是黄河上常年靠溜的险工堤段,背河常年积水,经过 1949 年洪水发现堤身御水能力很差,背河渗水严重,于 1950 年春加修宽 5 m、高 3.5 m、边坡 1∶5 的后戗,经分析仍然认为堤身单薄,又于 1952 年继续将后戗帮宽 4~5 m。到 1954 年汛前,南坦堤段堤防工程已达到顶宽 9 m,临河堤高 3.2 m,背河堤高 7.4 m,临河边坡 1∶2.5,背河边坡 1∶3。

1954 年 8 月 6 日,黄河水位开始上涨,至 11 日晚 8 时,南坦堤段水位已较背河地面高出 6 m,经过 5 昼夜的浸泡,堤身下部土体达到饱和状态,背河约 2.5 km 堤段普遍渗水,尤其是在 114+200—114+350 堤段内,背河由渗水发展到滑坡。其过程是:先在戗脚形成泥糊状,土料逐渐随渗水、渗泉向外流失,继而由坡脚向上发展。因堤坡失去支撑,开始出现裂缝,然后蛰陷,最后变成泥糊流失。在 2 h 左右,长 50 m、宽 6 m、高 2 m 的堤坡全部脱去。此后渗水流速越来越大,管涌直径扩大为 5~6 cm,且数量相当普遍,险情也随之发展扩大,以致最后造成宽 6 m、高 2 m、长 150 m 的堤段发生滑坡险情。

2. 出险原因

经调查证实,此次出险的主要原因是:①高水位引起背水坡滑坡,南坦堤段背河脱坡出现时,黄河水位较背河地面高出 6 m,水头高,压力大,且堤身已受水浸润达 5 昼夜,时间较长,散浸严重,堤身下部土体已达饱和,抗剪强度降低,渗流流速过大,险情不断扩大,导致滑坡。②堤身土质差,渗透系数大。经锥探,在堤顶 2.4 m 以下至 9.2 m 全部为砂性土,即堤身与堤基都是强透水材料,渗透系数大,土体易于饱和,产生渗水和流土险情。

③后戗基础为老潭坑。该潭坑系自行淤塞填平，多为有机物，成烂泥状，厚约 4 m；再下为 1 m 厚的板砂，板砂下仍为烂泥，承载能力小，洪水期堤身浸润饱和，荷载加大，难以保证工程的安全。

3. 工程抢险

根据发生滑坡险情的原因和现实严重的情况，经详细勘测研究确定，本着既能保证安全完整，又能将堤内渗水安全排出的原则，结合当地料物条件，采用柴草导滤法。具体做法是：先用草袋装好麦秸，在已滑坡范围内普遍压盖，由于基础已成泥浆，将底层草袋尽量踏入乱泥。如此连续铺盖三层，厚约 1.5 m，基本上达到了严密的程度。在草袋上压盖土料，厚约 1.5 m，高度略超出浸润线部位。经如此抢护之后，险情趋于稳定。经过 12 昼夜的考验，未再发生大的问题，虽然继续渗流，却是清水，证明抢护方法正确。

（二）荆江大堤金拖堤段抢险

1. 险情概况

1954 年 8 月 1 日，荆江大堤金拖堤段在外围人民大垸溃决后，突然挡水，在背河堤顶下 2.8 m 处发生裂缝，宽 1 cm、长 23 m，2 h 后裂缝发展到 150 m，裂缝不断向堤面发展和向上下延伸，在堤顶下 5.4 m 处堤坡凸起，堤脚向外滑塌，水在稻田鼓起，距背河堤面边缘 2~3 m 发生断续裂缝，脱坡全长 247 m，堤身呈弧形下塌。其中长 134 m 一段最为严重，堤面崩塌 2 m，坎高 2.7 m，陡坎下部有水涌出，土壤饱和变成泥浆，堤面裂缝长 83 m，缝宽 2~12 cm（见图 1-49）。在滑坡下段堤脚，有 2 cm 清水漏洞突变为浑水漏洞，直径扩大为 12 cm，冒水汹涌并冲出大量泥沙，伴随发生裂缝，形势万分危急。

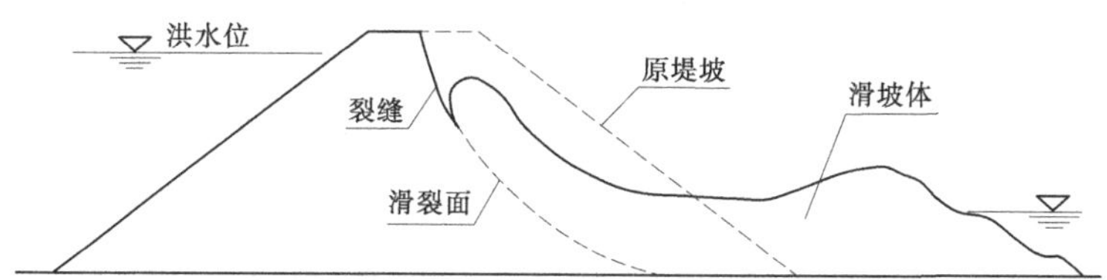

图 1-49　荆江大堤金拖段董家拐滑坡示意图

2. 工程抢险

（1）开沟导渗。由坡脚至崩坎，开垂直沟宽深各 1 m，间距 10 m，再沿裂缝开顺堤沟一条，宽深亦各是 1 m，但开沟深度没有达到计划要求，又缺乏导渗材料，只能用块石代替。同时由于险情发展太快，全部块石随土坡下塌，并部分鼓起，未见效果。于是又在块石下约 1 m 坡上另开顺堤沟及垂直沟，沟宽降为 0.8 m，填卵石厚降为 0.4 m，仍未见效，裂缝仍不断渗水。继续再由裂缝开垂直沟与原沟相连，间距改为 6~12 m。同时沿坎下裂缝开顺堤沟 1 条，宽深各 1 m，中部凸起部分沟深 2 m，填满卵石，上盖草垫。在垂直沟中间渗水的坡上，加斜形或人字形支沟与主沟相通，结果土壤变干、坚实。

（2）临水坡用袋土及抛土筑前戗，高出水面 0.3 m，宽 4 m，以加大堤身断面及减少渗水浸入堤内。

（3）填塘固基加修土撑。在堤脚和水下部分，先填草包土，上压麻袋，填宽 6~12 m，高 1.5~2.0 m，袋土外又加抛块石平台，宽 2~6 m，高出水面 1.0~1.5 m。

(4)在排淤固基阻止滑塌的基础上,连接土撑加土还坡。

(5)在浑水漏洞处做围井。

采取以上措施后,经 11 昼夜的看护,得以解除险情。

(三)湖北洪湖市长江青山垸堤段滑坡抢险

1. 险情概况

1998 年 8 月 20 日 23 时,在洪湖市长江青山垸堤段背水坡,发现两条弧形裂缝。第一条发生在 485+420—485+488 堤段,长 68 m。第二条裂缝发生在 485+550—485+590 堤段,长 40 m。出险部位都在堤肩以下 1.5~2.5 m 处。裂缝宽 1~5 cm,缝中明显积有渗水,21 日凌晨 1 时,险情迅速发展,上述两条裂缝扩大,缝宽扩大至 8 cm。堤坡下滑 10 cm,裂缝中渗水不断涌出。此时两条弧形裂缝中间的堤坡也出现了宽达 2 cm 以上的裂缝。在 485+400—485+600 堤段的 200 m 范围内裂缝相连,全线贯通。局部堤坡上的土壤饱和变成泥浆,险情迅速恶化。凌晨 3 时,两段滑体不断下挫,吊坎陡高增加到 12~20 cm。此时,485+600 处的裂缝,已向上游延伸,出现了约 50 m 长的断续裂缝,缝宽 1~2 cm。21 日 8 时,第一段严重的弧形裂缝下挫不明显,而第二段滑体下滑增加到 30 cm,坡面中部以下的堤坡土壤大部分稀软,一片泥泞,测得裂缝深度达 0.5~1.5 m,险情进一步恶化。

21 日 11 时,在青山段堤段的下游方向 485+050—485+070 长 20 m 堤段的背水坡,距堤内肩以下 2 m 的部位,也出现了 1~2 cm 的断续裂缝。同时青山垸大堤,从 485+000—485+850 长 850 m 堤段下部的半坡面,普遍散浸严重,渗水量大,有局部地段的堤坡稀软。

青山垸堤段顶宽不到 6 m,堤顶高程 34.10 m,临水坡坡度 1∶3,背水坡坡度不到 1∶3,堤脚宽度比设计宽度少 4 m。坡面中部凸起,堤身单薄,背水坡平台宽 20 m,高程 28.5 m,地面高程 27.0 m。临水面滩地高程 27.5~28.0 m,无平台,堤防工程土质以沙壤土为主。出险时临水面水位 34.08 m(当地历史最高水位),超危险水位 1.78 m。

2. 出险原因

长江青山垸堤段滑坡的出险原因:①水位高,持续时间长。②堤身单薄,该段堤防工程高度、宽度不足,边坡过陡,渗径不足,且堤身为沙质壤土,抗渗强度不够。

3. 工程抢险

滑坡后,从 8 月 21 日起进行抢险。采取了以下 4 条抢护措施:

(1)抢挖导渗沟,速排渗水。在堤坡上,沿坡脚至滑挫陡坎按垂直于堤防工程方向挖沟导渗(0.5 m×0.5 m),垂直沟间距 5 m。对两条垂直沟之间渗水不畅处的滑体,另加挖"人"字支沟,加速导水。垂直沟和"人"字支沟,均铺满三级反滤砂石料。分界沟中则铺满芦苇。同时,还在背水坡平台上按每 10 m 挖沟一条(0.8 m×1.0 m),将流入堤路分界沟中的渗水导出。

(2)抢筑透水压台,导出渗水,降低浸润线,做反压平台,使堤坡趋于稳定。具体做法是,在滑挫堤坡 485+420—485+488 和 485+550—485+590 处,分别抢筑长 80 m 和 60 m、宽 5 m 的透水压台两段。抢筑透水压台前,在做好了三级反滤沟的堤坡、堤脚上,全部铺盖芦苇稻草,此后再压盖土料,使透水压台成为从下至上为芦苇 0.4 m、稻草 0.1 m、土 0.8 m 的成层透水结构。按以上结构再分三级筑成总高 3.3 m 的透水压台。同时,在

485+500—485+550 和 485+600 堤段出现裂缝的背水坡,筑顺堤长 10 m、高宽相应的透水土撑 4 座。

(3)抢筑外帮截渗,加大堤身断面,减少渗水量,稳定堤身。即在 485+400—485+650 堤段,突击抢筑外帮,其宽 10 m,高出水面 0. 3 m。

(4)延长外帮,加宽加深导渗沟,翻填裂缝,预防新的险情。在青山垸 850 m 长的严重散渗堤段,组织单独的抢险队,将原来的导渗沟进行加宽加深,以加速滤水,降低浸润线。特别是对紧邻 485+400 堤段以下 100 m 严重散浸的部分,背水坡做三级砂石反滤,临水坡外帮下延 100 m,宽 3 m,以防止可能出现新的滑坡。对 485+050—485+070 堤段出现的断续裂缝也做了两个内透水土撑,加做外帮等相应措施,最后对滑坡裂缝 108 m 的吊坎也进行了清理翻挖,用黏土回填,胶布覆盖,以防止雨水淋灌。青山垸背水坡滑坡抢险堤防工程剖面见图 1-50。

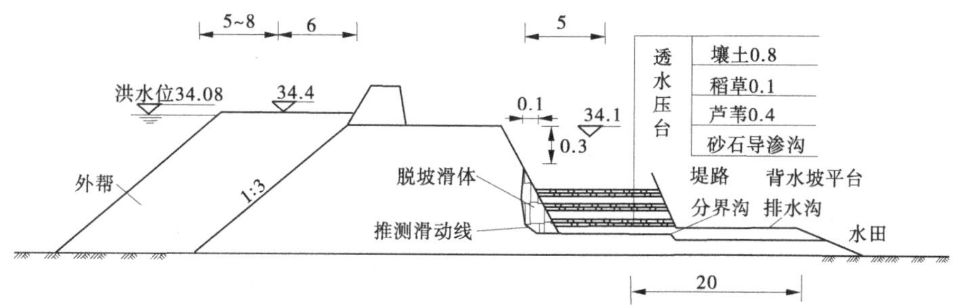

图 1-50 青山垸背水坡滑坡抢险剖面示意图 (单位:m)

经采取上述四项抢护措施后,滑坡体及堤身渗水出溢流畅。21 日下午,滑坡堤段浸润线明显下降,背水坡逐步干燥。在透水压台完成后观察,滑体完全终止下滑,滑坡险情基本消除。

第五节 漏洞抢险

一、险情说明

汛期在背水坡或背水坡脚附近出现横贯堤身或堤基的渗流孔洞,称为漏洞。漏洞又分为清水漏洞和浑水漏洞。如果漏洞口流出的是清水称为清水漏洞,往往是由堤身散浸集中形成的,说明险情刚刚发生,还没有迅速扩展,如处理不及时或处理不当就可能发展成浑水漏洞,因此应及时组织抢护。如果漏洞流出浑水,或由清变浑,或时清时浑,均表明漏洞正在迅速扩大,堤身有可能发生塌陷甚至溃决的危险。因此,无论发生清水漏洞还是浑水漏洞,也无论漏洞大小,均属重大险情,必须慎重对待,全力以赴,迅速进行抢护。

二、原因分析

漏洞产生的原因是多方面的,一般有以下几点:

(1)由于历史因素,堤身内部遗留有屋基、墓穴、战沟、碉堡、暗道、灰隔、地窖等,筑堤时未清除或清除不彻底。

(2)堤身填土质量不好,土料含砂量大,未夯实或夯实达不到标准,有土块或架空结构,在高水位作用下,土块间部分细料流失,堤身内部形成越来越大的空洞。

(3)堤身中夹有砂层等,在高水位作用下,砂粒流失,形成流水通道。

(4)堤身内有白蚁、蛇、鼠、獾等动物洞穴及腐朽树根或裂缝,在汛期高水位作用下,淤塞物冲开,或因渗水沿裂缝隐患、松土串连而成漏洞。

(5)在持续高水位条件下,堤身浸泡时间长,土体变软,更易促成漏洞的生成,故有“久浸成漏”之说。

(6)位于老口门和老险工部位的堤段,筑堤时对原有抢险所用抢险木桩、柴料等腐朽物未清除或清除不彻底,易形成漏水通道。

(7)复堤结合部位处理不好或产生过贯穿裂缝处理不彻底,一旦形成集中渗漏,即有可能转化为漏洞。

(8)沿堤修筑涵闸或泵站等建筑物时,建筑物与土堤结合部填筑质量差,在高水位时浸泡渗水,水流由小到大,冲走泥土,形成漏洞。

三、险情判别

从漏洞形成的原因及过程可以知道,漏洞是贯穿堤身的流水通道,漏洞的出口一般发生在背水坡或堤脚附近,其主要表现形式如下:

(1)漏洞开始因漏水量小、堤土很少被冲动,所以漏水较清,也叫清水漏洞。此情况的产生一般伴有渗水的发生,初期易被忽视。但只要查险仔细,就会发现漏洞周围“渗水”的水量较其他地方格外大,应引起特别重视。

(2)漏洞一旦形成后,出水量明显增加,且多为浑水,漏洞形成后,洞内形成一股集中水流,来势凶猛,漏洞扩大迅速。由于洞内土的逐步崩解、逐渐冲刷,出水水流时清时浑、时大时小。

(3)漏洞险情的另一个表现特征是漏洞进水口水深较浅,无风浪时,水面上往往会形成漩涡,所以在背水侧查险发现渗水点时,应立即到临水侧查看是否有漩涡产生。如漩涡不明显,可在水面撒些麦麸、谷糠、碎草、纸屑等碎物,如果发现这些东西在水面打旋或集中一处,表明此处水下有进水口。

(4)漏洞与管涌的区别在于前者发生在背河堤坡上,后者发生在背河地面上;前者是孔径大,后者孔径小;前者发展速度快,后者发展速度慢;前者有进口,后者无进口等。综合比较,不难判别。

四、漏洞查找方法

漏洞险情发生时,探摸洞口是关键,主要有以下方法:

(1)撒糠皮法。漏洞进水口附近的水流易发生漩涡,撒糠皮、锯末、泡沫塑料、碎草等漂浮物于水面,观测漂浮物是否在水面上打旋或集中于一处,可判断漩涡位置,并借以找到水下进水口,此法适用于漏洞处水不深,而出水量较大的情况。

(2)竹竿吊球法。在水较深,且堤坡无树枝杂草阻碍时,可用竹竿吊球法探测洞口,其方法是:在一长竹竿上(视水深大小定长短)每间隔 0.5 m 用细绳拴一网袋,袋内装一小球(皮球、木球、乒乓球等),再在网袋下端用一细绳系一薄铁片或螺丝帽配重,铁片上系一布条。持竹竿探测时如遇洞口布条被水流吸到洞口附近,则小球将会被拉到水面以下。

(3)竹竿探测法。一人手持竹竿,一头插入水中探摸,如遇洞口竿头被吸至洞口附近,通过竹竿移动和手感来确定洞口。此法适用于水深不大的险情,如果水深较大,竹竿受水阻力较大,移动度过小,手感失灵,难以准确判断洞口位置。

(4)数人并排探摸。由熟悉水性的几个人排成横列(较高的人站在下边)立在水中堤坡上,手臂相挽,顺堤方向前进,用脚踩探,凭感觉找洞口。采用此法,事先要备好长竿或梯子、绳子等救生设备,必要时供下水人把扶,以保安全。此法适用于浅水、风浪小且洞口不大的险情。

(5)潜水探摸。漏洞进水口处如水深溜急,在水面往往看不到漩涡,需人下水探摸。当前比较可行的方法是:一人站在临堤坡水边或水内,持 5~6 m 长竹竿斜插入深水堤脚估计有进水口的部位,要用力插牢,持稳,另由熟悉水性的 1 人或 2 人沿竿探摸,一处不行再移动竹竿位置另摸。因有竹竿凭借,潜、扶、摸比较得手,能较快地摸到进水口并堵准进水口,但下水人必须腰系安全绳,以策安全,有条件时潜水员探摸更好。

(6)布幕、编织袋、席片查洞。将布幕或编织袋等用绳拴好,并适当坠以重物,使其易于沉没水中,贴紧堤坡移动,如感到拉拖突然费劲,并辨明不是有石块或木桩树根等物阻挡,并且出水口出水减弱,就说明这里有漏洞。

(7)利用漂浮探漏自动报警器探准洞口。漂浮探漏自动报警器是利用水流在漏洞进口附近存在流速场,靠近洞口的物体能被吸引的原理设计的。漂浮探漏自动报警器分为探测系统和报警系统两部分,探测系统是核心,由探杆、细绳、浮漂、吸片和配重组成。报警系统属于辅助装置,其作用是探测系统发现漏洞口时发出报警,夜间也能发挥正常效用。

五、抢护原则

抢护漏洞的原则是"前堵后导,临背并举"。应首先在临水坡查找漏洞进水口,及时堵塞,截断漏水来源。同时在背水坡漏洞出水口采取反滤盖压,制止土料流失,使浑水变清,防止险情扩大。切忌在背河出水口用不透水料物强塞硬堵,以免造成更大险情。切忌在堤脚附近打桩,防止因振动而进一步恶化险情。一般漏洞险情发展很快,特别是浑水漏洞,危及堤身安全,所以抢护漏洞险情要抢早抢小,一气呵成,决不可贻误战机。

六、抢护方法

常用的几种抢护方法如下。

(一)临水堵截

当探摸到洞口较小时,一般可用土工膜及篷布等隔水材料盖堵、软性材料堵塞,并盖压闭气;当洞口较大,堵塞不易时,可利用软帘、网兜、薄板等覆盖的办法进行堵截;当洞口较多且情况复杂时,洞口一时难以寻找,如水深较浅,可在临水修筑月堤,截断进水。也可以在临水坡面用黏性土帮坡,以起到防渗防漏作用。

1. 塞堵法

当漏洞进水口较小,周围土质较硬时,可用棉衣棉被、草包或编织袋等料物塞堵,或用预制的软楔、草捆堵塞。这一方法适用于水浅且流速小,只有一个或少数洞口,人可以下水接近洞口的地方,具体做法如下:

(1)软楔堵塞。用绳结成圆锥形网罩,网格约 10 cm×10 cm,网内填麦秸、稻草等软料,为防止放到水里往上漂浮,软料里可以裹填一部分黏土。软楔大头直径一般为 40~60 cm,长度为 1.0~1.5 m。为抢护方便,可事先结成大小不同的网罩,在抢险时根据洞口大小选用网罩,并在罩内充填料物,用于堵塞。

(2)草捆堵塞。把稻草或麦秸等软料用绳捆扎成圆锥体,粗头直径一般为 40~60 cm,长度为 1.0~1.5 m,一定捆扎牢固。同时要捆裹黏土,以防在水中漂浮。在抢堵时首先应把洞口的杂物清除,再用软楔或草捆以小头朝洞里塞入洞内。小洞可以用一个,大洞可以用多个,洞口用软楔或草捆堵塞后,要用篷布或土工膜铺盖,再用土袋压牢,最后用黏性土封堵闭气,直至完全断流。

若洞口不只一个,堵塞时要注意不要顾此失彼,扩大险情。如主洞口没有探摸、处理,也容易延误抢险时间,导致口门扩大,险情更趋严重。

2. 盖堵法

盖堵法就是用铁锅、软帘、网兜和薄木板等盖堵物盖住漏洞的进水口,然后在上面抛压黏土袋或抛填黏土盖压闭气,以截断洞口的水流,根据覆盖材料的不同,有以下几种抢护方法:

(1)复合土工膜、篷布盖堵。当洞口较大或附近洞口较多时,可采用此法,先用 5.0 cm 钢管将土工膜或篷布卷好,在抢堵时把上边两端用麻绳或铅丝系牢于堤顶木桩上,放好顺堤坡滚下,把洞口盖堵严密后再盖压土袋并抛填黏土闭气。

(2)软帘盖堵法。此法适用于洞口附近流速较小,土质松软或周围已有许多裂缝的情况。一般可选用草席或棉絮等重叠数层作为软帘。也可就地取材,用柳枝、稻草或芦苇编扎成软帘。软帘的大小应视洞口的具体情况和需要盖堵的范围决定。软帘的上边可根据受力的大小用绳索或铅丝系牢于堤顶的木桩上,下边坠以重物,以利于软帘紧贴边坡并顺坡滚动。盖堵前先将软帘卷起,盖堵时用杆顶推,顺堤坡下滚,把洞口盖堵严密后,再盖压土袋,并抛填黏土,达到封堵闭气。

(3)水布袋堵漏法。此种方法是利用透水与透水不透砂两种材料分别制成袋口上有金属环的布袋,将袋置于洞口附近,被水流冲于洞内,在水压力作用下充分膨胀,袋体紧密地压贴在洞口处,漏洞即被封堵。水布袋堵漏工具由水袋和辅件组成。水袋由袋口铁环和布袋制成,辅件由铝合金组合管、水袋牵线。水袋袋口有直径为 0.3 m、0.4 m、0.5 m 三种规格,每种规格分为长 1.0 m 和 2.0 m 两种型号。水袋堵漏操作方法有两种:一种是水袋堵漏杆放置法,当查出漏洞位置后(浅水漏洞),两名堵漏操作人员一人手持上好水袋的操作杆,一人手持长杆戳着水袋袋底移至漏洞口潜入水流处,水袋会立即被吸入堵住洞口;二是布条吸入法,当查明漏洞口位置后(深水漏洞),三名身穿救生衣的操作人员在漏洞以上水面处,一人拿着与水袋底连接着的布条,另一个人协助拿布条的人将布条准确地放置于洞前入洞激流处,布条被吸入洞中,水袋即堵住漏洞。水袋堵漏的关键技术是如何准确地将水袋放置于洞口。水袋具有体积小、重量轻、便于携带、制作简单、价格便宜、便于存放、可多年使用、适应能力强等特点。

(4)软罩堵漏法。该法堵漏的主要特点是抢堵漏洞快、适应性强、软罩与洞口接触密实、操作简单、造价低廉、加工制作快、重量轻等。制作与使用方法:软罩直径0.3~0.5 m,阻圈可根据直径大小选材,一般用直径16~22 mm 的圆钢或扁铁焊制。软布可采用耐拉土工布或特别加工的软布织品,用料根据软罩直径而定。堵漏时用人或竹竿将软罩沿堤坡盖住洞口,然后及时用编织土袋加固,压盖闭气。软罩堵漏法具有外硬内软的特性,此法与门板、铁锅堵漏相比,克服了门板堵漏的硬性、浮力大、密封闭气差和铁锅堵漏操作危险性大的缺点。

(5)机械吊兜抢险技术。机械吊兜抢险技术主要是利用吊车或挖掘机直接吊运网兜盖堵较大的漏洞口。具有抢堵漏洞快、抗冲能力强、密封闭气好、省力省料、便于携带和运输等特点。制作使用方法:网兜用直径2 cm 的小麻绳编制,网眼25~30 cm 见方,网高1.0~1.5 m,直径2.0 m,网绳用直径3.0 cm 的棕绳,网兜内装麻袋、塑料编织袋若干个,麻袋和编织袋要装松散的淤土和两合土,切忌用硬土块。堵漏时,装土70%左右,一般网兜内装土1.0~2.0 m^3。吊兜做好后用吊车或挖掘机吊起网兜直接盖住洞口,然后抛土加固。

(6)电动式软帘抢堵漏洞。制作使用方法如下:在软帘滚筒的一端安装一个5 kW 的电机,由一个正、倒向开关控制,给软帘滚筒一个同轴心的转动力,迫使软帘滚筒向下推进。为了降低转速,加大扭矩,在电机一端设置变速箱。由人工控制能伸缩的操纵杆,保证电机和软帘滚筒的相对转动,准确掌握软帘推进的尺度,确保软帘覆盖到位。为封严软帘四周,防止漂浮、进水,解决软帘不能贴近坡面,易引发新漏洞的问题,把软帘滚筒做成两端粗(直径为30 cm)、中间细(直径为15 cm)的形状,可确保整个软帘拉平,贴近堤坡。操作时先在堤顶上固定两根0.5 m 长的木桩或数根30 cm 长的铁桩,再把固定拉杆、拉绳栓于桩上,然后一人手持操纵杆,接通电源,展开软帘,依据漏洞位置,视覆盖到位情况,关闭电源。如果软帘没有盖住漏洞口,开关置于倒向把软帘卷上来,调整位置重新展开软帘,直到盖住漏洞入水口。

(7)铺盖PVC 软帘堵漏。每卷软帘宽4.0 m、厚1.2 mm,与坡同长。上端设直径5.0 cm 钢管,下端设直径20 cm 混凝土圆柱。PVC 卷材具有一定柔性,在漏洞水力吸引下能迅速将漏洞封堵。该材料又具有其他柔性材料没有的一定刚性,因此受水冲摆影响小,易入水。软帘入水靠配重沿堤坡自然伸展开,软帘与堤坡的摩擦力及水流的冲浮力最小,入水角度最佳。

(8)铁锅盖堵。此法适用于洞口较小,水不太深,洞口周边土质坚硬的情况。一般用直径比洞口大的铁锅正扣或反扣在漏洞口上,周围用胶泥封住,即可截断水流。

(9)网兜盖堵。在洞口较大的情况下,也可以用预制的方形网兜在漏洞进口盖堵。制作网兜一般采用直径1.0 cm 左右的麻绳,织成网眼20 cm×20 cm 的网,周围再用直径3.0 cm 的麻绳做网框,网宽一般2.0~3.0 m,长度应为进水口至堤顶的边长的2倍以上。

在抢堵时，将网折起，两端一并系牢于堤顶的木桩上，网中间折叠处坠以重物，将网顺边坡沉下成网兜形，然后在网中抛以草泥或其他物料，以堵塞洞口。待洞口覆盖完成后，再压土袋，并抛填黏土，封闭洞口。

（10）黏土盖堵。堤坝临水坡漏洞较多较小，范围较大，漏洞口难以找准或找不全时，可采用抛填黏土，形成黏土贴坡达到封堵洞口的目的。具体做法如下：

①抛填黏土前戗。根据漏水堤段的临水深度和漏水严重程度，确定抛填前戗的尺寸。一般顶宽2.0~3.0 m，长度最少超过漏水堤段两端各3.0 m，戗顶高出水面约1.0 m，水下坡度应以边坡稳定为度。抢护时，在临水堤肩上准备好黏土，然后集中力量沿临水坡由上而下，由里向外，向水中缓慢推下。由于土料入水后的崩解、沉积和固结作用，形成截漏戗体。抛土时切忌用车拉土向水中猛倒，以免沉积不实，降低截渗效果。在抛土前对已找到的洞口要用盖堵法封堵，然后倒土闭气。

②临水修筑月堤。在漏洞较多，范围较大不易寻找的情况下，如临河水不太深，取土较易，可在临河抢筑月堤，将出险堤段圈护在内，再在堤身寻找洞口或用黏土进行封闭。

（二）背水导渗

背水导渗常用的方法有反滤围井法、反滤盖压法和透水压渗台法等。

1. 反滤围井法

堤坡尚未软化，出口在坡脚附近的漏洞，可采用此法。堤坡已被水浸泡软化的不能采用。反滤围井抢筑前，应清基除草，以利围井砌筑。围井筑成后应注意观察防守，防止险情变化和围井漏水倒塌。根据围井所用材料的不同，具体做法有以下几种：

（1）土工织物反滤围井。在抢筑围井时，应先将围井范围内一切带有尖棱的石块和杂物清除，表面加以平整后，先铺设符合反滤要求的土工织物，然后在其上填筑沙袋或砂砾石透水料物，周围用土袋垒砌做成围井。围井范围以能围住流土出口和利于土工织物铺设为度，周围高度以使渗漏出的水不带泥沙为度，一般高度为1.0~1.5 m。根据出水口数量多少和分布范围，可以布置单个围井或多个围井，一般单个洞口围井直径1.0~2.0 m，也可以连片做成较大的围井。

（2）砂石反滤围井。当现场砂石料比较丰富时，也可以采用此法。抢筑这种围井的施工方法与土工织物反滤围井基本相同，只是用砂石反滤料代替土工织物。按反滤要求，分层抢铺粗砂、小石子和大石子，每层厚度20~30 cm。反滤围井完成后，如发现料物下沉，可继续补填滤料，直到稳定。砂石反滤围井筑好后，当险情已经稳定后，再在围井下端用竹管或钢管穿过井壁，将围井内的水位适当排降，以免井内水位过高，导致围井附近再次发生管涌、流土和井壁倒塌，造成更大的险情。

（3）梢料反滤围井。在土工织物和砂石料缺少的地方，一时难以运到，又急需抢护，也可就地取材，采用梢料反滤围井。细梢料可采用麦秸、稻草等厚20~30 cm，粗梢料可采用柳枝和秫秸等厚30~40 cm，其填筑要求与砂石反滤围井相同。但在反滤梢料填好后，顶部要用沙袋或石块压牢，以免漂浮冲失。

上述三种反滤围井仅是防止险情扩大的临时措施，并不能完全消除险情，围井筑成后应密切注意观察防守，防止险情变化和围井漏水倒塌。

2. 反滤压盖法

在大堤背水坡脚险情处，抢筑反滤压盖，制止堤基土沙流失，以稳定险情。一般适用于险情面积较大并连成片，险情比较严重的地方。根据所用反滤料物不同，具体抢筑方法有以下几种：

（1）土工织物反滤压盖。此法适用于铺设反滤料物较大的情况。在清理地基时，应把一切带有尖棱的石块和杂物清除干净，并加以平整。先铺一层土工织物，其上铺砂石透水料，最后压石块或沙袋一层。

（2）砂石反滤压盖。在砂石料充足的情况下，可以优先选用。先清理铺设范围内的杂物和软泥，对其中涌水涌沙较严重的出口用块石或砖块抛填，消杀水势。同时，在已清理好的大片有管涌和流土的面积上，普遍盖压粗砂一层，厚约 20 cm，最后压盖块石一层，予以保护。

（3）梢料反滤压盖。在土工织物和砂石料缺少的地方，也可以采用梢料反滤压盖，清基要求、消杀水势与土工织物和砂石反滤压盖相同。在清理地基后，铺筑时先铺细梢料、麦秸或稻草等厚 10～15 cm，再铺粗梢料柳枝或秫秸厚 15～20 cm，然后上铺席片或草垫等。这样层稍层席，视情况可只铺一层或连续数层，然后上面压盖石块或土袋，以免梢料漂浮。必要时再压盖透水性大的砂土，修成梢料透水平台。但梢料末端应露出平台脚外，以利渗水排除。总的厚度以能制止涌水带出细砂，浑水变清，稳定险情为原则。

3. 无滤减压围井法

减压围井也叫“养水盆”，在大堤背水坡脚险情处使用土袋抢筑围井，抬高井内水位以减少临背水头差，降低渗透压力，减少水力坡降，制止渗透破坏，稳定险情。此法适用于临背水头差较小，高水位持续时间短，出现险情周围地表坚实、完整、渗透性较小，未遭破坏，现场又缺少土工织物和砂石反滤料物的情况，具体做法有以下几种：

（1）无滤层围井。在出水口周围用土袋垒砌无滤层围井，随着井内水位升高，逐渐加高加固，直到制止涌水带沙，险情稳定。

（2）无滤层水桶。对个别或面积较小的出水口，可采用无底的水桶或油桶，紧套在出水口上面，四周用土袋围筑加固，做成无滤层水桶，靠桶内水位升高，逐渐减小渗水压力，制止涌水带沙，使险情趋于稳定。

（3）背水月堤。当背水堤脚附近出现分布范围较大的出水险情时，可在背水坡脚附近抢筑月堤，截蓄涌水，抬高水位。月堤可随水位升高而加高，直至险情稳定，然后安设排水管将余水排出。对背水月堤的实施，必须慎重考虑月堤的填筑质量和工作量以及完成时间，要保证能适应险情的发展和安全的需要。

4. 透水压渗台法

在背河坡脚抢筑透水压渗台，可以平衡渗压，延长渗径，减少水力坡降并能导出渗水，防止涌水带沙，使险情趋于稳定。此法适用于险情范围较大，现场缺乏反滤料物，但砂土料源比较丰富的地方。具体做法是：先将抢险范围内的淤泥和杂物清除干净，对较严重的涌水出水口用石块或砖块填塞，待水势消杀后，用透水性大的砂土修筑平台。透水压渗台的尺寸应根据地基土质条件，分析弱透水层底部垂直向上渗压分布情况和修筑压渗台的土料物理力学性能，分析其在自然容重或浮容重情况下，平衡自下而上的承压水头的渗压台所必需的厚度,以及因修筑渗压台导致渗径的延长、渗压的增大所需要的台宽与台高。

5. 水下漏水的抢护

如果漏洞出水口在背河池塘或沟渠内,可结合具体情况,采取以下方法:

(1)填塘。如坑塘不大,在人力、机械、时间和取土条件能够迅速完成任务的情况下,可采用此法。对严重的出水涌砂口,在填塘前应先抛石或砖块塞堵,待水势消杀后,集中人力、机械采用砂土或粗砂将坑塘填筑起来,制止涌水带砂,稳定险情。

(2)水下反滤层。如坑塘过大,用砂土填坑贻误战机,可采用水下抛填反滤层。在抢筑时,从水上直接向出水区内分层按要求倾倒砂石反滤料,形成反滤堆,制止涌水带沙,控制险情。

(3)抬高坑塘或沟渠水位。为了抢先争取时间,常利用管道引水入塘或临时安装抽水机引水入塘,抬高水位,减少临背水头差,制止涌水带沙,此法作用原理与减压围井类似。

七、注意事项

(1)出现漏洞险情应按照抢险要求,将抢险人员分成临水洞口堵截和背水反滤填筑两大部分,紧张有序地进行抢险工作。

(2)在抢堵洞口时,切忌乱抛石料等块状料物,以免架空,使漏洞继续发展扩大。

(3)在背河堤脚附近抢护时,切忌使用不透水材料堵塞,以免截断排水出路,造成渗透坡降加大,使险情恶化。

(4)使用土工织物做反滤材料时,应注意不要被泥土淤塞,阻碍渗水流出。

(5)透水压渗台应有一定的高度,能够把透水压住。

(6)在背坡需做反滤围井时,井内水位上升较快,最重要的是基础处理好,与井壁结合紧密,严防漏水。

八、抢险实例

(一)济南天桥老徐庄堤段漏洞险情抢护

1. 险情概况

该堤段位于济南郊区黄河右岸。1958 年 7 月 17 日黄河花园口站出现 22 300 m^3/s 的大洪水,7 月 19 日,济南河段开始涨水,23 日 12 时济南泺口站最高水位 32.09 m,超保证水位 1.09 m,老徐庄堤段临河水位比背河地面高出 6.0~7.0 m。7 月 23 日,老徐庄险工上首发现 3 个漏洞险情。当日 1 时在临河堤脚查水发现 2 个陷坑,背河未发现出水,当即用草捆、麻袋装土塞堵。当日 4 时许,于两陷坑下游 50 m 处背河戗顶发现直径约 0.1 m 的浑水漏洞,在对应临河堤坡上发现水深 1.0 m 处有漩涡,经过探摸为进水口,随即用草捆和 3 条麻袋塞堵,背河流水停止,险情缓和。不久在第一个洞口下首 4 m 处又发现一个出水口,随即用土袋做养水盆处理,并在临河找到进水口,用草捆、柳枝及土袋堵塞。半小时后第一个漏洞出水口又冒出浑水,水流更急,同时背河后戗顶部又发现新漏洞一个,出水口如鸡蛋大。前后在 85 m 长堤段内共发现临背贯通漏洞 3 个,险情发展十分危急。

2. 出险原因

出险原因主要是高水位浸泡时间长,筑堤土质差。

3. 工程抢险

针对出现情况,采取"临河堵塞、背河反滤"的抢护原则。在背河发现漏洞时,一面在背河用土袋做小型半圆形围堰,直径 2 m 左右,即"养水盆"。一面在临河及时找到洞口,及时堵塞,后用柳枝编围坝,抛填土袋及散土封堵。险情缓和,但仍感觉不安全。后又在背河土袋围堰内填 20 cm 厚麦秸,并压土袋,但效果不理想,不久又冒浑水,将麦秸冲开,水流速度加大。又将反滤围井直径扩至 20 m,铺填麦秸 7 500 kg,厚 50 cm,用土袋千余条加固,并在临河用土袋 4 000 余条打月堤围堰一道,长 85 m,将发生问题的堤段全部围住,并在围堰内抛填散土 2 000 余 m^3。背河出水停止,完全闭气,险情排除。

(二)长江汉口丹水池漏洞险情抢护

1. 险情概况

丹水池堤位于武汉市江岸区长江左岸。1998 年 7 月 29 日 17 时 25 分,巡堤人员在巡查长江丹水池中南油库堤段时发现距防水墙 8 m 处有三处直径约 4 cm 的管涌险情,立即向防汛指挥部报告。指挥部当机立断抽调省武警一支队八中队、区公安干警和区防汛指挥部及当地居民共近 300 人,同时调集黄砂、瓜米石、片石近 60 t,在管涌处修筑围堰导滤。经过 1 h 奋战,19 时 20 分,基本控制局势,渗水变清,险情稳定。后指派 20 多名抢险人员彻夜守护观察,未发现异常。7 月 30 日 11 时 28 分,防守人员发现原管涌内侧 1.5 m 左右出现新的管涌,涌水口迅速扩大达 80 cm 左右,形成浑水漏洞,浑水不断上涌,涌高达 1 m 多,涌水量约为 0.4 m^3/s,同时在堤脚处发现 4 处渗浑水。

2. 险情原因

此处险情发生的原因,主要是地基地质条件差,建堤时又未做彻底处理。20 世纪 50 年代钻探的地质资料表明,土层自上而下分别为 1.0~1.8 m 杂填土、2.2~3.0 m 沙壤土、6.0 m 左右粉质壤土,再下为细砂层。此段 1931 年 7 月 29 日水位 27.21 m 时曾经溃口;1935 年 7 月 9 日,发生过 200 余 m 堤基穿洞险情;1954 年 8 月 24~25 日发生直径 30 cm 浑水漏洞和两个直径 1 m 的深跌窝等险情。

3. 工程抢险

采用前堵后导,临背并举的原则抢护。开始在背水面涌水口倒沙和细骨料堵口,都被冲走;再填粗骨料还是堵不住。经分析,堤基很可能已内外贯通,于是巡查迎水面。12 时 40 分,中南石化职工王某发现迎水堤外江面有一漩涡,便奋不顾身跳入江中,探摸水下岸坡,发现有 0.8 m 宽洞口,江水向里涌,找到了浑水漏洞的进水口。现场抢险人员纷纷跳入江中,用棉被、毛毯包土料封堵洞口。同时,在堤背水面用土袋、砂袋围井填砂石料反滤,实行外堵内压导渗。经过 3 h 奋战,堤背水面涌水明显减弱,险情基本得到控制。接着在市防汛指挥部的统一指挥下,抢险人员分成三个队,临河两个队负责运送材料,背河一个队负责填筑外平台,进行堤防加固。到 7 月 30 日 19 时,漏洞险情得到有效的控制。这次抢险共调集武警、公安干警、交警、突击人员及各类抢险队员 2 600 人投入抢险战斗,共动用各种运输车辆 300 台次,黄土 300 m^3,瓜米石 200 m^3,黄砂 200 m^3,编织袋 4.7 万条,编织彩条布 400m^2,棉被、毛毯约 50 条。

（三）长江蕲河赤东支堤漏洞群抢险

1. 险情概况

赤东支堤位于湖北省蕲春县蕲河左岸，距入江口约 4 km，原系八里湖围垦灭螺的拦洪坝。1957 年冬，蕲河改道后，该坝按 1954 年洪水位（24.94 m）为设计标准进行加高培厚，经历年培修，现堤顶面宽 8 m，高程 26.0 m，内外边坡为 1∶3，临水平台宽 12.0 m，高程 22.0~23.0 m，临水堤脚高程 15.4 m 左右；背水平台宽 20~28 m，高程 21.0~22.0 m，背水堤脚高程 16.0 m 左右。该堤段既防江汛，又抗山洪，是该县防汛抗洪的重要屏障。

从 1998 年 7 月 2 日至 8 月 7 日的 36 d 内，外江水位在 24.25~25.53 m 时，赤东支堤付草湖（3+000—6+400）长 3 400 m 堤段，先后发生不同程度漏洞险情 18 处 23 个，其中浑水漏洞 7 处 12 个，口径 3~13 cm，水量 5~50 L/min；清水漏洞 11 处 11 个，口径 3~10 cm，水量 2~12 L/min。出险高程 22.0~24.0 m。此外，该段 4+800 距背水堤坡脚 90 m 处，还发生口径 20 cm、深 40 cm 的管涌险情 1 处，涌水量 40 L/min；散浸险情 3 处，长 1 518 m；跌窝险情 2 处，最深 1.0 m。险情发生快，出险频率高，漏洞贯穿堤身，严重危及堤防安全，属溃口性险情，为历史上所少见。

2. 出险原因

（1）白蚁隐患。由于该堤 15.0 m 高程以上均系人工回填的亚砂土，较适合白蚁生存，且受附近王门山、杨坛山和对洞双沟黄土丘陵山岗上寄生的白蚁影响，堤坝白蚁危害非常严重。1983~1998 年共挖出土栖白蚁 34 窝，蚁巢位置均在堤身 23.5 m 高程上下，巢龄在 10 年以上，蚁道穿堤身。1998 年汛前检查发现该堤段仍有白蚁活动的迹象。

（2）堤身断面小，渗径短。历年局部翻挖白蚁后，回填土与原土体结合不密实，不牢固，在外江高水位长期浸泡下，渗透水流不断加大，久浸成漏。

（3）防洪标准低。该堤段是以 1954 年实际发生水位 24.94 m 为设计水面线设计的。1998 年实际发生水位为 25.54 m，超实际水面线 0.6 m，堤防的防洪标准不够。

（4）该堤段 5+000 处为一河道节点，下游 4+000—5+000 长 1 000 m 堤段，外深泓逼脚，堤岸被水流冲刷淘空崩塌，削弱了堤身的抗洪能力。

3. 工程抢险

采取前堵后导，临背并举的原则抢护。

7 月 2 日上午 8 时，外江水位 24.25 m 时，防守人员发现 4+805 处背水堤坡脚有险情，经技术人员鉴定，系一漏洞，口径 3~4 cm，清水、量小。15 时险情恶化，该段背水堤坡脚（高程 22.0 m）处冒浑水，出水量约为 20 L/min，洞口口径 11 cm，浑水中挟有白蚁。险情发生后，指挥部迅速调劳动力 1 000 人，机械 300 台套，采取外（临水）帮内（背水）导的方法进行处理。洞口围堰尺寸：2 m（长）×3 m（宽）×1.0 m（高），填反滤料；外帮长 50 m，宽 2~3 m，边坡 1∶2.5，高程 23.0~26.0 m，以漏洞处为中心分别向上、下游延长 25 m。经过 5 h 抢护，到 20 时，漏洞终于堵住了，内围堰水位骤然下降，洞口无明显水流。

7 月 28 日上午 10 时，外江水位 25.30 m 时，3+650 处距背水堤坡脚 12 m 的平台上，发生口径 13 cm 的漏洞险情，浑水挟沙带泥团，出水量约 50 L/min。采取洞口围堰导滤，围堰尺寸：5 m（长）×3 m（宽）×0.5 m（高），黏土外帮（外帮长 50 m，宽 2~3 m）。措施完成后，出水量略有减小，但仍流浑水。根据该堤段堤情和出险情况，指挥部领导和工程技术人员研究决定变局部外帮为全线外帮，重点加强，确保堤防万无一失，安全度汛。

7月29日15时，外江水位25.44 m，同一位置距背水堤坡脚9 m的平台中发现5个漏洞，最大口径10 cm，最小口径5 cm，出水量约为40 L/min，浑水挟沙带泥团。险情发生后，一方面组织劳动力，扩大围堰，尺寸6 m(长)×4 m(宽)×1.0 m(高)，另组织机械、劳动力增大外帮尺寸，宽从3 m增至8 m，帮长200 m，并派50名水手下水踩土，使其密实。7月31日，局部外帮措施完成后，围堰浑水变清，水量减至6 L/min左右。8月5日，水位25.38 m时，3+650处堤顶背水侧(高程26.00 m)，发生长96 m(顺堤方向)、宽3 m、深1 m的跌窝险情。从出险情况看，系高水位长期浸泡后，蚁巢周壁土体浸软饱和，抗剪强度降低，从而引发跌窝。险情发生后，迅速组织劳动力60人进行翻挖，长1 m(顺堤方向)，宽8 m，深1.2 m，用黏土回填夯实后，漏洞出水口断流。

赤东支堤漏洞险情发生伊始，指挥部组织抢险的指导思想十分明确，外帮内导，为险情的成功抢护赢得了时间。先后调动四个乡镇场劳动力8 000人，人民解放军、武警官兵600人，机械6 000台(套)，共做黏土外帮长3 400 m，宽3~10 m，高程23.0~26.0 m，边坡1∶2.5~1∶3；累计完成土方3.5万 m^3，消耗砂石料4 600 m^3，编织袋1.2万条。整体外帮内导措施完成后，险情逐步得到控制，且大多数漏洞断流，少数漏洞出少量清水，水量均在1 L/min内，水位降至24.66 m时，内围堰全部断流。

(四)汉江干堤东岳庙穿堤漏洞险情抢护

1. 险情概况

汉江东岳庙堤段，位于湖北省汉川县汉江干堤左岸107+700处。1983年7月25日，正处汉江特大洪峰过境时刻，23时43分该处发生穿洞特大险情。当时东岳庙汉江水位到达33.42 m时，仅低于堤顶高1.78 m，出现了高于历史最高水位0.42 m的高水位，防汛巡堤查险人员发现背水堤内压浸台有浸漏，用脚踩时即鼓泡。尔后发展到硬币大小浑水外涌，仅4~5 min时间，险情扩大，由一个洞口发展到三个洞口喷水，最大直径为0.6 m，并挟带小土粒向外喷，水柱高达5~6 cm，堤身被冲成一条水槽向堤脚延伸，水流冲击力量把树木冲翻。在堤临水坡发现有约0.4 m直径的漩涡，距水面以下约1 m深处有一进水口，直径约0.4 m。经过分析，判断为一进三出的漏洞。

2. 出险原因

出险原因主要是东岳庙堤段为历史险工(迎流顶冲，河泓逼近，外坡陡，堤脚冲刷严重)，可以说是年年抛护，岁岁加培，但总不能脱险。主要是该堤修建于1976年，堤防施工管理不规范，大量冻土上堤，积雪没有清除，冻土块体没有打碎。特别是施工交接处，碾压不实，酿成堤身内部空洞。当时考虑到施工质量较差，为安全起见，于1977年汛前又将内压浸台升高1 m，以增强抗洪能力。虽经受了几年的洪水考验，但当1983年特大洪水来临时，堤身内部的隐患便暴露出来，这是出险的主要原因。

3. 工程抢险

采取前堵后导，临背并举的原则抢护。

(1)外堵进水洞口。防汛队员全面抢堵进水口洞口。洞口距水面下约1 m，几十个人迅速跳入水中，摸清情况，用当地群众拿来的棉絮堵洞口。共用了9床棉絮，才基本堵住了洞口。接着又用棉絮铺在洞口上，才控制了水流和险情的发展。

(2)巩固外封,加设导滤堆。抢险的临时处理,只是初步控制了险情的发展。为消除险情,确保度汛安全,指挥部在现场又制订了彻底脱险的抢护方案,拟定外封、内围加设导滤堆。

在汉川县防汛指挥部的组织下,解放军指战员和 2 000 多名当地干部群众组成了抢险大军,按照抢护方案,连续作战,完成了外帮长 30 m、宽 5 m、高 1.4 m 的草袋外围,内填土方 300 多 m^3。背水面压浸台上筑起长 63.7 m、高 1.7 m、宽 4 m 的围堰,内填四级配导滤砂石料(粗砂、米石、混合分石、小块石各约 30 cm),并设有导滤管,使险情得到控制。

(3)抽槽翻筑。为了确保抗洪救灾的彻底胜利,灾后对该处险情又采取了一系列的加固措施。

一是抽槽翻筑。打开洞口,取出塞进的棉絮,将堤外切除长 2 m、宽 2.5 m、挖深 6 m,抽槽到堤身全断面的 1/2,层土层夯回填夯实,同时恢复外封。

二是再度加固。为消灭潜在的隐患,1984 年冬修时,又对东岳庙险段制订了较完善的整治施工方案。首先将漏洞处全部挖开,进行了彻底翻筑,逐层进行夯实回填。同时为降低堤身坡陡,从 106+800—108+000 全长 1 200 m 的东岳庙地段全面加做二级压浸台,面宽 10 m,使该处堤身由 8~9 m 陡高变为 5 m 左右,加强了堤身断面,改善了堤身质量。在 1984 年 9 月 30 日 23 时,当地水位达 34.16 m,比 1983 年出险的水位 33.42 m(最高水位 33.69 m)还高 0.74 m,东岳庙险段安然无恙。

第六节　风浪抢险

一、险情说明

汛期来水后河道水面变得较为开阔,防止了风浪对堤防的袭击,有时甚至成了抗洪胜利的关键。风浪对堤防的威胁,不仅因波浪连续冲击,使浸水时间较久的临水堤坡形成陡坎和浪窝,甚至产生坍塌和滑坡险情,也会因波浪壅高水位引起堤顶漫水造成漫决险情。

二、原因分析

风浪造成险情的主要原因是:

(1)堤身抗冲能力差。主要是堤身存在质量问题,如堤身土质砂性大,不合要求。堤身碾压不密实,达不到要求等。

(2)风大浪高。堤前水深大,水面宽,风速大,形成浪高冲击力强。

(3)风浪爬高大。由于风浪爬高,增加水面以上临水坡的饱和范围,减弱土壤的抗剪强度,造成坍塌破坏。

(4)堤顶高程不足。如果堤顶高程低于浪峰,波浪就会越顶冲刷,可能造成漫决险情。

三、抢护原则

风浪抢护的原则:

(1)削减风浪的冲击力,利用漂浮物防浪,可削减波浪的高度和冲击力,是一种行之有效的方法。

(2)增强临水坡的抗冲能力,主要是利用防汛料物,经过加工铺压,保护临水坡,增强抗冲能力。

四、抢护方法

(一)挂柳防浪

受水流冲击或风浪拍击,堤坡或堤脚开始被淘刷时,可用此法缓和溜势,减缓溜势,促淤防坍塌。具体做法是:

(1)选柳。选择枝叶繁茂的大柳树,于树干的中部截断,一般要求干枝长 1.0 m 以上,直径 0.1 m 左右。如柳树头较小,可将数棵捆在一起使用。

(2)签桩。在堤顶上预先打好木桩,桩径一般为 0.1~0.15 m,长度 1.5~2.0 m,可以打成单桩、双桩或梅花桩等,桩距一般 2.0~3.0 m。

(3)挂柳。用 8 号铅丝或绳缆将柳树头的根部系在堤顶打好的木桩上,然后将树梢向下,并用铅丝或麻绳将石或沙袋捆扎在树梢叉上,其数量以使树梢沉贴水下边坡不漂浮为度,推柳入水,顺坡挂于水中。如堤坡已发生坍塌,应从坍塌部位的下游开始,顺序压茬,逐棵挂向上游,棵间距离和悬挂深度应根据坍塌情况确定。如果水深,横向流急,已挂柳还不能全面起到掩护作用,可在已抛柳树头之间,再错茬签挂,使能达到防止风浪和横向水流冲刷为止。

(4)坠压。柳枝沉水轻浮,若联系或坠压不牢,不但容易走失还不能紧贴堤坡,将影响掩护的效果。为此,坠压数量应以使其紧贴堤坡不漂浮为度。

(二)挂枕防浪

挂枕防浪一般分单枕防浪和连环枕防浪两种。具体做法是:

(1)单枕防浪。用柳枝、秸料或芦苇扎成直径 0.5~0.8 m 的枕,长短根据坝长而定。枕的中心卷入两根 5~7 m 的竹缆或 3~4 m 麻绳做龙筋,枕的纵向每隔 0.6~1.0 m,用 10~14 号铅丝捆扎。在堤顶距临水坡边 2.0~3.0 m 外或在背水坡上打 1.5~2.0 m 长的木桩,桩距 3.0~5.0 m,再用麻绳把枕栓牢于桩上,绳缆长度以能适应枕随水面涨落而移动,绳缆亦随之收紧或松开为度,使枕能够防御各种水位的风浪。

(2)连环枕防浪。当风力较大,风浪较高,一枕不足以防浪冲击时,可以挂用两个或多个枕,用绳缆或木杆、竹竿将多个枕联系在一起,形成连环枕,也叫枕排。临水最前面枕的直径要大一些,容重要轻些,使其浮得最高,抨击风浪。枕的直径要依次减小,容重依次增加,以消余浪。

(三)木排防浪

将直径 5.0~15.0 cm 的圆木捆扎成排,将木排重叠 3~4 层,总厚 30~50 cm,宽 1.5~2.5 m,长 3.0~5.0 m,连续锚离堤坡水边线外一定距离,可有效防止风浪袭击堤防。根据经验,同样波长,木排越长消浪效果越好。同时,木排的厚度为水深的 1/10~1/20 时最佳。木排圆木排列方向,应与波浪传播方向垂直,圆木间距应等于其直径的 1/2。木排与堤防岸坡的距离,以相当于波长的 2~3 倍时作用最大。木排锚链长度约等于水深时,木排最稳定,但此时锚链所受拉力最大,锚易被拔起,所以木排锚链长度一般应比水深大些。

(四)柳箔防浪

在风浪较大,堤坡土质较差的堤段,把柳、稻草或其他秸料捆扎并编织成排,固定在堤坡上,以防止风浪冲刷。具体做法是:用 18 号铅丝捆扎成直径约 0.1 m、长约 2.0 m 的柳把,再用麻绳或铅丝连成柳箔。在堤顶距临水堤肩 2.0~3.0 m 处,打 1.0 m 长木桩一排,间距约 3.0 m。将柳箔上端用 8 号铅丝或绳缆系在木桩上,柳箔下面则适当坠以块石或沙袋。根据堤的迎水坡受冲范围,将柳箔置放于堤坡上,柳把方向与堤轴线垂直。出入水面的高度可按水位和风浪变化情况确定,一般上下可以有点富余。其位置除靠木桩和坠石固定外,必要时在柳箔面上再压块石或沙袋,以免漂浮和滑动。在风浪袭击处,需要保护的范围较大时,可用两排柳箔上下连接起来,以加大防护面积。

(五)土袋防浪

此法适用于土坡抗冲能力差,当地缺少秸料,风浪冲击又较严重的堤段,具体做法是:用土工编织袋、草袋或麻袋装土、砂、碎石或碎砖等,装至袋容积的 70%~80%后,用细麻绳捆住袋口,最好是用针缝住袋口,以利搭接,水上部分或水深较浅时,在土袋放置前,将堤的迎水坡适当削平,然后铺放土工织物。如无土工织物,可铺厚约 0.1 m 软草一层,以代替反滤层,防止风浪将土淘出。根据风浪冲击的范围摆放土袋,袋口向里,袋底向外,依次排列,互相叠压,袋间叠压紧密,上下错缝,以保证防浪效果。一般土袋铺放需高出浪高。

(六)土工织物防浪

具体做法是:用土工织物展铺于堤坡迎浪面上,并用预制混泥土块或石袋压牢,也可抗御风浪袭击。土工织物的尺寸应视堤坡受风浪冲击的范围定,其宽度一般不小于 4.0 m,较高的堤防可达 8.0~9.0 m,宽度不足时,需预先黏结或焊接牢固。长度不足时可搭接,搭接长度不少于 10 cm,铺放前应将堤坡杂草清除干净,织物上沿应高出水面 1.5~2.0 m,也可将土工织物做成软体排顺堤坡滚抛。

(七)散厢防浪

具体做法是:在临湖堤肩每隔 1.0 m 打 2.0 m 桩一根,然后再将秸料用麻经子(细绳)捆在木桩上,随捆随填土(采取做好一段再做一段的办法,不要一层做起,防止风冲秸料),一直做到出水 5 cm 为止。

五、注意事项

(1)抢护风浪险情需要在堤顶打桩时,桩距要大,尽量不破坏大堤的土体结构。

(2)抢护风浪险情应推广使用土工膜和土工织物,它具有抢护速度快、效果好的优点,使用时一定要压牢。

(3)防风浪用料物较多,大水时在容易受风浪淘刷的堤段要备足料物。要坚持以防为主、防重于抢的原则,平时加强草皮、防浪林等生物养护。

六、抢险实例

（一）黄河东平湖围堤风浪险情抢险

1. 险情概况

东平湖位于山东省梁山县、东平县黄河与汶河下游冲积平原相接的条形洼地上，湖区原有运河两岸小堤，即运东堤、运西堤（旧临黄堤），为第一道防线工程。1949 年大水后，为缩小灾害范围，湖区外围新修了第二道防线工程，即金线岭和新临黄堤。

1954 年 8 月 5 日，花园口站发生 15 000 m^3/s 洪水，8 月 6 日黄河水开始倒灌入湖，8 月 11 日黄河孙口站出现 8 640 m^3/s 的洪峰，8 月 13 日汶河来水，洪峰流量为 3 670 m^3/s，东平湖水位已涨到 42.97 m，高于 1949 年最高洪水位 0.72 m，第一滞洪区部分堤段仅出水 0.2 m。为舍小救大，确保黄河下游防洪安全，开放东平湖第二滞洪区蓄洪。新旧临黄堤、运东堤大部堤段发生了风浪淘刷堤身的险情，其长度达 15.645 km。运东堤被风浪淘刷相当严重，临蓄洪区的堤坡全部冲垮，堤顶平均冲坍 2/3 左右，土方 10 余万 m^3。另外，新临黄堤段也出现了风浪淘刷的情况，其堤身也受到了一部分损失。

2. 出险原因

造成东平湖围堤出现风浪冲刷的原因有以下两个方面：

（1）第二蓄洪区东平湖部分 94 km^2，水面宽广，平均水深在 2 m 以上，最深者达 3 m 多。由于水面宽阔，受风面积大，加之第一、第二防线自然形成了环形封闭圈，而临堤村庄稀少，林木不多，无迎挡风浪的林木，风浪直冲堤身。

（2）堤线环绕自然形成东北西南方向和东西方向，很少部分是正南、正北方向。因此，无论什么样的风向都会使风浪直接或间接冲刷堤身，而且大堤受风吹淘刷的时间长，加之堤防施工质量差，日常管理维修差，抗风强度不够，极易造成堤防出大险。

3. 险情抢护原则及方法

对付风浪险情的良策是削浪护坡，即削弱风浪对堤防的破坏力，同时对土坡加以保护。当时的山东省政府及中共山东分局根据险情以及湖水特性，研究采取散厢护坡和挂枕防浪两种措施进行抢护，见图 1-51。

4. 工程抢险

（1）散厢护坡法。

这种方法适用于堤脚已被风浪冲垮，且险情继续发展的情况。具体做法是：在临湖堤肩每隔 1.0 m 打 2.0 m 桩一根，然后将秸料用麻经子（细绳）捆在木桩上，随捆随填土，一直做到出水 5 cm 为止。散厢护坡可以防止随机风波转为固定的水位风波，效果很好。

（2）秸枕防浪法。

此种方法简单易行，适用于风浪开始阶段且土料尚未走失的情况下，其作用是随着水位变化可以升降，能使风浪缓和，靠堤无力，在湖上或无溜堤坝均可使用。具体做法是：首先捆好 0.5 m×6.0 m 的纯秸料枕（腰绳以 12 号铅丝为最好，间距 80 cm），然后在临河堤肩每 6 m 打下 1 m 签桩和一根拉桩，再用拉绳拴住枕两端的第一道腰绳，挂在签桩上（拉绳长度视堤距水面远近而定），然后将签桩靠近枕的里边打下去，在拴拉绳时，不要太紧，以能上下活动为宜，防水位少许升降时仍能漂浮削浪。秸枕防浪法首先在新临黄堤风险

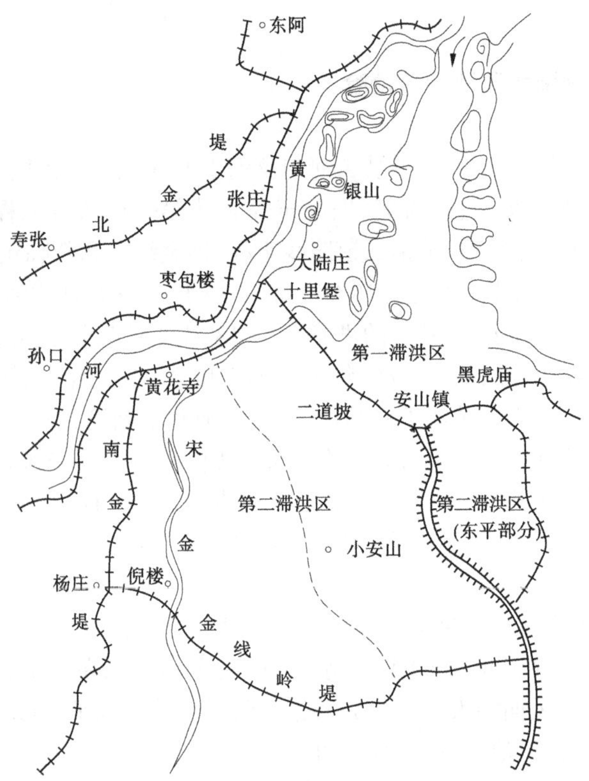

图 1-51　东平湖围堤抢险示意图(1954 年)

初出现阶段应用,因枕直径细,压力小,效果不太理想,以后采取直径 50 cm、长 6.0 m 的纯秸料枕,作用比第一次有效,于是决定全线推广。由于对湖水特性认识不足,存有“秸料质量好”“不要紧”等麻痹思想,在运东堤抢护第一步即采用了此法,但因该段堤防已被风冲刷得很严重,结果所做的 900 余 m“浮枕”全部被风浪冲垮,后改用散厢护坡法,才防止了风浪冲刷。

(二)武汉市长江堤防风浪抢护

1954 年长江发生大洪水,武汉市长江堤防面临风浪的严重威胁。据当时估算,如遇 7 级大风,浪高可达 1.0 m。为防御风浪袭击,在武汉市沿江临时铺设 62.4 km 的防浪木排。具体做法如下:

(1)排的结构。使用中径 10~18 cm 较直的杉圆条木来扎排,上下共 3 层,排厚约 50 cm,每小排宽 2 m,两小排合并成一大排,中间留 1 m 空隙,加上 4 道梁连接,即成防浪排。3 块排中间,用两道磨盘缆连成联排。

(2)排的定位。若水流不急,一般每个联排抛锚 4~5 只,排头尾抛八字锚,中间外帮抛腰锚 1 只,缆绳长度为 5 倍水深,木排距堤岸 40~50 m,随时根据情况变更距离,以防内锚抓坏堤坡。

(3)防浪效果。据实地观测,木排定位于距岸 2~3 倍波长(20~30 m),防浪效果最好,排内波浪高仅为排外的 1/3~1/4。4~7 级风浪时,木排防浪效果最好,可以降低浪高

60%,当风浪超过7级时,在同一吹程和水深条件下防浪效果要降低。

第七节　裂缝抢险

一、险情说明

堤坝裂缝是最常见的险情,有时也可能是其他险情的预兆。比如裂缝能发展成渗透变形,滑坡险情,甚至发展为漏洞,应引起高度重视。裂缝按其出现的部位可分为表面裂缝、内部裂缝;按其走向可分为横向裂缝、纵向裂缝、龟纹裂缝;按其成因可分为不均匀沉陷裂缝、滑坡裂缝、干缩裂缝、冰冻裂缝、振动裂缝。其中,以横向裂缝和滑坡裂缝危害最大,应及早抢护,以免造成更严重的险情。

二、原因分析

产生裂缝险情的主要原因有:

(1)堤的地基地质情况不同,物理力学性质差异较大,地基地形变化,土壤承载能力不同,均可引起不均匀沉陷裂缝。

(2)堤身与刚性建筑物接触不良,由于渗水等因素造成不均匀沉陷,引起裂缝。

(3)在堤坝施工时,采取分段施工,工段之间进度差异大,接头处没处理好,容易造成不均匀沉陷裂缝。

(4)背水坡在高水位渗流作用下,堤体湿陷不均,抗剪强度降低,临水坡水位骤降均有可能引起滑坡性裂缝,特别是背水坡脚基础存在软弱夹层时,更易发生。

(5)施工时堤体土料含水量大,控制不严,容易引起干缩裂缝或冰冻裂缝。

(6)施工时有冻土、淤泥土或硬土块造成碾压不实,或者新旧结合部未处理好,在渗流作用下容易引起各种裂缝。

(7)堤体本身存在隐患,如洞穴等,在渗流作用下也能引起局部裂缝。

(8)地震等自然灾害引起的裂缝。

总之,引起堤坝裂缝的原因很多,有时也不是单一的原因,要加以分析断定,针对不同的原因,采取相应有效的抢护措施。

三、险情判别

堤防发生裂缝现象普遍,需要鉴别的是险情裂缝与非险情裂缝。险情裂缝又要区分纵向裂缝与横向裂缝、滑动裂缝与非滑动裂缝等。

裂缝险情是堤防发生局部断裂破坏的现象。这里"断裂破坏"包括裂缝较深、较长并有一定规律等内涵。由此可以判断位于堤表、缝深较浅,是由于干旱、冰冻造成的龟纹裂缝等,就不属于裂缝险情。

纵缝是顺堤裂缝,横缝是垂直堤防走向的裂缝,二者不难区别。问题在于二者之间还有斜向裂缝归属问题。斜缝如发生在堤坡上,长度不大,深度较浅,与堤的走向夹角较小,可视为纵缝,反之应视为横缝。斜缝如贯穿堤顶,无论与堤的走向夹角大小,均应视为横缝。

纵向裂缝由土体滑动引起，称滑动裂缝；由基础沉陷等原因引起，称非滑动裂缝。两者鉴别十分重要，但也比较困难。基本方法是通过裂缝观测资料分析判断，当无资料时可按滑动裂缝特点判断。滑动裂缝的特点主要是：一是多发生在堤坡上，堤顶较少；二是缝长较短，两端成弧形；三是缝两边土体高差较大；四是次缝多集中在主缝外侧偏低土体上。滑动性裂缝危险较大，应予以足够重视。

四、抢护原则

裂缝险情抢护应遵循“判明原因，先急后缓，截断封堵”的原则。根据险情判别，如果是滑动或坍塌崩岸性裂缝，应先抢护滑坡、崩岸险情，待险情稳定后，再处理裂缝。对于最危险的横向裂缝，如已贯穿堤身，水流易于穿过，使裂缝冲刷扩大，甚至形成决口，因此必须迅速抢护；如裂缝部分横穿堤身，也会因渗径缩短，浸润线抬高，导致渗水加重，引起堤身破坏。因此，对横向裂缝，不论是否贯穿堤身，均应迅速处理。纵向裂缝，如较宽、较深，也应及时处理；如裂缝较窄、较浅或呈龟纹状，一般可暂不处理，但应注意观测其变化，堵塞裂缝，以免雨水进入，待洪水过后处理。对较宽、较深的裂缝，可采用灌浆或汛后用水洇实等方法处理。作为汛期裂缝抢险，必须密切注意天气和雨水情变化，备足抢险料物，抓住无雨天气，突击完成。

五、抢护方法

裂缝险情的抢护方法，可概括为开挖回填、横墙隔断、封堵缝口等。

（一）开挖回填

采用开挖回填方法抢护裂缝险情比较彻底，适用于没有滑坡可能性，并经检查观测已经稳定的纵向裂缝。在开挖前，用经过滤的石灰水灌入裂缝内，便于了解裂缝的走向和深度，以指导开挖。在开挖时，一般采用梯形断面，深度挖至裂缝以下 0.3~0.5 m，底宽至少 0.5 m，边坡要满足稳定及新旧填土结合的要求，并便于施工。开挖沟槽长度应超过裂缝端部 2 m。开挖的土料不应堆放在坑边，以免影响边坡稳定。不同土料应分别堆放，在开挖后，应保护坑口，避免日晒、雨淋。回填土料应与原土料相同，并控制在适宜的含水量内。填筑前，应检查坑槽底和边壁原土体表层土壤含水量，如偏干，则应在表面洒水湿润。如表面过湿，应清除，然后再回填。回填要分层夯实，每层厚度约 20 cm，顶部应高出堤顶面 3~5 cm，并做成拱形，以防雨水灌入。

（二）横墙隔断

此法适用于横向裂缝抢护，具体做法如下：

（1）横墙隔断：①裂缝已经与临水相通的，在裂缝临水坡先做前戗；裂缝背水坡有漏水的，在背水坡做好反滤导渗；裂缝与临水尚未连通并趋稳定的，从背水面开始，分段开挖回填。②除沿裂缝开挖沟槽，还宜增挖与裂缝垂直的横槽（回填后相当于横墙），横槽间距 3.0~5.0 m，墙体底边长度为 2.5~3.0 m，墙体厚度以便利施工为宜，但不宜小于 0.5 m。③坑槽开挖时宜采取坑口保护措施，回填土分层夯实，夯实土料的干密度不小于堤身土料的干密度，确保坑槽边角处夯实质量和新老土结合。④当漏水严重、险情紧急或者河水猛涨来不及全面开挖时，可先沿裂缝每隔 3.0~5.0 m 挖竖井截堵，待险情缓和后再进行处理。

(2)土工膜盖堵。对洪水期堤防发生的横向裂缝,如深度大,又贯穿大堤断面,可采用此法。应用土工膜或复合土工膜,在临水堤坡全面铺设,并在其上用土帮坡或铺压土袋、沙袋等,使水与堤隔离起截渗作用。同时,在背水坡采用土工织物进行滤层导渗,保持堤身土粒稳定。必要时再抓紧时间采用横墙隔断法处理。

(三)封堵缝口

对宽度小于3.0~4.0 cm,深度小于1.0 m,不甚严重的纵向裂缝和不规则纵横交错的龟纹裂缝,经检查已经稳定时,可采用此法。具体做法是:①用干而细的砂壤土由缝口灌入,再用板条或竹片捣实;②灌塞后,沿裂缝筑宽5.0~10 cm、高3.0~5.0 cm的拱形土埂,压住缝口,以防雨水浸入;③灌完后,如又有裂缝出现,证明裂缝仍在发展,应仔细判明原因,根据情况,另选适宜方法处理。

对缝宽较大、深度较小的裂缝,可采用自流灌浆法处理。即在缝顶开宽、深各为0.2 m的沟槽,先用清水灌下,再灌水土重量比为1∶0.15的稀泥浆,然后灌水土重量比为1∶0.25的稠泥浆。泥浆土料为两合土,灌满后封堵沟槽。

如缝深大,开挖困难,可采用压力灌浆法处理。灌浆时可将缝门逐段封死,将灌浆管直接插入缝内,也可将缝口全部封死,反复灌实。灌浆压力一般控制在0.12 MPa左右,避免跑浆。压力灌浆方法对已稳定的纵缝都适用。但不能用于滑坡性裂缝,以免加速裂缝发展。

六、注意事项

(1)对未堵或已堵的裂缝,均应注意观察、分析,研究其发展情况,以便及时采取必要措施。

(2)采取“横墙隔断”措施时是否需要做前戗、滤层导渗,或者只做前戗或滤层导渗而不做隔断墙,应当根据实际情况决定。

(3)当发现裂缝后,应尽快用土工膜、雨布等加以覆盖保护,不让雨水流入缝中,并加强观测。

(4)对伴随有滑坡和塌陷险情出现的裂缝,应先抢护滑坡和塌陷险情,待脱险并趋于稳定后再抢护裂缝。

(5)在采用开挖回填、横墙隔断等方法抢护裂缝险情时,必须密切注意上游水情和雨情的预报,并备足料物,抓住晴天,保证质量,突击完成。

七、抢险实例

(一)沁河杨庄改道工程新右堤裂缝

1. 险情概况

沁河新右堤是沁河杨庄改道工程的组成部分,于1981年春动工,当年汛前完成筑堤任务。1982年虽经受了沁河超标准洪水的考验,工程安全度汛,但自洪水期开始,由于堤身黏性土含量较大,随着土体固结产生了大量裂缝。根据堤身裂缝情况,1985~1992年,连续进行了8年的压力灌浆,累计灌入土方5 422 m^3,单孔灌入土方由0.2 m^3下降到

0.05 m^3,但 1992 年又回升到 0.08 m^3。经 1993 年开挖检查,堤身内仍发现有大量裂缝。

2. 出现原因

产生裂缝的主要原因是:

(1)干缩裂缝。此段堤防土质黏粒含量较大,施工时土壤含水量较高,因此 1982 年沁河洪水时未出现堤防渗水。堤身土质自然失水,产生干缩裂缝。

(2)不均匀沉陷裂缝。堤防原地基高低起伏较大,填土高度不一致,又由于施工工段多、进度不平衡、碾压不均匀等因素,导致堤身土体不均匀沉陷,产生裂缝。

3. 工程抢险

抢护原则:依据产生裂缝原因决定对裂缝进行截断封堵,恢复堤防的完整性。

经分析论证和方案比较,决定对 0+000—1+600 堤段进行复合土工膜截渗加固处理。选用两布一膜复合土工膜,先将原堤坡修整为 1∶3,再铺设土工膜,最后加盖垂直厚度 1.0 m 的砂壤土保护层,保护层内外坡均为 1∶3。另外,为增强堤坡的稳定性,在原堤坡分设两道防滑槽,加以稳定。工程竣工后,经受了洪水考验,防渗效果良好。

(二)洞庭湖资水民主垸邹家窖堤段裂缝抢险

1. 险情概况

1998 年 8 月 20~23 日,洞庭湖第六次洪峰经过湖南省益阳市资阳区茈湖口镇,洪峰水位 36.44 m。茈湖口镇邹家窖堤段堤顶高程 37.5~37.8 m,面宽 10 m,背水坡比 1∶2.0~1∶2.2;内无平台,无防汛路;内地面高程 29.5~31.5 m,分别为稻田、鱼池及民房,临水坡比自堤顶至 30.0~31.5 m 处为 1∶1.5~1∶2.0;其下为 2.0~2.5 m 高的陡坎,陡坎下是高程 28.00~28.50 m 的河床。在 8 月 23 日 21 时 45 分发现该堤顶沿堤轴线偏河道 1 m 左右出现一条长 200 余 m、宽 1~3 cm 的裂缝,经 3 处挖深 1~1.5 m 观察,裂缝上宽下窄,一直延伸至深层。

2. 出险原因

险情发生后,经分析认为产生裂缝的原因如下:

(1)临水坡度比较陡,并下部有陡坎,堤坡失稳。

(2)该堤段迎流当冲,在资江连续 4 次洪峰的冲击下,下部陡坎有加剧的趋势,导致堤脚进一步淘空而形成了更高的陡坎。

(3)堤基及堤身土质较差,粉砂土占 80%左右。

(4)连续 70 d 高洪水位的浸泡,使浸润线以下的堤身有沉陷产生,而导致沉陷不均。

3. 抢险方法

(1)在裂缝段迎水面筑 3 个块石撑,沿堤脚抛石固脚。

(2)削坡减载,减小堤体向外位移的压力。

(3)内筑两个土撑,土撑面下宽 40 m、上宽 15 m,土撑的上界为 10 m×15 m 的平面,低于原堤顶 1 m。修筑土撑的目的是:在大堤沿裂缝一边垮了以后,增加另一边大堤的挡水能力,防止大堤溃决。

(4)加强观察,现场建棚专人守护。1 h 对裂缝进行一次宽度位移量测,一旦位移出现异常,马上组织应急处理。

4. 工程抢险

(1)24 日上午至 25 日晚,由市防汛指挥部调来块石近 3 000 t,按标准筑了 3 个块石撑,并沿线除险方案确定后,马上采取行动,抛石固好了脚。

(2)24 日抢险队员 300 人,将外坡肩削去近 300 m^3 的土,减轻了堤外肩土体对外坡土体的压力。

(3)发动周围五个村近 1 000 劳动力突击担土筑土撑一个,另外组织 16 台自动翻斗车从 3 km 外运土完成另一个土撑,经过 2 d 的奋战,2 个土撑按时按标准完成了。26 日,裂缝长度、宽度呈静止状态。

第八节　坍塌抢险

一、险情说明

坍塌是堤防、坝岸临水面土体崩落的重要险情,堤岸坍塌主要有两种类型:

(1)崩塌。由于水流将堤岸坡脚淘刷冲深,岸坡上层土体失稳而崩塌,其岸壁陡立每次崩塌土体多呈条形,其长度、宽度、体积比弧形坍塌小,简称条崩。当崩塌在平面上和横断面上均为弧形阶梯式土体崩塌时,其长度、宽度、体积远大于条崩,简称窝崩。

(2)滑脱。滑脱是堤岸一部分土体向水内滑动的现象。

这两种险情,以崩塌比较严重,具有发生突然、发展迅速、后果严重的特点。造成堤岸崩塌的原因是多方面的,故抢护的方法也比较多。

二、原因分析

发生坍塌的主要原因如下:

(1)有环流强度和水流挟沙能力较大的洪水。

(2)坍塌部位靠近主流,直接冲刷。

(3)堤岸抗冲能力弱。因水流淘刷冲深堤岸坡脚,在河流的弯道,主流逼近凹岸,深泓紧逼堤防,在水流侵袭、冲刷和弯道环流的作用下,堤外滩地或堤防基础逐渐被淘刷,使岸坡变陡,上层土体内部的摩擦力和黏结力抵抗不住土体的自重和其他外力,使土体失去平衡而坍塌,危及堤防。

(4)横河、斜河,水流直冲堤防、岸坡,加之溜靠堤脚,且水位时涨时落,溜势上提下挫,在土质不佳时,容易引起堤防坍塌险情。

(5)水位陡涨骤降,变幅大,堤坡、坝岸失去稳定性。在高水位时,堤岸浸泡饱和,土体含水量增大,抗剪强度降低;当水位骤降时,土体失去了水的顶托力,高水位时渗入土内的水,又反向河内渗出,促使堤岸滑脱坍塌。

(6)堤岸土体长期经受风雨的剥蚀、冻融,黏性土壤干缩或筑堤时碾压质量不好,堤身内有隐患等,常使堤岸发生裂缝,破坏了土体的整体性,加上雨水渗入,水流冲刷和风浪振荡的作用,促使堤岸发生坍塌。

(7)堤基为粉细砂土,不耐冲刷,常受溜势顶冲而被淘刷,或因振动使砂土地基液化,也会造成堤身坍塌。坍塌险情如不及时抢护，将会造成溃堤灾害。

三、抢护原则

抢护坍塌险情要遵循"护基固脚、缓流挑流；恢复断面，防护抗冲"的原则。以固基、护脚、防冲为主，增强堤岸的抗冲能力，同时尽快恢复坍塌断面，维持尚未坍塌堤岸的稳定性，必要时修做坝垛工程挑流外移，制止险情继续扩大。在实地抢护时，应因地制宜，就地取材，抢小抢早。

四、抢护方法

探测堤防、堤岸防护工程前沿或基础被冲深度，是判断险情轻重和决定抢护方法的首要工作。一般可用探水杆、铅鱼从测船上测量堤防、堤岸防护工程前沿水深，并判断河底土石情况。通过多点测量，即可绘出堤防、堤岸防护工程前沿的水下断面图，以大体判断堤防、堤岸防护工程基础被冲刷的情况，以及抛石等固基措施的防护效果。与全球定位系统(GPS)配套的超声波双频测深仪法是测量堤防、堤岸防护工程前沿水深和绘制水下断面地形图的先进方法。在条件许可的情况下，可优先选用超声波双频测深仪法，因为这一方法可十分迅速地判断水下的冲刷深度和范围，以赢得抢险时间。

(一)护脚固基防冲

当堤防受水流冲刷，堤脚或堤坡冲成陡坎时，针对堤岸前水流冲淘情况，可采用护脚固基，尽快护脚固基，抑制急溜继续淘刷。根据流速大小可采用土(沙)袋、长土枕、块石、柳石枕、铅丝笼及土工编织软体排等防冲物体，加以防护，见图 1-52～图 1-55。因该法具有施工简单灵活，易备料，能适应河床变形的特点，因此使用最为广泛。具体做法如下：

(1)探摸。先摸清坍塌部分的长度、宽度和深度，以便估算所需劳动力和料物。

(2)制作。①柳石枕一般直径为 1.0 m、长 10 m(也可根据需要而定)，外围柳料厚 0.2 m，以柳(或苇)捆扎成小把，也可直接包裹柳料，石心直径约 0.6 m，再用铅丝或麻绳捆扎成枕。溜急处应拴系"龙筋绳"和"底钩绳"，以增强抗冲力。操作程序是：打顶桩，放垫桩、腰绳，铺柳排石，置龙筋绳，铺顶柳，然后进行捆抛。柳排石的体积比一般掌握在 1∶2～1∶2.5。铺放柳枝应在垫桩中部，底宽 1.0 m 左右，压宽厚为 15～20 cm，分两层铺平放匀，并应先从上游开始，根部朝上游，要一铺压一铺，上下铺相互搭接在 1/2 以上。排石要中间宽、上下窄，枕的两端各留 40～50 cm 不放石，以便捆扎枕头。排石至半高要加铺细柳一层，以利放置"龙筋绳"。捆枕方法，现多采用绞杠法。②铅丝石笼制作，已由过去人工操作逐步推广使用了"铅丝笼网片自动编织机"，工效提高 10 倍左右。铅丝石笼装好后，使用抛笼架抛投。③长管袋(长土枕)采用反滤土工织物制作，管袋进行抽沙充填，直径一般为 1 m，长度据出险情况而定。在长土枕下面铺设褥垫沉排布连接为整体和保护布下的床沙不被水流带走，填补凹坑或加强单薄堤身。

(3)抛护。在堤顶或船上沿坍塌部位抛投块石、土(沙)袋、柳石枕或铅丝笼。先从顶冲坍塌严重部位抛护，然后依次上下进行，抛至稳定坡度。水下抛填的坡度一般应缓于原堤坡。抛投的关键是实测或探摸险点的位置应准确，避免抛投体成堆压垮坡脚。水深溜急处，可抛铅丝石笼、土工布袋装石等。

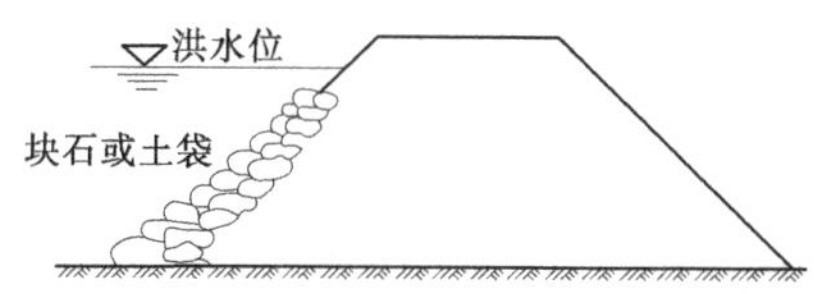

图 1-52　抛块石、土袋防冲示意图

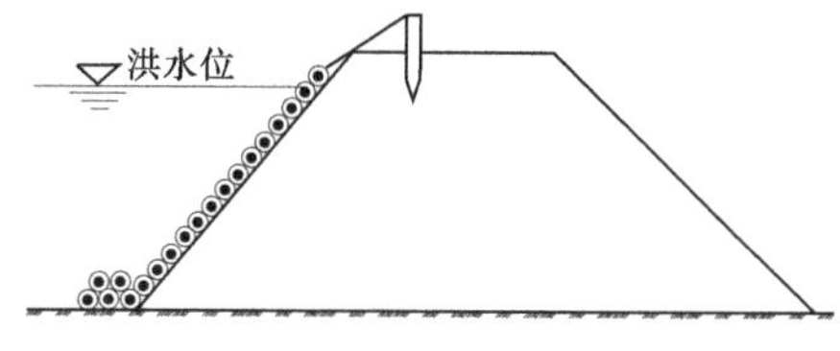

图 1-53　抛柳石枕防冲示意图

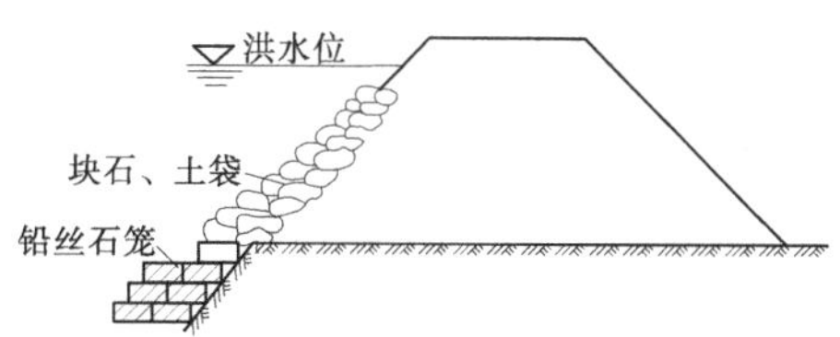

图 1-54　抛铅丝石笼防冲示意图

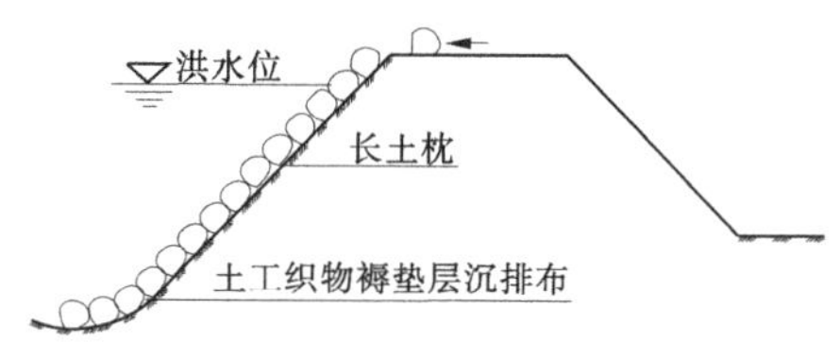

图 1-55　长土枕护坡护底抢护示意图

(二)沉柳缓溜防冲

此法适用于堤防临水坡被淘刷范围较大的险情,对减缓近岸流速、抗御水流比较有效,见图 1-56。对含沙量大的河流,效果更为显著。具体做法如下:

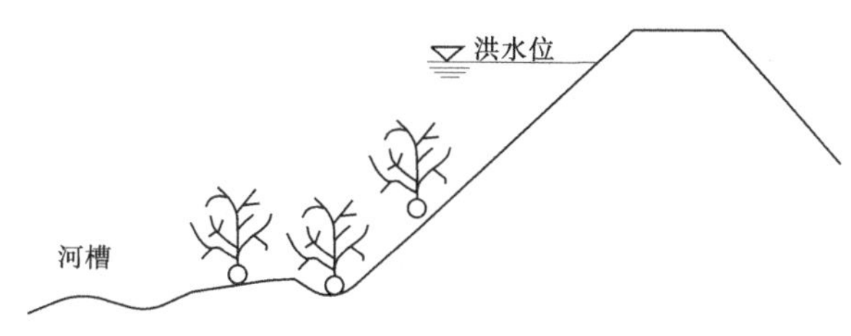

图 1-56　沉柳护脚示意图

(1)先摸清堤坡被淘刷的下沿位置、水深和范围,以确定沉柳的底部位置和数量。

(2)采用枝多叶茂的柳树头,用麻绳或铅丝将大块石或土(沙)袋捆扎在柳树头的树杈上。

(3)用船抛投。待船定位后,将树头推入水中。从下游向上游,由低处到高处,依次抛投,务必使树头依次排列,紧密相连。

(4)如一排沉柳不能掩护淘刷范围,可增加沉柳排数,并使后一排的树梢重叠于前一排树杈上,以防沉柳之间土体被淘刷。

(三)桩柴护岸(含桩柳编篱抗冲)

在水流不太深的情况下,堤坡、堤脚受水流淘刷而坍塌时,可采用此法,效果较好。具体做法如下:

(1)先摸清坍塌部位的水深,以确定木桩的长度。一般桩长应为水深的 2 倍,桩入土深度为桩长的 1/3~1/2。

(2)在坍塌处的下沿打桩一排,桩距 1.0 m,桩顶略高于坍塌部分的最高点。如一排不够高可在第一级护岸的基础上,再加为二级或三级护岸。

(3)木桩后从下到顶单个排列密叠直径约 0.1 m 的柳把(或秸把、苇把、散柳)一层,用 14 号铅丝或细麻绳捆扎成柳把,并与木桩拴牢。其后用散柳、散秸或其他软料铺填厚 0.2 m 左右,软料背后再用黏土填实。

(4)在坍塌部位的上部与前排桩交错另打长 0.5~0.6 m 的签桩一排,桩距仍为 1.0 m,略露桩顶。用麻绳或 14 号铅丝将前排桩拉紧,固定在签桩上,以免前排桩受压后倾斜。最后用 0.2~0.3 m 厚黏性土封顶。

此外,如遇串沟夺溜,顺堤行洪,水流较浅,还可横截水流,采取桩柳编篱防冲法,以达到缓溜落淤防冲的目的。其做法是:横截水流,打桩一排,桩距 1.0 m,桩长以能拦截水流为准,桩顶略高于水面。然后用已捆好的柳把于桩上编成透水篱笆,一道不行可打几道。如所打柳木桩成活,还可形成活柳桩篱,长时期起缓溜落淤的作用。

(四)柳石软搂

在险情紧迫时,为抢时间常采用此法,尤其在堤根行溜甚急,单纯抛乱石、土袋又难以稳定,抛铅丝石笼条件不具备时,采用此法较适宜,见图 1-57。如溜势过大,在柳石软搂完成后可于根部抛柳石枕围护。具体做法如下:

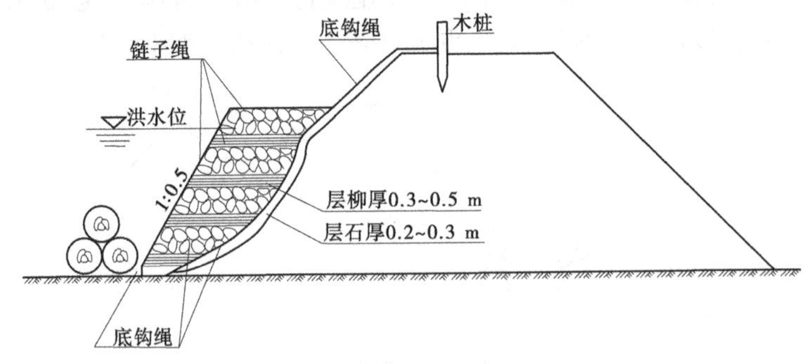

图 1-57　柳石软搂示意图

(1)打顶桩。在堤顶距临水堤肩 2~3 m 以外,根据软搂底钩绳数的需要打顶桩(桩长

1.5~1.7 m,入土 1.2~1.3 m,梢径 12~14 cm,顶径 14~16 cm)单排或双排。桩距一般 0.8~1.0 m,排距 0.3~0.5 m,前后排向下游错开 0.15 m,以免破坏堤顶。

(2)拴底钩绳。在前排顶桩上拴底钩绳,绳的另一端活扣于船的龙骨上。如无船可先捆一个浮枕推入水中,在枕上插上杆,将另一端活扣架在木杆上。此项绳缆应根据水流深浅,溜势缓急,选用三股麻绳(六丈、七丈、八丈或十丈绳,直径分别为 3~4 cm、4~5 cm、5~6 cm)。

(3)填料。在准备搂回的底钩绳和堤坡已放置的底钩绳之间,抛填层柳层石或层柳层淤、层柳层土袋(麻袋、草袋、编织袋),一般每层铺柳枝厚 0.3~0.5 m,石淤或土袋厚 0.2~0.3 m,逐层下沉,追压到底,以出水面为度。每次加压柳石,均应适当后退,做成 1∶0.3~1∶0.5 的外坡,并要利用搂回的底钩绳加拴扎柳石层直径 2.5~3 cm 的麻绳(核桃绳,又称捆扎柳石层用的练子绳)或 12 号铅丝一股,系在靠堤坡的底钩绳上,以免散柳被水冲失。最后,将搂回的底钩绳全部拴拉固定在顶桩上(双排时拴在第二排顶桩上)。

(4)沉柳。若水流冲刷严重,亦可在柳石软搂外再加抛沉柳,以缓和溜势。

(5)柳石混杂(俗称"风搅雪")。在险情过于紧迫时,个别情况下来不及实施与软搂有关的打顶桩和拴底钩绳、链子绳等措施,单纯采取层柳层石,甚至采取柳石混杂抢护的措施时,要严密注意观察溜势,必要时及时配合其他防护措施,加以补救。

五、注意事项

在堤防坍塌抢险中,应注意以下事项:

(1)要从河势、水流势态及河床演变等方面分析坍塌发生的原因、严重程度及可能发展趋势。堤防坍塌一般随流量的大小而发生变化,特别是弯道顶点上下,主溜上提下挫,坍塌位置也随之移动。汛期流量增大,水位升高,水面比降加大,主溜沿河道中心曲率逐渐减小,主溜靠岸位置移向下游;流量减小,水位降低,水面比降较小,主溜沿弯曲河槽下泄,曲率逐渐加大,主溜靠岸位置移向上游。凡属主溜靠岸的部位,都可能发生堤岸坍塌,所以原来未发生坍塌的堤段,也可能出现坍塌。因此,在对原出险处进行抢护的同时,也应加强对未发生坍塌堤段的巡查,发现险情,及时采取合理的抢护措施。

(2)在涨水的同时,不可忽视落水出险的可能。在大洪水、洪峰过后的落水期,特别是水位骤降时,堤岸失去高水时的平衡,有些堤段也很容易出现坍塌,切勿忽视。

(3)在涨水期,应特别注意迎溜顶冲造成坍塌的险情,稍一疏忽,会有溃堤之患。

(4)坍塌的前兆是裂缝,因此要细致检查堤、坝岸顶部和边坡裂缝的发生和发展情况,要根据裂缝分布、部位、形状以及土壤条件,分析是否会发生坍塌,可能发生哪种类型的坍塌。

(5)对于发生裂缝的堤段,特别是产生弧形裂缝的堤段,切不可堆放抢险料物或其他荷载。对裂缝要加强观测和保护,防止雨水灌入。

(6)圆弧形滑塌最为危险,应采取护岸、削坡减载、护坡固脚等措施抢护,尽量避免在堤、坝岸上打桩,因为打桩对堤、坝岸振动很大,做得不好,会加剧险情。

六、抢险实例

(一)淮河史灌河堤防崩塌抢险

1. 险情概况

史灌河位于河南省固始县,是淮河南岸的最大支流,也是淮河洪水主要来源之一。左、右岸堤防均筑在以细砂为主的地基上,砂土填筑,稳定性差,渗水严重。左岸 17 km 以上,右岸 34.5 km 以上已筑有堤防,按 10 年一遇防洪标准,顶宽 5 m,一般堤高 5~6 m,内外边坡 1∶3。史灌河上游处于暴雨中心地带,山洪暴发势猛流急,常出现河岸崩塌及散浸、管涌、流土等重大险情。

1991 年汛期,从 6 月 29 日至 7 月 10 日,流域内连降暴雨、大暴雨,蒋集水文站最大流量达 3 600 m^3/s,超过 10 年一遇流量(3 580 m^3/s);相应水位达到 33.26 m,超过 10 年一遇水位(33.24 m)。在持续高水位下,防汛形势非常严峻。左岸里河梢、孟小桥、范台等出现重大崩塌岸(坡)险情 4 处,右岸柴营、北野、任台、秦楼、李祠堂、陈台、瓦房营、新台、李小庄、高台、埂湾上下等出现重大崩岸险情 18 处,共 8.251 km。此外,陈台、李庄户、庙门口分别出现 3 处长 200 m、150 m、400 m 的流土群;汪营、栎元、瓦坊、殷庙、学地、杨营、秦前楼、刘营、白台、腰台、孙小台、舟滩及左岸的马元、竹大庄、车台等 19 处出现散浸,共长 8.95 km。

2. 出险原因

史灌河 1991 年汛期出现重大险情主要原因如下:

(1)史灌河为游荡型砂质河床,在强水流和河床的相互作用下,水流紊乱,沿程弯多、滩高、槽深,当岸坡陡到一定程度时,即出现岸坡崩塌。

(2)史灌河堤防的堤基多以中细砂为主,稳定性差,在高水头的作用下,会出现堤基渗水、管涌、流土等严重险情。

(3)1986 年对史灌河堤防按 10 年一遇防洪标准进行培修加固,施工时未能按设计标准实施,大部分堤身单薄,部分堤段填土质量仍然很差。

(4)史灌河左岸堤防 17 km,被群众占堤居住 9 km;右岸长 34.5 km,被居民挤占 29.7 km。由于居民在内外堤脚乱取砂土,乱栽树,乱设粪坑厕所,致使堤脚内外坑槽满布,严重破坏堤防内外覆盖层,缩短了渗径。

3. 工程抢险

遵循“护基固脚、缓流挑溜”的原则,针对不同险情采取不同措施,及时排除险情,保护了堤防安全。在抢护岸(坡)崩塌险情中采取将土袋用麻绳编联成软体排体沉入河底的方法,以覆盖崩塌面,遏止岸坡继续崩塌,取得了很好的效果。如柴营险段水流顶冲导致堤岸崩塌,1991 年 7 月 4 日采取的抢险措施具体如下:

(1)根据水深和崩塌面的大小,备足备好木桩、绳索和编织袋(也可边用边备),木桩长 1.5 m,小头直径 5 cm 左右,砍尖备用。捆袋主绳直径 2.5~3 cm,并保证有足够的抗拉强度,长度根据需要而定。捆袋子绳直径 0.5~1 cm、长 1.8 m,也要有足够的强度。

(2)以乡组织基本抢险队伍骨干,根据需要分若干个抢险小组,每组装袋 6 人,运袋 6 人,捆扎拴编袋 4 人,牵拉松放主绳 2 人。

(3)以堤顶作为操作平台,木桩打在操作面内侧,入土深 1.2 m 梢向内倾,一块排体长 1.4 m,以两袋对口顺连为宜,宽自塌面底到塌面顶以上 1 m 为度。

(4)捆扎拴编一块排体,主绳上下各 2 根,下主绳先平摊于操作面上,两绳间距 0.7 m 左右,下端拴连土袋,上端用活扣拴在堤顶木桩上,便于松动,使排体下沉。上主绳由 2 人操作,同下主绳结合拴捆土袋,务求上下袋挤紧捆牢,不留空隙,避免流水淘刷塌面。捆编袋 2 人面对面操作,先将子绳同下主绳连接平摊,将两袋口相对挤紧,拿起捆袋子绳,同上主绳有机结合后,互递子绳相对用力,捆袋至紧,尔后踩扁。依此类推,边排边松动下主绳下放,露出水面 1 m 左右,防止洪水上涨和风浪淘刷岸(坡)顶,一块排体制成护盖后,将上下主绳合并拴在桩上。各排接头处,沉放时也力求贴靠紧密以免散头。详见图 1-58 及图 1-59。

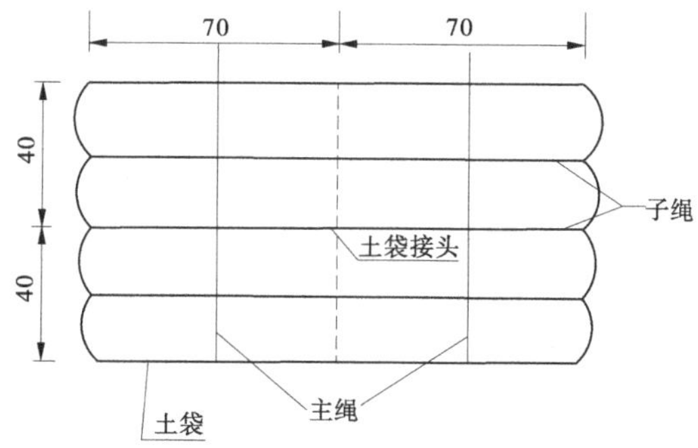

图 1-58 编织袋捆扎示意图 (单位:cm)

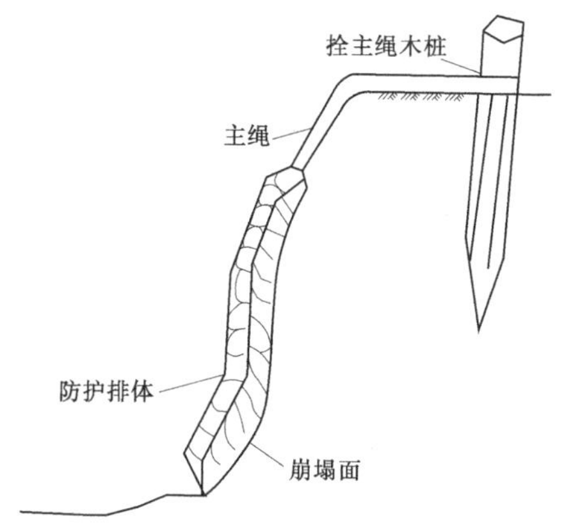

图 1-59 排体与木桩锚固示意图 (单位:cm)

柴营崩塌最严重的是一长 56 m 的险段。该险段滩面以下冲深 6 m,滩面以上水深 4 m,洪水位 34.0 m。组织劳动力 300 人(包括捻绳等辅助劳动力),编成 15 个组,捆编排体 40 块,用编织袋 4 200 条,装土约 130 m^3,麻绳 600 余 kg,历时 6 h 完成了该险段抢护任务,保证了大堤的安全。

此种抢护的优点是所使用的抢险料物由群众集、兑,勿需远运,省时省力;缺点是制作难度大,历时较长。如果当时备有土工布,用土工布制作排体抢护历时肯定要短些。

(二)黄河武陟北围堤坍塌抢险

1. 险情概况

(1)北围堤概况。

黄河武陟北围堤位于河南省武陟县北岸滩区,距北岸大堤 3 km 左右,1960 年建成,长 9.69 km。

(2)出险过程。

1983 年 8 月 3 日花园口站发生流量为 8 370 m^3/s 的洪峰之后,因上游河势变化,大溜直冲北围堤前滩地,致使北围堤幸福闸前的草滩受冲坍塌,滩失而堤险(见图 1-60)。8 月 8 日大河临堤,为使堤防安全,确定抢修柳石垛 8 座。8 月 10 日,围堤 6+400 处距大河仅剩 12 m,12 日开始抢修 6 号垛,而后工程则随着河势上提而上延,但河势并未终止北滚上提的趋势,被迫又续延柳石垛 10 个。

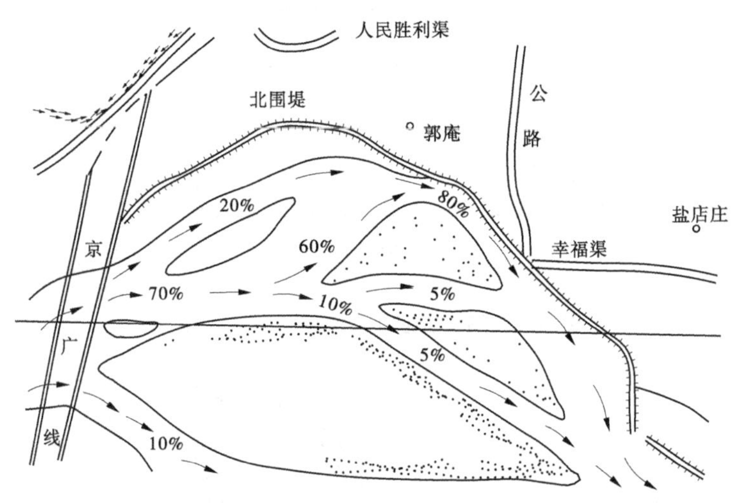

图 1-60　北围堤抢险形势图

2. 出险原因

因上游桃花峪以上山湾挑溜作用加强,改变了京广铁路桥以下河势南大北小的局面,北股河流量由原来占全河流量的 20%增大为 80%,同时铁路桥以下河心产生嫩滩向北发展,大溜直冲北围堤前滩地,滩失而堤险。

3. 工程抢险

经查勘后,拟定"临堤下埽,以垛护堤"的抢护方案。工程平面布局均采用了后宽 20 m、垂直长 10 m、档距为 70 m 的柳石垛与两垛中间护岸连接的防护形式(见图 1-61),破溜缓冲,守点护线。在 6+100—6+600 堤段内修 1~8 号垛 8 座,先抢下边 6 号垛(幸福闸上)。6 号垛前水浅溜顺(水深 3~4 m),但滩沿坍塌较快,并已靠近堤脚。在急于抢险又无船的情况下,采用柳枕(用柳枝包裹石块,以绳或铅丝捆扎,直径约 1.0 m 的圆柱体)铺底枕上接厢的方法进行抢护(见图 1-62),即在岸边推 10 m 长柳石枕二排,待枕出水后,在枕的外沿插杆布绳,搂厢加高,并及时抛枕固根。随着河势向上游扩展,用同样方法抢修 4 号、5 号垛。2 号垛的抢护采用了层柳层石的搂厢,是黄河上一种普遍采用的水中结构(见图1-63)。柳石搂厢对防止急溜冲刷滩岸效果显著,但需要以最快的速度使埽体抓底,否则底部冲刷力增大易淘刷滩岸及河床。为避免埽体出现悬空、前爬、溃膛等现象,下部埽体采用了棋盘、三排桩、连环五子(三种桩绳的排列法)软性材料(厢埽签束柴料的桩绳结构),使其埽体平稳下蛰。其部选用双头人、羊角抓、三星桩等硬性材料,以增大牵引力,制埽体前爬,同时采取边加厢(三种桩绳团结厢体的方法)、边用铅丝笼或大块石等措施,2号垛很快抢修成功。8月14日河势恶化,3号坝位坍塌严重,水深溜急,抢修工程迫在眉睫。为使收效快,埽体稳,改柳石楼厢为滚厢(见图1-64)。

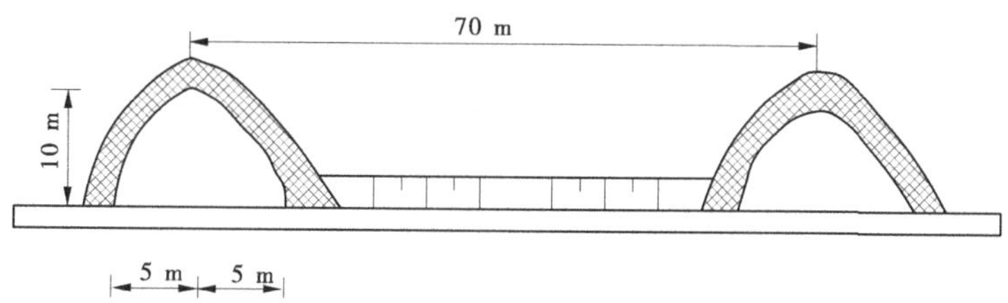

图1-61　防护形式示意图

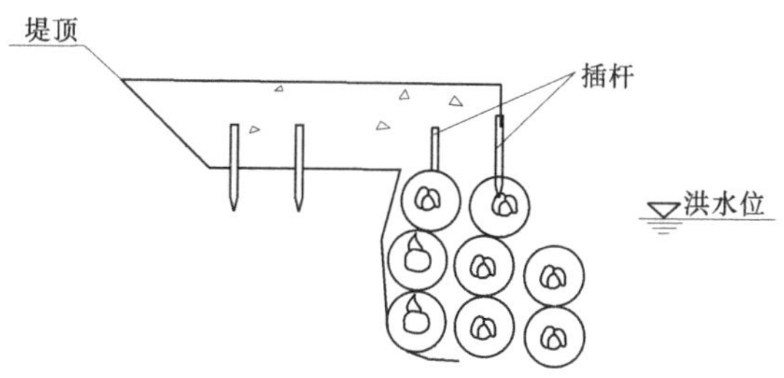

图1-62　柳枕抢险示意图

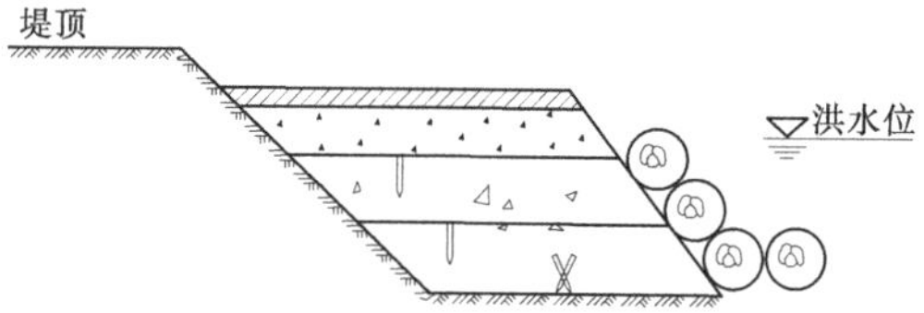

图1-63　楼厢抢险示意图

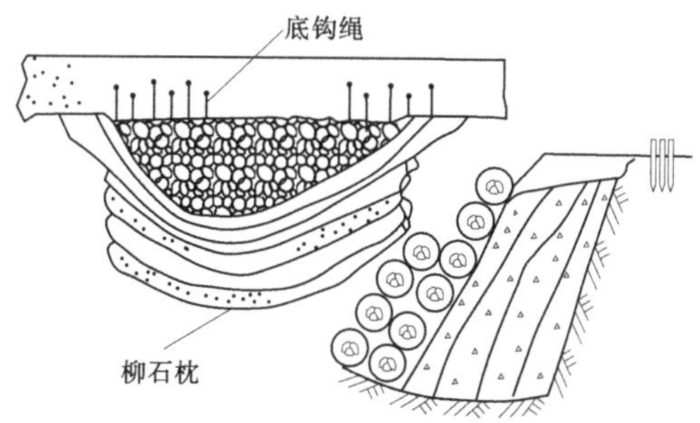

图1-64　滚厢抢险示意图

（三）滦河马良子段塌岸抢险

1. 险情概况

滦河马良子段位于河北省昌黎县，防洪标准流量为 5 000 m^3/s，校核流量为 7 000 m^3/s。

1995 年 6 月 1 日至 7 月 15 日，滦河流量 3 000 m^3/s 左右，马良子段出现了严重的塌岸现象，滩地坍塌 100 多 m。7 月底，由于上游雨量较大，水库泄水集中，滦河洪峰流量 6 100 m^3/s，水流直冲堤脚，堤埝劈裂 2/3。

2. 出险原因

滦河过京山铁路桥后，由山丘区进入平原区，河床变为砂性河床，河道宽阔，河势平缓，主河槽经常左右摆动，大水时走直线，小水时走弯路。流量超过 5 000 m^3/s 时对河床具有调直作用，使河道利于宣泄洪水，小水时（流量 3 500 m^3/s 以下）主河槽摇摆不定，河势具有向左岸移动的趋势。

滦河进入昌黎马良子段，流量在 3 000 m^3/s 左右，该河段河水靠近左岸，由于滦河左岸此段防洪护岸工程标准低、数量少、泄洪能力差，随着流量、水流速度的增大，水流直切马良子堤埝，造成堤岸滩根部淘刷，形成岸边土体"头重脚轻"之势，河岸坍塌严重，堤埝毁塌过半。

3. 工程抢险

遵循"护基固脚、缓流挑流"的原则。7 月 27 日，滦河流量 3 000 m^3/s，河岸滩地坍塌严重，马上危及堤埝，全体军民顶着大雨抢修、培土、加固堤埝、打桩、挂柳，完成打桩挂柳 150 个树头，险情基本上得以控制。7 月 30 日，由于滦河上游雨量较大，水库泄水集中，滦河洪峰流量达到 6 100 m^3/s，加之受海潮影响，滦河泄水缓慢，水位较高，随着水位的变动，挂柳失去了作用。为了护住堤脚，抛填了大量石块、装满土的编织袋等，但都由于水流速度大，均被大水冲走。经指挥部研究，最后决定采用大体积钢筋笼内装石块在水流顶冲处防护。于是迅速连夜抢焊钢筋笼并火速运送到现场。开始钢筋笼为长方形，笼尺寸为 1 m×1 m×2 m，装满石块后重约 2 t，经试用发现由于焊接点多，牢固性差，为了减少焊接，后来用灯笼形的鸡窝笼（圆柱形），体积也在 2 m^3 以上。这些钢筋笼体积大，装石块后重量大，整体性强，抗冲刷力强，但搬运不方便，指挥部又调动吊车吊放，同时也用人力搬运，共抛填钢筋笼 500 多个，总质量 1 000 多 t，有效地控制了塌岸速度。抛钢筋笼的同时抢修护岸丁坝，在近 10 m 深的急流中筑起丁坝 3 道，总长 80 多 m，制止了险情的扩大，避免了大堤决口。

第九节　跌窝抢险

一、险情说明

跌窝又称陷坑，一般是在大雨、洪峰前后或高水位情况下，经水浸泡，在堤顶、堤坡、戗台及坡脚附近，突然发生局部凹陷而形成的一种险情。这种险情既破坏堤防的完整性，又常缩短渗径，有时还伴随渗水、漏洞等险情同时发生，严重时有导致堤防突然失事的危险。

二、原因分析

(1)施工质量差。施工质量差主要表现在:堤防分段施工,两工接头未处理好;土块架空;雨淋沟(水沟浪窝)回填质量差;堤身、堤基局部不密实;堤内埋设涵管漏水;土石、混凝土结合部夯实质量差等。施工质量差的堤段,在堤身内渗透水流作用或暴雨冲蚀下易形成跌窝。

(2)堤防本身有隐患。堤身、堤基内有獾、狐、鼠、蚁等动物洞穴,坟墓、地窖、防空洞、刨树坑夯填不实形成的洞穴,以及过去抢险抛投的土袋、木材、梢杂料等日久腐烂形成的空洞等,遇高水位浸透或遭暴雨冲蚀时,这些洞穴周围土体湿软下陷或流失即形成跌窝。

(3)伴随渗水、管涌或漏洞形成。由于堤防渗水、管涌或漏洞等险情未能及时发现和处理,使堤身或堤基局部范围内的细土料被渗透水流带走、架空,最后土体支撑不住,发生塌陷而形成跌窝。

三、抢护原则

根据险情出现的部位及原因,采取不同的措施,以"抓紧翻筑抢护,防止险情扩大"为原则,在条件允许的情况下,可采用翻挖分层填土夯实的方法予以彻底处理。当条件不允许时,如水位很高、跌窝较深,可进行临时性的填筑处理,临河填筑防渗土料。如跌窝处伴有渗水、管涌或漏洞等险情,也可采用填筑导渗材料的方法处理。

四、抢护方法

(一)翻填夯实

凡是在条件许可,而又未伴随渗水、管涌或漏洞等险情的情况下,均可采用此法。具体做法是:先将跌窝内的松土翻出,然后分层填土夯实,直到填满跌窝,恢复堤防原状为止。如跌窝出现在水下且水不太深,可修土袋围堰或桩柳围堰,将水抽干后,再行翻筑。如跌窝位于堤顶或临水坡,宜用防渗性能不小于原堤土的土料,以利防渗;如跌窝位于背水坡,宜用透水性能不小于原堤土的土料,以利排水。

(二)填塞封堵

当跌窝出现在水下时,可用草袋、麻袋或土工编织袋装黏性土或其他不透水材料直接在水下填实跌窝,待全部填满后再抛黏性土、散土加以封堵和帮宽,要封堵严密,防止在跌窝处形成渗水通道。填塞封堵跌窝示意见图1-65。

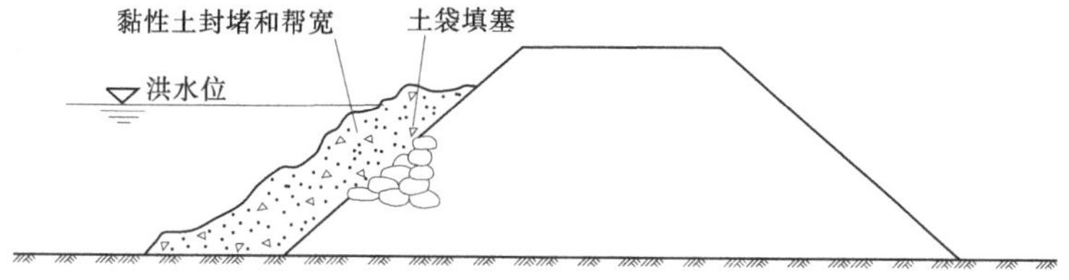

图1-65　填塞封堵跌窝示意图

（三）填筑滤料

跌窝发生在堤防背水坡，伴随发生渗水或漏洞险情时，除尽快对堤防迎水坡渗漏通道进行截堵外，对不宜直接翻筑的背水跌窝，可采用填筑滤料法抢护。具体做法是：先清除跌窝内松土或湿软土，然后用粗砂填实，如涌水水势严重，按背水导渗要求，加填石子、块石、砖块、梢料等透水材料，以消杀水势，再予填实。待跌窝填满后可按砂石滤层铺设方法抢护。抢护前后浸润线对比见图 1-66。

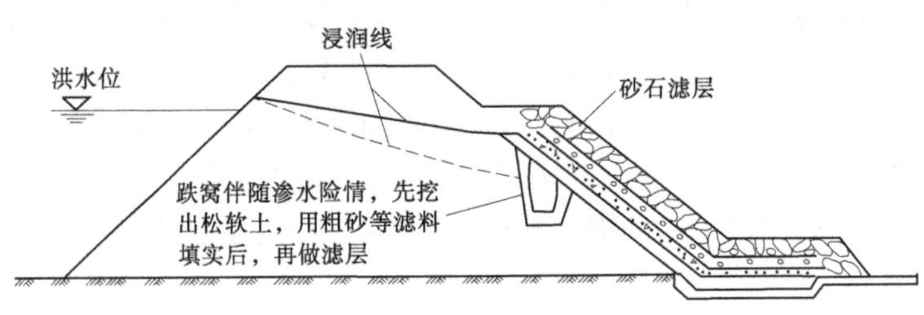

图 1-66　填筑滤料抢护跌窝示意图

五、注意事项

（1）跌窝险情往往是一种表面现象，原因是内在的，抢护跌窝险情，应先查明原因，针对不同情况，选用不同方法，备足料物，迅速抢护。

（2）在翻筑时，应根据土质情况留足坡度或用木料支撑，以免坍塌扩大，并要便于填筑；需筑围堰时，应适当留足施工场地，以利抢护工作和漏水时加固。

（3）在抢护过程中，必须密切注意上游水位涨落变化，以免发生安全事故。

六、抢险实例：洞庭湖善卷垸（陈家港）猪尾巴堤跌窝抢险

（一）险情概况

猪尾巴堤位于湖南省常德市鼎湖区善卷垸，桩号 0+200，堤顶高程 43. 3 m，面宽 6 m，内外坡比 1 ∶ 5，背水堤内平台高程 40. 3 m、宽 3 m。堤内地面高程 34. 00 m。迎水堤外滩地高程 35. 00~36. 00 m。堤身土质为亚黏土，堤基为浅丘陵边缘的黄土层。

1994 年汛期，在背水堤坡约 36. 0 m 处发现有直径 3 cm 左右的小孔流清水。1995 年汛期险情大体相同，因水位抬高，渗水量稍有加大，做过导滤处理。1996 年 7 月 18 日早晨，发现同一位置漏水量加大，出水孔扩展到碗口大，渗水中带有泥土颗粒，随后又增加到 4 个小孔出流。19 日 11 时 30 分，漏水量加大到 0. 3 m^3/s，19 日 21 时 11 分，堤面距临水堤肩约 1 m 处水面发现直径 10 cm 的漩涡；随即出现跌窝并迅速发展到 2 m×5 m，从背水坡出流孔中涌出泥浆约 4 m^3。见图 1-67。

（二）出险原因

1994 年、1995 年出险，一直认为是散浸，1995 年做导滤处理。但 1996 年出险，险情反而加重，堤面出现漩涡，显然存在渗流通道。经推测，很可能是堤内有兽洞从内坡通到接近堤顶和堤面，在高洪水压作用下，渗透水带走泥土形成空洞而跌窝。

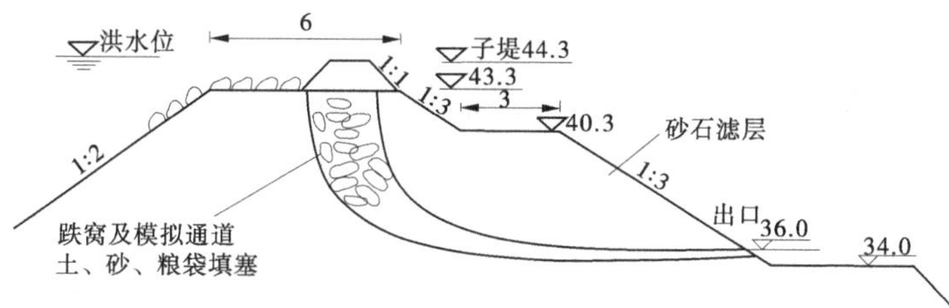

图 1-67 善卷垸猪尾巴堤险情示意图 （单位:m）

(三)抢护方法

险情发生后,立即组织劳动力开挖导渗沟,导渗沟深 1 m、底宽 0.5 m,后加大到深 2 m、宽 1.3 m,并堆压卵石、块石 300 m^3。当堤面出现漩涡、跌窝时,突击抛投砂、粮、卵石袋填塞,并在堤面及临水坡铺油布止水,上压土、砂、粮袋,控制了险情。抢险过程中上劳动力 3 000 人,历时 1 天 1 夜,搬运土石方 5 000 m^3。

1996 年冬,大堤已做清除隐患加培迎水坡和加高处理,从堤顶开挖至跌窝底深 5 m,洞底直径 0.6 m,靠背水堤内一边有一直径 10 cm 左右的光滑洞孔,弯曲通向堤背水坡坡脚,沿孔追挖,在出口旁发现棺材一副,旁边有蛇洞。

第二章　决口堵复抢险的施工方法

江河堤防一旦发生决口，不仅会对社会造成极大危害，损失惨重，还会造成严重的生态灾难，对区域社会经济发展造成长期的严重影响，同时堵复决口任务也十分艰巨。江河一旦发生大洪水，必须严防死守，尽最大努力防止堤防工程决口。但是，纵观历史，江河堤防工程决口又会不时发生，给中华民族带来了沉重灾难。为此，堤防一旦发生决口，应视情况尽快组织堵复，尽最大努力减小灾害损失。江西抚河堤防决口堵复现场见图2-1。

图2-1　江西抚河堤防决口堵复现场

在我国，有些多泥沙河流，如黄河下游，河床高于两岸地面，决口多形成全河夺流。还有些河流，河床低于两岸地面，决口时部分分流，洪水过后，水流回归原河道，口门断流。因此，堤防堵口有堵旱口和堵水口的区别。堵旱口，是当口门自然断流后，结合复堤选线堵复；堵水口，是在口门过流的情况下进行截堵，难度大。本章所述的堵口是指堵水口。

第一节　堤防决口产生的原因

当洪水超过堤防的抗御能力，或者汛期堤防险情发现不及时、抢护措施不当时，小险情演变成大险情，堤防遭到严重破坏，造成堤防口门过流，这种现象称为堤防决口。堤防一旦发生决口，几米甚至十几米高的水流倾泻而下，会直接造成人民生命财产严重损失，如1998年长江发生流域性洪水，8月1日湖北簰洲长江大堤因管涌险情抢护不力，导致堤防决口，有2个乡镇、29个村庄、5万余人受灾，直接经济损失15.85亿元；同年8月7日湖北公安县梦溪大垸决口，3个乡镇、72个村庄、近15万人受灾，直接经济损失15.76亿元。决口还会造成严重的生态灾难，对区域社会经济发展造成长期的严重影响。因此，堤防一旦发生溃决，应视情尽快实施堵复，尽最大努力减小灾害损失，这是经济社会发展和确保社会稳定的必然要求。

决口产生的原因有以下几种：

(1)江河水库发生超标准洪水、风暴潮或冰坝壅塞河道,水位急剧上涨,洪水漫过堤顶,形成决口。

(2)水流、潮浪冲击堤身,发生坍塌,抢护不及时,形成决口。

(3)堤身、堤基土质较差或有隐患,如獾、鼠、蚁穴及裂缝、陷阱等,遇大水偎堤,发生渗水、管涌、流土、漏洞等渗流现象,因抢堵不及时,导致险情扩大,形成决口。

(4)因分洪滞洪等需要,人为掘堤开口,形成决口。

(5)地震使堤身出现塌陷、裂缝、滑坡,导致决口。

堤防决口分为自然决口与人为决口两类。自然决口又分为漫决、冲决和溃决。人为决口又分盗决、扒决,一般统称扒决。

因水位漫顶而决口称漫决;因水流冲击堤防而决口称冲决;因堤坝漏洞等险情抢护不及时而决口称溃决;盗决多是军事相争时以水代兵,以达到防御或进攻目的而造成的决口;以分洪等为目的人工掘堤造成的决口称扒决。

根据决口口门过流流量与江河流量的关系,分为“分流口门”和“全河夺流口门”两种。根据堵口时口门有无水流分为水口和旱口。水口,是指决口时分流比较大,甚至造成全河夺流,堵口时是在口门仍过流的情况下进行截堵。旱口又叫干口,是指决口时分流比不大,汛后堵口时已断流的情况。广东雷州青年运河城月段堤坝决口见图 2-2。

图 2-2　广东雷州青年运河城月段堤坝决口

第二节　堤防决口的堵复

堵口即堵塞决口。每当决口之后,务必及早堵复,以减少和消除溃水漫流形成的危害。

一、堵口分类与堵口原则

(一)堵口分类

根据河流形态、堵口时口门有无水流等情况,堵口可以分为堵水口和堵旱口。

(1)堵水口。在黄河等多泥沙河流上,河床因淤积而逐年抬高,河床高于两岸地面,形成悬河,一旦决口,会形成全河夺流,如不及时堵口,不仅险情扩大,还会造成河流改道。采取措施拦截和封堵水流,使水流回归原河道,称为堵水口。

(2)堵旱口。如长江、淮河等河流,河床低于两岸地面,决口后只有部分水流被分流,洪水消退后,口门会出现断流。口门自然断流后,结合复堤堵复,称为堵旱口。

(二)堵口原则

江、河堤防堵口的基本原则是:堤防多处决口且口门大小不一时,堵口时一般先堵下游口门后堵上游口门,先堵小口门后堵大口门。如先堵上游口门,下游口门分流量势必增大,下游口门有被冲深扩宽的危险。如先堵大口门,则小口门流量增多,口门容易扩大或刷深;先堵小口门,虽然也会增加大口门流量,但影响相对较小。如果小口门在上游,大口门在下游,应先堵小口门后堵大口门,但应根据上下口门的距离及过流大小而定。如上游口门过流很少,首先堵上游口门,如上下口门过流相差不多,并且两口门相距很远,则宜先堵下游口门,然后集中力量堵上游口门。在堵口施工中,要不间断地查看水情、工情,发现险情或有不正常现象,应立即采取补救措施,以防堵口功亏一篑。

二、传统堵口技术

(一)埽工堵口

埽工堵口为黄河堵口的传统技术。所谓埽工,是古代在黄河上用来保护堤岸、堵塞决口、施工截流等的一种水工建筑物。它的每一个构件叫埽个或埽捆,简称埽,小的叫埽由或由。将若干个埽捆累积连接起来,沉入水中并加以固定,就成为埽工,如图2-3所示。

历史上,明代以前的堵口常用的埽工为卷埽(见图2-4)。由于卷埽体积大,修做时需要很大的场地和大量的人工。所以清代对修埽方法进行了改进,既由传统的卷埽改为顺厢埽(见图2-3)。

(二)堵口方法及特点

堵口方法一般分为三种,即平堵法、立堵法、平立混堵法。

平堵法是沿口门普遍抛投抗冲材料,直至出水,然后在上游截渗,下游修后戗,再加培堤防。抛投抗冲材料的方法一般有三种:一是打桩架桥,由桥上抛投;二是由船定位抛投;三是船上、桥上同时抛投。平堵法的优点是:在施工过程中不产生水流集中的情况,利于施工;所抛成的坝体比埽工坚实可靠,可机械化操作,施工速度快。缺点是:用料量大,易倒桩、断桩;抛石体透水性大,堵合后不易闭气,单宽流量过大时,堵合不易成功。

立堵法是由口门两边堤头向水中进筑抗冲材料及加修戗堤,最后集中力量堵复缺口,闭气后修堤。立堵法多用埽工。其优点是:便于就地取材,使用工具简单,易于闭气,在软基上堵口有独特的适应性。缺点是:埽工技术操作复杂,口门缩窄后,由于单宽流量加大,如果河底冲刷严重,埽占易于折裂塌陷,造成堵口工程失败。黄河下游为地上悬河,口门

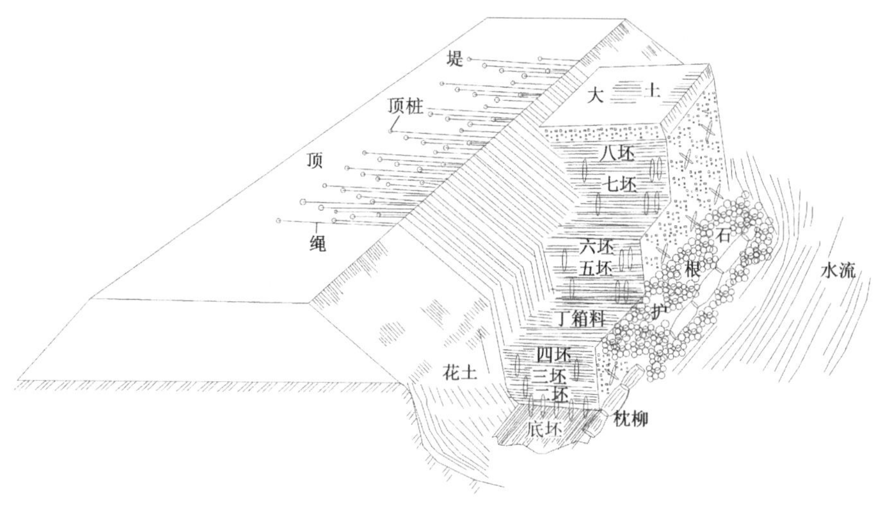

图 2-3　埽工结构示意图

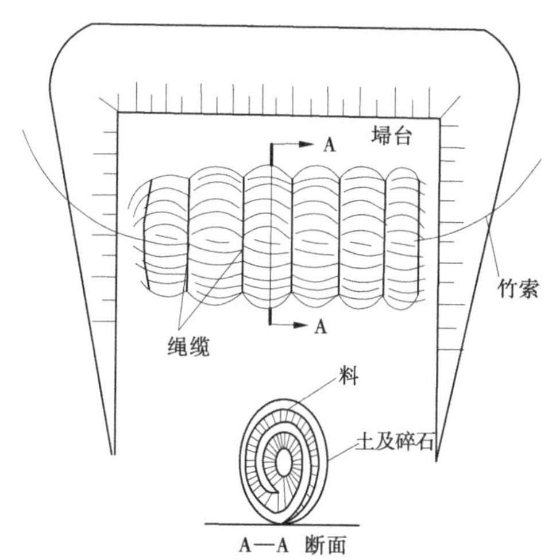

图 2-4　卷埽

流速大，河床抗冲性差，一般采用立堵法堵口，其核心技术是利用埽工进占、合龙、闭气。

平立混堵法是口门一部分用平堵法，一部分用立堵法。

三种堵口方法各有其优缺点，需根据口门情况、堵口条件等综合考虑选定。一般来说，口门流速较小且河床抗冲性好，可采用平堵法；反之，多采用立堵法。

（三）传统堵口技术评价

传统堵口技术是无数次堵口实践的经验总结，是历史上众多治河专家和广大劳动人民智慧的结晶。埽工堵口技术具有许多优点，主要表现在：

（1）埽工的整体性好，有优良的抗御水流性能。埽工由桩绳盘结，使秸、柳等材料形成整体，具有较强的抗冲能力，能满足口门水流冲刷的要求。通过追压土石提高容重，满足抗浮等稳定要求。

(2) 埽工所用的主要材料为秸料、柳枝、土料，均为当地材料，比较容易筹集。

(3) 埽工性柔，可适应河底情况，与之密切结合。在厢埽堵口时，埽体能随河底淘刷下沉，可以随淘随厢以达稳定。

(4) 修筑埽工，所用工具及设备简单。除船只、运土工具外，河工所用的就是硪锤、小斧等小型工器具。

虽然传统堵口技术有许多优点，但目前汛期堵口的堵口要求、堵口条件与历史堵口有很多明显区别，传统堵口技术在现今的防汛实践中有许多不适应，主要表现在：

(1) 埽工技术以人工操作为主，施工速度较慢。历史上堵口最少也需要几个月时间，显然不能满足汛期快速堵口的要求。

(2) 汛期堵口，在较大堵口流量时，采用埽工堵口困难较大，没有成功的把握。

(3) 埽工堵口需要大量的秸料、柳料等，难以在短时间内筹集，且这些材料体积大，存放困难。

(4) 埽工施工技术较为复杂，在几十年没有进行堵口实践的情况下，目前缺乏全面掌握埽工技术的人员。

综合考虑以上各个因素，很有必要对传统堵口抢险技术在吸收、借鉴的基础上加以改进和发展。

三、当代堵口技术

（一）钢木土石组合坝堵口技术

在 1996 年 8 月河北饶阳河段和 1998 年长江抗洪斗争中，人民解放军工兵借助桥梁专业经验，采用了“钢木框架结构、复合式防护技术”进行堵口合龙。这种方法用钢管下端插入堤基，上端高出水面做护栏，再将钢管以统一规格的链接器件组成框网结构，形成整体。在其顶部铺设跳板形成桥面，以便快速在框架内外由下而上、由里向外填塞料物袋，形成石、木、钢、土多种材料构成的复合防护层。根据结构稳定的要求，做好成片连接、框网推进的钢木结构。同时要做好施工组织，明确分工，衔接紧凑，以保证快速推进。

“钢木土石组合坝堵口技术”具有就地取材、施工技术较易掌握，可实现人工快速施工和工程造价较低的特点，荣获了军队科技进步一等奖、国家科技进步二等奖，并向全军和全国推广，取得了显著的社会效益。

（二）黄河汛期堵口技术

为适应江河特别是黄河防汛抢险的需要，进一步提高黄河防洪的技术水平，黄河防汛抗旱总指挥部根据国家防汛抗旱总指挥部办公室要求，进行了黄河堤防堵口新技术专题试验，在总结黄河传统堵口技术的基础上，从黄河下游汛期堵口的实际出发，充分利用新材料、新技术、新设备，对传统堵口技术进行改进，通过理论创新和实践，提出了黄河汛期堵口技术措施，并被国家防汛抗旱总指挥部推广采纳。

四、堤防堵口准备

堵口是一项风险很大的工作，稍有不慎就会前功尽弃，水灾不能及早消除，并造成很大的人力、物力浪费。准备工作充分是堵口成功的先决条件。

(一)选择合理的堵口时机

为控制灾情发展,减少封堵施工困难,要在考虑各种因素后,精心选择封堵时机。恰当的封堵时机,有利于堵口顺利实施,减少抢险经费和决口灾害损失。在堤防尚未完全溃决或决口时间不长、口门较窄时,可采用大体积料物(如篷布加土袋或沉船等)抓紧时间抢堵。当决口口门已经扩大,现场又没有充足的堵口料物时,不必强行抢堵,否则不但浪费料物,也无成功机会。为控制灾情发展,减少封堵施工困难,要考虑各种因素后,精心选择封堵时机。

堵口时间可根据口门过流状况、施工难易程度等因素确定。为了减轻灾害损失,尽快恢复生产,堵口料物、人员、设备备齐后,可以立即实施堵口。通常情况下,为减少堵口施工困难,多选在汛后或枯水季节、口门分流较少时进行堵复,但最迟应于第二年汛前完成。情况允许时,也可以选择汛期洪峰过后实施堵口。海塘堤堵口应避开大潮时间,如是台风溃口,台风过后应利用落潮时实施抢堵。

(二)定期进行水文观测和河势勘察

在封堵施工前,必须做好水文观测和河势勘察工作。要实测口门宽度,绘制口门纵横断面图,并实测口门水深、流速和流量等水文要素。可能情况下,要勘测口门及其附近水下地形,勘察口门基础土质,了解其抗冲流速值。具体如下:

(1)水文观测。定期施测口门宽度、水位、水深、流速、流量等。

(2)口门观测。定期施测口门及附近水下地形,并勘探土质情况,绘制口门纵横断面图、水下地形图及地质剖面图。

(3)建立口门水文预报方案,定期做出水文、流量预报。

(4)定期勘察口门上下游河势变化情况,分析口门水流发展趋势。

五、选择堵口坝基线

堵口前应先对溃口附近的河势、水流、地形、地质等因素做出详细调查分析,慎重选择堵口坝基线位置,在确定坝基线时必须综合考虑口门流势、口门附近地形地质、龙门口位置、老河过流情况、引河位置、挑水坝位置及形式、上下边坝位置等多种因素。坝基线位置选择合理,会减轻堵口难度;选择不合理,则影响堵口进度,甚至造成前功尽弃的后果。堵口坝基线位置的选定见图2-5。

对于主流仍走原河道、堤防决口不是全河夺流的溃口,口门分出一部分水流,原河道仍然过流,堵口坝线应选在口门跌塘上游一定距离的河滩上。因为滩地地面较高,可以省工省料,堵复过程中水位壅高,有利于分流入原河道,减少口门流量。但滩面很窄时,应慎重考虑。如不能选择上游的河滩,堵口坝基线也应选在分流口门附近,这样进堵时部分流量将流入原河,溃口处流量也会随之减小。但应特别注意,切忌堵口坝基线后退,造成入袖水流。因为入袖水流具有一定的比降和流速,在入袖水流的任何一点上堵塞,均需克服其上水体所挟的势能。1936年6月,湖北省钟祥县汉江遥堤堵口失败,功亏一篑,固有天时因素,更重要的是堵口坝基线选择不当。遥堤堵口距旧堤溃口约10 km,入袖水流导致洪水位的进一步抬高,使堵口工程前功尽弃。

对于全河夺流溃口,为减少高流速水流条件下的截流施工难度,在河道宽阔并有一定

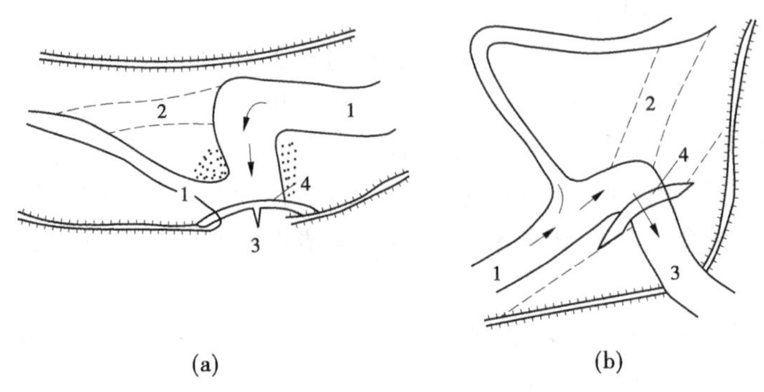

1—原河道;2—引河;3—决口处;4—堵坝基线

图 2-5 堵口坝基线位置的选定

滩地的情况下,可选择“月弧”形堤线,以有效增大过流面积,从而降低流速,减少封堵施工困难。因原河道下游淤塞,堵口时首先必须开挖引河,导流入原河,以减小溃口流量,缓和溃口流势,然后再进行堵口。堵口坝基线位置的选择,应根据河势、地形、河床地质情况等决定。一般堵口坝基线距引河口以 350~500 m 为宜。若就原堤进堵,坝基线应选在口门跌塘的上游(见图 2-5 堵口基线位置的选定);若河道滩面较宽,就原堤进堵时距分流口门太远,不利于水流趋于原河,则堵口坝基线可选在滩面上。但是,在滩地上筑坝不易防守,只能作为临时性措施,堵口合龙后,应迅速修复原堤。

在堵口坝线上,选水深适当、地基相对较好的地段,预留一定长度作为合龙口,并在这一段先抛石或铺土工布护底防冲,两端堵复到适当距离时,在此集中全力合龙。

六、选择堵口辅助工程

为了降低口门附近的水位差,减少口门处流量和流速,堵口前可采取修做裹头、开挖引河和修筑挑水坝等辅助工程措施。根据水力学原理,精心选择挑水坝和引河位置,以引导水流偏离口门,降低堵口施工难度。开挖引河是导引河水出路的措施,应就原河道因势利导,力求开通后水流通畅。引河进口应选在口门对岸迎流顶冲的凹岸,引河出口选在不受淤塞影响的原河道深槽处。在合龙过程中,当水位壅高时,适时开放引河,分泄一部分水流,可减轻合龙的压力。另外,合龙位置距引河口不宜太远,以求水位壅高时有利于向引河分流。为便于引河进水、缓和口门流势,应在引河口上游采用打桩编柳修建挑水坝,坝的方向、长度以能导水入引河为准。

(一)修筑裹头

堤防一旦溃口,口门发展速度很快,其宽度通常要达 200~300 m,甚至更宽才能达到稳定状态,如湖北的簰州湾、江西九江的江心洲溃口都是如此。如能及时抢筑裹头,就能防止险情的进一步发展,减少封堵难度,及时抢筑坚固的裹头是堤防封堵口门的重要工作,是堤防决口封堵的关键之一。

(二)开挖引河

对于堵塞发生全河性夺流改道的溃口,必须开挖引河时,引河进口的位置可选择在溃口的上游或下游。前者可直接减小溃口流量,后者能降低堵口处的水位,吸引主流归槽。

若引河进口选择在溃口上游,则宜选择在溃口上游对岸不远的迎溜顶冲的凹岸,对准中泓大溜,造成夺流吸川之势。如果进口无下唇,尚需修建坝埽,以助吸溜之力。引河出口应选在溃口下游老河道未受或少受淤积影响的深槽处,并顺接老河。此外,应考虑引河开挖的土方量、土质好坏、施工难易程度等。在类似黄河这种游荡型河流上开挖引河,前人有"引河十开九不成"说法,故通常只能在堵塞夺溜决口时,由于下游河床淤塞才开挖引河,以助分流,一般不宜采用。

(三)修筑挑水坝

设计有引河的堵口工程,可在引河进口上游修筑挑流坝(见图2-6堵口挑流坝示意图),其作用有二:一是挑溜外移,减轻口门溜势,以利于进筑正坝;二是挑溜至引河口,使引河有一入袖溜势,便于引水下泄,以利于合龙。引河进口在溃口下游者,挑流坝应建在堵口上游的同一岸,挑流入引河,并掩护堵口工程。引河进口在溃口上游者,挑流坝所在河岸视情况而定,以达到挑流的目的,通常多修建在引河进口对岸的上游。没有开挖引河的堵口工程,必要时也可在溃口附近河湾上游修建挑流坝,以挑流外移,减小溃口流量和减轻水流对截流坝的顶冲作用。

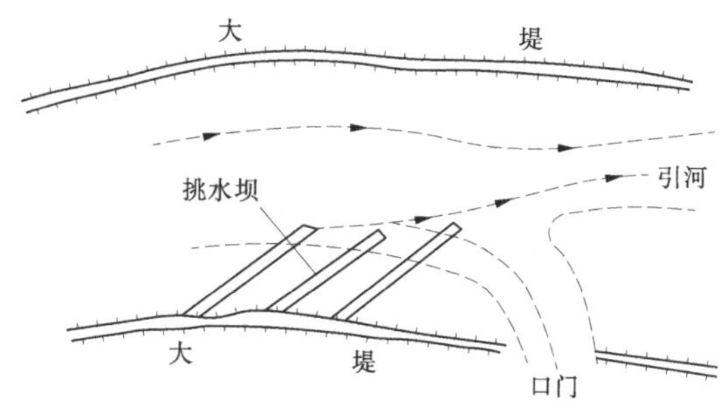

图2-6 堵口挑流坝示意图

挑流坝的长短应适中。过短则挑流不力,达不到挑流目的;过长则造成河势不顺,并可能危及对岸安全。若溜势过猛,可修建数道挑流坝,下坝与上坝的间距约为上一坝长的2倍,其方向以最下的坝恰能对着引河进口上唇为宜,不得过于上靠或下挫。

总之,引河、堵口线、挑水坝三项工程,要互相呼应、有机配合,才能使堵口工程顺利进行。如图2-7所示河工堵口平面示意图。

七、堵口方案与施工准备

根据上述水文、口门上下地形、河势变化以及筹集物料能力等,分析研究堵口方案,进行堵口设计,对重大堵口工程还应进行模型试验。

堵口施工要稳妥迅速。开工之前要布置堵口施工现场,并做出具体实施计划。必须准备好人力、设备,尽量就地取材,按计划备足料物。施工过程中要自始至终,一气呵成,不允许有停工待料的现象发生,特别是在合龙阶段,决不允许有间歇等待现象。组织有经验的施工队伍,尽量采用现代化的施工方式,备足施工机械、设备及工具等,提高抢险施工效率。

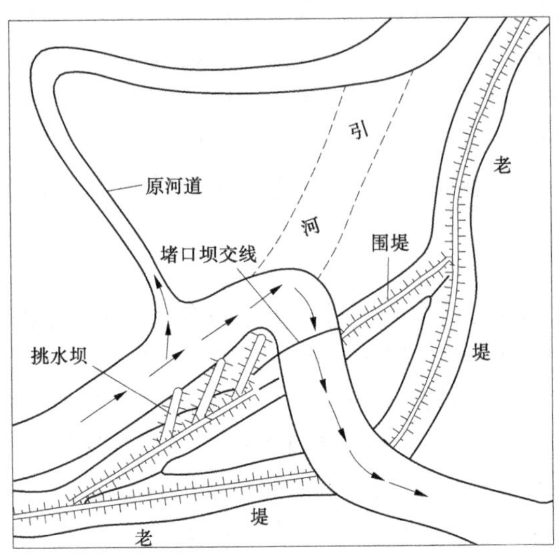

图 2-7 河工堵口平面示意图

八、组织保障

堤防堵口是一项紧迫、艰难、复杂的系统工程，需要专门的组织机构负责组织实施。堤防发生决口后，应立即按照堤防溃口对策方案的要求，在采取应急措施的同时，由政府及防汛指挥机构尽快组成堵口总指挥部（包括堵口专家组）。堵口总指挥部应全面负责堵口工作，包括堵口工程方案、实施计划的制定，组织人员、筹集物资、设备；组织堵口工程施工等方面。堵口总指挥部应组织完备、纪律严明、工作高效，这是堵口顺利实施的有效保障。

九、料物估算

堵口工料估算要依据选定的坝基线长度和测得的口门断面、土质、流量、流速、水位等，预估进堵过程中可能发生的冲刷等情况，拟定单位长度埽体工程所需的料物，从而估出厢修工程的总体积。根据黄河堵口经验，估算料物的方法如下。

（一）埽占体积计算

埽占的体积等于埽占工程长度、宽度与高度三者的乘积。

（1）工程长度：按实际拟修坝基线长度计算。

（2）工程宽度：埽占上下为等宽，计算宽度按预估冲刷后水深的 1.2~2.0 倍计算。口门流速小、河床土质好，冲刷浅，可取 1.2~1.5 倍，否则取 1.5~2.0 倍。

（3）工程高度：埽占的高度为水上、水下、入泥三部分之和。水上出水高度取 1.5~2.0 m。水下深度考虑进占口门河床冲刷，按实际测量水深的 1.5~2.0 倍计算，河床土质不好，易于冲刷的取 2.0 倍，否则取 1.5 倍。入泥深度取 1.0~1.5 m。

（二）正料计算

正料是指薪柴（秸、苇、柳等）及土、石等。薪柴一般用其一种，不足时再用其他一种或两种，甚至多种。土或石也是如此。平均每立方米埽体约需秸料 80 kg、柳料 180 kg、苇料 100 kg。平均每立方米埽体约需压土 0.5 m³、用石 0.3 m³、用麻料约 10 kg。

(三)杂料计算

杂料是指木桩、绳缆、铅丝、编织袋、麻袋、蒲包等。木桩一般用柳木桩,要求圆直无伤痕。铅丝以 8 号及 12 号使用最多,用于捆枕和编笼。

十、堤防堵口截流

堵口方法主要有立堵、平堵、混合堵三种。平堵法、立堵法如图 2-8 所示。

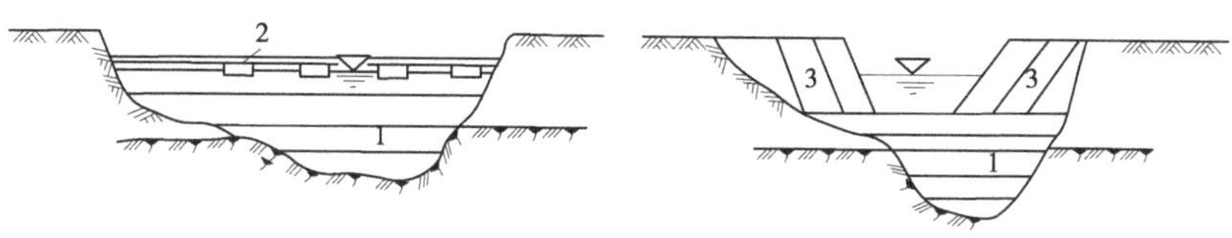

1—平堵进占体;2—浮桥;3—立堵进占体

图 2-8 平堵法、立堵法示意图

堵口时具体采用哪种方法,应根据口门过流情况、地形、土质、料物储备以及参加堵口工人的技术水平等条件,综合考虑选定。

(一)立堵法

立堵法是由龙口一端向另一端或由龙口两端,沿设计的堵口坝基线向水中抛投堵口材料,逐步进占缩窄口门,最后留下缺口(龙门口),备足物料,周密筹划,抢堵、合龙、闭气。立堵法不需在龙口架桥,准备工作简便,容易根据龙口水情变化决定抛投技术,造价也较低,为堵口中采用的基本方法。随着立堵截流龙口的缩窄,流速增长较快,水流速度分布很不均匀,需要单个重量较大的截流材料及较大的抛投强度,而截流工作前沿较狭窄,在高流速(流速大于 5 m/s)区,一般大体积物料(32~70 t)抛料,以满足抛投强度。

采用立堵法,最困难的是实现合龙。这时,龙口处水头差大,流速高,采用巨型块石笼抛入龙口,以实现合龙。在条件许可的情况下,可从口门的两端架设缆索,以加快抛投速率和降低抛投石笼的难度。

此处以黄河下游过去常用的堵口方法加以说明。根据进占和合龙采用的材料、施工方法和堵口的具体条件,立堵法又可分为捆厢埽工进占和打桩进占两种。

(1)捆厢埽工进占。利用捆厢埽堵口是我国黄河上 2 000 多年来 1 000 多次堵口积累发展下来的经验。此法相当于陆地施工,施工方便、迅速,所用材料便于就地选取,且不论河底土质好坏,地形如何,都能与河底自然吻合,易于闭气,尤其在软基上堵口,具有独特的优点。

在溃口水头差较小、口门流势和缓、土质较好的情况下,可采用单坝进占堵合,即用埽工做成的单坝,由口门两端向中泓进占(见图 2-9 堵口进占)。坝顶宽度为预估冲刷水深的 1.2~2 倍,最窄不小于 12 m。埽坝边坡为 1:0.2。坝后填筑 5~10 m 宽的后戗,背水坡的边坡系数为 3~5。

在溃口水头差较大,口门流势湍急,且土质较差的情况下,可采用正坝与边坝同时进占,称为双坝进占。正坝位于边坝上游 5~10 m 处,两坝间填筑黏土,称为土柜,起隔渗和

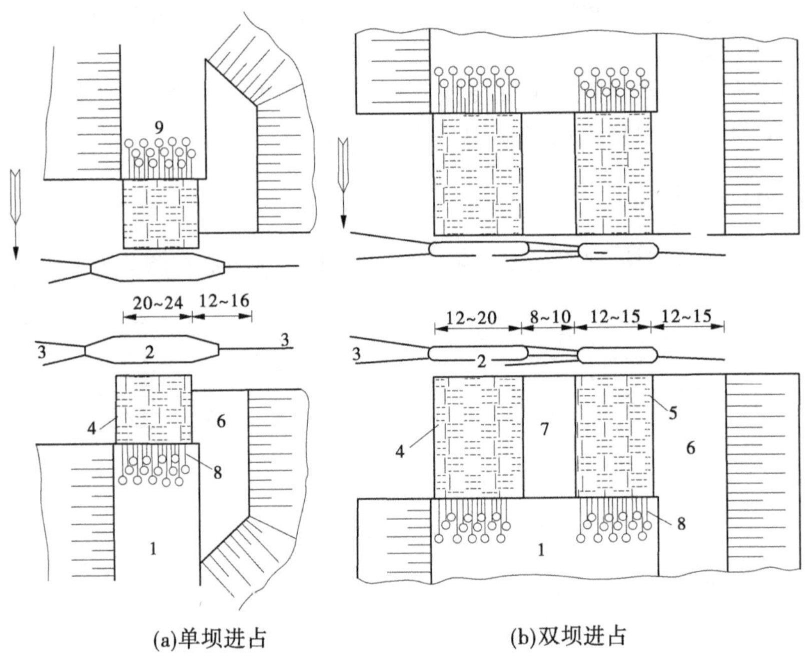

(a)单坝进占　　(b)双坝进占

1—原堤;2—捆厢船;3—锚;4—正坝;5—边坝;6—后土戗;7—土柜;8—底钩绳;9—桩

图 2-9　堵口进占　(单位:m)

稳定坝身的作用。正坝顶宽 16~20 m,其迎水面抛石防护;边坝顶宽为预估冲刷水深的 1.0~1.5 倍,最窄处不小于 8 m。

无论是单坝进占还是双坝进占,后戗必须随坝进占填筑,以免埽工冲坏。当口门缩窄至上下水头差大于 4 m,合龙困难或龙口坝占有被冲毁的危险时,可考虑在口门下游适当距离,再修一道坝,称为二坝,使水头差分为两级,以减小正坝的水头差,利于堵合。二坝也可用单坝或双坝进占,根据水势情况而定。此外,还可以在后戗或边坝下游围一道土堤,蓄积由坝身渗出的水,壅高水位,降低渗水流速,使泥沙易于停滞而填塞正坝及边坝间的空隙,帮助断流闭气,即所谓的“养水盆”。

合龙口门水深流急,过去常用关门埽筑合龙,但因埽轻流急,易遭失败。近年来,改用柳石枕合龙,并用麻袋装土压筑背水面以断流闭气,比较稳妥。当水头差较小时,可用单坝一级合龙;水头差较大时,可用单坝和养水盆,或正坝和边坝同时二级合龙;水头差很大时,则可用正坝、边坝、“养水盆”同时合龙。

(2)打桩进占。一般土质较好,水深小于 2~3 m 的口门,在口门两端加筑裹头后,沿堵口坝线打桩 2~4 排,排距 1.2~2 m,桩距 0.3~1.0 m,桩入土深度为桩长的 1/3~1/2,桩顶用木桩纵横相连。桩后再加支撑以抗水压力。在桩临水面用层柳(或柴草等)、层石(或土袋)由两端竖立向中间进占,同时填土推进。当进占到一定程度,流速剧增时,应加快进占速度,迅速合龙。必要时,在坝前抛柳石枕维护,最后进行合龙。

(二)平堵法

平堵法一般是在选定的堵坝基线上打桩架设施工便桥,桥上铺轨,装运柳石枕、块石、土袋等，在溃口处沿口门宽度自河底向上层层抛投料物，逐层填高，直至高出水面达到设计高度，以堵截水流。图 2-10(a)、(b)分别为山东省利津县宫家堵口截流坝断面图和 1969 年长江田家口堵口截流坝断面图。这种方法从底部逐渐平铺抬高，随着堰顶加高，口门单宽流量及流速相应减小，冲刷力随之减弱，利于施工，可实现机械化操作。这种平堵方式特别适用于拱型堤线的进占堵口。

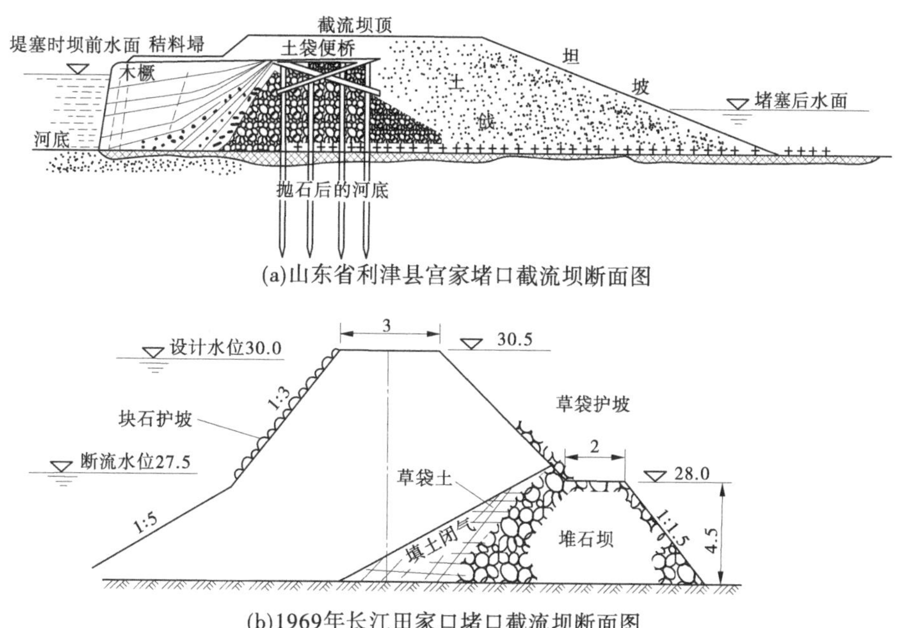

(a)山东省利津县宫家堵口截流坝断面图

(b)1969年长江田家口堵口截流坝断面图

图 2-10　堵坝断面　(单位:m)

平堵法多用于分流口门水头差较小，河床易冲的情况。按照施工方法的不同，平堵法又可分为架桥平堵、抛料船平堵、沉船平堵三种。抛料船平堵适用于口门流速小于 2 m/s，直接将运石船开到口门处，抛锚定位后，沿坝线抛石堆，至露出水面后，再以大驳船横靠于块石堆间，集中抛石，使之连成一线，阻断水流。沉船平堵是将船只直接沉入决口处，可以大大减小通过决口处的过流流量，从而为全面封堵决口创造条件。在实现沉船平堵时，最重要的是保证船只能准确定位，要精心确定最佳封堵位置，防止沉船不到位的情况发生。采取沉船平堵措施，还应考虑到由于沉船处底部的不平整，使船底部难与河滩底部紧密结合的情况，必须立即抛投大量料物，堵塞空隙。平堵坝抛填出水面后，需于坝前加筑埽工或土袋，阻水断流，背水面筑后戗以增加堵坝稳定性和辅助闭气。

(三)混合堵法

当溃口较大、较深时，采用立堵与平堵相结合的方法，可以互相取长补短，称为混合堵法。堵口时，根据口门的具体情况和立堵、平堵的不同特点，因地制宜，灵活采用。混合堵法一般先采用立堵法进占，待口门缩窄至单宽流量有可能引起底部严重冲刷时，则改为护底与进占同时进行合龙。也有一开始就采用平堵法，将口门底部逐渐抛填至一定高度，使流量、流速减小后，再改用立堵法进占。或者采用正坝平堵、边坝立堵相结合的方法。堵口合龙后,为了防止合龙埽因漏水随时有被冲开的危险,必须采取措施,使堵坝迅速闭气。

十一、堤防堵口闭气

龙口为抢险堵口时预设的过流口门。龙口的宽度,在平堵过程中基本保持不变,在立堵过程中随戗堤进占而缩窄,直至最后合龙。合龙后,应尽快对整个堵口段进行截渗闭气。因为实现封堵进占后,堤身仍然会向外漏水,要采取阻止断流的措施。若不及时防渗闭气,复堤结构仍有被淘刷冲毁的可能。一般的方法是在戗堤的上游侧先抛投反滤层材料,然后向水中抛黏土或细颗粒砂砾料,把透过堆石戗堤的渗流量减少到最低限度。土工膜等新型材料也可用以防止封堵口的渗漏,也可采用“养水盆”修筑月堤蓄水以解决漏水。

十二、堤防堵口复堤

堵口所做的截流坝,一般是临时抢起来的,坝体较矮小,质量差,达不到防御洪水的标准,因此在堵口截流工程完成后,紧接着要进行抢险加固,以达到防御洪水的标准要求。汛后,按照堤防工程设计标准,进行彻底的复堤处理,如图 2-11 所示堵口复堤示意图。复堤工程的设计标准、断面、施工方法及防护措施有以下几方面要求:

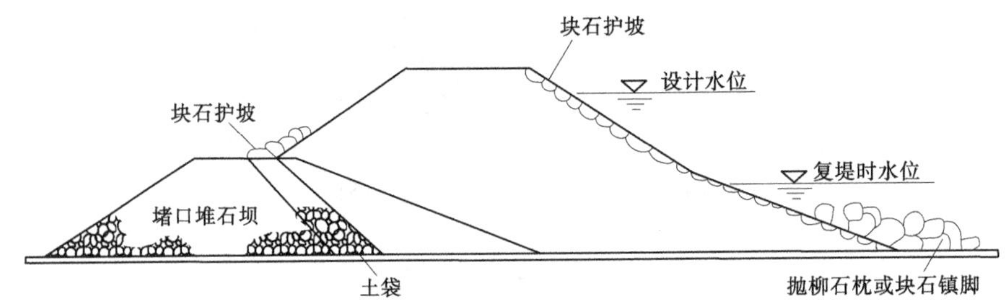

图 2-11 堵口复堤示意图

(1)堤顶高程。由于堵口断面堤质薄弱,堤基易渗透,背水有潭坑等弱点,复堤高度要有较富裕的超高,还要备足汛期临时抢险的料物。

(2)堤防断面。一般应恢复原有断面尺寸,但为了防止堵口存有隐患,还应适当加大断面。断面布置常以截流坝为后戗,临河填筑土堤,堤坡加大,水上部分为 1∶3,水下部分为 1∶5。

(3)护堤防冲。堵口复堤段,是新做堤防,未经洪水考验,又多在迎流顶冲的地方,所以还应考虑在新堤上做护堤防冲工程。水下护坡,以固脚防止坡脚滑动为主,水上护坡以防冲、防浪为主。

第三节 黄河传统堵口截流工程

实施堤防堵口,截流工程是最重要的工程。本节重点介绍黄河传统堵口(立堵法)的裹头、正坝、边坝、合龙、闭气等传统堵口截流工程。

一、裹头

裹头，就是在堵口之前先将口门两边的断堤头用料物修筑工程裹护起来，防止继续冲宽、扩大口门，是堵口前的一项重要工程（见图2-12）。

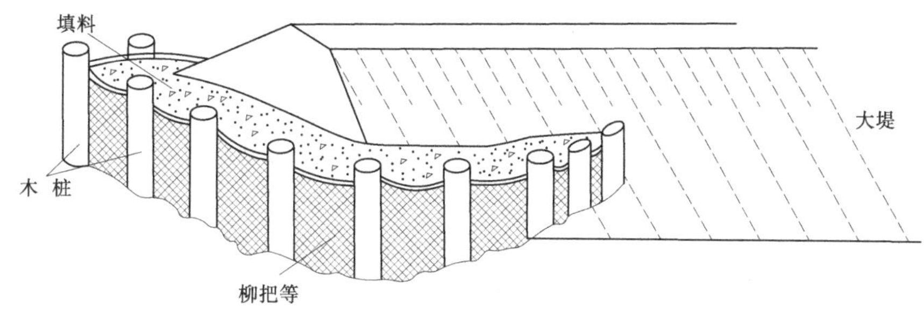

图2-12　裹头示意图

（一）裹头方案

裹头是将决口口门两边的断堤头用抗冲材料进行裹护。其作用一是防止堤头被冲后退，口门继续扩大，增加堵口难度；二是为埽工进占生根创造条件。裹头前必须制订切实可行的裹头方案，提前做好截流的各项准备。裹头方案需要研究确定裹头的时机、位置、预留口门宽度、裹护次序、方法等。

（1）裹头的必要性。裹头是否修做要根据口门流势确定。如口门已充分发展，溜走中泓，两边堤头均不冲塌，则无必要再专门修裹头，可以通过进占加以裹护；如溜偏下游堤头，有冲塌现象，而上游堤头不靠溜，甚至出浅滩，则仅裹护下游堤头而不必裹护上游堤头；如准备就堵，堵口在即，上下堤头仍受溜被冲，则上下均应赶修裹头。黄河历史决口多发生在汛期，堵口多在非汛期进行，堵口时口门流量较小，溜常偏下游堤头，因此应修单裹头，但一些老河工为安全起见，上下裹头多同时修建。

（2）裹头时机。堤防决口后原则上应立即将两堤头裹护，以防止口门扩大，控制口门过流，减少淹没损失。但过早裹头，堵口不能立即进行，则口门刷深，裹头有可能被冲垮，失去裹头作用。因此，裹头时机取决于三个因素：一是准备工作，二是后续洪水大小，三是距堵口时间的长短。核心问题是裹头安全。如准备工作充分、人料具备，可以早裹，即使有较大洪水或暂时不能堵口，口门有了较大刷深，也可通过抢险加固确保裹头安全。历史上，受条件限制，黄河汛期决口、非汛期堵口前根据情况修做裹头，汛末决口常赶做裹头。

（3）裹头位置。裹头位置一般在口门两边断堤头现状位置。有两种情况例外，一是决口时过流较大，口门迅速展宽，堵口前过流变小，断堤头前出滩，这时可先筑滩上新堤，至水边或浅水内，然后裹头，防止冲刷，此时裹头位置在口门内。二是口门发展迅速，裹头难以修做，这时宜从断堤头后退适当距离，开挖沟槽修做裹头，待靠溜后再抢险加固，称截裹头，此时裹头位置在口门外。

（4）预留口门宽度。历史上，一般在堵口前口门都得到一定程度的发展，尤其是全河夺流的口门，发展到一定宽度后流势比较稳定，展宽速度减弱，裹头后口门一方面发展受到限制,另一方面冲深也不致过于加大,有利于堵合。具体口门宽度依据上游来水、口门分流比及堵口时间等因素确定。

(5)裹护次序。一般将上游裹头称上坝头,下游裹头称下坝头。由于下坝头多顶流分水,故裹护次序为先下坝头后上坝头。如工料充足,亦可同时裹护上、下坝头。

(6)裹护方法。裹头有三种修做方法:一是用搂厢裹护,二是用长枕裹护,三是搂厢与长枕结合裹护。无论采用哪种方法,裹护都要求堤头正面要完善坚固,两端要有足够长度藏头护尾以防止正流回流淘刷。

在制订裹头方案时应对上述六个方面统筹考虑,综合比较,选择合理的裹头位置、裹头时机和裹头方法,发挥裹头的作用,为堵口创造良好的进占条件。

(二)裹头施工

裹头要求坚固耐冲,能有效防止口门扩大。裹头长度应根据口门流势确定,除受正溜部位需要裹护外,上下游回溜段也要给予裹护,即做好藏头护尾,以保安全。裹头宽度一般为15~20 m。裹头高度:水下考虑裹头后最大冲刷深度,水上出水1~2 m。其施工要求如下:

(1)削坡打尖。将断堤头陡坡削至1:1的边坡,上下游尖角削成圆头。目的是使裹护体与堤头紧密结合,防止溃膛险情发生。同时整修堤顶,使裹头有一平整开阔的施工场面。

(2)裹护顺序。裹护残堤头与厢埽同。首先必须藏住头,然后向下接续厢修,才能稳妥。所以,残堤头无论上斜或下斜,在坝头上跨角以上都靠溜时,上坝应先做上跨角以上埽段,然后接续下厢,接做裹头埽段;下坝一般是顶溜分水,比较吃重,应先厢修最紧要的顶溜分水堤段,并特别注意用家伙要重些,以防出险,然后再向下游接修防护埽段,将溜势导引外趋。由于下坝受溜顶冲,淘刷严重,所以在做裹头时,如工料充足,能上下坝同时进行当然最好,否则应先在下坝头严重地区修护,然后再修他处。

(3)裹护方法。在堤头正面,一般都是用一整段大埽来裹护,其上下首加修护崖埽、鱼鳞埽或耳子埽等,以维护首尾,防正、回溜冲刷。在做残堤正面的裹头时,应先将上跨的斜角打去,然后捆长枕,从上跨角到下跨角把残堤头整个护住。

裹头与上下首护埽均为丁厢,一般埽宽7~10 m。但如修裹头与正坝进占相距时间不长,也可将裹头埽段改为顺厢,以便于将来进占时,易于密切结合。如系丁厢,在进占时还须将衔接处丁厢部分扒去,改为顺厢,然后才能向前进占。

(4)截头裹。如从残堤头退后至适宜地段做裹头,应先从老堤坝上挖槽,其深度最小在背河地面下1~2 m,边坡为1:1,槽底宽最少需要4 m。厢修旱埽裹头的次序与上面所述不一样,可先做正面裹头埽,然后再做上下首的护埽。具体做法与一般抢险厢埽段相同。

(5)加固。裹头之后口门常会刷深,尤其是采用搂厢裹护后,底部会形成悬空,至一定程度后会发生局部墩蛰或前爬等险情,为此需要加固。一般采用抛枕加固法,抛枕出水1.0 m左右,如发现枕有下蛰现象可续抛加固。

二、正坝

正坝即堵口进占的主坝，是自裹头或进占前按坝轴线方向盘筑的坝头开始至龙门口一段坝基。由上裹头生根修的坝称上坝，由下裹头生根修的坝称下坝。

（一）正坝方案

正坝是堵口骨干工程，必须有足够的御水能力，为此要求有一定的长度、宽度和高度，修筑时务求稳实，尽量减少出险。

在制订正坝修筑方案时必须确定好坝轴线。坝轴线一般有三种形式，向临河凸出者称为外堵，与原堤线一致者称为中堵，向背河凹入者称为内堵。外堵的形式运用最多，适用于口门前有滩地的情况。中堵适用于口门较小，或过流不大，或口门土质较好，或无法外堵等情况。内堵适用于无法外堵，中堵口门较深，土质不好，困难较大，而口门跌塘范围不大，水深较浅等情况。内堵兜水，修守较难，是不得已而为之，因此一般不采用。

外堵法采用较多，原因为外堵法有许多优点。临河一般都有一定宽度的滩地，坝轴线选择余地大；滩地水深一般较口门的处水深浅，易于进占筑坝；上坝可起挑溜作用，减少进入口门的水量；下坝顶水而进可起分流作用，同样会减少进入口门的水量；坝轴线可靠近老河或新河，水位抬高后有出路，减少进占和合龙压力；无入袖河势，埽体易于修筑，偶有下败也有调整的余地。缺点是坝体迎水面（临河面）尤其是上坝迎水面冲刷较深，需要抛投大量料物，及时固根。

对于部分分流的口门，因原河道仍走河，正坝宜建于两河的分流附近。这样两坝进堵、水位抬高之后，能将部分水流趋入正河，利于堵口施工。对全河夺流的口门，坝轴线与引河的距离既不能太远（远则不易起到配合作用），又不宜太近（近则对引河下唇的兜水吸流不利），一般以 300~500 m 为宜。如两岸均为新淤嫩滩，坝基线应选在口门跌塘上游。当河道滩面较宽时，若坝轴线仍选在靠近跌塘上游，距引河分流的进口太远，则水位必须抬高到一定程度才能分流下泄，这会使坝基承受较大的水头，易出现危险，这种情况宜在滩地上另筑围堤堵口。

（二）正坝进占施工

一般较大的堵口工程，正坝总长约 500 m，宽度根据水深、流势确定，一般为水深的 1.2~2.0 倍，实用时从安全考虑，不得小于 12 m，而且受船长限制不得超过 25 m。如水深超过 20 m，需加宽，可用抛枕等方法外帮。过去有人认为坝的高度一般应出水 5 m，也有人认为应出水 2 m。

正坝进占，每占长一般为 17 m。如坝长及合龙口门宽已定，则上、下坝坝长不一定是 17 m 的倍数，而是必有一占小于 17 m，此小占一般修在裹头上，称盘坝头或出马头，是正坝挂缆出占的基础，务求坚实。

进占前需做好各项准备工作，其中与进占直接有关的准备工作有以下几个方面：

（1）捆船。即对用于搂厢用的船进行修改加固，如拆除舵舱、加固船身、捆设龙骨等。其他用船如提脑船、揪艄船、倒骑马船、托缆船等也要做适当加工。

（2）捆锚。对提脑船、揪艄船、倒骑马船等受力较大的船所用铁锚要进行加固，以防意外。

(3)拉船就位。将5种船牵拉至设计位置。

(4)打根桩。根据布缆需要在坝面打各种绳缆根桩。

(5)布缆。包括占绳、过肚绳、底钩绳等。一端系于根桩上,一端活系于船的龙骨上,其中过肚绳由船底穿过。

正坝进占主要步骤和工艺要点如下:

(1)编底、上料。捆厢船顺水流方向停靠筑坝处,缆绳拴好后即可进占。先将各缆绳略微松开,撑船外移,使各绳均匀排列,再用若干小绳横向连接成网状,以控制绳距并防漏料。然后上料。船沿站若干人持长杆拦料,使占前料物整齐并便于下沉。

(2)活埽。新占上料高3~4 m,与设计坝基顶平,这时需要使占前滚,即使占前进加长。方法是在埽前集中人员喊号跳跃(此称跳埽),使料一面下沉,一面前移。为防意外,捆厢船、提脑船和揪艄船在松缆绳时,均要掌握适度,密切配合。第一次活埽后,再上料,再活埽,如此经过2~3次,即可达到一占占长。当与预定长度差2 m时,在底钩绳上生链子绳,另一端亦搭于龙骨上,然后再加料至计划占长。活埽后埽高出水1.0 m。进占时如水深流急、活埽效果不明显要多上人。当发现埽后可能掰裆时,在新埽后要加压花土。

(3)打抓子,安骑马。在两次活埽后,于第一次活好的埽面上下倒眉附近,每2.5 m打1副对抓子,并于腰桩栓系,目的是使上下倒眉间料不松动,占前头活埽时不影响其后埽内的稳定。另外,在占上每2 m打拐头骑马1副,使新旧占紧密结合。在占长为6 m以上时拐头骑马改用倒骑马,并拉于上游倒骑马船上,防止新占下败。如此前进,直至计划占长。

(4)搂链子绳和底钩绳。将所有链子绳搂回埽面并拴于签桩上,同时搂6~7根底钩绳并经腰桩拴于埽后或老埽根桩上。已搂回的链子绳、底钩绳均用死扣活鼻还绳,以备下坯时使用。

(5)压土紧绳。由埽两边压土成路,再至前眉,然后由前眉向后加压,压土厚度0.1~0.2 m。压土后链子绳变松,要拔起签桩后拉再打入占肚,使绳变紧,以发挥搂护前料作用,至此底坯完成。

(6)续厢。在底坯上上料高2 m,在倒眉处每2 m下对抓子,搂回全部链子绳和6~7条底钩绳,同时还绳。接着下揪头,下暗家伙,用碎料压盖,上土厚0.2~0.3 m,拉紧各绳缆。当发现船因料压土斜倾,影响安全时,可稍松占绳和过肚绳,使占沉船升,保持平稳。至此,头坯搂厢完成。

在头坯埽面上上料高2 m,打对抓子,搂链子绳、底钩绳并还绳,压土、紧绳、松过肚绳、占绳等,第二坯搂厢完成。如此进行,直至埽体“到家”,搂回所有占绳、底钩绳,追压大土,则一占即告完成。

第二占除不打过肚绳、根桩及拴过肚绳外,其他均与第一占相同。最后一占金门占,除高度略高、下口略外伸、包角要加强,以及必要时加束腰绳搂护等外,其他与第一占基本相同。

(7)注意事项:

①每占头几坯应料多土少,后几坯应料少土多。埽末抓底前,先压小花土,土厚不全覆盖秸料,然后渐压大花土,土厚0.2~0.4 m;埽抓泥后方可压大土,厚0.5~1.5 m。以体

积计,1 m^3 秸料压土 0.5 m^3。花料应分层打,2 m 料高可分 3~4 小坯,以达到密实。

②每占压大土后要调整过肚绳、占绳。调整幅度根据船的倾斜度和埽占出水高度,由掌埽人与占面管理人和捆厢船负责人商定。

③各种明家伙的根桩、顶桩,在埽末抓底前应打在新占上,抓底后应打在老占上,或隔一占的老占上。

④埽占包眉有铡料包眉、整料包眉、小枕包眉三种方法,依具体情况选用。

⑤运用家伙时,头几坯宜用硬家伙,中坯宜用软家伙,必要时兼用软硬家伙,埽占抓泥后宜用硬家伙。

⑥当一占完成后必须全面检查,确认稳定后再开新占,发现埽没有或全部到底,占前眉不平整等现象时,应慎重处理,以策安全。

⑦随时注意埽的上游侧冲刷情况,如走流较急、刷深严重,应采取抛枕等措施固根。

三、边坝

边坝就是修在正坝两边或一边的坝。根据位置不同,边坝分为上边坝、下边坝。

(一)边坝方案

当正坝进筑到一定长度后,因水深溜急,再筑困难较大,这时就要开始修建边坝,用以维护正坝,降低正坝进筑难度。位于正坝迎水面外侧的边坝称为上边坝,其主要作用是逼溜外移,降低正坝受溜强度。在上边坝与正坝之间的土柜填筑后使得两坝连成整体,增强了御水能力。位于正坝背水面外侧的边坝称为下边坝,其主要作用是减轻回溜淘刷,维护正坝安全,降低进筑难度。在正坝与下边坝之间的土柜填筑后使得两坝也连成整体,除御水能力增强外,也有利于正坝闭气。

堵口修有正坝、上边坝和下边坝者称三坝进堵;如口门下游还修有二坝和二坝的上边坝则称为五坝进堵。用坝多少,由口门宽窄、水深大小、溜势变动、临背悬差等因素确定。上边坝因紧逼大溜,修筑较难,1910 年以后不再采用。下边坝有正坝掩护,修筑较易,土柜闭气效果较好,因此一般都予以采用。在制订堵口方案,尤其是采用透水性极大的柳石搂厢进占筑坝时,下边坝不应轻易放弃。

(二)边坝进占施工

因上边坝已不采用,故现称边坝均指下边坝。

边坝长度取决于始修位置。一般在正坝开始进筑时,水浅溜缓,可不用边坝,只有在正坝下游侧回溜较大、后戗难以进筑时才开始修边坝,因此边坝长度一般都小于正坝长度。边坝宽度一般为水深的 1.0~1.5 倍,边坝出水高度约为水深的 60%。

边坝也采取捆厢船进占修筑,其施工步骤和工艺要点同正坝。边坝与正坝之间距离即是土柜宽度。过宽工程量大,过窄难以起闭气作用,根据经验,一般为 8~10 m。边坝后戗顶宽一般为 5~10 m,边坡 1:3~1:5,当水中浇筑时,受动水干扰,边坡可达 1:8~1:10。

由于土柜和后戗作用不同,填筑土料的要求也不相同。土柜因用于隔渗闭气,需用黏性土,后戗因用于导渗,需用砂性土。

在正边坝进占期间,土柜、后戗均同时向前浇筑,一般比边坝后错半占。但正边坝合龙后土柜、后戗应协调浇筑,土柜浇筑过快,边坝合龙占可能被挤出;后戗浇筑过快,土柜内易生埽眼,处理困难。

四、合龙

截流工程从两端开始,逐渐向中间进占施工,最后在中间接合,称合龙,亦称合龙门。

(一)合龙方案

合龙是堵口中最为关键的一项工程,稍有不慎就会导致堵口失败,历史上因合龙出问题而导致堵口失败的常有发生。因此,在制订堵口方案时对合龙工程要慎之又慎,实施前必须组织严密、准备充分,实施时统一领导、统一指挥、团结一致、一气呵成。

在制订合龙方案时需要研究解决的技术问题包括:合龙位置及宽度的选择,合龙方法的选择,正坝、边坝、二坝合龙次序的选择,合龙前及其合龙过程中的口门及老河或引河水位流量变化观测等。

(1)合龙位置的选择。合龙时所留的口门称龙门口,位置确定主要考虑的因素是口门附近河势流向、坝轴线处土质状况、距引河口距离等。当口门溜势基本居中、上下坝进筑比较均衡时,龙门口位置可选择在坝轴线中部附近;当口门溜势偏于口门下坝头、下坝进筑难度较大,甚至不能进筑时,则龙门口位置选择在口门下坝头附近;当坝轴线处的河床土质不均、存在较厚黏土层时,龙门口应尽量选择在黏土分布区,这时合龙会因冲刷变小而减少许多困难。龙门口位置靠近引河口有利于合龙壅水分流下泄。合龙位置的选择对合龙成功与否关系很大,应综合考虑,多方比较,慎重确定。

(2)龙门口宽度的选择。合龙需要一气呵成,不能间断,以防意外。龙门口过宽,筑坝任务减轻了,但合龙任务加大了,不利于一气呵成;龙门口过窄,筑坝任务重,防守困难,如合龙准备不足,时间延后,则位于龙门口两边的金门占长时间处于急流冲刷状态,安全受到威胁,也不利于合龙。因此,龙门口宽度应根据流势、土质、合龙方法及合龙时间等确定。根据经验,采用合龙占合龙时,因绳缆承载能力有限,龙门口宽度一般较小,大多不超过 25 m;采用抛枕合龙时,因枕对金门占本身有保护作用,口门可宽一些,但一般不超过 60 m。

(3)合龙方法的选择。合龙一般采用合龙埽和抛枕两种方法。合龙埽合龙能使龙门口短时断流,效果直观明显,但技术复杂,稍有疏忽便会出事,危险性大。抛枕合龙稳打稳扎,步步为营,比较安全可靠,缺点是枕间透水性大,闭气比较困难,需要严加防护。

(4)合龙次序的选择。合龙除正坝需要合龙外,边坝、二坝都需要合龙,正坝是堵口的主体,应先合龙,边坝、二坝都是堵口的辅助工程,应稍后合龙,以降低合龙难度。正坝、二坝、边坝合龙的间隔时间越短越好。

(5)水文观测。堵口前,在口门附近进行地形测量时,需在口门、老河、引河等位置设若干水文观测断面,开展水位流量观测。堵口过程中,一般每日观测 2~4 次,合龙时加密,必要时每小时观测 1 次,以指导堵口工作。根据口门过流变化,调整堵口进度和加固措施;根据口门合龙后下游过流量即闭气前口门渗水量,调整闭气措施和速度。口门过流观测包括口门宽度、深度、上下游水位差等,为使观测计算准确,一般在口门下游水流比较平稳处设 1~2 个断面,以便校核。

(二)合龙施工

合龙方法主要有合龙埽合龙和抛枕合龙两种。正坝合龙两种方法均可采用,前者 20 世纪前普遍采用,后者 20 世纪后采用较多。边坝和二坝合龙一般都采用合龙埽合龙。现将正坝采用合龙埽和抛枕两种方法的施工步骤和工艺要点介绍如下。

合龙埽合龙施工适用于龙门口宽 10~25 m 的情况,一般上口比下口宽 2~3 m。

(1)合龙前准备工作。由于合龙事关堵口成败,难度较大,因此合龙前准备工作很多、要求很高,主要包括人员组织指挥调整、工具料物储备、口门检查与船只撤除、金门占前沿合龙枕的捆扎与安放、合龙缆和龙衣的布设等。合龙缆和龙衣的布设方法是:在两金门占上各打桩 4 排,称为合龙桩。将合龙缆拉过龙门口两端均活扣于合龙桩上,间距 0.3~0.5 m,缆长 133 m,然后用麻绳结网,此称龙衣。网眼呈方形,边长 0.15~0.20 m,网的长宽与龙门口大致相等。网结成后用长杆做心,卷成梱状,由一岸放于合龙缆上,另一岸用引绳牵拉,将龙衣铺于合龙缆上。在铺放龙衣的过程中,由数人横躺在龙衣上,一边推卷前进,一边用小绳将龙衣与合龙缆扎紧,随滚随扎,直到对岸,此称滚龙衣。

(2)做合龙埽。先在龙衣上铺一层料,便于人员行走操作,然后分坯上料、分坯打花土,按坝轴线方向中间高、两边低,呈凸出形,至一定高度后打对抓子,五花骑马,上压土袋,也是中间高、两边低。如预估的埽高度大于水深,可一次松绳即能使埽到位,则埽算做成。如预估松绳后埽不能到位,则松绳使埽接近水面,继续加厢,至大于水深高度,方法同前。

(3)松缆。这是合龙埽合龙施工中最紧张、最严肃的一项工作。松缆不好,可出现卡埽、翻埽等重大事故,故要求事前做好人员分工和训练,各负其责,听从号令,统一指挥,松缆速度、松缆长度都必须听锣音进行,不得有一点差错,同时控制骑马的船也要密切配合,以不使埽扭转下败,最终使埽平放入水,均匀下沉,直至到位。

(4)加厢。埽到位后,拴好合龙缆,继续上料,追压大土,直到高于两金门占,合龙方算结束。

抛枕合龙施工中,抛枕合龙龙门口可适当放宽至 30~60 m,以减轻进占难度。

抛枕合龙捆枕软料一般采用柳料。用柳捆枕,抢险加固埽体时可为散柳,合龙时则为柳把,使用柳把捆枕速度快,可缩短合龙时间。抛枕合龙步骤一般是捆柳把、捆枕、推枕、加厢等。具体步骤如下:

①柳把捆扎。柳把捆扎可在后方料场进行。捆扎后运至金门占码放备用。柳把直径 0.15~0.20 m,长度 10~16 m。用 18 号铅丝或细绳捆扎,间距 20~30 cm。要求柳梢头尾搭压,表面光滑,搬运不折不断。

②捆枕。枕长一般 10~20 m,直径 0.8~1.0 m,根据需要亦可适当变更。捆枕先在金门占前沿进行,先将占前顺水流方向放一枕木,按垂直水流方向每 0.4~0.7 m 放一垫桩,垫桩粗端搭于枕木上,使垫桩向口门倾料,坡度约 1:10。每两垫桩间放一捆枕绳或 12 号铅丝。然后将 4~5 条柳把铺于垫桩上,排石一半时于枕中间穿一长绳,此称龙筋绳,然后再排另一半石。排石时应大石在里、小石在外,排成枣核形。然后在石周围放柳把,用捆枕绳扎紧。

③抛枕。先在金门占后老占上打 2 根桩,将枕两端的龙筋绳分别栓于桩上。每垫桩

1人,听号令掀起垫桩将枕推抛于水下。推枕时因水深流急,应先推下首,后推上首,可控制枕被冲下移,但上下首入水时间不能间隔太长,否则会使枕站立翻倒或折断。另外,在枕下滚的过程中,龙筋绳应予控制,一是使枕的上首不过早入水,二是使入水后的枕贴岸面,在枕入底前,龙筋绳始终保持一定紧度,过紧绳易断,过松则枕易漂移。最后根据龙筋绳的松紧度判定枕到位后,将绳活扣于桩上。

④加厢。待枕全抛出水0.5 m后,即应停抛,用料在枕上加厢,每坯料厢成后打对抓子、压大土、包眉,如此直至高出金门占。

五、闭气

正边坝都合龙后,占体缝隙还会透水,应赶紧浇土填筑土柜和后戗,使之尽快断绝漏水,称为闭气。

(一)闭气方案

闭气指堵截合龙坝段渗透水流的工程措施。在进筑正坝、边坝过程中,正坝与边坝间的土柜及边坝背水面的后戗都要跟随进筑,因此透水问题已基本解决,唯合龙后因透水较大,需采取专门措施进行截堵,才能奏效。无论过去堵口或现在堵口,因不闭气导致功败垂成的例子很多,必须引起足够的重视。在制订闭气方案时,需要根据口门附近地形情况、合龙方式等选择合理的闭气方法并筹备相应工具、料物。闭气的基本方法有以下四种:

(1)边坝合龙法。边坝合龙视水流情况可采用合龙埽合龙,也可采用搂厢合龙。无论采用哪种方法合龙,都必须追压大土,同时赶修土柜和后戗。在正坝采用抛枕合龙时,还必须于临河侧大量抛投土袋或土袋加散土,以减缓水流渗入,降低边坝合龙难度。

(2)门帘埽法。在合龙段临河侧做一长埽,形同门帘,封闭透水。设计门帘埽需注意三点:一是门帘埽长度要超出合龙口门的宽度,目的是封堵合龙埽或枕与金门占之间的透水;二是门帘埽的深度必须全部达到要求,以封堵合龙埽底透水;三是合龙埽或枕顶部要追压大土,使其变形密实,堵塞透水。

(3)"养水盆"(背河月堤)法。"养水盆"法闭气是在口门背河段选择适当地点修一月堤,将渗水圈围,使口门临、背河水位持平,从而达到自行闭气。

(4)临河月堤法。临河月堤法是在合龙口门段临河先修一月堤,将口门圈围,然后填黏性土料,完成闭气。

(5)如果堵口时坝前流量较小,可直接填黏土(或土袋加黏土)闭气。

以上五种闭气方法各有优劣。边坝合龙法适用于有边坝的情况,单坝进堵则无此条件。门帘埽法虽能有效阻止透水,但修工较长,用料较多,且不耐久,必须加大后戗断面,方能持久闭气。临、背河筑月堤效果直观明显,但用土较多,如地势低洼、临河有流,修筑比较困难。因此,以上五种方法需因地制宜地可用,必要时选两种方法结合使用,如门帘埽法与"养水盆"法同时使用等。

(二)闭气施工

由于闭气方法不同,施工步骤和工艺要点也不相同。现分别简述如下。

(1)边坝合龙闭气。边坝可采用合龙埽或搂厢合龙。合龙后如渗漏严重,应迅速浇筑土柜、后戗,于坝身追压大土,于合龙处临河抛填土袋。如渗漏不甚严重,则仅填筑土柜、后戗,也可辅以追压坝身大土。施工时视具体情况确定。

(2)“养水盆”法闭气施工。当采用单坝进占堵口,或采用双坝进占边坝不合龙或合龙后渗漏仍较大时,可采用“养水盆”法闭气。

修筑“养水盆”即背河月堤的方法是首先选择地势较高处确定月堤轴线,然后由坝身生根填土进筑月堤,如水深较大,可先铺软料做底,再在其上填土做堤,最后于龙门口处进占合龙,后锁闭气。月堤高度一般应高于堵筑时临河最高水位 0.5 m 以上,如正坝用枕合龙,底部透水性较大,月堤高度应进行二次加高,至防洪水位。月堤顶宽与边坡应视水深、土质等确定。

(3)门帘埽法闭气施工。门帘埽闭气施工适用于埽眼或缝隙渗漏比较大,边坝合龙或“养水盆”合龙比较困难的情况,因此是一种辅助性的闭气方法。当正坝合龙口门有水流冲刷时,也可兼作御水工事。其修做方法与一般埽工无大的区别。

(4)临河月堤法闭气施工。临河月堤可用土料填筑,也可打桩厢料修筑,或可搂厢进筑。最终闭气侧依靠在月堤内填土。此法多用于抛石合龙平堵口门,施工也比较简单。

第四节　当代堵口技术

一、黄河汛期堵口技术

为适应黄河防汛抢险的需要,提高黄河防洪的技术水平,黄河防汛抗旱总指挥部进行了堤防堵口新技术的研究,利用新材料、新技术、新设备,对传统堵口技术进行了改进,现将其研究成果介绍如下。

(一)上裹头方案

随着新材料、新技术的推广应用,土工合成材料在河道整治工程中得到了较广泛的应用。近年来,黄河上应用充沙长管袋水中进占筑坝、模袋混凝土用于护底护坡、管袋式软体排用于抢堵堤防漏洞等技术,取得了良好的效果。上裹头采用管袋式软体排,管袋内可充填土、砂子、石子等,半圆头用若干个上窄下宽的管袋式排相互搭接而成。顶部成半圆形,临河侧防护 100 m,作为藏头。背河侧防护 50 m,防止回流淘刷。上裹头工程平面布置详见图 2-13。

(二)下裹头方案

一是先在后退一定距离拟修裹头处的大堤临河侧 40 m 长的范围内,抛投大网兜土袋或巨型土工包,抛投后顶宽达到 10 m 作为将来搂厢的依托,并为搂厢做好藏头,同时进一步拓宽搂厢的工作面。

二是部分修做搂厢。下裹头的正面及上跨角受水流冲刷较大,可在上跨角修做搂厢,外抛柳石枕;下跨角等其他部位以抛大柳石枕、大铅丝网石笼为主,各 5 m 宽。为了防止正溜和回溜淘刷,断堤头的临河堤坡 100 m、背河堤坡 50 m 要进行裹护,以藏头护尾。

三是在搂厢之前先在堤顶挖槽至接近临河水位,临河侧先抛投部分柳石枕以减缓水流的冲击。为使柳石枕能迅速落到底,要增加柳石枕的石料用量。然后再将底层搂厢做

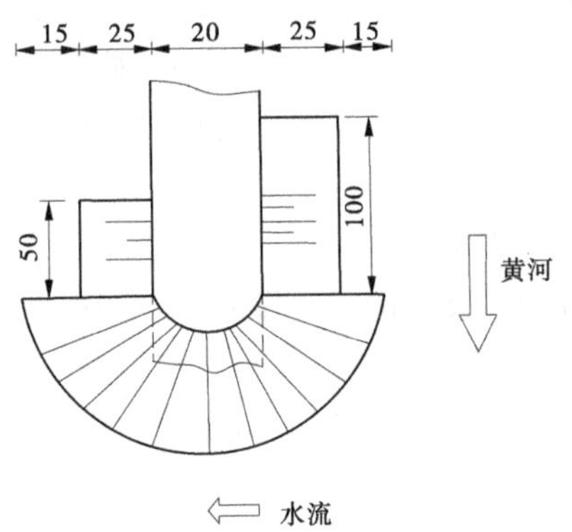

图 2-13　上裹头工程平面布置示意图　（单位:m）

起,待靠水后继续加修。

四是搂厢以柳石为主,可以充分利用就近险工上的备防石。软料用柳料,当筹集困难时,可用尼龙绳大网兜装秸料等代替。

五是充分利用先进的运输机械,以及近几年来研制的抢险新机具等。如用大型自卸车运输石料、柳料、大网兜等;利用电动捆抛枕机、钢桩及快速旋桩机。充分利用机械设备工效高、强度大、能连续作业的优势,并辅以人工,从而大大提高抢险效率,做到快速、高效施工。下裹头平面布置见图 2-14。

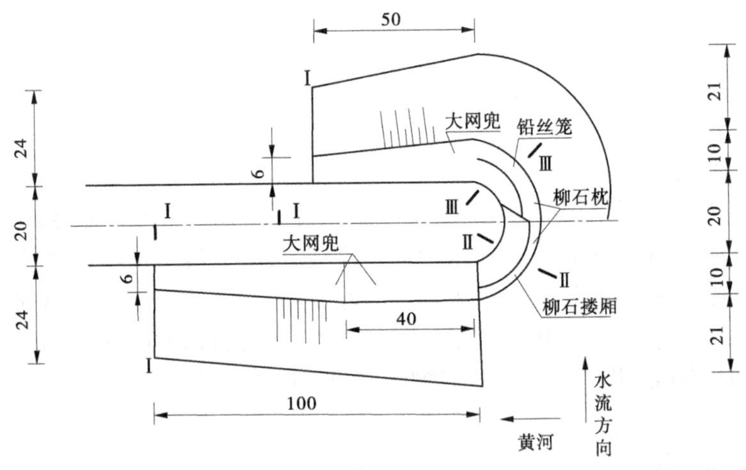

图 2-14　下裹头工程平面布置示意图　（单位:m）

(三)护底方案

近代堵口有对河底采取防冲措施的记载,例如 1922 年利津宫家堵口用美制钢丝网片铺垫以防冲刷河床。郑州花园口堵口,也曾拟修筑护底工程,计划用柳枝、软草编织成宽柴排,上压碎石 0.5 m,防止冲刷河底。1958 年位山截流工程中采取了抛柳石枕护底的措施,并取得了较好的防冲效果。说明了堵口中采取护底防冲是一种必要的措施。

近年来,在水利、水运等行业大量使用土工合成材料软体排护底,例如长江口采用大型铺设船进行软体排护底。黄河上因无法使用大型船舶,加之堵口时的特殊条件限制,无法进行单纯性的软体排铺放。为此,提出了能漂浮在水面上的充气式土工合成材料软体排的护底防冲方案。

充气式土工合成材料软体排基本构架是:软体排由上下两层管袋和两层管袋间的一层强力土工合成材料构成。上层管袋做填充压重材料之用;下层管袋充气,其产生的浮力能承受填充压重材料等软体排的全部重量和少量施工人员及所携带小工具的重量。上下层管袋轴线相互垂直布置,在充气、填充压重材料之后,可使软体排有一定刚度,状如浮筏。充气式软体排尺寸大小的确定受口门区的水流条件及施工设备制约,一般来说,较大的软体排护底防冲效果好,但给施工带来困难。通过模型试验和解放军舟桥部队提供的可行性施工资料,最后确定充气式软体排在充气状态下总尺寸为 72 m×30 m×1.08 m(长×宽×高),排面积为 2 088.6 m^2,重量为 11 545.9 kN,单位面积实际重量为 5.5 kN。

软体排由夹紧装置和排体两部分组成。夹紧装置主要起固定和牵引作用,排体是护底防冲的主要部分。使用时先将下管袋充气,使整个软体排展开并飘浮于水面,然后向上管袋填充压重材料,整个充气式软体排即可形成。软体排前端需要采用夹紧装置夹持软体排牵引边,牵引的绳索通过夹紧装置使土工合成材料受力均匀,避免因局部受力过大而造成软体排破坏。当软体排到达规定位置的水面后,通过抛锚方式固定软体排,然后有控制地放掉下管袋中的空气,使软体排平稳下沉,对河底起防冲护底作用。

(四)进占方案

1.进占坝体平面布置

堵口坝轴线位置根据口门附近水流、地形、土质等情况来确定。所以要做好口门附近纵横断面图、河床土质及水位、流量、流速等的测验工作。

根据历史堵口经验,堵口坝轴线宜布置在口门上游,并尽量避开口门的冲刷坑,以减少堵口进占难度和进占工程量。根据有关模型试验成果,堵口坝轴线选定在口门上游,呈圆弧形,顶点向临河凸出 80.0~140.0 m(距断堤轴线),详见图 2-15。

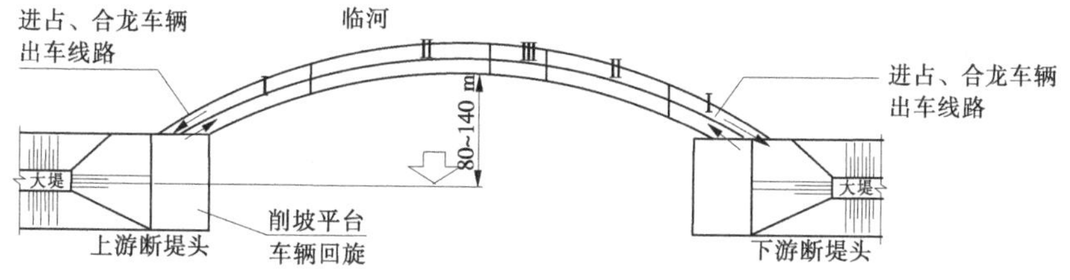

图 2-15　堵口平面布置示意图

2.进占方案

根据“易操作、进度快,能就地取材”的堵口工程技术要求,并结合沿岸堤防险工有大量备防石料、沿岸堤防有 50.0~100.0 m 的淤背区的实际,黄河堤防堵口进占技术方案为:采用自卸汽车运输大体积土工包、钢丝网石笼抛投入水进行进占立堵。这种进占方法,采用的土工包、钢丝网石笼加工简单、储运方便,土料、石料可就地取材,机械设备普遍存在,进占体水下稳定性好、适应变形。

(五)合龙方案

历史上黄河堵口合龙大都是采用合龙埽或柳石枕进行,也有结合沉船、平堵进行的,成功都没有很大的把握。但认真分析研究每次堵口合龙的事例,也给人们很多的启示:柔性料物优于刚性体,单一的立堵或平堵方案不如混合方案可靠。

合龙时水深、流急,需要高强度地抛投大体积工程材料。根据目前的工程技术和施工手段,可以采取如下技术方案:在完成护底软体排铺放后,用船将充沙长管袋抛在护底软体排上,加强护底,且将水深变浅(起到平堵的作用),然后再抛投巨型铅丝网石笼立堵合龙。

(六)闭气方案

合龙后,由于巨型铅丝网石笼占体存在较大的空隙,龙门口还有较多的漏水,直接在占体后填土闭气比较困难,需要在占体内采取闭气措施,减少占体漏水。

(七)堵口工程组织实施

1. 施工总体平面布置

根据决口堤段的实际情况和堵口施工的要求,堵口施工总体平面布置参见图2-16,分述如下:

(1)施工道路:除利用堤顶道路(大部分已硬化)作为主施工通道外,可在大堤背河坡上开挖宽4 m的临时道路通往附近的上堤路口,作为空车返回道路。必要时,应对部分临时道路进行硬化,以满足施工的需要。

(2)裹头施工区:清除裹头堤段及临近100 m堤段内的树木等杂物,并将此范围内的堤防削低至超出洪水位1.0 m,以扩宽堤顶至20 m左右,作为裹头的施工作业区。

(3)筑坝进占作业区:在口门两边临河滩地积水基本已退完时,及时在滩地上填筑筑坝作业平台,以满足进占施工需要。

(4)水上施工作业区:在口门附近河道内的缓流区,作为舟桥组拼、护底软体排充填泥浆制备的水上作业区,并在临近滩地上填筑施工平台。

(5)材料加工区:靠近口门的淤背区(宽50~100 m)作为材料堆放加工区。

(6)生活区:设在淤背区。

(7)料场:石料取自口门附近险工备防石,必要时可从较近的石场运进;装填土工包、长管袋的土料取自附近淤背区的沙土;用于填筑后戗和用于临河闭气的土料取自淤背区的表层黏性土。

2. 实施步骤

根据堵口工程总体方案,按时间顺序,堵口的实施步骤见图2-17,叙述如下:

(1)发生决口后,立即关闭小浪底水利枢纽的所有闸门,相机关闭三门峡水利枢纽的闸门,拦蓄洪水。相机关闭故县、陆浑枢纽的闸门拦水,利用引黄涵闸分水,尽力减少堵口进占和合龙时的河道来水。

(2)同时,组织在离断堤头一定距离(间距300 m,下游可后退多些)的大堤的临河堆筑防冲体(铅丝网石笼、柳石枕或土袋),以遏制口门的发展速度。

(3)黄河防汛抗旱总指挥部组织成立堵口总指挥部,尽快制订堵口方案,编制堵口工程实施计划,着手组织人员、筹集物资、设备。

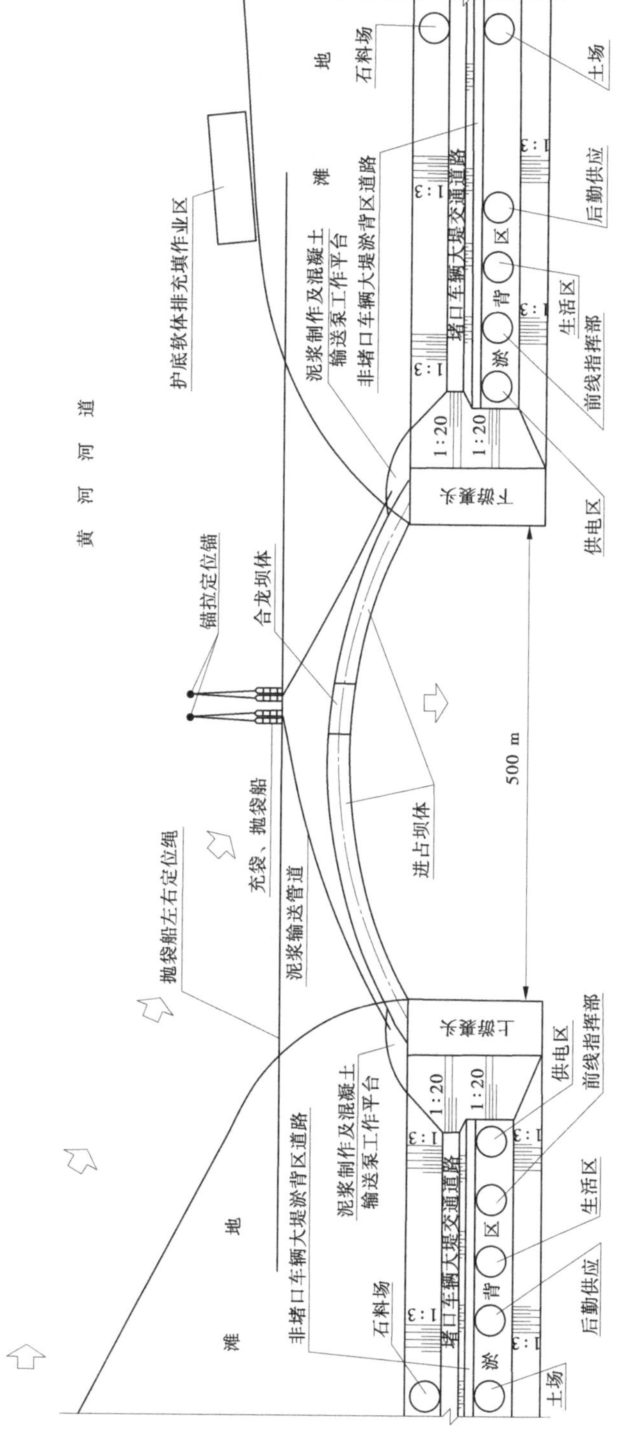

图 2-16　堵口施工平面布置示意图

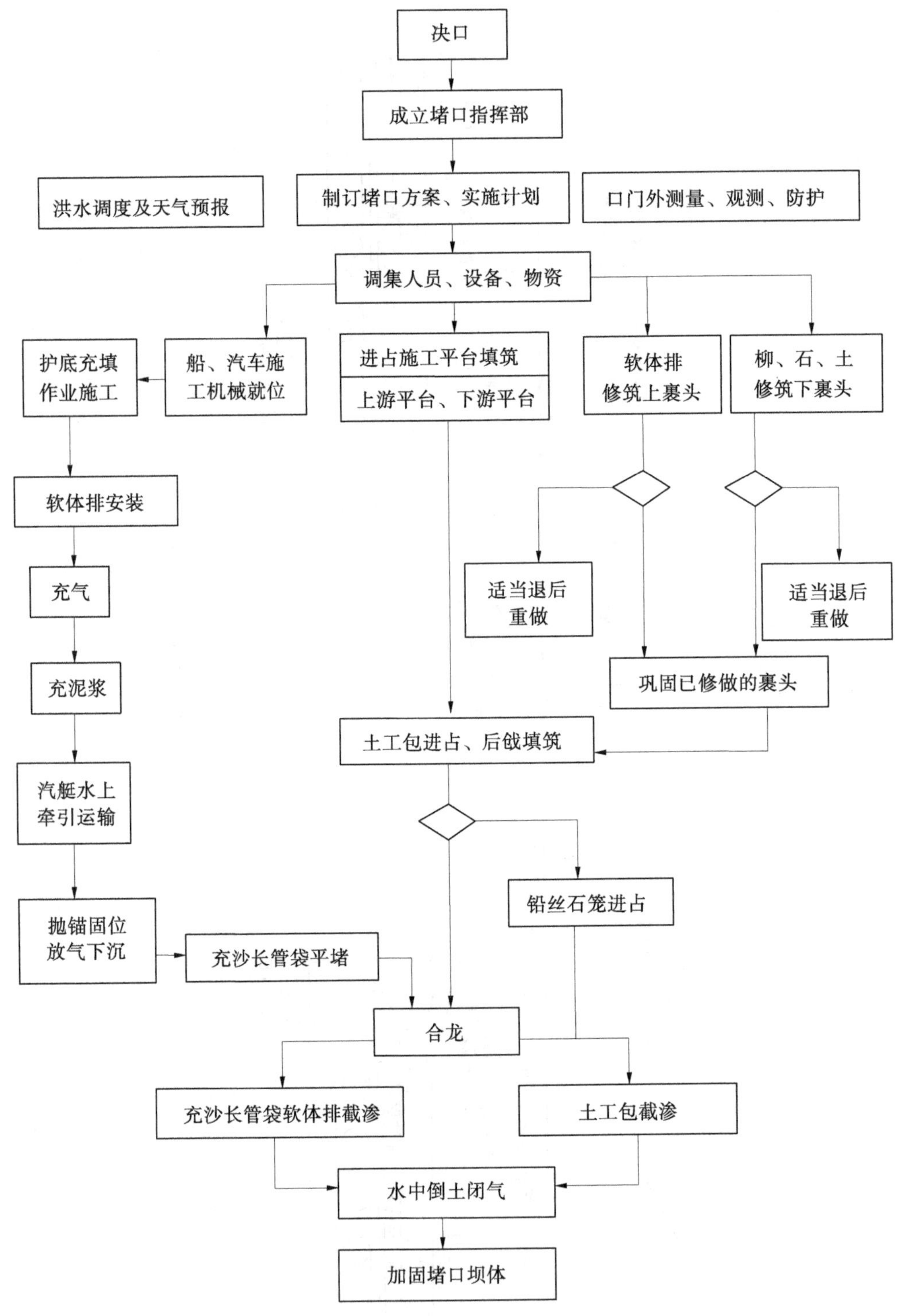

图 2-17　**堵口实施步骤框图**

(4)同时,组织清除口门两侧 500 m 范围内的树木等杂物,并适当削低堤顶以扩大场地;在堤的背河坡开挖施工道路;解决现场通信和照明。

(5)做好水文预报、口门区水流监测、冲刷情况观测等工作,为堵口方案制订提供依据。

(6)从两断堤头后退一定距离(间距 500 m,下游可后退多些)开始裹头。

(7)在口门下游堤的临河侧选择一处较静的水域,组装、充填护底软体排。

(8)在裹头基本稳定时,按设计的坝轴线由两裹头进占堵口,在预定的龙口部位铺放软体排护底。

(9)在护底软体排铺放完成后,在其上抛投充沙长管袋。

(10)抛投巨型铅丝石笼进行合龙。

(11)在合龙占体前抛投土工包和铺管袋式软体排截渗,占后填土闭气。

(12)进一步加固加高坝体至满足防洪要求。

二、钢木土石组合坝封堵决口技术

人民解放军在 1996 年 8 月河北饶阳河段和 1998 年长江抗洪斗争中,借助桥梁专业经验,采用了"钢木框架结构、复合式防护技术"进行堵口合龙。该技术成果具有就地取材、施工技术较易掌握,可实现人工快速施工和工程造价较低的特点,荣获了军队和国家科技进步奖,现将其介绍如下。

(一)基本原理及结构

钢木土石组合坝封堵决口技术是将打入地基的钢管纵向与横向连接在一起,用木桩加固,形成能承受一定压力和冲击力的钢木框架,并在其内填塞袋装碎石料砌墙,再用土工布、塑料布等材料进行覆盖,形成具有综合抗力和防渗能力的拦水堤坝。

1. 基本原理

设计的钢木土石组合坝内的钢木框架是坝体的骨架,钢木框架在动水中是一种准稳定结构,它具有一种特殊的控制力,这种力能将随机抛投到动水中的属于散体的袋装土石料集拢起来,并能提高这些散体袋装土石料在水下的稳定性,而它自身将随抛投物增多并达到坝顶时,其稳定状态就由准稳定变成真正意义的稳定,这就是钢木土石组合坝的原理。运用这个原理,可以根据决口处的水力学、工程地质、随机边坡等方面的资料,设计钢木土石组合坝用于封堵决口。一般采用弧形钢木框架集拢土石料,运用土工织物做防渗体,从而形成具有综合抗力和防渗能力的防护堤坝。

从受力情况看:

一是钢管框架阻水面小,减缓了洪水对框架的冲击力。

二是以钢管框架为依托,构筑了一个作业平台,为打筑木桩等作业创造了条件。

三是钢木框架设计成弧形结构主要是为了提高合龙的成功率。因为河道堤防决口,在决口处往往形成一道或几道较深的冲沟,如果直接跨过决口,堵口坝在深沟处就难以合龙,因水深流速大。如果向上游一定距离填筑堵口坝,一来因过水断面大,流速相对决口处就要小一些,比较容易合龙;二来堵口坝可避开深沟流速大的弊端,提高堵口合龙的成功率。于是堵口坝在形式上就形成了向上游弯的拱形,简单说就是要避开较深的冲沟,避开较大流速,容易合龙。拱矢高可根据冲沟上延长度而定。

四是可有效地将抛投物集拢在框架内,使之具有较强的抗力,提高坝体的整体性和稳固性。

五是背水面的斜撑桩和护坡对直墙坝体起到了加强与支撑作用。

2. 基本结构

钢木土石组合坝的基本结构是由钢木框架、土石料直墙、斜撑和连接杆件、防渗层组成的。这种结构的主要作用:一是钢框架阻水面小,减缓了洪水对框架的冲击力;二是以钢框架为依托,为打筑木桩、填塞等作业创造了条件;三是可有效地将抛投物控制在框架内,避免被洪水冲走,随着抛投物料的增加,累积重力越来越加强了坝体的稳定性,从而形成较稳定的截流坝体,使之成为具有较强抗力的坚固屏障。

(二)钢木土石组合坝的组成

钢木土石组合坝是在洪水急流的堵口位置先形成上、中、下三个钢管与木桩组成的排架,接着用钢管将上、中、下三个排架连接成一个三维"框架",随后将袋装土石料抛投到"框架"内。当"框架"被填满时即成为堵口建筑物的主体。在坝体上游侧设置一块足够大的土工织物做防渗体,钢木土石组合坝即可用来堵口截流以达到防洪的目的。这样形成的堵口建筑物,它改变了传统的以抛投物自然休止形成戗堤模式的堵口,很大程度上靠三维"框架"体的重力,而不是靠洪水急流、口门边界条件及抛投物等参数来支持结构的稳定,但是抛投物在动水中定位,仍然呈随机性,使此坝的分析较一般土石坝更为复杂。

钢木土石组合坝的稳定性与口门的行近流速、水深等外部因素,以及坝基宽度、钢管排架数量、园木桩数量、土石料数量等内部因素密切相关。

(三)钢木土石组合坝平面布置

一般情况下,河道堤防决口处,因水头高、流速大,该处的冲刷深度较离口门稍远处要大,显然要在决口处实施堵口工程就困难得多。为避开原堤线决口处的不利因素,使之顺利堵口,工程上常用"月牙堤"即拱形轴线戗堤予以解决。具体讲,就是将堵口戗堤按圆拱、抛物线拱或其他形式的拱轴线布置堵口坝。按拱轴线布置堵口戗堤,既符合工程力学原理,又可避开决口冲刷的深坑,使工程顺利建成。在诸多形式拱轴线中,以抛物线拱较合理。

(四)钢木土石组合坝堵口戗堤的施工方法

(1)在实施堵口时,先沿决口方向偏上游一定距离植入第一排钢管桩,钢管桩间距 1 m,再在其下游 2.5 m 处按相同方向和间距植入第二排和第三排钢管桩,上述钢管桩均打入地基 1.5 m 左右,当植完三排纵向钢管桩之后,下三层水平连接。至此,三维钢管框架形成。此后用木桩加固上述三排纵向钢管桩,木桩入土中也是 1.5 m,并用铅丝将木桩和钢管桩捆结实。木桩间距:第一排间距为 0.2 m,第二排间距 0.5 m,第三排间距 0.8 m。至此,三维钢木框架即告建成。

(2)接着用人工将碎石袋装料抛投到钢木框架内填至坝顶后,首段钢木土石组合坝即告建成。整个堵口工程是逐段设钢木框架随之填袋装碎石,再向前设钢木框架、随之填袋装碎石,直至最后封堵口门实现合龙。

(3)当行将合龙的口门两侧距离为 15~20 m 时,钢木框架结构不变,为加强框架的支撑力，在框架的上、下游两侧加设 40°的斜杆支撑件，斜杆间距上、中、下三排分别为 0.5 m、0.8 m、1.2 m，斜杆布设后快速抛投填料，以便最后合龙。

(4)对已填筑的钢木土石戗堤用同种土石袋料进行上、下游护坡砌筑，并于上游侧形成坡度不小于 1∶0.5 的边坡上铺设两层 PVC 土工织物(中间夹一层塑料薄膜)，作为堵口坝的防渗层。当口门水深不超过 3 m 时，该防渗层两端应延伸至口门外原堤坡面 8~10 m 范围，并用 2~3 m 厚的黏性土跨防渗层 PVC 的边 2 m(决口范围增至 4~6 m)压坡脚。

(五)作业方法步骤

在这项技术运用实践中，分四个阶段组织施工。

1. 护固坝头

护固坝头俗称裹头，通常分三步进行：第一步，根据原坝体的坚固程度和现有的材料，合理确定其形式。如原坝体较软，应先从决口两端坝头上游一侧开始，围绕坝头密集打筑一排木桩，木桩之间用 8 号铁丝牢固捆扎。第二步，在打好的木桩排内填塞袋装土石料，使决口两端坝头各形成一道坚固的保护外壳，以制止决口的进一步扩大。第三步，设置围堰。护固坝头后，应在决口的上游 10~20 m 处与原坝体成 30°角设置一道木排或土石围堰，以减缓流速，为框架进占创造有利条件。若决口处水深、流急、条件允许，也可在决口上游 15~20 m 处，采取沉船的方法，并在船的两侧间隙处设置围堰。

如是较坚硬的坝堤，在材料缺乏的情况下，也可以用钢管护固坝头，然后用石料填塞加固。

2. 框架进占

框架进占通常分五步实施。

第一步，设置钢框架基础。首先在决口两端各纵向设置两级标杆，确定坝体轴线方向，然后从原坝头 4~6 m 处坝体上开始，设置框架基础。先根据坝顶和水位的高差清理场地，而后将钢管前后间隔 1~2 m，左右间隔 2~2.5 m 打入坝体，入土深度 2 m 以上，顶部露出 1 m 左右。然后，纵、横分别用数根钢管连接成网状结构，并在网状框架内填塞袋装石料，加固框架基础，为进占建立可靠的“桥头堡”。

第二步，框架基础完成后，设置钢框架，按 4 列桩设计，作业时将 8 根钢管按前后间隔 1~1.5 m，左右间隔 2~2.5 m 植入河底，入土深度 1~1.5 m，水面余留部分作业护栏，形成框架轮廓。框架的尺寸设计是根据水流特性和地质及填塞材料特性而确定的。然后，用 16 根钢管作为连接杆件，分别用卡扣围绕立体钢桩，分上、下和前、后等距离进行连接，形成第一框架结构，当完成两个以上框架时，要设置一个 X 形支撑，以稳固框架；同时，用丁字形钢管在下游每隔一个框架与框架成 45°角植入河底，作为斜撑桩，并与框架连接固定。最后在设置好的框架上铺设木板或竹排，形成上下作业平台，以便于人员展开作业。

第三步，植入木桩。首段钢框架完成后即可植入木桩。其方法是将木桩一端加工成锥形，沿钢框架上游边缘线植入第一排木桩，桩距 0.2 m；沿钢框架中心线紧贴钢桩植入第二排木桩，桩距 0.5 m；最后，沿钢框架下游植入第三排木桩，桩距 0.8 m。木桩入土深度均不小于 1 m。若洪水流速、水深不大，除坝头处首段框架和合龙口外，其余可少植或不植入木桩。缩小钢桩间距的方法在实践中效果也比较可靠。

第四步，连接固定。用铁丝将打筑好的木桩分上、下两道，连接固定在钢框架上，使之形成整体，以增强框架的综合抗力，如木材不能满足也可以加密钢桩，防止集拢于框架内的石料袋流失。

第五步，填塞护坡。将预先装好的土石子袋运至坝头。土石子袋要装满，以提高器材的利用率，并适时在设置好的钢木框架内自上游至下游错缝填塞，填塞高度 1~2 m 时，下游和上游同时展开护坡。护坡的宽度和坡度要根据决口的宽度、江河底部的土质、流量及原堤坝的坚固程度等综合因素确定，通常情况下成 45°，坡度一般不小于 1∶0.5。

当戗堤进占到 3~6 m 时，应在原坝体与新坝体结合部用袋装碎石进行加固（适时填塞可分 4 路作业），加固距离应延伸至原坝体 10~15 m。根据流速、水深和口宽还可以延长。

3. 导流合龙

合龙是堵口的关键环节，作业顺序通常按以下五步实施：

第一步，设置导流排。当合龙口宽为 15~20 m 时，在上游距坝头 20~30 m 处与坝体约成 30°角，呈抛物线状向下游方向设置一道导流排，长度视口门宽度而定，并加挂树枝或草袋，也可用沉船的方法，以达到分散冲向口门的流量，减轻合龙口的洪水压力。

第二步，加密设置支撑杆件。导流排设置完毕后，为稳固新筑坝体，保证合龙顺利进行，取消钢框架结构中框架下部斜撑杆件间隔，根据口门宽和流量、水深，还可以增加戗体支撑，以增强钢框架抗力。

第三步，加大木桩间距。为减缓洪水对框架的冲击，合龙口木桩间距加大：第一排间隔约 0.6 m，第二排间隔约 1 m，第三排间隔约 1.2 m。

第四步，快速连通钢木框架，两侧多点填塞作业，以提高合龙速度。

第五步，分层加快填塞速度。合龙前，在口门两端适当位置提前备足填料，缩短传送距离，合龙时，两端同步快速分层填料直至合龙。

4. 防渗固坝

对钢木土石组合坝戗堤进行上、下游护坡后，在其上游护坡上铺两层土工布，中间夹一层塑料布，作为新筑坝的防渗层。防渗层两端应延伸到决口外原坝体 8~10 m 的范围，并压袋装土石放于坡面和坡脚，压坡脚时，决口处应不小于 4 m，其他不小于 2 m。

合龙作业完成后，应对新旧坝结合部和合龙口处进行重点维护，除重点加固框架外，上下游护坡亦应不断加固。

第五节　堤防堵口实例

一、黄河花园口堵口工程

（一）决口概况

1938 年国民党军队为阻止日本侵略军进攻，于 6 月 9 日扒开郑州市北郊花园口黄河大堤，使黄河改道，溃水向东南流，漫经尉氏、扶沟，分为东西两股。东股沿太康、鹿邑入涡河、淝河，西股沿扶沟、西华入贾鲁河、沙河、颍水，东西两股汇流于淮河，横溢洪泽、高宝诸湖，到达长江。洪水泛滥于豫、皖、苏 3 省 44 个县，面积共为 2.9 万 km^2，受灾人口 613.5

万人。抗日战争胜利后,1946 年 3 月 1 日花园口堵口工程开工,1947 年 3 月 15 日实现合龙,5 月堵口工程全部竣工,历经 1 年零 3 个月,黄河水复回故道。

(二)堵口方案

1. 东坝

口门东边的断堤头称为东坝。东坝头以下因旧堤残缺,补修新堤长 1 150 m。为了在水中进占筑坝,首先将断堤头盘筑成裹头,由裹头向水中进占筑坝长 40 m,作为东桥头平堵的基地。

2. 西坝

口门西边的断堤头称为西坝。自断堤头起,向前填土筑新堤长 800 m,接新堤向水中进占 355 m,埽宽 10 m。以新堤为基础,又前进 20 m,并盘筑裹头,作为西桥头平堵的基地。

3. 截流大坝

由东西两裹头接修截流大坝,长 400 m。修筑步骤和方法如下:

(1)做护底工程。用柳枝、软草编成宽 450 m、长 40 m、厚 0.5 m 的柴排,顺水平铺于口门之间,上压碎石厚 0.5 m,防止冲刷河底。在护底工程下游的浅水处,打小木桩一排,在深水处改打长桩 2~3 排,共 23 m,视水深浅而定,桩间纵横铺镶柳枝,层层压石,以出水 1 m 为宜。

(2)打桩架桥。在护底工程上打排桩架桥,桩长 10~20 m,每 6 根为一排,桩距 2.5 m,排距 4 m,均以木斜条与铁螺丝连接坚实,高出水面 4 m,其上架设纵横梁,并铺木板,修成面宽 13 m 的大桥,上铺轻便铁轨 5 条。

(3)向桥下抛石平堵合龙。桥下抛石坝前水位抬高后,改抛长 7 m、直径 0.7 m 的柳石枕,最后抛至高程 88 m,临河坡 1:1.5,背河坡 1:3。

(4)引河。开挖引河南北两条,南条引河长 4.73 km,北条引河长 5.38 km,以下汇为一股,长 2.67 km。

(三)堵口工程实施

1. 架桥平堵 3 次失败

1946 年 2 月,国民党政府成立了黄河堵口复堤工程局,实施堵口工程,开始时进展顺利,但 6 月 28 日发生第一次洪峰,陕县流量 4 350 m^3/s,7 月中旬东部 44 排桩全被冲走,堵口失败。

汛期过后,在下游 350 m 处另修新桥,但工程刚刚开始,又遇涨水,新打的桩被水冲走,打桩机船险遭倾覆之祸。

11 月初,水落流缓,遂又回旧线重新打桩架桥平堵。11 月 11 日补桩完工,桥又修复。12 月 15 日,桥上铁路通车,开始大量抛石,至 17 日,桥上、下水位差 0.7 m,流速增大,20 日早晨,栈桥再度冲断,堵口又失败。

2. 埽工立堵成功

埽工立堵主要采取以下措施:

(1)改造加固进占大坝。用柳枝、块石、绳索等材料把残存石坝、栈桥改造成堵口正坝,于正坝前抛大柳石枕,以防底部水流淘刷。

(2)在正坝下游 50 m 处加厢一道边坝。在正坝、边坝之间,由东坝头向西,西坝头向东,每隔 20 m 或 40 m,添修横格坝一道,顶宽 8 m,各格坝之间以土浇填,作为土柜,并于边坝下游浇筑土戗,最终使整个大坝顶宽达到 50 余 m。

增挖 4 道引河,可下泄流量 360 m^3/s,连同原有的两条引河,约可分全河流量的 1/2。

(3)接长及增修挑水坝。于西坝新堤第 6 坝接长 250 m,坝顶宽 10 m,成为挑水坝,把大溜挑离岸脚,趋向引河口。

(4)抛填合龙。上述各项工程完成后,龙门(口门或称金门)形成了长 50 多 m、宽 32 m 的龙门口,水深 10 m 以上。

3 月 8 日引河放水,在龙门口上口两端对抛钢筋石笼(1 m×1 m×1 m);在龙门口下口两端对抛柳石大枕。到 3 月 15 日 4 时,龙门口抛出水面,正坝合龙。随后在边坝口进行埽工合龙,并在正坝临水面加厢门帘埽,长 17~18 m,共 4 段,于 4 月 20 日完全闭气,大功告成。

(四)堵口过程

第一期(1946 年 3~6 月):工程开始进展顺利,5 月初即已按照最初计划将两坝工程修筑完成。随后赶打桥桩,6 月 21 日桥成,因桩工未及时固护,又值伏汛骤至,致东段冲毁 180 m。

第二期(1946 年 7~9 月):此期正当伏秋大汛,工程未能进展,仅抛石 2 万余 m^3,保护未冲桩工。

第三期(1946 年 10 月至 1947 年 1 月 15 日):汛后依照辅助工程计划,积极推进,终于 12 月 11 日全桥打通,抛石平堵。随着抛石高度的增加,上游水位抬高,又遇凌汛水涨,大溜集中,冲成缺口并不断扩大,平堵方法不能继续进行。

第四期(1947 年 1 月 15 日至 3 月 15 日):堵口工作改用合龙办法。利用石坝为堵口正坝,金门上处复建浮桥一道,金门内采用推下柳辊法合龙。四道引河,同时开放,分全河流量的 2/3。经全力抢险,终于 15 日 4 时合龙。

第五期(1947 年 3 月 15 日至全部完工):正坝合龙后,下边坝亦合龙。当即填土截护,再在上游 20 m 处做边坝,以御风浪,外边坝与正坝之间,用土填平闭气。

二、山东省利津县五庄决口堵复

(一)决口概况

五庄位于山东省利津县黄河左岸,距黄河入海处 70 多 km。1955 年 1 月,黄河下游出现了严重的凌汛灾害。1 月 26 日高村站出现了 2 180 m^3/s 凌峰,沿程凌峰随着槽蓄水的急剧释放不断加大,艾山、泺口、杨房等站凌峰流量达 3 000 m^3/s 左右。王庄险工一带河道冰质坚硬,上游来冰大量在王庄险工以上集结,主要分布在麻湾到王庄险工一段,形成长达 24 km 的冰坝。王庄险工上游利津站水位上涨了 4. 29 m,最高水位达 15. 31 m(大沽站),超过当年保证水位 1. 5 m。

1 月 29 日 21 时左右,利津五庄大堤 296+180 处,背河柳荫地多处冒水,虽经全力抢护,最终于 29 日 23 时溃决,口门迅速扩宽到 305 m,最大过流约 1 900 m^3/s,口门水深达 6 m。正当五庄村西紧急抢险之时,下游村东大堤 298+200 处背河堤脚也出现漏洞,几次抢堵不成,堤顶塌陷 2 m 多,于 31 日 1 时发生溃决。

两股溃水汇合后,沿 1921 年宫家决口故道经利津、沾化入徒骇河。受灾范围东西宽 25 km,南北长约 40 km,利津、滨县、沾化 3 县 360 个村庄,17.7 万人受灾,淹没耕地 6 万 hm^2,倒房 5 355 间,死亡 80 人。

(二)决口原因

博兴县麻湾险工至利津县王庄险工 30 km 的河道,堤距一般 1 km 左右,最窄处小李险工仅 441 m,具有窄、弯、险的特点,麻湾、王庄险工坐弯几乎成 90°,一旦卡冰,水无泄路。该河段水位陡涨极易出险,历史上曾多次决口。五庄村堤段位于该河段上首麻湾险工对岸的利津县黄河左岸,1954~1955 年度黄河凌汛期气温低、封河早、封冻河段长、冰量大,开河时利津河段形成冰坝,导致水位滩地壅高,堤防背河出现漏洞,险情发展很快,加之天寒地冻,取土困难,经多次抢堵不成功,最终导致堤防决口。

(三)堵口过程

决口发生后,在积极抢救安置灾民的同时,迅速组建了堵口机构筹备堵口。

2 月 6 日,实测上口门出流量约占 57%,下口门出流量约占 15%。根据先堵小口后堵大口的原则,于 2 月 9 日先在过流量小的下口门进水沟沉挂柳枝、树头缓溜落淤,并堵塞滩地串沟。当串沟过水小时,在沟的最窄处,用搂厢埽截堵断流,随即堵合大堤口门,新堤与旧堤之间插尖相接,新堤口门段宽 14 m,高出保证水位 3.5 m。

上口门进水沟口宽约 170 m,截流之前先在滩唇修做柳石堆 4 段,以防止刷宽,又在沟前沉柳落淤,至 3 月 6 日,实测沟口平均水深已由 4 m 减为 1.8 m,平均流速降至 0.6 m/s,沟口流量由 360 m^3/s 减为 100 m^3/s。3 月 6 日,从滩地进水沟口处开始进占截流,6 000 余人从东西两岸正坝同时进占,3 月 9 日边坝相辅进占。至 3 月 10 日,龙门口宽度 12 m。11 日 7 时 30 分,开始进行合龙,在正坝龙门口分抛苇石枕,两面夹击,抛至 10 时 15 分,枕已露出水面,接着于枕上压土加料,用蒲包装土抛护枕前,正坝合龙告成。15 日边坝下占合龙,土柜、后戗浇筑同时进行,12 日闭气,又进行加固,至 13 日 15 时,截流工程全部完成。

三、长江九江决口堵复

1998 年汛期,长江流域发生了 1954 年以来的又一次全流域性大洪水。6~8 月,从东南到西北,从下游到上游,反反复复多次发生大范围降水,干支流、湖泊水位同时上涨,在长江干流共形成了 8 次洪峰,中下游大部分站超过了有记录以来的历史最高洪水位。

(一)决口概况

长江大堤九江城区段 4~5 号闸门之间为土石混合堤,大堤迎水面建有浆砌块石防浪墙,防浪墙前有一层厚 20 cm 的钢筋混凝土防渗墙。1998 年洪水期间,九江段超警戒水位时间长达 94 d,超历史最高水位时间长达 40 d。8 月 7 日 12 时 45 分堤脚发生管涌,14 时左右大堤堤顶出现直径 2~3 m 的塌陷,不久大堤被冲开 5~6 m 的通道,防渗墙与浆砌石防浪墙悬空,14 时 45 分左右防浪墙与浆砌石墙一起倒塌,整个大堤被冲开宽 30 m 左右的缺口,最终宽达 62 m,最大进水流量超过 400 m^3/s,最大水头差达 3.4 m。

(二)决口原因

决口原因主要有以下几个方面:一是江堤(包括防洪墙)基础处理不好,堤身下有砂质层;二是防洪墙水泥质量差,钢筋(6 mm)少且分布不均匀;三是某单位在决口处下侧未经批准修建一座码头,顶撞江水形成回流,淘刷江堤基础,形成漏洞;四是疏于防守,抢护不及时,溃口前无人防守。

(三)堵口过程

(1)堵口措施:九江大堤抢险堵口采取的主要技术措施是:在决口外侧沉船并抢筑围堰(第一道防线),以减小决口处流量;在决口处抢筑钢木土石组合坝,封堵决口(第二道防线);在决口段背河侧填塘固基,并修筑围堰(第三道防线),防止灾情扩大。

(2)堵口过程:8 月 7 日 17 时,首先将一艘长 75 m、载重 1 600 t 的煤船在两艘拖船的牵引下成功下沉在决口前沿,并在煤船上下游沿决口相继沉船 7 艘,有效地减小了决口流量,阻止了江水的大量涌出。随后,沿沉船外侧抛投石块、粮食、砂石袋等料物,并在船间设置拦石钢管栅,逐步形成挡水围堰——第一道防线,决口流量明显得到控制。8 月 9 日,在继续加固第一道围堰的同时,运用钢木土石组合坝技术抢堵决口。8 月 10 日下午,组合坝钢架连通,并抛填碎石袋,形成第二道防线——堵口坝体,决口进水流量进一步减小,但仍有 50~60 m^3/s。由于龙口逐渐减小,洪水冲刷加剧,已抢筑的组合坝体出现下沉。11 日上午,对第一道防线挡水围堰加高加固,第二道防线全力抢筑组合坝及坝体后戗。至 12 日下午,钢木土石组合坝合龙,堵口抢险取得决定性胜利。之后,采取黏土闭气法,抛投黏土,于 15 日中午闭气。为确保万无一失,抢险工作转入填塘固基和抢筑第三道防线阶段。20 日 18 时,填塘固基工程和抢筑第三道防线工作完成,至此历时 13 个昼夜的堵口抢险工作全部结束。

四、汉水王家营堵口

(一)决口概况

王家营堤段位于湖北省钟祥县汉水下游上段左岸,历来是汉水防洪的险要堤段。1921 年 7 月上旬汉水上游发生暴雨,12 日丹江口出现洪峰,洪峰流量推算为 38 000 m^3/s,是 1583 年以来汉水发生的最大洪水。洪水期间,王家营堤段发生溃口,口门全长 5 240 m,主要过流段 1 100 m,溃口水量淹没汉北平原,殃及钟祥、天门、汉川等 11 个县,损失惨重。汛后地方政府组织数千人堵口,历时 50 余 d,堵口成功。

(二)堵口过程

王家营决口堤段基础土质主要为粉细砂,口门冲深达 3~4 m(地面以下),洪水不断向汉北地区倾泄。本着因势制宜、就地取材的原则,堵口采取立堵平堵结合、桩桥合龙的堵口措施。

堵坝施工方法如下:

(1)选择堤线。考虑合龙与堤线的要求,选在地基较好、水流较缓、水深较浅地带。

(2)两端进占。就近取土做新堤,堤高出水面 1 m 多,土方 49 万 m^3。

(3)打桩填埽。向中央进占,口门渐窄,流速加大,引起冲刷时,沿堤边线上下游各打桩 1 排,桩长 8 m,入土 4.5 m,沿桩填埽以阻水溜,埽内填土。每日收工前在端头加做埽工裹头防冲。

(4)埽工。分泥埽与清埽,前者于绳索数根上铺芦柴一层,加土约 350 kg,捆成直径 45 cm、长 3~3.5 m 的圆捆,两端填实,用于深水区;后者捆法与泥埽相似,重 50 余 kg,成青果形,适于浅水区。

(5)龙口打桩架桥。口门收缩到预定地段(宽 64 m)时,在龙口上打桩 1 排分水桩,以阻溜直冲龙口,致使水流向原河槽下泄。在分水桩前再打 1 排太平桩,防止冬季施工期冰凌撞击,并以铁丝牵制分水桩。在龙口打桩 5 排,形成 4 条巷道,桩长 11 m、入土 5 m。桩顶用粗绳缠牢,短木绞紧,再系横木,垂直于水流向以螺栓、铁钉扣牢,然后加铺面板,构成工作桥,以满足施工抛放草埽、麻袋、土包的需要。麻袋装砂并加缝口,草埽用散草和绳索捆成,每个加土 50 余 kg,略成球状,草绳纵横交织,俗称土球,用于合龙闭气。在抛泥埽前,先抛土球层使底面略平一些。

(6)合龙。合龙前用土料装好麻袋 8 万个,土球 10 万个,并备好工具和材料,组织壮劳力 5 000 余人。抛放时,在 4 个巷道的上游一齐抛填泥埽及土球,其下游巷道抛填砂袋。合龙的紧要关头,鸣锣击鼓,一鼓作气,经过半天施工就截断了水流。由于口门当时漏水严重,又加抛砂袋、土球,并在临水面做戗堤,直至完全断流闭气。此外,为了抬高口门下游水位,减少合龙时龙口水位差,合龙前在龙口下游溃口冲成的两个岔道之一的南岔上,打桩下埽,筑一处堵坝,作为合龙的辅助措施。

第六节　堵复决口的施工组织

自古以来,人类就不断和洪水灾害进行着顽强的抗争。中华人民共和国成立后,毛主席发出了“一定要把淮河修好”“要把黄河的事情办好”的号召,全民动员修筑水库、开辟滞洪区、修建堤防、开挖河道,形成较为完善的防洪工程体系,以抵御洪水灾害。堤防是防护体系中最为重要的部分,堤防决口后,应尽早堵复,以防御接踵而来的洪水袭击,将洪水灾害损失降低到最小。本节重点介绍堵复决口各环节的施工组织。

一、堵口准备

根据决口河流上游洪水特点,一旦发生决口,应在该场洪水基本退去后进行堵口准备,以减小堵口难度和人力、物力投入量。如果决口受灾区域较大或比较重要,则应在决口发生后立即进行封堵。堵口准备工作包括基本资料准备、堵口方案制订、堵口施工准备等。

(一)基本资料准备

基本资料准备主要是了解决口的具体情况,包括口门位置、长度、深度、土质、河势、堤后冲坑深度、水下形势、溃决原因分析等。若在洪水未退去之前实施堵口,还应定期测定口门处水位、水深、流量、流速、含沙量等指标,绘制口门的纵、横断面图,定期查勘决口上、下游河道河势变化情况,预测决口发展趋势等。

(二)堵口方案制订

在获得决口详细的基本资料后,分析研究堵口的时间,确定堵口方案,进行堵口设计。

堵口的时间主要依据决口的位置、受灾区的重要性,以及水情、雨情、决口堵复条件等。例如,2004 年 7 月 17 日澧河决口,位于南岸的张集村西决口,洪水串入洪汝河流域,受灾面积达数万公顷,殃及城镇、学校、铁路等重要保护对象,根据当时的预报,上游山区 20 日左右还将有一次降雨过程,一旦再次由决口处分洪,损失将更为惨重。当时河道水位已降至滩地以下,口门处基本无积水,具备堵口条件。而澧河左岸的 8 个决口虽然也基本具备堵复条件,但它们一旦再次分洪,洪水将进入泥河洼滞洪区,损失不会太大,而且还有利于减轻右岸和下游的防洪压力。因此,确定张集决口堵复时间为 7 月 19~20 日,其他决口待汛后堵复,节省了大量的人力、物力。

(三)堵口施工准备

堵口施工准备主要是制订具体的实施计划、筹集足够的物料,组织好施工队伍和机械等。实施计划包括人力和机械进出工地的道路,确定堵口线路等;决口附近交通设施有的已遭洪水损毁,故堵口物料一般应就地取材,包括涂料、石料、秸柳料、麻袋、编织袋、麻绳、铁丝等。为了应对意想不到的情况,防止停工,工程耗材一般应比计算量多准备一些,机械可根据具体施工性质和口门宽度选用,一般每百米口门应备有挖掘机、推土机、铲运机等大型机械各 1~2 台。

二、堵口工程布局

(一)口门堵复次序

一般来说,河道堤防决口,多是因为洪水来势过猛、堤防漫溢引起的。因此,常常会同时产生不同位置、大小不一的多个口门。例如,澧河 2000 年和 2004 年两次决口,分别出现主要决口 11 处和 9 处,分布在上澧河店—何口区间的 20 多 km 范围内的两岸,口门最宽的 220 m,窄的仅 20 m。堵口时除选择位置重要的优先堵复外,一般还应先堵下游口门,后堵上游口门,先堵小口,后堵大口。先堵上游口门,下游口门分流量势必增大,下游口门有被冲深扩宽的危险;先堵大口门,则小口门分流量势必增多,容易扩大和冲深,都会增加堵口的难度和工程量。当然,上述情况都不是绝对的,应根据实际情况分析确定。

(二)选定堵口堤坝基线

堤坝基线选择是否恰当,关系着堵口的成败。对于澧河这样的河道,洪水陡涨陡落,一般来说堵复决口时口门已不再过流或过流量很小,堤坝基线一般应选择原堤坝轴线。决口位置一般处于迎流顶冲的弯道凹岸,如果河势允许,基线可适当调整,减小弯道曲率,更有利于抗击新一轮洪水。但对于原堤基地质条件较差,冲刷较严重时,堤线应适当后移。2000 年澧河大丁湾决口,220 m 堤防的堤身和堤基被退水逆流全部冲毁,在对其进行封堵时采取平均后退 50 m 封堵方案(也称"月堤"),取得了预期的效果,在 2004 年发生类似洪水时,该堵复堤段安然无恙。2003 年黄河河南兰考蔡集控导决口堵复也采用"月堤"辅助方法,对降低口门流量起到了立竿见影的效果,成功堵复决口。

若决口是全河夺流,即决口成为主流,原主槽过流量较小甚至断流,则应先选定引河的线路,为主流寻找出路。引河选定后,应及时开挖,根据河底土体岩性和水流情况,可选择挖泥船、挖掘机等机械,必要时辅以爆破。引河开挖基本定型后,一般还需要在口门上游适当位置筑挑流坝,将主流引导向引河。

堵堤坝基线、引河和挑流坝是相互关联的三个方面,必须布置合理,配合实施,方可达到预期的效果,减轻口门处洪水压力,为决口堵复成功创造条件。

三、堵口方法

堵口方法主要有立堵、平堵、混和堵。所谓立堵,就是从口门的一端或两端,沿拟定的坝轴线向水中进占,逐渐缩窄口门,直至合龙;所谓平堵,就是沿口门选定的坝基线,自下而上抛填物料,逐层填高,直至高出水面,实现封堵。混合堵是立堵和平堵相结合的堵口方法。另外,根据实际情况还可采用沉柳落淤、沉船等其他堵口方法。

(一)立堵

立堵也有多种方法,例如埽工进占法、草土围堰法、填土法、打桩进堵法、钢木土石组合法等。根据淮河中上游堤防和洪水特性,这里着重介绍打桩进堵法。对堤基土质较好、水深不超过 3 m、平均流速不大于 1.2 m/s 的口门,宜采用这种方法。

(1)施工准备。先加固口门两侧的裹头,修筑好运料通道,一般宽度不小于 8 m,以便于施工人员和机械运作。备足物料:木桩(或钢管桩)数量(根)应为口门宽度的 4.5~5.5 倍,单根长度应为平均水深的 2.5~3.5 倍。编织袋数量根据设计坝体计算,并扩大 20%~30%。另外,还要备足土料、石料、柳枝、麻绳、铁丝等物料。

(2)施工。从两端裹头开始(若口门单边冲深,可选择较浅的一侧开始),沿堤基线打桩 3~4 排,间距 0.5~1.0 m,入土深度应为桩长的 1/2~2/3,每 10 m 左右为一工作区,用木杆、铁丝将各桩相互捆扎牢固,必要时还要在下游打一排戗桩以辅助支撑。在排桩间抛一层柳枝等软料,上压石料或砂土袋。流速较大时应将石料编制成小型石笼,或将数个土袋捆扎在一起抛填,逐层上升,直至露出水面,然后加固坝体,做固定裹头,为下一作业段做施工准备。随着口门不断缩小,流速会逐渐增大,一般到最后 10 m 左右时再采用这种方法会很困难,此时应加强两端已成堤身的防守,并利用机械由两端同时抛柳石枕或铅丝块石笼,力求迅速实现合龙。

(3)封堵闭气。由于填料以软料和硬料混杂,合龙后的坝体会严重渗漏,这时可在坝前铺设土工布以细麻绳固定后做土袋或直接填土闭气,必要时还要用淤泥泵等设备向坝体灌淤泥以减少坝体渗漏。这些工作完成后再以砂土袋加高加固坝体,一般来说,堵坝应比相连堤防高出 0.3~0.5 m,以防止下次洪水再次冲决。

2003 年 10 月的黄河河南兰考蔡集控导决口堵复,采用立堵方法,实际堵口比预期时间缩短 6 h,取得了很好的效果和实践经验。

(二)平堵

平堵一般有架桥平堵、抛料船平堵、无水口门砌堵等方法,这里着重介绍无水砌堵法。此法用于口门宽浅、基础条件较好、口门流量很小甚至无水的情况。对于淮河中上游河道,山区洪水陡涨陡落,还可由水库或滞洪区调节控制,因此在形成决口后的较短时间内,河道流量就可锐减至河槽以内,达到砌堵条件。

(1)施工准备。由于决口前一般有强降雨过程,土壤含水量基本饱和,不适于直接堆土。施工前应选好合适的土源,编织袋数量按设计坝体需要量扩大 20%~30%。

(2)施工。砌堵一般以袋装土为主要原料,每袋装土量以袋长的 1/2~1/3 为宜,砌筑时从下游向上游、下层向上层逐层摆实，袋口向坝内侧摆放，上袋叠压下袋 2/3 以上，并顺水流向偏 30°～45°，以减少冲刷阻力。

四、复堤方法

堵口所筑的截留坝，一般是临时抢修的，坝体内杂物多，孔隙大，堤内有冲坑深潭，一般不能达到堤防防御洪水的标准。

(1)复堤标准不低于原有堤防标准。决口位置原有堤防是相对薄弱堤段，复堤时土料含水量等指标也很难达到筑堤要求，因此复堤断面应适当加大加高。一般来说，堤顶宽度应比原堤断面扩大 1/4～1/5，堤顶高程应比原堤防高 0.3～0.5 m，水下边坡一般不陡于 1∶5，水上边坡不陡于 1∶3。

(2)复堤施工注意事项。铺筑前先清除基面淤泥、积水、树枝、石块等杂物，然后分层均匀铺土。取土场周围要先开挖滤水沟，以降低土壤含水量，取土时应先远后近，先低后高，先难后易；黏性土铺于临水面，砂性土铺于背水面；水上填土应分层，层厚一般不超过 0.3 m，以履带式拖拉机适当碾压或人工夯实，碾压次数宜为 2～5 次，特别是黏性土壤含水量偏大时，碾压次数过多会成为“弹簧”，不利于土层结合，条件允许时可黏土、砂土掺和，或掺入 3%～5%的水泥效果更佳。

(3)防护与抢险准备。复堤完成后，很可能立即面临洪水考验，因此一般要做一些防护工作，一般以砂土袋防护一层即可，水下防护以固脚防滑为主，水上防护以防冲防浪为主。另外，为了预防新的险情发生，决口堵复后还应准备足够的汛期临时抢险物料。

第三章　河道工程抢险

土石结构坝岸的河道工程常见险情有根石坍塌、坦石坍塌、坝基坍塌(墩蛰险情)、坝垛滑动、坝垛漫溢、坝岸倾倒、溃膛险情及坝裆坍塌等。常用的抢护方法有抛投块石、铅丝笼、土袋、柳石枕及柳石搂厢等。本书介绍的多为单坝险情及抢护方法,对于一处工程多处出险,抢护方法类似单坝,但应统筹安排,确保重点。同时,要根据河势上提下挫的发展趋势,抢护或加固较轻险情的坝垛,防止出现大险。抢险工作完成后,要安排专人守护,加强观测,确保安全。现以黄河流域河道工程为例,介绍土石结构河道工程抢险技术和经验。

黄河下游土石结构的河道工程丁坝、垛、护岸简称坝垛,由土坝体、坦石(护坡)、根石(护根)三部分组成(见图3-1)。

图3-1　险工丁坝示意图

第一节　根石坍塌

根石是坝垛稳定的基础,其深浅不一,根石薄弱是坝垛出险的主要原因。坝垛前沿的局部冲刷坑的深度一般为 9~21 m,当出现横河、斜河时,冲刷坑的深度还会加大。

河道下游砂粒的组成较细,河床质粒径 D_{50} 为 0.06~0.10 mm,抗御水流的能力很差。坝垛靠溜后,易被水流淘刷,在坝垛前形成冲刷坑。为了保护坝体的安全,防止冲刷坑扩大,需及时向坑内抛投块石、铅丝笼、柳石枕等。由于护根的绝大部分材料为块石,习惯上将护根称为"根石"。对于险工,为了增加坝垛的稳定性,一般都设有根石(控导工程一般不设根石台)。根石台顶宽度为 2.0 m。根石的坡度,枯水位以上部分内坡与护坡的外坡相同(见图 3-2)。

(a)

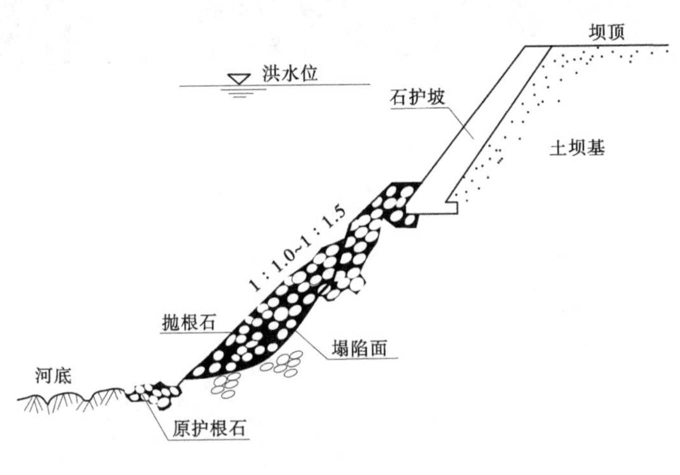

(b)

图 3-2　根石坍塌示意图

一、险情说明

河道整治工程的丁坝、垛、护岸着溜重，受水流集中冲刷，基础或坡脚淘空，造成根石的不断走失，会引起坝岸发生裂缝、沉陷或局部坍塌，坝身失稳。

二、原因分析

（一）水流的因素

（1）冲刷坑的形成。在丁坝上下游主溜与回溜的交界面附近，因流速的不连续或流速梯度的急剧变化，产生一系列漩涡，回溜周边流速较大，在丁坝上下跨角部位冲刷。受大溜冲刷的机遇多，着溜重，冲刷深。此部位根石易被湍急水流冲刷走，有的落于冲刷坑内，有的被急溜挟带顺水而下，脱离坝根失去作用。

（2）高含沙水流的影响。高含沙水流的流变特性发生了变化，二相流变成均质流。当水流速度增大时，河床质变得容易起动，造成高滩深槽，部分河段主槽缩窄，单宽流量加大，水流集中，冲刷力增强，坝前冲刷坑就比较深。

（3）弯道环流的影响。由于弯道环流的作用，使得凹岸冲刷较重，凸岸淤积，黄河下游大都是受人工建筑物控制的河湾，水流因受离心力作用，对工程冲刷力加强，促进根石走失。

（4）横河、斜河影响。横河、斜河使水流顶冲坝垛，造成根石走失，抢险的机遇较多。

（二）工程断面的因素

（1）根石断面不合理。散抛石大部分堆积在根石上部，形成坡度上缓下陡，头重脚轻的现象，这种情况对坝体稳定极为不利，很容易出现根石走失。

（2）根石外坡凹凸不平。外坡不平增大了水流冲刷的面积和糙率，加大了河底淘刷，影响根石的稳定。

（3）断面坡度陡。护坡坡度越陡水流的冲刷作用越强，冲刷坑越深，造成根石走失越严重。

（三）块石尺寸的因素

使用的石料体积和重量不足，坝前的流速大于根石起动流速时，流速大抗冲能力差，不能保持自身稳定，块石从根石坡面上，就会被一块一块地揭走，造成揭坡。石块被急溜冲动走失。

（四）工程布局的因素

工程布局不合理，坝裆过大造成上游坝掩护不了下游坝形成回溜，甚至出现主溜钻裆，甚至窝水兜溜，加剧根石走失，冲刷坝尾出现大险。还有个别坝位突出，形成独坝抗大溜，造成水流翻花，淘根刷底，坝前流速增大，水流冲击力超过根石起动流速，被大溜冲走块石，造成根石走失，出现大险。

（五）施工方法的因素

（1）施工改建。在控导工程加高改建时，把原有的根石基础埋在坝基下，往外重新抛投根石。即使过去已经稳定的根石，也会重新坍塌出险。

（2）加抛根石不到位。在工程受大溜顶冲发生险情时，居高临下在坝顶上投抛散石，会造成大量块石被急流卷走，一部分则堆积在根石上部，也不稳定。这样不但造成浪费，很难有效地缓解险情，很可能会增加险情，造成进一步的坍塌。

(3)基础清理不彻底。旱地施工，在挖根石槽时，没有清理好槽底就抛固根石，泥土石块混合，一旦着溜，根石易走失。

三、抢护原则

抢护根石走失险情应本着“抢早、抢小、快速加固”的原则抢护，及时抛填料物抢修加固。

四、抢护方法

发现根石走失险情，一般采用抛块石、抛铅丝笼的方法进行加固。

(一)抛块石

水深溜急、险情发展较快时，应尽量加大抛石粒径。当块石粒径不能满足要求时，可抛投铅丝笼、大块石等，同时采用施工机械，加快、加大抛投量，遏制险情发展，争取抢险主动。

在实际抢险中采用大块石的质量一般为 30~75 kg，在坝垛迎水面或水深溜急处要用大块石。抛石可采用船抛和岸抛两种方式进行。先从险情最严重的部位抛起，依次由下层向上层抛投，并向两边展开。抛投时要随时探测，掌握坡度(见图 3-3)。

图 3-3　抛石固根示意图

(二)抛铅丝笼

如溜势过急，抛块石不能制止根石走失，可采用铅丝笼装块石护根的办法。铅丝笼体积为 1.0~2.5 m^3，铅丝网片一般用 8# 或 10# 铅丝做框架，12# 铅丝编网，网眼一般 15~20 cm 见方。网片应事先编好成批存放备用，抢险时在现场装石成笼。抛铅丝笼一般在距水面较近的坝垛顶或中水平台上抛投，也可用船抛。操作方法如下：

一是在坝垛抛投处绑扎“抛笼架”。

二是在“抛笼架”上放三根垫桩，以便推笼时掀起。

三是把铅丝网片铺在垫桩上装石，小块石居中，大块石在外，或底部铺放一层薄柳，以免漏石，装石要满，笼内四周要紧密均匀，装石量不小于笼容积的 1.1~1.2 倍(自然方)。放石动作要轻，以免碰断铅丝。装满后封笼口，先笼身，后两端，每米长绑扎不少于 4 道。

用绞棍将封口铅丝拧紧。

四是推笼,先推笼的上部,使铅丝笼重心外移,再喊号子,一齐掀垫桩加撬杠,将笼推入水中。

抛块石或铅丝笼加固时应注意以下几点:

(1)抛铅丝笼应先抛险情严重部位,并连续抛投到出水面为止。可以抛投笼堆,也可以普遍抛投。抛投时要不断探测抛投情况,一般抛投坡度约为1:1.1。

(2)抛石要到位,尽量采用船只定位抛投。

(3)铅丝笼一般用于坝前头部位,迎水面、背水面裹护部位不宜抛投。由于装填铅丝笼及抛投需多道工序,加固速度较慢,一般仅用于土坝基未暴露,以加固性质为主的抢护。

(4)抛石后,要及时探测,检查抛投质量,发现漏抛部位要及时补抛。

(5)在枯水季节,对水上根石部分要全面进行整修,清理浮石,粗排整平。

五、如何避免少发生根石走失险情

在旱地施工时,槽底增加防护,使坦石与坝基隔离开,以土工网笼代替柳石枕或铅丝笼。

水中进占时采用护底进占,可提高工程基础的抗冲能力,既能节省投资,又能减轻坝前冲刷,防止根石走失。既利用了传统工艺操作简便的优势,又能使其结构改进得更合理,能减少坝基土流失,减轻坝前冲刷,节约进占料物。

河道整治工程的根石是坝体的基础,一旦根石走失,就会造成坦石滑动,坝体基础失去稳定而坍塌。根石走失是目前河道工程出现险情的主要原因。减少根石走失,及时抛石护根,是保障河道工程安全的关键。

第二节 坦石坍塌

一、险情说明

坍塌险情是坝垛最常见的一种较危险的险情。坝垛的根石被水流冲走,坦石出现坍塌险情。坦石坍塌是指护坡在一定长度范围内局部或全部失稳发生坍塌下落的现象(见图3-4)。

二、原因分析

坝垛出现坍塌险情的原因是多方面的,它是坝前水流、河床组成、坝垛结构和平面形式等多种因素相互作用的结果。主要原因有:

(1)坝垛根石深度不足,水流淘刷形成坝前冲刷坑,使坝体发生裂缝和蛰动。

(2)坝垛遭受激流冲刷,水流速度过大,超过坝垛护坡石块的起动流速,将根石等料物冲揭剥离。

(3)新修坝岸基础尚未稳定,而且河床多沙,在水流冲刷过程中使新修坝岸基础不断下蛰出险。

图 3-4　坦石坍塌示意图

三、抢护原则

坝垛出现坦石坍塌险情，由于坍塌的根石、坦石增加了坝垛基础，一般不需再抛石护坦，只需将水上坍塌的根石、坦石用块石抛投填补，按原状恢复。如果上跨角或坝头出险，且溜势较大，可适当抛铅丝笼石固根。

四、抢护方法

坦石坍塌险情的抢护要视险情的大小和发展的快慢程度而定。一般，坦石坍塌宜用抛石（大块石）、抛铅丝笼等方法进行抢护。当坝身土坝基外露时，可先采用柳石枕、土袋或土袋枕抢护坍塌部位，防止水流直接淘刷土坝基，然后用铅丝笼或柳石枕，加深加大基础，增强坝体稳定性。具体方法如下。

（一）抛块石或铅丝笼

其抛投方法同根石走失抢险，但块石抛投量和抛投速度要大于坦石坍塌险情，有条件的尽量船抛和岸抛同时进行，以使险情尽快得到控制（见图 3-5）。

图 3-5　坦石坍塌险情抢护示意图

（二）抛土袋

当块石短缺或供给不足时，也可采用抛土袋等方法进行临时抢护。方法是：

（1）草袋、麻袋、土工编织袋内装入土料，每个土袋质量应大于 50 kg，土袋装土的饱满度为70%~80%,以充填砂土、砂壤土为好,装土后用铅丝或尼龙绳绑扎封口,土工编织袋应用手提式缝包机封口。土工编织袋最好使用透水的,用麻袋、草袋装土抢护时,抛投强度要大,避免袋内土粒被水稀释成泥流失。

(2)抛土袋护根最好从船上抛投,或在岸上用滑板滑入水中,层层压叠。河水流速较大时,可将几个土袋用绳索捆扎后投入水中,也可将多个土袋装入预先编织好的大型网兜内,用吊车吊放入水,或用船、滑板投放入水。抛投土袋所形成的边坡掌握在1∶1.0~1∶1.5(见图3-6)。

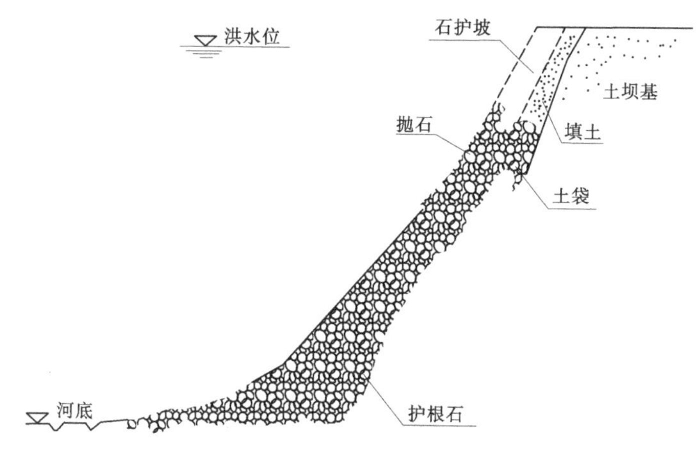

图3-6　抛土袋抢护示意图

(三)抛柳(秸)石枕

当坝基土胎外露,险情较严重时,水流会淘刷土坝基,仅抛块石抢护,因石块间隙透水,效果不好,而且抢护速度慢、耗资大,这时可采用抛柳石枕的方法抢护。枕长一般5~10 m,直径0.8~1.0 m,柳、石体积比2∶1,也可按流速大小或出险部位调整比例。

柳石枕的具体做法如下:

(1)平整场地。在出险部位临近水面的坝顶选好抛枕位置,平整场地,在场地后部上游一侧打拉桩数根,再在抛枕的位置铺设垫桩一排,桩长2.5 m,间距0.5~0.7 m,两垫桩间放一条捆枕绳,捆枕绳一般为麻绳或铅丝,垫桩小头朝外。捆抛枕的位置应尽量设在距离水面较近处,以便推枕入水。

(2)铺放柳石。以直径1.0 m的枕为例,先顺枕轴线方向铺柳枝(苇料、田箐或其他长形软料)宽约1 m,柳枝根梢要注意压槎搭接,铺放均匀,压实后厚度0.15~0.2 m。柳枝铺好后排放石料,石料排成中间宽、上下窄、直径约0.6 m的圆柱体,大块石小头朝里、大头朝外排紧,并用小块石填满空隙或缺口,两端各留0.4~0.5 m不排石,以盘扎枕头。在排石达0.3 m高时,可将中间栓有"+"字木棍或条形块石的龙筋绳放在石中排紧,以免筋绳滑动。待块石铺好后,再在顶部盖柳,方法同前。如石料短缺,也可用黏土块、编织袋(麻袋)装土代替。

(3)捆枕。将枕下的捆枕绳依次捆紧,多余绳头顺枕轴线互相连接,必要时还可在枕的两旁各用绳索一条,将捆枕绳相互连系。捆枕时要用绞棍或其他方法捆紧,以确保柳石枕在滚落过程中不折断、不漏石(见图 3-7)。

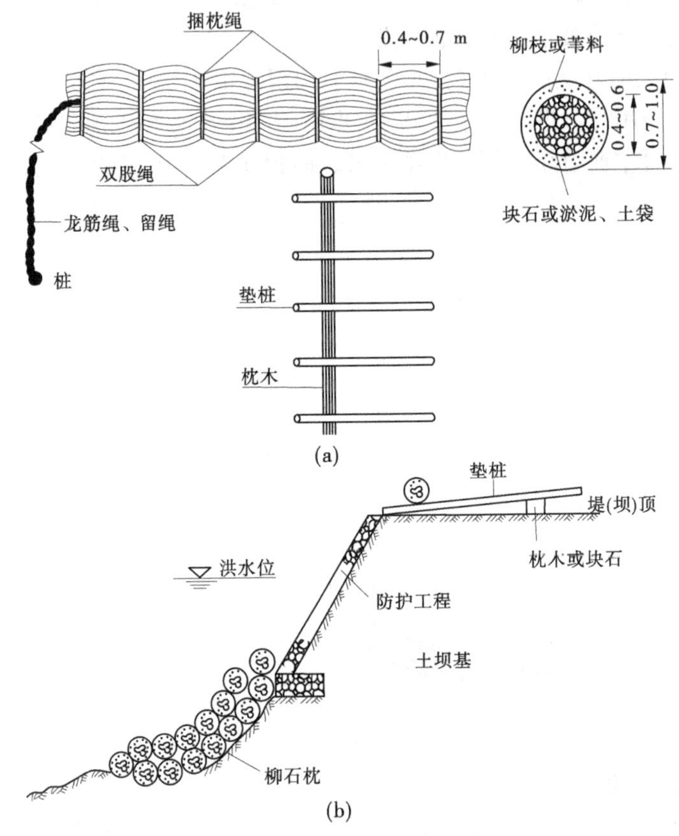

图 3-7　柳石枕构造、剖面示意图

(4)推枕。推枕前先将龙筋绳活扣拴于坝顶的拉桩上,并派专人掌握绳的松紧度。推枕时要将人员分配均匀站在枕后,切记人不要骑在垫桩上,推枕号令一下,同时行动合力推枕,使枕平稳滚落入水。

需要推枕维护的出险部位多受大溜顶冲,水深流急,根石坍塌后,断面形态各异,枕入水后难以平稳下沉到适当位置,这时应加强水下探测,除及时放松龙筋绳外,还可用底钩绳控制枕到预定位置。底钩绳应随捆枕绳一同铺放,间距 2.5~3.0 m,强度介于龙筋绳与捆枕绳之间。

如果河床淘刷严重,应在枕前加抛第二层枕,随着枕的下沉再加抛,直至高出水面 1.0 m,然后在枕前加抛散石或铅丝笼固脚,枕上用散石抛至坝顶。

第三节　坝基坍塌(墩蛰)险情

一、险情说明

坝岸基础被主流严重淘刷,造成坝体墩蛰入水的险情即坝岸坍塌(墩蛰)险情,造成此险情发生的原因是河底多沙,工程基础浅,大溜顶冲或回溜严重时,很快淘深数米甚至十几米,导致基础淘空,出现墩蛰现象(见图3-8)。

图3-8　坝基坍塌(墩蛰)险情示意图

二、原因分析

坝基的土质分布不均匀,基础有层淤层沙(格子底),当沙土层被淘空后,上部黏土层承受不住坝体重量,使坝体随之猛墩猛蛰;坝基坐落在腐朽体上,由于急流冲刷,埽体淘空,而使坝体墩蛰;搂厢埽体在急流冲刷下,河床急剧刷深,原已修筑到底的埽体依靠坝岸顶桩绳拉系而维持稳定,当水流继续淘深,绳缆拉断,坝体承托不住,即出现墩蛰。

三、抢护原则

坝岸坍塌(墩蛰)的抢护应以迅速加高,及时护根,保土抗冲为原则,先重点后一般进行抢护。因此,必须注意观察河势,探摸坝岸水下基础情况,要根据不同情况,采取不同措施加紧抢护,以保坝岸安全。

四、抢护方法

坍塌(墩蛰)险情抢护应先采用柳石搂厢、柳石枕、土袋加高加固坍塌部位,防止水流直接淘刷土坝基,然后用铅丝笼或柳石枕固根,加深加大基础,提高坝体稳定。

(一)抛土袋

当坝垛发生坍塌(墩蛰)险情时,土胎外露,这时急需对出险部位进行加高防护,防止土坝基进一步冲刷,险情扩大。对土坝基的加高防护可采用大量抛投土袋的方法,当土袋抛出水面后,再在前面抛投块石裹护并护根(见图3-9)。

(二)抛柳石枕

当坍塌(墩蛰)范围不大时,可采用抛柳石枕的方法进行抢护,柳石枕的制作和抛投方法同坦石坍塌险情的抢护,所不同的是靠近坝垛的内层柳石枕必须紧贴土坝基,使其起到保护土体免受水流冲刷的作用(见图3-10)。

(三)柳石(淤)搂厢

柳石(淤)搂厢是以柳(秸、苇)石(淤)为主体,以绳、桩分层连接成整体的一种轻型

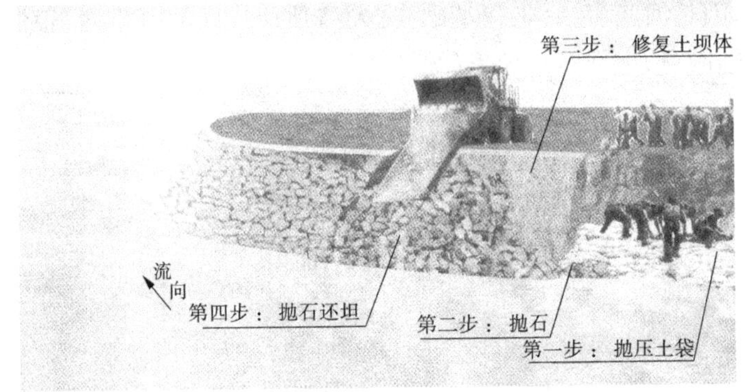

图 3-9　抛土袋抢护坝基坍塌示意图

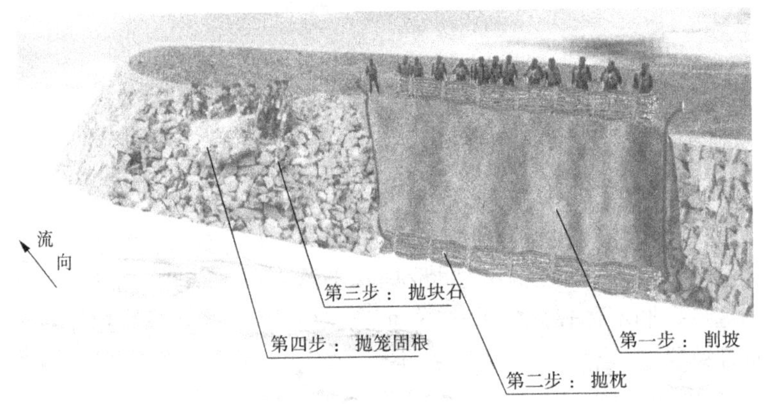

图 3-10　抛枕抢护坝基坍塌示意图

水工结构(见图 3-11),主要用于坝垛墩蛰险情的抢护。它具有体积大、柔性好、抢险速度快等优点,但操作复杂,关键工序的操作人员要经过专门培训。具体施工方法如下:

(1)准备工作。当坝垛出现险情后,首先要查看溜势缓急,分析上下游河势变化趋势,勘测水深及河床土质,以确定铺底宽度和使用"家伙";其次是做好整修边坡、打顶桩、布置捆厢船或捆浮枕、安底钩绳等修厢前的准备工作。

(2)搂厢。首先要在安好的底钩绳上用链子绳编结成网,其次在绳网上铺厚约 1 m 的柳秸料一层,然后在柳料上压 0.2~0.3 m 厚的块石一层,块石距埽边 0.3 m 左右,石上再盖一层 0.3~0.4 m 厚的散柳,保护柳石总厚度不大于 1.5 m。柳石铺好后,在埽面上打"家伙桩"和腰桩。将底钩绳每间隔一根搂回一根,经"家伙桩"、腰桩拴于顶桩上,这样底坯完成。以后按此法逐坯加厢,每加一坯均需打腰桩。腰桩的作用是使上下坯结合稳固,适当松底钩绳,保持埽面出水高度在 0.5 m 左右,一直到搂厢底坯沉入河底。将所有绳、缆搂回顶桩,最后在搂厢顶部压石或土封顶(见图 3-12、图 3-13)。

(3)抛柳石枕和铅丝笼。为维持厢体稳定,搂厢修做完毕后要在厢体前抛柳石枕或铅丝笼护脚固根。

(四)柳石混合搂厢(又叫"风搅雪")

若坍塌(墩蛰)迅速,险情非常严重,为加快抢险进度可用柳石混合搂厢法抢护。其特点是施工速度快,坯间不打桩,柳石混合压厢,每坯均系于坝顶,不易发生前爬。其做法

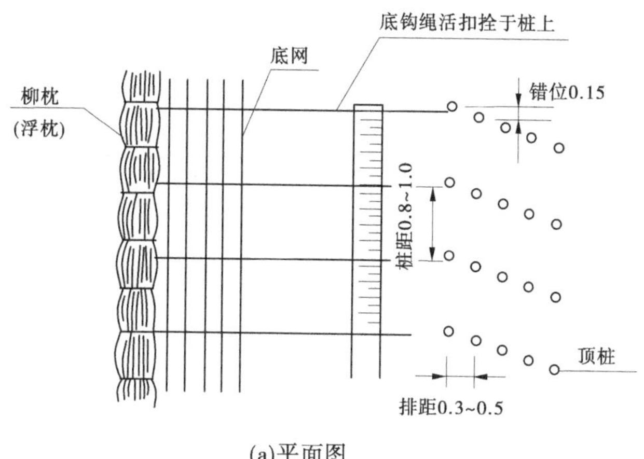

(a)平面图

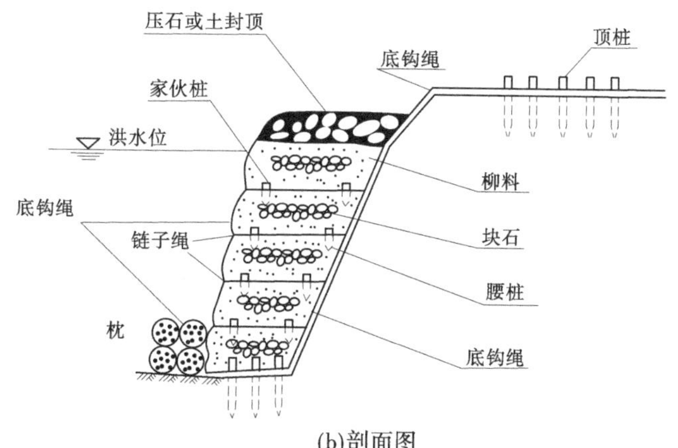

(b)剖面图

图 3-11　柳石(淤)搂厢示意图　(单位:m)

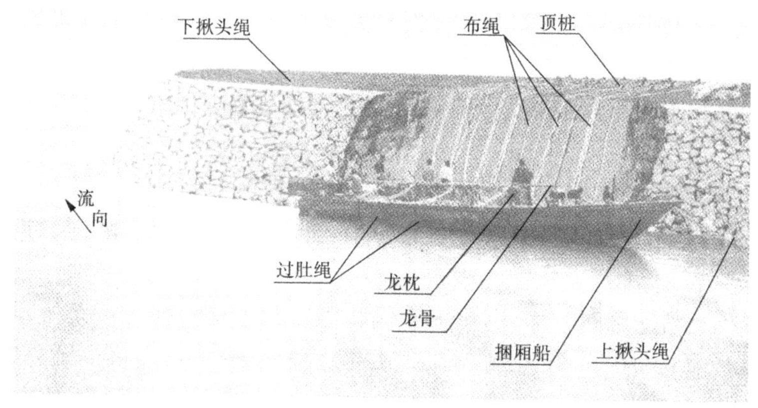

图 3-12　柳石搂厢抢护墩蛰险情步骤一

如下:

(1)根据水深、土质抢修尺度,岸坡整修成 1:0.5 左右,岸上打顶桩,桩长 1.5~2.0 m,桩距 0.8~1.0 m,要前后错开打数排。

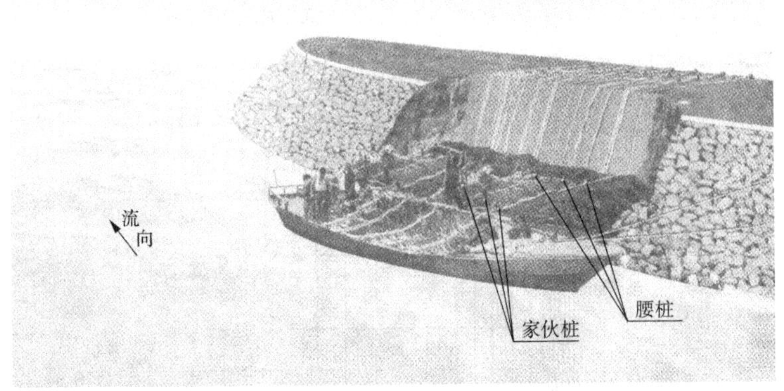

图 3-13　柳石搂厢抢护墩蛰险情步骤二

(2)捆厢船定位。在第一排顶桩上拴底钩绳,另一端活扣拴于船龙骨上,底钩绳上横拴几道链子绳编底。

(3)备足一坯用柳料,船移至埽体计划修筑的宽度,拴紧把头缆,全力推柳铺于底网上;然后柳石混合抛压,埽面出水 0.5 m 左右,一坯成。在埽前眉加束腰绳一对,用铅丝或麻绳作滑绳,紧系在束腰绳与底钩绳交点上,三绳打成一个结,束腰绳两端拉紧拴于坝顶的腰桩上,滑绳活扣拴于顶桩上,注意束腰绳始终不能放松。

(4)加厢第二坯,继续柳石混抛。注意石料要散放,但不要集中岸边,要多向前头压,压柳石厚度 1~1.2 m,再用束腰绳、滑绳、接底钩绳等进行缩束,只能使其起下压作用,不能使其前爬,如此坯坯成滚动形式逐渐下沉到底,在做厢时底钩绳、滑绳要由专人掌握松紧,使埽体稳定下沉。

(5)埽抓底后,底钩绳全部搂回,拴于岸顶桩上,滑绳也要拴紧,并在埽面打家伙桩、腰桩,搂埽口,顶压块石厚约 1.0 m,上铺土达到计划高度。

注意事项如下:

一是柳石混合抛压抢护时,要由专人指定抛投地点,面上要随着调柳调石,使柳石体大体均衡,不使石外露和过于集中岸边。

二是柳石混厢主要靠绳缆埽体,需平稳下沉,对于活绳应由有经验的人员控制,以防意外。

三是随时探测水深,掌握柳石混厢下沉情况。

四是柳石混厢用石料较多,不如搂厢经济,不到险情严重时,一般不宜使用。

(五)草土枕(埽)

当抢险现场石料缺乏时,可以用草土埽代替柳石枕或柳石搂厢。草土埽的做法是将麦秸(稻草)扎成草把,用绳(麻绳、铅丝)将其捆扎编织成草帘,在帘上铺黏土,并预设穿心绳,然后卷成直径 1.0~1.5 m、长 5~10 m 的枕,推放在出险部位,推枕方法同推柳石枕。

(六)机械化做埽

(1)制作半成品埽体。首先,编制一体积与抢险运输车辆容积大小相当的铅丝笼网箱,再将该网箱放置于运输车内,用挖掘机等装卸设备将软料和石料(或土袋、土块、砖等配重物)的混合物装入网箱,网箱装满后封死。在网箱内装料的同时将“暗骑马”植入网箱中心,并从“暗骑马”上向网箱的前后左右和上方引出5根留绳绳索至网箱外,半成品埽即告完成。

(2)制作大网箱围墙。首先,在将要进占河面的上、下游及占体轴线方向上固定3艘船,上、下游2艘船的轴线与占体轴线平行,另一艘船的轴线与占体轴线垂直。然后,在船上根据占体大小编织矩形网片,网片的一边用桩固定在进占起点的坝岸上,其他3条边分别固定在3艘船体上。最后,将半成品埽体用机械投放到河面上的网片内。四周固定的网片因中心受压下沉,形成一个四周封闭的大网围墙,形状像饺子,故名“饺子埽”。

(3)操作过程。在“饺子埽”和河面网箱围墙制作完成后,用自卸汽车将“饺子埽”沿占体边岸抛成两排,人工把“饺子埽”预留绳索前后左右进行连接,“饺子埽”之间形成前后左右相互连接的软沉排体,并将剩余绳索接长后拉向3艘船龙骨并固定。然后,用推土机推后排“饺子埽”,挤压前排埽体移动至河面网箱围墙后,后排埽变成前排埽。再在前排埽的后侧用自卸汽车将“饺子埽”再卸成一排,又组成两排新的埽体沉排。往复推抛作业至埽体出水到一定高度,并将部分预留绳固定到占面上,再将上、下游围墙的网边固定在新占体上,完成水中进占的一占。如此反复,完成机械化做埽的水中进占作业。

(4)“饺子埽”的优点:最适合抢恶性坍塌及堵口等重大险情。工艺简单、易学易用。

第四节　坝垛滑动险情

一、险情说明

坝垛在自重和外力作用下失去稳定,护坡连同部分土胎从坝垛顶部沿弧形破裂面向河内滑动的险情,称为滑动险情(见图3-14)。坝垛滑动分骤滑和缓滑两种。骤滑险情突发性强,易发生在水流集中冲刷处,抢护困难,对防洪安全威胁大,这种险情看似与坍塌险情中的猛墩猛蛰相似,但其出险机制不同,抢护方法也不同,应注意区分。缓滑险情发展较慢,发现后应及时采取措施抢护。

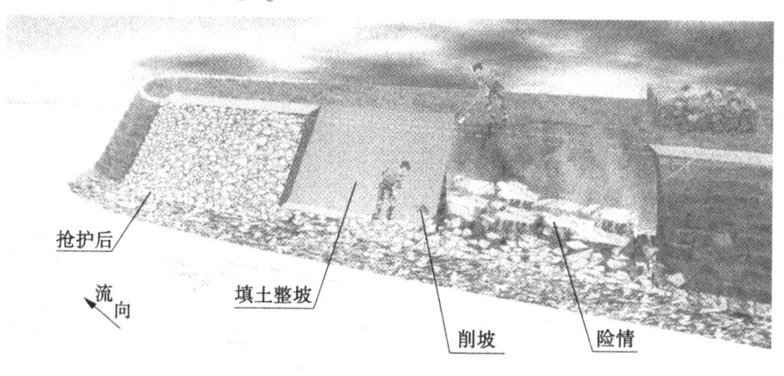

图3-14　坝垛滑动险情示意图

二、原因分析

坝岸滑动与坝垛结构断面、河床组成、基础的承载力、坝基土质、水流条件等因素有关。当滑动体的滑动力大于抗滑力时，就会发生滑动险情。

(1)坝垛基础深度不足，护坡、根石的坡度过陡。

(2)坝垛基础有软弱夹层，或存在腐朽埽料，抗剪强度过低。

(3)坝垛遇到高水位骤降。

(4)坝垛施工质量差，坝基承载力小，坝顶料物超载，遇到强烈地震力的作用。

(5)由于后溃的发展造成坝体前爬。

三、抢护原则

加固下部基础，增强阻滑力；减轻上部荷载，减少滑动力。对缓滑险情应以减载、止滑为原则，可采用抛石固根及减载等方法进行抢护；对骤滑应以搂厢或土工布软排体等方法保护土坝基，防止水流进一步冲刷坝岸。

四、抢护方法

(一)抛石固根

当坝垛发生裂缝而出现缓滑时，可迅速采取抛块石、柳石枕或铅丝笼加固坝基，以增强阻滑力。抛石最好用船只抛投或吊车抛放，保证将块石、柳石枕或铅丝笼抛到滑动体下部，压住滑动面底部滑逸点，避免将块石抛在护坡中上部，同时可避免在岸上抛石对坝身造成的振动。抛石或铅丝笼应边抛边探测，抛护坝面要均匀，并掌握坡度1∶1.3～1∶1.5。

(二)上部减载

移走坝顶重物，拆除坝垛上部的部分坝体，减轻荷载，减少滑动力。特别是坡度小于1∶0.5的浆砌石坝垛，必须拆除上部砌体(水面以上1/2的部分)，将拆除的石料用于加固基础，并将拆除坝体处的土坡削缓至1∶1.0。

(三)柳石搂厢

当坝体滑动已经发生，即已发生骤滑险情时，可用柳石搂厢法抢护，以防止险情扩大。当坝体裂缝过大，土胎遭受水流冲刷时，还需要按照抢护溃膛险情的方法抢护。

(四)土工布软体排抢护

当坝垛发生骤滑险情，水流严重冲刷坝体土胎时，除可采取柳石搂厢抢护外，还可以采用土工布软体排进行抢护，具体做法如下：

(1)排体制作。用聚丙烯或聚乙烯编织布若干幅，按常见险情出险部位的大小缝制成排布，也可预先缝制成10 m×12 m的排布，排布下端再横向缝0.4 m左右的袋子(横袋)，两边及中间缝宽0.4～0.6 m的竖袋，竖袋间距可根据流速及排体大小来定，一般3～4 m。横、竖袋充填后起压载作用。在竖袋的两侧缝直径1 cm的尼龙绳，将尼龙绳从横、竖袋交接处穿过编织布，并绕过横袋，留足长度做底钩绳用；再在排布上下两端分别缝制一根直径1 cm和1.5 cm的尼龙绳。各绳缆均要留足长度，以便与坝垛顶桩连接(见图3-15)。排体制作好后，集中存放，抢险时运往工地。

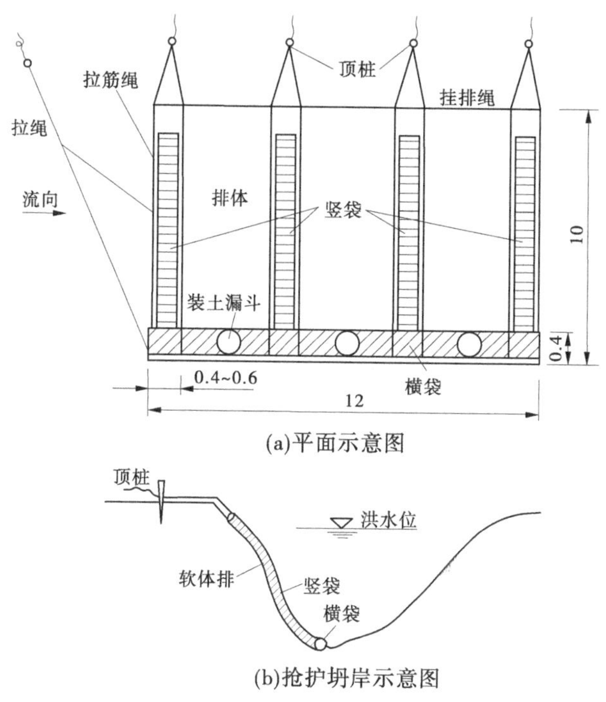

图 3-15　土工布软体排示意图　(单位:m)

(2)下排。在坝垛出险部位的坝顶展开排体,将横袋内装满土或砂石料后封口,然后以横袋为轴卷起移至坝垛边,排体上游边应与未出险部位搭接。在排体上下游侧及底钩绳对应处的坝垛上打顶桩,将排体上端缆绳的两端分别拴在上下游顶桩上固定,同时将缝在竖袋两侧的底钩绳一端拴在桩上。然后将排体推入水中,同时控制排体下端上下游侧缆绳,避免排体在水流冲刷下倾斜,使排体展开并均匀下沉。最后向竖袋内装土或砂石料,并依照横袋沉降情况适时放松缆绳和底钩绳,直到横袋将坝体土胎全部护住。

第五节　坝垛漫溢险情

一、险情说明

漫溢是指洪水漫过坝垛顶部并出现溢流的现象。控导工程允许坝顶漫溢,一般是在漫顶前进行防护,可用压柳、压秸料、土工织物铺盖等防冲。险工如可能发生漫顶,根据洪水位分析情况,则应采取临时加高或防护等。

二、原因分析

造成坝顶漫溢的原因主要有:

(1)大洪水时,河道宣泄不及,洪水超过坝垛设计标准,水位高于坝顶或施工中遇到漫顶洪水。

(2)设计时对波浪的计算与实际差异较大,实际浪高超过计算浪高,并在最高水位时越过坝垛顶部。

(3)施工中坝垛未达到设计高程,或因地基有软弱夹层,填土夯压不实产生过大的沉陷量,使坝垛高程低于设计值。

三、抢护原则

当确定对坝垛漫溢进行抢护时,采取的原则是:加高止漫,护顶防冲。

四、抢护方法

(一)秸埽加高法

在得到将发生漫顶洪水的预报后,应及时采取加高主坝的措施。方法是:在距坝肩1.0 m处沿坝外围打一排桩,桩距1.0 m,采用当地可收集的材料,如高梁秆、芦苇、柳枝等,沿坝周围排放至加高高度,秸料应根部向外排齐,柳枝应根梢交错排列紧密,并用小绳将秸料等捆扎在桩上,同时在上下游埽间空档填土直至埽面高度。如来不及进行全坝面加高,可采取加高子堰等方法。

(二)土袋(或柳石枕)子堤(堰)法

应用范围:用于坝顶不宽,附近取土困难,或是风浪冲击较大之处。

施工方法:

(1)用麻袋、草袋装土约七成,将袋口缝紧。

(2)将麻袋、草袋土铺砌在坝顶离临水坡肩线约0.5 m处。袋口向内,互相搭接,用脚踩紧。

(3)第一层上面再加二层,第二层袋要向内缩进一些。袋缝上下必须错开,不可成为直线。逐层铺砌,直到规定高度。

(4)袋的后面用土浇戗,土戗高度与袋顶平,顶宽0.3~0.6 m,后坡1:1。填筑的方法与纯土子堰相同。

为防止坝顶漫水冲刷,可采用麻袋、草袋或土工编织袋装土(或用柳石枕),于坝顶沿石上分层交错叠垒,子堰顶宽1.0~1.5 m,边坡1:1.0,以防御水流冲刷。土袋后修后戗宽1 m左右,边坡1:1.0~1:1.5,子堤加高至洪水位以上0.5~1 m。此法适用于坝前靠溜或风浪较大处(见图3-16、图3-17)。

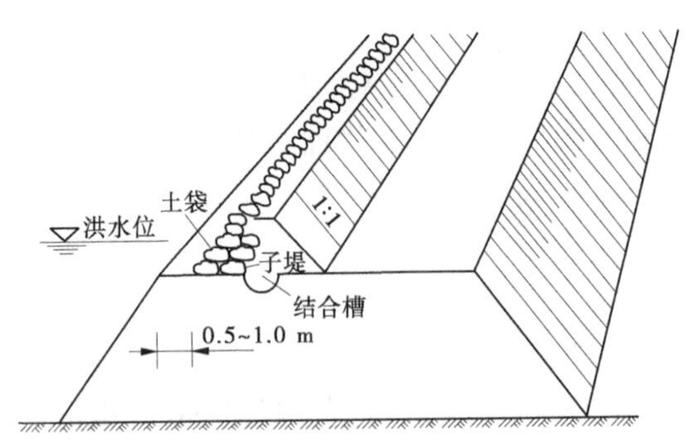

图3-16 土袋子堤示意图

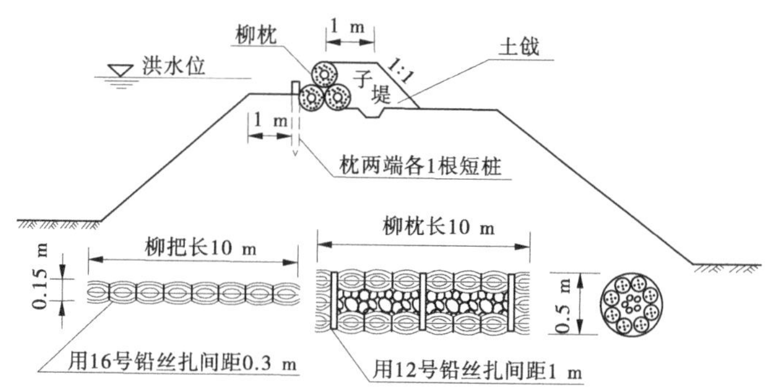

图 3-17　柳石(土)枕子堤示意图

(三)堆石子堤(堰)法

用块石修筑的石坝或护岸,可在坝顶临水面用块石堆砌,顶部宽度一般为 1.0~1.5 m 迎水边坡 1:1.0,堆石后用土料修筑土戗至相同高度。

(四)柴柳护顶法

对标准较低的控导工程或施工中的坝岸,遇到漫顶洪水需要防护时,可在坝顶前后各打一排桩,用绳缆将柴柳捆搂护在桩上。柴柳捆直径一般为 0.5 m 左右,柴柳捆要互相搭接紧密,用小麻绳或铅丝扎在桩上,防止坝顶被冲,如漫坝水深流急,可在两侧木桩之间先铺一层厚 0.3~0.5 m 的柴柳,再在柴柳上面压块石,以提高防冲能力(见图 3-18)。

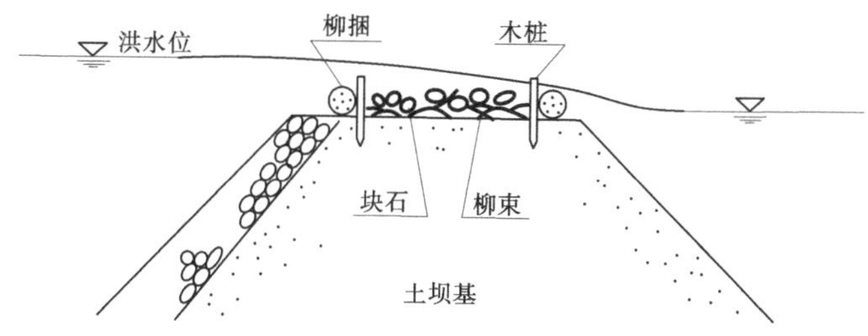

图 3-18　柴柳护顶抢护示意图

(五)土工布护顶

将土工布铺放于坝顶,用特制大钉头的钢钉将土工布固定于坝顶,钢钉数量视具体情况而定。一般行间距 3 m。为使土工布与坝顶结合严密不被风浪掀起,可在其上铺压土袋一层,也可用石坠拴压土工布(见图 3-19)。

(六)单层木板子堰

应用范围:用于坝较窄、风浪较大、水将平坝顶、情势危急之处。

施工方法:

(1)在坝顶靠上游一边,签钉长约 2 m 的木桩一排,桩的中心间距约为 0.5 m,入土约 1 m。

(2)排桩内用木板(紧急时用门板亦可)紧贴,再用铅丝或绳索系住。

(3)木板后面浇做土戗,做法与前相同。

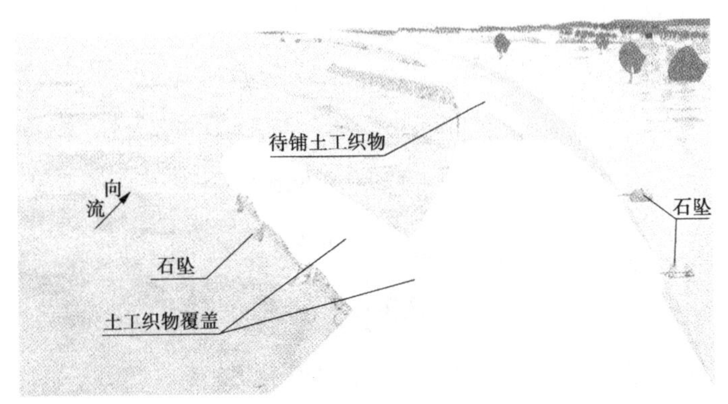

图 3-19　土工布护顶抢护示意图

(七)双层木板子堰

应用范围:用于坝顶太窄,且有建筑物阻碍之处。

施工方法:

(1)在坝顶外侧,签钉间距 0.5 m 的木桩两排,前后排相隔 1.0 m,木桩长 1.5 m 左右,入土深 0.7~1 m。

(2)木桩内侧附系木板一层。

(3)木板之间分层填土,夯实到顶。

(4)前后排木桩,应用铅丝拉紧。

五、注意事项

(1)根据洪水预报,估算洪水到达当地的时间和最高水位,抓紧拟订抢护方案,积极组织实施,务必抢在洪水到来之前完成。

(2)修筑子堰必须保证质量,修筑之前要清除坝顶的树木、草皮,堆放土袋上下层要相互错开压缝,填土要分层夯实。柴柳护顶要将下游坝肩、坝坡裹护好。做好防守抢险加固准备工作,不能使子堰溃决,失去防护作用。

(3)抢修子堰必须全线同步施工,突击进行,不能做好一段,再做另一段,决不允许中间留有缺口或低凹段等。

(4)子堰修在临河侧,子堰堤脚到坝肩应留出 1.0 m 的宽度,便于施工及查水。

第六节　溃膛险情

一、险情说明

坝垛溃膛也叫淘膛后溃(或串膛后溃),是坝胎土被水流冲刷,形成较大的沟槽,导致坦石陷落的险情。具体地说,就是在洪水位变动部位,水流透过坝垛的保护层,将其后面的土料淘出,使坦石与土坝基之间形成横向深槽,导致过水行溜,进一步淘刷土体,坦石坍陷;或坝垛顶土石结合部封堵不严,雨水集中下流,淘刷坝基,形成竖向沟槽直达底层,险情不断扩大,使保护层及垫层失去依托而坍塌,为纵向水流冲刷坝基提供了条件,严重时可造成整个坝垛溃决。溃膛险情出险见图3-20。

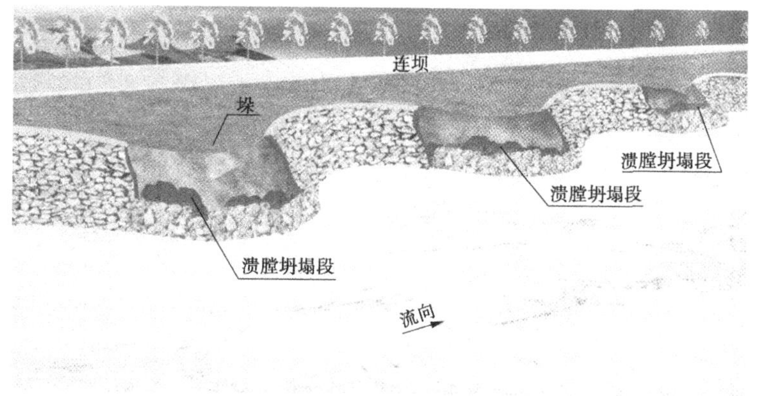

图3-20　溃膛险情出险示意图

坝垛溃膛险情发生初期,根石、坦石未见蛰动,仅是坦石后的坝基土出现小范围的冲蚀。随着冲蚀深度、面积的逐渐扩大,最终坦石失去依托而坍塌。坦石坍塌后并不能使溃膛停止,相反常因石间空隙增加,进一步加剧冲刷,使险情恶化。

二、出险原因分析

(1)乱石坝。因护坡石间隙大,与土坝基(或滩岸)结合不严,或土坝基土质多沙,抗冲能力差,除雨水易形成水沟浪窝外,当洪水位相对稳定时,受风浪影响,水位变动处坝基土逐渐被淘蚀,坦石塌陷后退,失去防护作用而导致险情发生。

(2)扣石坝或砌石坝。水下部分有裂缝或腹石存有空洞,水流串入土石结合部,淘刷形成横向沟槽,成为过流通道,使腹石错位坍塌,在外表反映为坦石变形下陷。

三、抢护原则

抢护坝垛溃膛险情的原则是“翻修补强”,即发现险情后拆除水上护坡,用抗冲材料补充被水冲蚀土料,堵截串水来源,加修后膛,然后恢复石护坡。

四、抢护方法

抢护方法有抛石抢护法、抛土袋抢护法、抛枕抢护法。具体操作如下。

(一)抛石抢护

此法适用于险情较轻的乱石坝,即坦石塌陷范围不大,深度较小且坝顶未发生变形的情况(见图3-21)。用块石直接抛于塌陷部位,并略高于原坝坡:一是消杀水势,增加石料厚度;二是防止上部坦石坍陷,险情扩大。

(二)土工编织袋抢护

若险情较重,坦石滑塌入水,土坝体裸露,可采用土工编织袋、麻袋、草袋等装土填塞深槽,阻断过流,以保护土坝基,防止险情扩大(做法同土袋抢护坝基坍塌险情,见图3-22)。即先将溃膛处挖开,然后用无纺土工布铺在开挖的溃膛底部及边坡上作为反滤层,用土工编织袋、草袋或麻袋装土,每个土袋充填度70%~80%,用尼龙绳或细铅丝扎

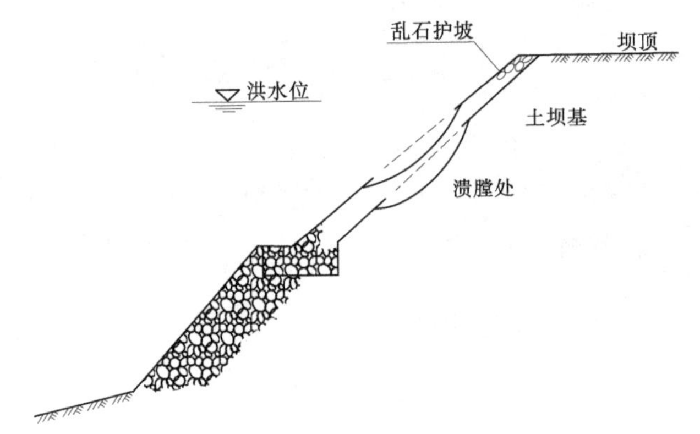

图 3-21　抛石抢护溃膛险情示意图

口,在开挖体内顺坡上垒,层层交错排列,宽度 1～2 m,坡度 1∶1.0,直至达到计划高度。在垒筑土袋时应将土袋与土坝体之间的空隙用土填实,使坝与土袋紧密结合。袋外抛石或笼复原坝坡。

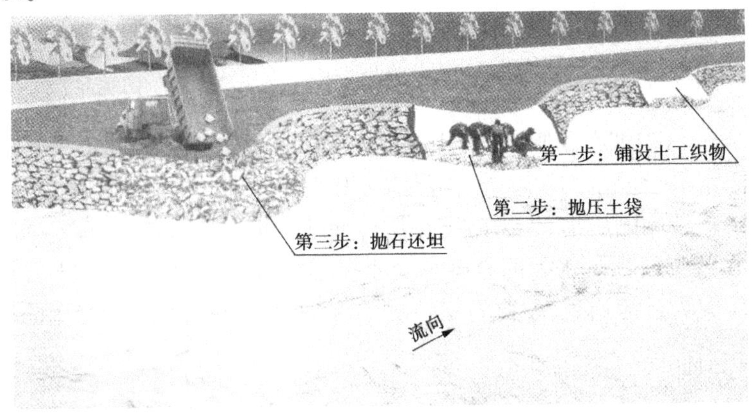

图 3-22　抢护溃膛险情示意图

(三)木笼枕抢护

如果险情严重,坦石坍塌入水,土坝体裸露,土体冲失量大,险情发展速度快,可采用就地捆枕,又叫木笼枕抢护(见图 3-23)。其做法如下:

(1)首先抓紧时间将溃膛以上未坍塌部分挖开至过水深槽,开挖边坡 1∶0.5 ～1∶1.0。

(2)然后沿临水坝坡以上打木桩多排,前排拴底钩绳,排距 0.5 m,桩距 0.8～1 m。沿着拟捆枕的部位每间隔 0.7 m 垂直于柳石枕铺放麻绳一条。

(3)铺放底坯料。在铺放好的麻绳上放宽 0.7 m、厚 0.5 m(压实厚度)的柳料,作为底坯。

(4)设置家伙桩。在铺放好的底坯料上,两边各留 0.5 m,间隔 0.8 m,安设棋盘家伙桩一组,并用绳编底。在棋盘桩上顺枕的方向加拴群绳一对,并在棋盘桩的两端增打 2 m 长的桩各一根,构成蚰蜒抓子。

(5)填石。在棋盘桩内填石 1.0 m 高,然后用棋盘绳扣拴缚封顶,即宽 0.8 m、高 1.0 m 的枕心。这种结构的优点是不会出现断枕、倒石的现象。

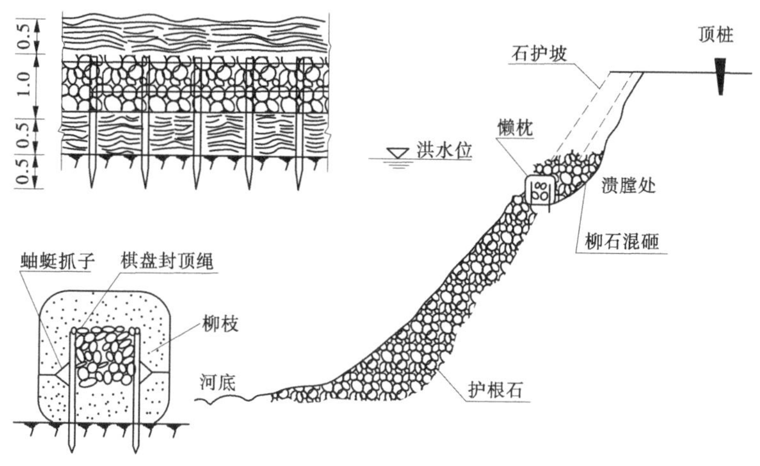

图 3-23 木笼枕抢护示意图 （单位:m）

(6)包边与封顶。在枕心上部及两侧裹护柳厚约 0.5 m。

(7)捆枕。先将枕用麻绳捆扎结实,再将底钩绳搂回拴死于枕上,形成高宽各为 2.0 m、中间由桩固定的大枕。

(8)在桩上压石,或向蛰陷的槽子内混合抛压柳石,以制止险情发展。

五、注意事项

(1)抢护坝垛溃膛险情,首先要通过观察找出串水的部位进行截堵,消除冲刷。在截堵串水时,切忌单纯向沉陷沟槽内填土,以免仍被水流冲走,扩大险情,贻误抢险时机。

(2)坝体蛰陷部分,要根据具体情况相机采用木笼枕或柳石搂厢等方法抢护。

(3)坝垛前抛石或柳石枕维护,以防坝体滑塌前爬。

(4)水位降低后或汛后,应将抢险时充填的料物全部挖出,按照设计和施工要求进行修复。

第七节 土坝裆坍塌

土坝裆坍塌险情是坝与坝之间的连坝坡被边溜或回溜淘刷坍塌后退所形成的险情。

一、险情说明

(1)受回溜或主溜的淘刷,坝裆滩岸坍塌后退,使上、下丁坝土坝体非裹护部位坍塌,严重时连坝也发生坍塌。

(2)汛期高水位期间,受风浪冲刷,坡面产生下陷、崩塌。

二、出险原因分析

(1)连坝坡土质较差,未经历洪水浸泡,遇洪水浸泡或冲刷使坝裆坍塌后溃。

(2)坝与坝之间的连坝未裹护。

(3)坝裆距过大。

(4)坝的方位与来溜方向接近 90°,产生较强的回溜冲刷坝裆岸边,坍塌后退严重,迫使坝的迎、背水面裹护延长,如抢护不及时,甚至塌至堤根,危及堤防安全。

三、抢护原则

坝裆坍塌险情抢护的原则是:缓溜落淤、阻止坍塌、迅速恢复。

四、抢护方法

坝裆坍塌险情主要采用:①在坝裆坍塌处抛枕裹护外抛散石防冲,修成护岸。②在下一道坝的迎水面中后部推笼抛石,抢修防回溜垛,挑回溜外移,制止险情再度发生。具体做法如下:

(1)抛枕抢护法(见图 3-24)。

可在坍塌部位抛柳石枕至出水面 1~2 m、顶宽 2 m,以保护坝体不被进一步淘刷。

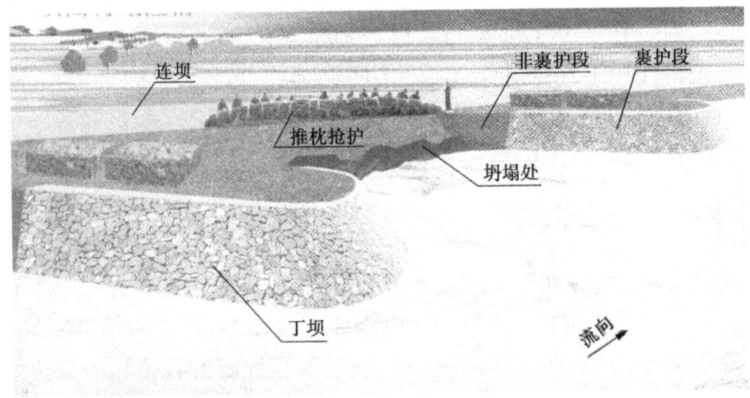

图 3-24　抛枕抢护法抢护坝裆坍塌险情示意图

(2)防回溜垛法(见图 3-25)。

如险情由下一道丁坝回溜引起,可在其迎水面后半段的适当位置,用抛石的方法修建回溜垛,挑溜外移,以减轻回溜对丁坝坝根、连坝的淘刷。

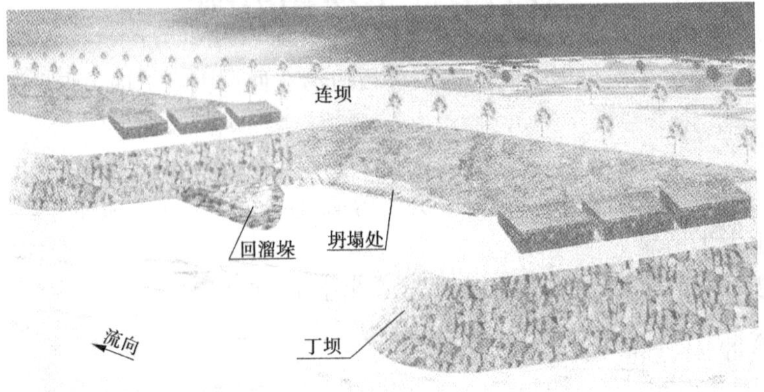

图 3-25　回溜垛法抢护土坝裆坍塌险情示意图

第八节　其他结构河道工程抢险

在河道工程中,除了土石结构的河道工程,还有混凝土和钢筋混凝土板块护坡坝、钢筋混凝土插板桩结构坝、铰链混凝土板块—土工织物沉排护岸、沥青混凝土护坡坝、模袋混凝土护坡坝、铰链式模袋混凝土沉排结构坝、植物护坡坝、抽沙充填长管袋褥垫沉排结构坝、粉体喷射搅拌桩结构坝、土工布坝胎裹护结构坝等几十种河道整治工程。

这些材料结构的工程抢险,其抢险原则是相同的,就是"抢早抢小、固脚护根"。

一、混凝土和钢筋混凝土板块护坡坝工程抢险

(一)险情说明

混凝土和钢筋混凝土板块护坡坝坍塌是在一定长度范围内局部或全部失稳发生坍塌倾倒的现象,坝岸表面产生裂缝后,长时间受水力冲刷的作用,下面逐渐被淘空、出险。坝垛的根石被水流冲走,混凝土和钢筋混凝土板块护坡坝坝身失稳而出现坍塌险情。

(二)出险原因分析

混凝土和钢筋混凝土板块护坡坝坍塌险情的原因是多方面的,主要原因有:

(1)坝岸根石深度不足,在大溜长时间淘刷下,水流淘刷形成坝前冲刷坑,坝前冲刷坑深度大于根石深度,使坝身下蛰、坝体护坡混凝土或钢筋混凝土板块发生裂缝和蛰动。

(2)坝岸长时间遭受急流冲刷,水流速度过大,超过坝岸护坡单体的起动流速,将护根或混凝土和钢筋混凝土板等料物冲揭剥离。

(3)新修坝岸基础尚未稳定,而且河床多沙,在水流冲刷过程中使新修坝岸基础不断下蛰出险。上部护坡出现坍塌。

(三)抢护原则

混凝土和钢筋混凝土板块护坡坝出现坍塌险情,一般抛石护根,抢护混凝土和钢筋混凝土板块护坡,保护土坝胎,如果坝上跨角或前头出险,且溜势较大,可适当抛铅丝笼固根。

(四)抢护方法

该结构坝与土石结构坝的坦石坍塌险情的抢护方法有许多相同之处,要视险情的大小和发展快慢程度而定。一般,混凝土和钢筋混凝土板块坍塌宜用抛石(大块石)、抛铅丝笼等方法进行抢护。当坝身土坝基外露时,可先采用柳石枕、土袋或土袋枕抢护坍塌部位,防止水流直接淘刷土坝基,然后用铅丝笼或柳石枕固根,加深、加大基础,增强坝体稳定性。

二、钢筋混凝土插板桩结构坝工程抢险

(一)险情说明

钢筋混凝土插板桩的使用,省去了坝岸的根石基础,长江流域安徽省芜湖市龙窝湖紧邻长江,利用插板桩建设堤坝,解决了地面以下淤泥层给建设造成的困难,形成了一道安全屏障;黄河下游河道河床多为粉质细砂,而河道整治工程多修建在冲积嫩滩上,黄河流

域河口地区已建的几处插板桩坝，通过工程钻探范围内的土层分析发现，主要为现代河流冲积层及海陆交互沉积层，土质以松散的粉细砂和软塑的壤土、砂壤土为主，内聚力低，抗冲性差，运用水力插板桩做成的坝岸，如插板桩深度不足，受到水流的冲击水力插板桩下部可能被淘空，出现倒桩坍塌。如果插板桩深度足够大，则不会出现因淘空而倒桩的险情。

（二）出险原因分析

水流集中冲刷，插板桩前形成局部冲刷坑，冲刷超过了根基深度，板桩失稳坍塌。

（三）抢护原则

抢护插板桩险情应本着"抢早、抢小、快速加固"的原则抢护，及时抛填料物抢修加固基础。

（四）抢护方法

抢护钢筋混凝土插板桩结构坝险情，一般采用抛块石、抛铅丝笼的方法进行加固。

（1）抛块石。在板桩坍塌临冲面部位要用大块石抛护。抛石可采用船抛和岸抛两种方式进行。先从险情最严重的部位抛起，依次向两边展开。抛投时要随时探测，掌握坡度，直至抛至 1∶1～1∶1.5 的稳定坡度。

（2）抛铅丝笼。如溜势过急，抛块石不能制止板桩坍塌险情，采用铅丝笼装块石护根的办法较好。抢险时在现场装石成笼。抛铅丝笼一般在距水面较近的坝垛顶或中水平台上抛投，也可用船抛。

三、铰链式模袋混凝土沉排护岸工程抢险

20 世纪 80 年代中期在国内开始使用铰链式模袋混凝土沉排，是一种集抗冲、反滤于一体的整体式新型护岸结构。具有防护整体性好，抗冲刷能力强，利于岸坡整体稳定，维修加固工作量小，长期社会经济效益显著等优点（见图 3-26）。

图 3-26　铰链式模袋混凝土沉排护岸示意图

(一)险情说明

铰链式模袋混凝土沉排护岸工程,在长期的水流及自然因素作用下,水流将局部被防护的土基淘刷流失,使铰链式混凝土沉排护岸坍陷;或坝岸顶部结合部封堵不严,雨水集中下流,淘刷坝岸基础,形成竖向沟槽,险情不断扩大,冲刷坝胎和坝基。

(二)出险原因分析

(1)铰链式模袋混凝土沉排结构受人为因素和自然因素的影响,造成损坏,防护土坝基的整体性受到破坏。

(2)对整治工程流量、冲刷坑深度、设计水位、沉排尺寸、沉排压载与稳定的确定等方面的有关参数指标把握不准。

(3)铰链式模袋混凝土沉排护岸结合部,淘刷形成横向沟槽,成为过流通道,使坡面错位坍塌,在外表反映为铰链式混凝土沉排护岸工程变形下陷,造成溃膛险情。

(三)抢护原则

抢护的原则是"局部补强,控制险情发展",即发现险情后用抗冲材料补充加固出险坝段,大水过后恢复铰链式混凝土沉排护岸。

(四)抢护方法

抢护方法有抛石抢护、抛土袋抢护、抛枕抢护法。

(五)注意事项

(1)如出现铰链式模袋混凝土沉排护岸溃膛险情,首先要通过观察找出串水的部位进行截堵,消除冲刷。在截堵串水时,切忌单纯向沉陷的沟槽内填土,以免仍被水流冲走,扩大险情,贻误抢险时机。

(2)坝岸体蜇陷部分,要根据具体情况相机采用抛土袋等方法抢护。

(3)坝岸前抛石或柳石枕维护,以防坝体滑塌前爬。

(4)水位降低后或汛后,应将抢险时充填的料物全部挖出,按照设计和施工要求进行翻修。

四、抽沙充填长管袋褥垫沉排结构坝工程抢险

(一)险情说明

抽沙充填长管袋褥垫沉排坝不均匀沉陷,坝根至长管袋起护部分出险,土坝基出现溃膛险情。

(二)出险原因分析

(1)因河势变化较大,大河主溜长时间顶冲,使坝迎水面至坝头的冲刷以水流直接冲淘和螺旋流淘刷形式为主,坝头至下跨角部位主要受绕流冲刷;抽沙充填长管袋褥垫沉排坝前冲刷坑形状与传统坝近似,但冲刷坑尺寸及冲刷深度大于传统坝(见图3-27)。

(2)管袋材料损坏,充填材料流失;防护基础局部损坏,使坝基受淘刷而出现溃膛险情。

(三)抢护方法

抢险方法有土工编织袋抢护、柳石搂厢抢护、搂厢外抛枕固根。

(1)土工编织袋抢护。用摸水杆不断探摸,若坝前冲刷坑急剧加深,抽沙充填长管袋

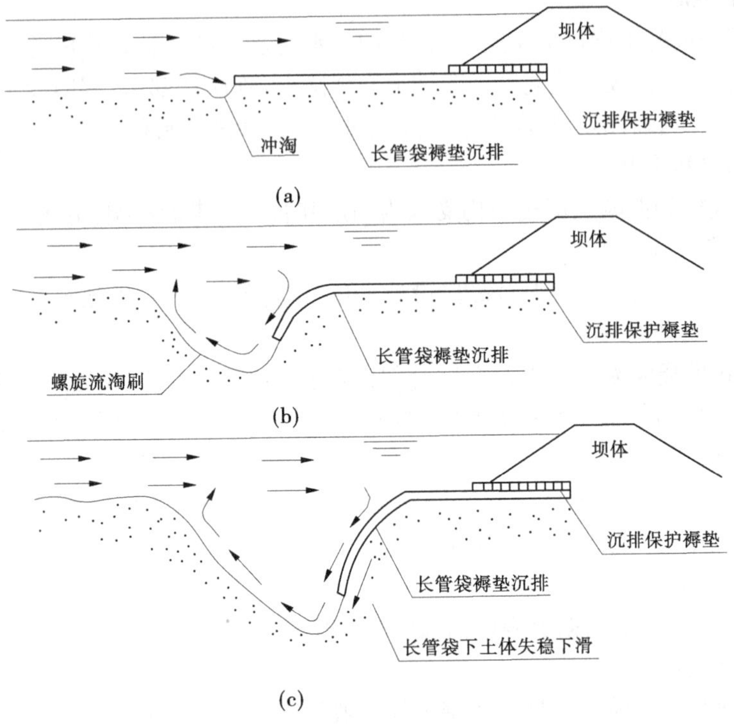

图 3-27　抽沙充填长管袋褥垫沉排坝冲刷变形过程示意图

褥垫沉排结构坝坦面滑塌入水,土坝体裸露,可迅速采用土工编织袋、麻袋、草袋等装土防护,以保护土坝基,防止险情扩大。

(2)柳石搂厢抢护。如果险情加重,坦面坍塌入水,坝基迅速裸露,险情发展速度快,可采用柳石搂厢抢护。

(3)搂厢外抛枕固根。抛枕是为了固根,特别是保护搂厢底部免受水流淘刷悬空,柳石枕是一种较好的水下护根工程,它能适应一切河底的变化情况。

(四)注意事项

长管袋褥垫沉排结构工程抢险工作中,防止钢管、铅丝、石块等坚硬物进入褥垫反滤布,造成防护材料新的损坏。

五、土工布坝胎裹护结构坝工程抢险

(一)险情说明

土工布坝胎裹护结构坝长时间受水流和波浪淘刷损坏,可能发生溃膛险情。

(二)出险原因分析

长时间受大溜冲刷后,土工布坝胎裹护结构坝破裂,将土工布防护下的土体淘空,从而造成整个坝体相继下蛰出险。

(三)抢护原则

抢护土工布坝胎裹护结构坝溃膛险情的原则是“控制险情、翻修补强”,即发现险情后拆除水上护坡,用抗冲材料补充被水冲蚀的土料,堵截串水来源,加修后膛,然后恢复护坡。

（四）抢护方法

抢护方法有抛土袋抢护、抛石抢护、懒枕抢护法。具体操作如下：

（1）土工编织袋抢护。若险情较重，坦面滑塌入水，土坝基裸露，可采用土工编织袋、麻袋、草袋等装土填塞深槽，阻断过流，以保护土坝基，防止险情扩大（做法同土袋抢护坝基坍塌险情）。

（2）抛石抢护。此法适用于险情较轻的情况，即坦面塌陷范围不大，深度较小且坝顶未发生变形的情况。用块石直接抛于塌陷部位，并略高于原坝坡：一是消杀水势，增加石料厚度；二是防止上部塌陷，险情扩大。

（3）懒枕抢护。如果险情严重，坦面坍塌入水，坝基裸露，土体冲失量大，险情发展速度快，可采用懒枕即就地捆枕抢护。

六、铅丝笼沉排坝抢险

（一）险情说明

铅丝笼沉排坝整个护基排体联结在一起，结构上的特殊性使工程出险机制和出险情况与常规坝有很大的不同。坝体长时间受水流冲刷后，局部所形成的冲刷坑深度超过了设计沉排体宽度，排体下沉后不能形成稳定的坡度（1∶2），排体下面坝基被水流淘空，易形成“头重底空”的形势。这样，在重力作用下，排体在较大的下滑力作用下下滑堆积或拉断排体联结土工布、铅丝等整体入水而出险。

（二）出险原因分析

（1）该坝型基槽内铅丝笼沉排单元是垂直于坝身排放的，笼与笼之间用8#铅丝横向串联成一个整体，这样就形成一个水下防冲整体结构。这种结构不能随着冲刷坑的发展变化而及时下沉到地面，致使整个排体在纵、横联结力的作用下悬空，待冲刷坑范围发展到一定程度时，排体势必下沉，一旦下沉，则会形成猛墩猛蛰重大险情。

（2）该类工程结构出现险情后，一般存在如下两种情况：一是底部防冲反滤土工布护底在出险部位与未出险交界部位没有被拉断；二是该部位被拉断。就情况一而言，在大溜淘刷工程某部位时，河床必然下切，沉排体边缘也随之逐渐下沉，但未受淘刷部位河床就不下切或少下切，这时假设土工布拉伸强度满足抗拉要求，则在坍塌与未坍塌交界处，沉排体不可能与河床完全接触，这样就会在此处淘刷沉排体下面的土基并向四周扩展，且越发展水流淘刷越剧烈。当这种淘刷平行于坝轴线方向发展时，则可导致排体接连下沉；当淘刷垂直于坝轴线方向发展到坝基下面时，就会导致坦石及坝体土胎下垫，致使坝身出现裂缝等险情。就情况二而言，在出险与未出险交界部位排体下面的土基暴露在溜势下，更易受淘刷而出险。

（3）工程出险后，采用抛石抢护可使工程未出险部位继续出险。这是因为当对出险部位采取抛石（或抛笼）抢护后，土工布受拉伸可能会遭到破坏，出险部位排体在加压的情况下将与冲刷坑土基贴紧，从而可使出险部位的险情得以缓解，而此时未出险部位的排体下面土基又可能暴露在溜势下，故水流淘刷将继续向四周进行，险情继续发展。如此，坝体裹护部位全部重复上述淘刷、坍塌、抢险加压、排体下沉贴紧土基等过程，坝体完成了一个出险周期，下一周期需在有较大溜势时才可能形成并发展。

综上所述，铅丝笼沉排坝出险原因是沉排体不适应河床下切的贴紧变形，若要工程不出险或少出险，就必须满足坝基裹护部位排体边缘同时较均匀地被水流淘刷、下沉、再淘刷、再下沉，直至满足坝前水流最大淘刷能力。

（三）抢护原则

铅丝笼沉排坝具有很强的抗冲刷能力，一般情况下不易出现险情，而一旦出险，则往往具有险情发展快、一次性坍塌体积大、持续时间长、不宜抢护等特点。因此，抢护时应以迅速加高，及时护根，保土抗冲为原则，先重点后一般进行抢护。

（四）抢护方法

（1）为了保证险情抢护后工程结构不变，应首先进行准确的探测，在出险部位根基处抛与排体结构相似的铅丝笼，然后再根据险情采用传统的抢险方法进行抢护。

（2）为了提高抢险效率，使险情抢护到位、及时、准确，铅丝笼沉排出险后可采用船抛块石或铅丝笼的抢险方法，也可采用在外围边脚处推柳石枕固根的方法进行抢护，力争抢险后工程恢复原貌。

第九节　河道工程发生丛生险情的抢护

汛期高水位时，随着流量的增加，河水来溜摆动幅度变化较大，当来溜方向与所修建工程坝垛轴线交角变化较大时，因坝基失稳，该工程一道至几道较长的丁坝上，常常出现丛生险情，有时险情同时发生，有时接二连三地发生，且间隔时间不长，极易造成人料紧张、抢险被动的局面。这在河势突然发生大的变化或新修工程靠河 1~3 年内比较常见。

防汛抢险如同作战，必须对情况进行详细了解，才能战无不胜。抢险时必须弄清抢险的“三要素”，即一要了解工程根基的埋置深度、河床土质的构成、工程裹护结构的强度，二要看河势流向顺逆、边滩或心滩的消长及抗冲导溜的影响，三要掌握工程受冲作用的大小和时间长短，这样才能结合险情提出切实可行的抢护方案。

一、丛生险情抢险的原则

对于可能发生这种情况的工程，应以预防为主。汛前准备充分的料物，组织好人员，在来水较大时，可在经常靠河着溜部位预抛固根枕石，以争取主动；在汛期接到洪水预报后，应在涨水前或涨水过程中，再在关键部位加抛固根枕石，这样可使险情化大为小，化多为少。一般，一处工程或一段坝岸的固根用料都有基本的数量，应该尽早满足，否则就易出现汛期一处工程多坝出险或一坝多险的局面。

在汛期洪水时，若有一处工程多处出险，应以保堤或联坝不被冲断为原则，集中强大抢险力量和大型抢险机械，利用柳石料着重抢护危及堤防、联坝安全的重点坝垛；然后根据河势变化，抽出部分力量抢护次要的坝垛；最后依次全部修复平稳。这样既能保住重点坝垛，又克服了人力、料物不足等困难。

当一处工程多坝同时出险或一坝多处出险时，若全面抢护，限于人员组织、现存料物数量、抢险场地等条件，应遵循“先控制、后恢复”的原则。所谓“先控制”，就是集中力量采取有力措施先将险情控制住使险情不再发展扩大。“后恢复”就是洪水过后靠河工程不再受洪水威胁后再对出险坝垛进行险情恢复，这样既可防止险情恶化，也摆脱了人力、料物不足的困境。

二、丛生险情抢险

（一）队伍组织及料物保障

1. 一般险情

险情发生后，由基层河务部门组织抢护，动用抢险队员，利用装载机配合自卸汽车调石、抛散石加固。如流速过大，可用抛铅丝笼固根后，上面抛散石加固。

2. 较大险情

遇到较大险情时，县级防汛办公室接到基层河务部门出险报告后，立即报告地方防汛指挥部和市局防汛办公室，在出险现场成立临时抢险指挥部，建立起具有指挥决策调度职能的指挥机构。首先，组织就近群众队伍直接参与工程抢险，由责任人带领迅速到达出险地点，进行抢险作业。其次，调集地方装载机、自卸车等设备投入抢险工作。地方防汛指挥部及时部署群防队伍上防并做好必备料物到位的准备、实施工作，责任人在及时组织抢护的同时，及时将抢险情况报告地方防汛指挥部。

此时，较大险情很可能会出现抢险机械及抢险料物不够使用的情况，如果出现这种情况，由地方防汛指挥长发布命令，有关单位和部门接指令后，按指令任务迅速带抢险物资、机械设备及队伍到达抢险工地进行抢险；抢险石料则由河务局立即同附近石料场联络，在地方交通、公安等部门的协助下立即展开石料的抢运。石料是否充足将直接影响险情的顺利抢护，如果多个较大险情同时发生，险情抢护将采取现拉现抛的方式进行，如遇恶劣天气或者石料运输满足不了抢险的需要，在这种紧急的情况下，将就近调用其他单位石料进行险情抢护。根据险情发展情况，如果机械数量有限，此时需要调动黄河机动抢险队，将及时根据调动程序向上级防汛办公室申请调用。

（二）抢险队的安排

要充分发挥专业机动抢险队的作用，首先抢险队员必须做到一专多能。组织一支训练有素、作风顽强、技术精湛的抢险队，抢险队员应经过技术培训和参加实际抢险，掌握一定的技术和经验。在制订抢护方案，实施方案，调整方案，修筑柳石体和埽工，制作柳石枕、柳石搂厢、铅丝笼及铺设土工布等方面，抢险队员都能熟练操作，并能驾驶各种抢险车辆，使得在抢险中调整、补充、使用运转自如，整个队伍具有很强的灵活性。

如果有多支抢险队伍，技术水平、抢险力量等整体能力不一样，可据险情适当安排抢险队。

（1）面对多坝同时出险的情况，应把整体能力强、业务素质高的抢险队安排在河道工程出险最上面的坝（岸）、主坝（岸）；应遵循“抢主掩护次”的原则。所谓“抢上不抢下”，就是上坝能够化险为夷，能够掩护下坝少出险或出险轻。所谓“抢主掩护次”，就是要集中力量抢护危及整体工程安全的坝垛，主坝只要能御溜外移，下游次坝就不会发生大的险情。这样既可防止险情恶化，也摆脱了人力、料物不足的困境。

（2）如一条长丁坝的前头、迎水面、坝根等同时多处出险，应把整体能力强的抢险队安排在靠坝根最近的出险部位,即先保护坝根,然后从根部向前头逐步抢护。应坚持“抢根不抢头”的原则,因为只有抢住坝根,抢头才有阵地。若人力料物许可,可采取“抢点护面”的抢险措施,即在较长的坝体上抢修 3~4 个控制点,把整体能力强的抢险队安排在出险最严重的部位,使点与点之间互相掩护,以便遏制水流冲刷范围,改变水流形态。如果光抢前头置后部于不顾,后部一旦溃决,势必导致坝体腰决,前部就会被冲走,造成垮坝事故。

总之,在河道工程抢险时,老坝以固根为主,新坝以加深根基及护坦为主。不论河床属于何种土质,抢险出水是前提,及时偎根是关键,一鼓作气是根本。切忌中途停顿,造成淘底悬空,功亏一篑。

第十节　新修河道工程出险的抢护

河道工程中新修建的工程主要是丁坝、垛,其中丁坝占有相当大的比例,在黄河流域防洪工程中发挥了巨大的作用。但是这些新修建的坝垛工程在运行中存在的突出问题是每年汛期受水流顶冲,根石下蛰而出险,特别是对河势突变造成的险情适应能力差,造成黄河防洪的被动局面。因此,险情发生后新修河道工程自身应有一定的抗险能力,或者河势对工程不利而发生险情时能做到尽快抢护、修复。

一、新修河道工程的特点

目前,黄河流域河道工程的坝垛,大都采用土石结构,一般修筑在具有深厚沉积土层的软基上,由土坝基、护坡、护根三部分组成。其结构由于施工方法简单,宜于就地取材,一次性投资小,具有很强的适用性。但是,作为永久性河道整治工程,具有以下特点:

(1)靠溜年限短、基础浅。

受施工条件的限制,工程基础有时一次没有做到位,工程极易发生险情。

(2)易发生猛墩猛蛰、大体积墩蛰等重大险情。

①工程用材决定工程是否存在隐患,特别是水中进占的坝,修做时靠用柳石体进占掩护土石修做,修做工程时用的软料(柳料、秸料等)长时间会腐烂,导致工程内部坝体不实、墩蛰而发生险情。

②没有根基,出险以大裂、坍塌险情为主,即大体积墩蛰,裹护体同坝基一起墩蛰入水,若抢护不及时就使土坝基冲失,坝被冲垮。

(3)极易发生一坝多险或多坝同时出险。

新修坝岸未经洪水考验,达不到稳定要求。1998 年长江大水后,国家加大了大江大河防洪工程建设的投入,但由于新修坝岸筑坝时根槽开挖浅,冲刷坑深度不足等因素,洪水期间坝岸基础被水流迅速冲失,导致一坝或多坝连续多次出大险。

(4)工程被动抢险频繁,需投入大量人力、物力,劳动强度大,工程维护费高。

黄河流域的黄河河工有“新工程护土,老工程固根”之说,新修坝岸主要依靠抛柳石枕或其他护根措施,填充冲刷坑,保护坝岸基础底面下的河床土壤不被冲失,使坝岸基础逐渐达到稳固。柳石结构属于临时性或半永久性工程。新修坝岸基础相对稳定后,即改为乱石坝,进而改为扣石坝。

二、新修河道工程出险的抢护方法

黄河流域不管是险工或控导护滩工程,都是修做在黄河冲积土层上,因为河床土层的结构不同,土质不同,它的抗冲情况也不一样,抢险时所用的方法也不同。

(一)根据河床土质性质确定抢护方法

1. 砂质壤土河床

砂质壤土河床的特点:砂土,土质松散,无黏性,易受冲而坍塌变形。砂质壤土河床受冲后,在坝前形成的冲刷坑较缓。工程出险时,应根据砂质壤土受冲后容易变形的特点,抢护时所用构件以柳石楼厢和抛柳石枕为好。因为柳料具有透水落淤的优点,家伙桩绳捆扎整体性好,构件可随河床的变形而下蛰,埽与土结合严密,尤其对一些坝基土质多砂、压实质量较差、靠溜出现溃膛的较大险情,效果更佳。只要埽上压石或压土均匀,桩绳捆扎牢靠,埽体就能平稳下蛰,随蛰随加,直至埽体出水;反之,在此情况下,如采用抛块石或铅丝笼方法抢护,块石虽然也能随河床变形而下蛰,随蛰随加,但不利护土,更不能落淤,不宜使用。

2. 淤土河床

淤土河床的特点:淤土,颗粒密实,透水性小、黏性大、光滑抗冲能力强。淤土河床受冲后,坝前易出现较深的陡槽,造成埽体或柳石枕的前爬。在抢护时,为了防止埽体前爬,可先抛一些大块石或铅丝笼,后作柳石搂厢或抛柳石枕,估计在柳石构件达到一定深度时(按治黄的老说法是:够不够三丈六),可在枕外加抛铅丝笼护根,以防止柳石枕前爬,这项工作在船上进行效果才会显著。如仅做搂厢、抛枕,不抛块石(或铅丝笼)偎根,埽体可能前爬导致失败,只有埽体与块石(铅丝笼)偎根并进才能奏效。这样的险情,采用抛块石抢护,待达到一定深度时再加抛铅丝笼也可行,但工程造价高。

3. 格子底河床

两合土则界于砂质壤土和淤土之间,由于土层结构在深度上有间隔,有的地方层砂层淤,河工上叫作"隔子底"。当出现层砂层淤的格子底河床时,要先摸清格子底的情况,所做埽体要防止墩蛰入水,并及时抛枕扩大根部,防止埽体前爬。在抢护时要尽量保住原土层结构,抢修的埽体要轻,根部要大,以防墩蛰入水。抛枕加大根部断面,稳固埽体。埽体要随蛰随加,待其蛰到一定深度时,在柳石枕外加抛铅丝笼或大块石,以固其根。但铅丝笼不能抛得过早,防止因抛石笼出现暂时稳定的假象,而后出大险。

(二)根据基础深浅确定抢护构件

对于抢险材料的应用,应在掌握抢险原则的基础上,充分发挥各种材料的性能。

铅丝笼是变散状为块状的一种构件,它既有体大、量重、抗冲稳定性好和摩擦系数大的特点,又有透水性强的好处。对于基础较深的老工程甚为适用,尤其对淤土河床更为适宜。如果用来抢护基础较浅的新工程,则会因透水性强而引起溃膛,若再用柳石工来医治溃膛之症,形成笼柳掺搅,构件的性能就得不到发挥,反而导致险情恶化扩大。

柳石搂厢或柳石枕在抗冲方面远不如铅丝笼,但对抢护基础较浅的新工程还是很好的构件。它有滤水落淤、密实避水的特点,对护土防冲,防止溃膛有良好的功能,这是铅丝笼的不及之处。

笼、枕搭配使用也是一种好办法，但必须根据笼、枕的特性用在适当的部位。靠近土料部位可围枕裹护，以避其水，枕外抛笼，以固其根，这样可使各构件扬长避短，取得良好的效果，达到尽快遏制险情的目的。

新修河道工程出险后，一定要根据各种工程结构的特点，结合实际情况，选用抢护构件。如老工程的根部出险，抢险时一定要用铅丝笼或大块石抢护。用来抢护基础较深的老工程比较适宜，淤土河床更好；对于基础较浅或新修工程，抢险时要用柳石搂厢或抛柳石枕抢护，因为柳石构件具有护土、落淤、防止溃膛的优点，这是铅丝笼和块石所达不到的。有时枕石搭配使用也行，但必须掌握以枕护土，以石固根，充分发挥各种构件的优点，才能收到较好的效果。近几年新修工程造价高的原因，是以散抛乱石代替了以前的柳石搂厢和柳石枕。散石护土能力差，要想以石护土，就要增加石料厚度，相应提高了新修工程的投资。

总之，“沙土易蛰，淤土易滑，格子土易发生猛墩”。不论河床土质如何，“抢埽出水是前提，及时偎根是关键，一鼓作气是根本”。同时，要按照老工程以固根为主，新工程以加深根基、护土保胎为主的原则，依据工程结构与抢险构件性能，正确选用抢险方法及抢护构件。切忌中途停顿，造成淘底悬空，功亏一篑。这一抢险办法不但适用于新修河道工程，也适用于原有的河道工程。采取有力措施，抢早抢小，全力抢护，确保工程安全。

第四章　国外河道工程的几种抢险方法简介

第一节　土工包抢护方法

土工包(geocontainer)抢险技术是将土工合成材料制作成一定形状和容积的大包用于防汛抢险。土工合成材料(geosynthetics)是一种较新的岩土工程材料,它是以合成纤维、塑料及合成橡胶为原料,制成各种类型的产品,置于土体内部、表面或各层介质之间,发挥其工程效用。该项技术便于配合装载机、挖掘机、自卸汽车等大型机械在土工包内装散土或其他料物,进行防洪工程机械化抢险,具有快速、高效的特点。土袋是比较常用的抢险料物,目前编织袋基本取代了草包和麻袋,土工织物长管袋、软体排等也在抢险中得到应用。

近十几年来,在欧洲、马来西亚、日本和美国等国家和地区成功地将充填砂的大体积土工包借开底船抛投于深度达 20 m 的水下,其中最成功的是美国新奥尔良的 Red Eye Crossing 工程和洛杉机的 Marina Del Rey 工程,皆由陆军工程师团承建。国外还使用了特大型水上土工包抢险,水上土工包是将 Geolon 高强土工织物铺设在特制的可开底的空驳船内,其上充填疏浚的淤泥或废料,待装满后,将织物包裹封合,防止泄漏,然后将驳船开到预定地点,打开船底,把土工包沉放到水底。这种土工合成材料产品由于尺寸很大(长度可达 40 m,体积可达 800~1 000 m^3),柔性好,整体性强,因此用于大面积崩岸治理、堤防迎水坡堵漏、河岸及河底的淘刷都很有效。制作水上土工包的合成材料为织造型土工织物。使用的几种规格的土工包织物,其单位面积质量分别为 360 g/m^2、510 g/m^2、940 g/m^2,厚度分别为 1.0 mm、1.6 mm 、3.3 mm,在长度方向的抗拉强度分别为 80 kN/m、120 kN/m、200 kN/m。

一、土工包稳定性分析

(一)土工包沉落过程中的受力分析

1. 土工包的状态

首先分析土工包的状态:包内装入散土,即便是用挖掘机铲斗压实后,现场取土样的最大密度为 1.47 g/cm^3,土样含水率为 24%;一般情况下,整体土工包的空隙率比较大,密度应该为 1.15~1.33 g/cm^3。当土工包进入水中后,土工包的状态会发生很大的变化,土工包缓慢浸水,包中土体会缓慢排气并逐渐饱和,此时包中土体的力学参数也会发生很大的变化,该过程变化较为复杂。

2. 土工包在抛投过程中的受力情况

土工包在自卸汽车抛投过程中的受力情况相对较为简单,主要受到重力和车斗摩擦阻力。当自卸汽车车斗达到 45°~50°时,土工包会瞬间自动滑出车斗,但在入地时会受到很大的冲击力，此时如果土工包的结构不合理，土工包就会破裂（见图 4-1）。土工包在入地时一般呈跪卧式形态（见图 4-2）。

图 4-1　土工包在抛投过程中破裂

图 4-2　土工包在入地时的形态

此外，土工包在抛投过程中，如果不到位还要受到挖掘机、推土机的推压作用（见图 4-3、图 4-4），这些作用力在土工包的结构设计和材料选择时必须考虑。

图 4-3　推土机推土工包

图 4-4　挖掘机拨土工包

3. 土工包在入水过程中的受力情况

土工包在水中的受力情况有两种：①岸坡滚落或滑落；②水中沉落。其受力种类与石块相同，只是密度小而已。

当土工包进入水中时，土工包内的空气会聚集在土工包的上方，形成气囊（见图 4-5、图 4-6），其所产生的浮力是必须考虑的因素，它对土工包沉落过程和稳定影响很大。土工包在沉落过程中，主要受到重力、浮力、边坡的摩擦阻力、水的绕流阻力、水流对包的动水压力，这些力的合力决定包的下沉过程的时间和位移。

（二）土工包的抗冲稳定分析

单个土工包的有效重量应满足水流的抗冲稳定要求。其起动流速采用依士伯喜泥沙起动公式：

$$V_0 = 1.2\sqrt{2g\frac{\rho_s - \rho_w}{\rho_w}}\sqrt{d} \tag{4-1}$$

式中：V_0 为起动流速，m/s；g 为重力加速度，取 9.8 m/s^2；ρ_s 为土工包内土的湿密度，kg/m^3；ρ_w 为水的密度，取 1 000 kg/m^3；d 为土工包的体积折合直径，m。

图 4-5　土工包刚入水

图 4-6　土工包入水后形成气囊

可按式(4-1)估算在不同流速下土工包满足抗冲稳定要求的最小体积和重量。经过现场试验表明:在水深 6~14 m、流速 1.5 m/s 以下时,土工包在水下可以稳定。

如果考虑包内气体(充填度一般为 0.7~0.8,也可从土工包的制作尺寸和装土量计算),即包内装土越不密实,空隙率越大,土中含有气体越多;如果土工包本身排气性差,不易在水中排气,则土工包所受浮力越大,稳定性越差。因此,在设计制作土工包时应选择排气性好的土工布制作土工包,以便使土工包在入水时排气;在土工包装土时应将散土压密实,以便减少土中含气量,增大浮压重。

(三)土工包的摩擦稳定分析

土工包之间在水中的摩擦稳定非常重要,摩擦系数选择土工材料与土、土工材料之间较小者,经计算后,即可指导确定土工包材料选择。表 4-1 是土工材料与土、土工材料之间直接剪切摩擦试验成果。

表 4-1　直接剪切摩擦试验成果

名称	粉质黏土		粉质壤土		极细砂		无纺布		编织布	
	C(kPa)	φ(°)	C(kPa)	φ(°)	C(kPa)	φ(°)	C(kPa)	φ(°)	C(kPa)	φ(°)
无纺布			0	30.2	0	27.5	0	23.4	0	14.0*,10.8
机织布	10	19	0	32.8	0	31.3			5*,2	13.4*,11.0
编织布			0	29.9	0	29.5			0	14.4

注:1. 本表为饱和试样的直接剪切摩擦试验成果;

2. * 表示干态。

总体来看,三种布与土的摩擦系数较大,均大于布与布之间的摩擦系数。无纺布与无纺布、编织布与编织布之间的摩擦系数较大,机织布与机织布之间的摩擦系数较小。

土工包进占时,土工包的稳定性主要与水流流速、冲刷坑的形成、土工包的状态以及土工包进占强度等参数有关。在进占速度较快的情况下,土工包的失稳需要时间,等达到一定坡度时,占体就会稳定。

二、土工包结构设计

为满足自卸汽车运输抛投的需要,土工包规格尺寸按自卸汽车车斗尺寸确定;本次试验按黄河机动抢险队配备的 15 t 解放牌自卸汽车,20 t、31 t 太脱拉自卸汽车考虑,根据自卸汽车料斗长、宽尺寸各加大到 1.2 倍,高度上均增加 30 cm 的原则来确定土工包尺寸,制作尺寸分别为:4.2 m×2.4 m×1.3 m、5.0 m×2.9 m×1.3 m、5.4 m×3.0 m×1.3 m。

土工包制作材料的选用主要考虑土工包在抢险过程中所需要满足的强度、变形率、透水性、排气性和保土性等技术指标要求确定。在使用编织布材料、复合土工材料(200~250 g/m²)制作土工包时,原则上间隔 1.0 m 缝制一条 5 cm 宽的加筋带做加筋的方式制作,这种结构可以满足编织布材料、复合土工材料制作的土工包强度不够的要求,见图 4-7~图 4-10。在使用无纺布材料(300~350 g/m²)制作土工包时,原则上间隔 1.0 m 用粗麻绳或化纤绳捆绑,解决无纺布材料强度不够的问题。

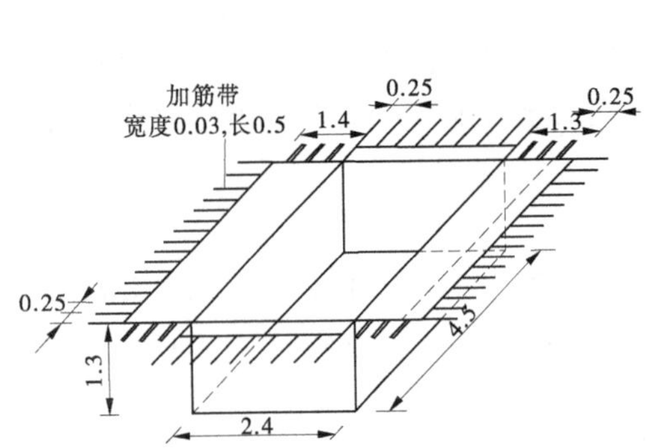

图 4-7　土工包的制作结构和尺寸(方案 1)　(单位:m)

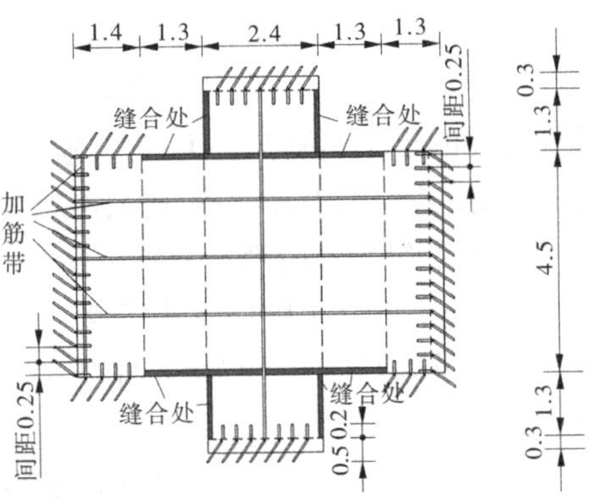

图 4-8　土工包加工制作展开图(方案 1)
(单位:m)

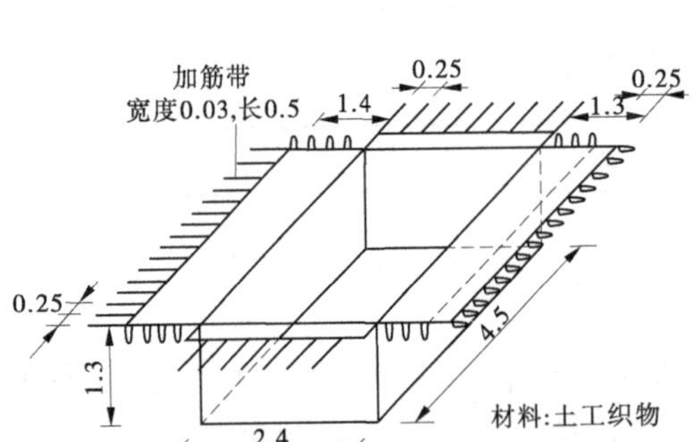

图 4-9　土工包的制作结构和尺寸(方案 2)
(单位:m)

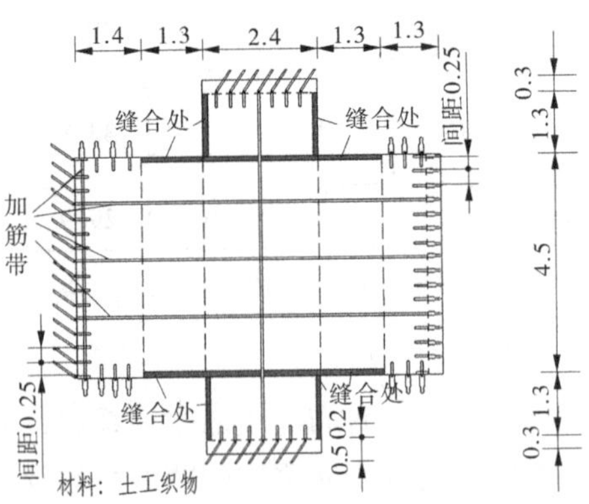

图 4-10　土工包加工制作展开图(方案 2)
(单位:m)

三、土工包抢险方法和特点

土工包机械化抢险就是将土工合成材料制作成一定形状和容积的大包,配合装载机、挖掘机、自卸汽车等大型机械在土工包内装散土或其他料物,进行防洪工程机械化抢险。

土工包(见图4-11)采用配合装载机、挖掘机在自卸汽车直接装土,可满足自卸汽车装运抛机械化作业要求(见图4-12)。由于空袋可预先缝制且便于仓储,当发现险情后可迅速运往出险地点装土抛投,因此土工包具有以下特点:①运输方便,操作简单,抢险速度快;②船抛、岸抛、人工抛、机械抛均可,适用范围广;③对土质没有特殊要求,可就地取土,一定条件下用其代替抛石,节省投资;④用其替代柳石枕,有利于保护生态环境。

图4-11　工厂化加工的土工包

图4-12　机械化装散土

当险情发展较快或自卸汽车进不到现场时,可制作简易土袋枕进行抢护。具体做法是,在出险部位临近水面的坝顶平整出操作场地,选好抛投方向,并确定放枕轴线和抛枕长度,每间隔0.5~0.7 m垂直枕轴线铺放一条捆枕绳,将裁好的编织布沿轴线铺于地上,然后上土并压实;将平行轴线的两边对折,用缝包机封口或折叠后用捆枕绳捆绑好,然后用推土机或人工推入水中,人工推抛方法同柳石枕。

土工包机械化抢险技术的核心是将土工包制作与抛投过程所需场面分离,打破传统抢险技术作业场面小的限制,成功实现了抢险的流水作业,大大提高了抢险效率。将费时较多的土工包制作过程放在距离出险位置有一定距离的开阔场地,有限的抢险场地只承担抛投到位过程,彻底克服了传统抢险中人机多、场面小,造成人机资源浪费,贻误抢险时机的不利局面。

第二节　其他常见险情抢险方法

一、风浪冲刷抢护法

对于风浪或水流冲刷不甚严重的护坡,美国的抢护方法主要为用聚乙烯薄膜护坡,具体方法是:在聚乙烯薄膜底边和两侧边系上土袋,用土袋与绳子构成平衡锤。平衡锤的大小取决于坡面的平整性和水流的流速,铺聚乙烯薄膜的第一步是将底边、两侧边系有土袋的薄膜和平衡锤缓缓沿坡面滑下,在大多数情况下,薄膜将一直滑到坡底。平衡锤的重量要足以使薄膜与坡面之间不存在很大的空隙和不被水流冲走,如图 4-13 所示。正因为如此,要事先准备足够多的平衡锤。

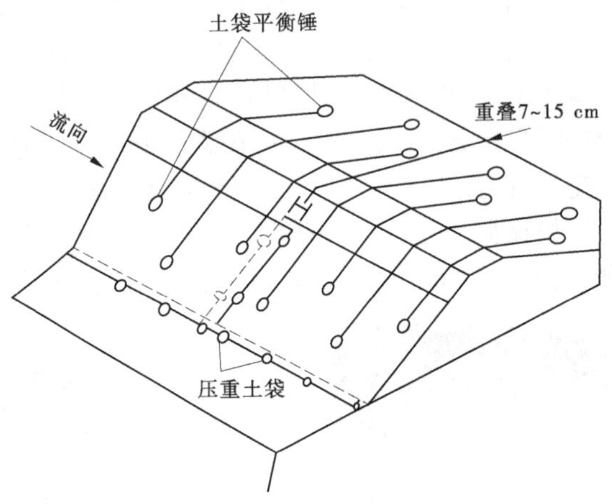

图 4-13 聚乙烯薄膜护坡

显而易见,聚乙烯薄膜护坡较先进一些。其优点有:①便于进行水下施工。当流速在 1.5 m/s 以下时,不需要打围堰抽水即可进行。②抢险速度快。③薄膜柔软,适应性强,所以在任何复杂的坡面上,都能进行铺设。只是不同的坡面条件, 要用不同的铺设方法。④薄膜重量轻,运输、保管、施工都很方便。

当波浪严重冲刷堤岸时,美国所用的抢护方法,又与黄河的方法类似,如土袋防浪法,也有不同于黄河的,较明显的一种是水平拦板法,如图 4-14 所示。这种方法的优点是施工简便,抢险速度快,缺点是要用较多的木材。

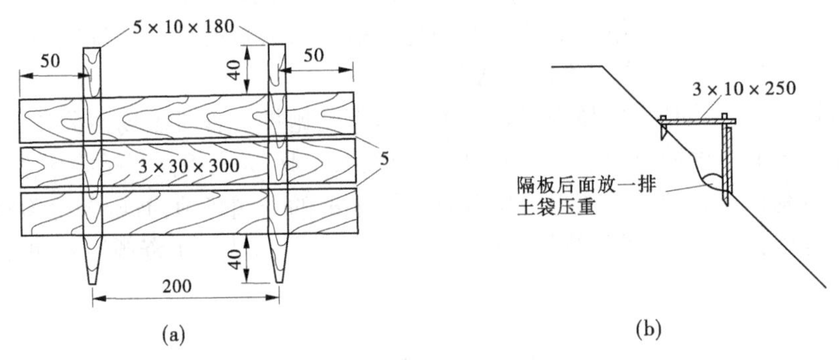

图 4-14 水平拦板法 (单位:cm)

二、淘刷及坍塌抢护方法

对于这种险情,美国的抢护方法是筑坝护岸。坝体可用石料筑成,若石料紧缺,也可用柳料和土袋筑成,如图 4-15 所示。这种方法较为可靠,但工程量较大,施工困难, 比较简便的方法是抛石料木笼, 实际上这与黄河上的铅丝石笼很类似。只是不用铅丝而用木条,预先将木笼做好,抢险时再装石,在指定位置推于水中即可。

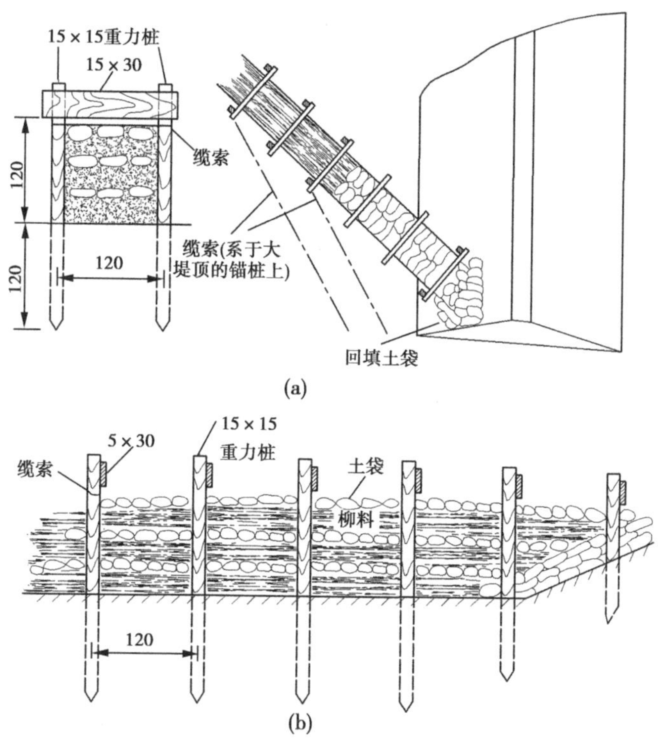

图4-15　筑坝护岸　(单位:cm)

三、洪水漫顶抢护方法

美国对洪水漫顶的抢护方法也是修筑子埝。还有两种抢护方法是我们国家所没有的,一种是木板土袋加高法(见图4-16),另一种叫泥箱子埝法。木板土袋加高法是先在坝顶搭好木板架,然后再放入土袋。泥箱子埝法是预先做好木箱。抢险时,放在堤顶临河一边,然后在里面加土。这两种方法的优点是施工简便,省土方,缺点是需要木材较多。总的说来,美国的抢险方法较多地采用木材,中国木材紧缺,不能照搬,但有些方法如薄膜护坡法等还是值得借鉴的。

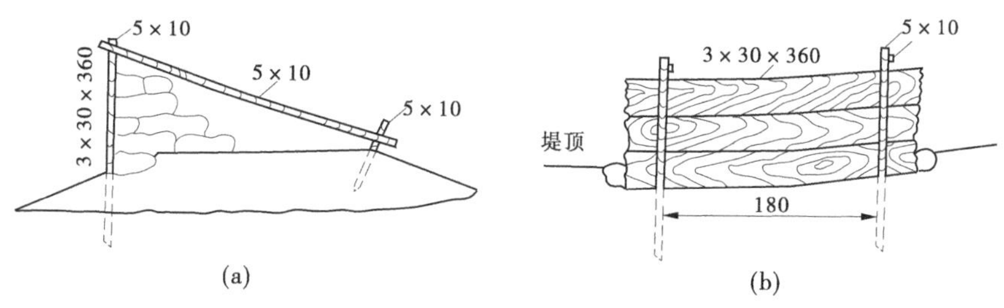

图4-16　木板土袋加高法　(单位:cm)

第五章　工程抢险的测量控制技术

水利工程测量是为水利工程建设服务的专门测量，测量工作贯穿于工程建设的始终，任何水利工程建设都离不开测量这一基础工作。

第一节　常见的测量仪器及应用

水利水电工程施工中常用的测量仪器有水准仪、经纬仪、电磁波测距仪、全站仪、全球卫星定位系统(GPS)等。

一、水准仪的分类及应用

水准仪是为水准测量提供水平视线的仪器，它主要由望远镜、水准器和基座三部分组成。水准仪按精度不同可分为普通水准仪和精密水准仪，国产水准仪按精度分有 DS_{05}、DS_1、DS_3、DS_{10} 等，工程测量中一般使用 DS_3 型微倾式普通水准仪，D、S 分别为“大地测量”和“水准仪”的汉语拼音第一个字母。数字 3 表示该仪器的精度，即每千米往返测量高差中数的偶然中误差为+3 mm。水准仪还有自动整平水准仪、数字水准仪等。

(一)水准仪水准测量

水准测量是利用水准仪提供一条水平视线，借助于带有分划线的尺子，测量出两地面点之间的高差，然后根据高差和已知点的高程，推算出另一点的高程。具体见图 5-1、图 5-2 和表 5-1。

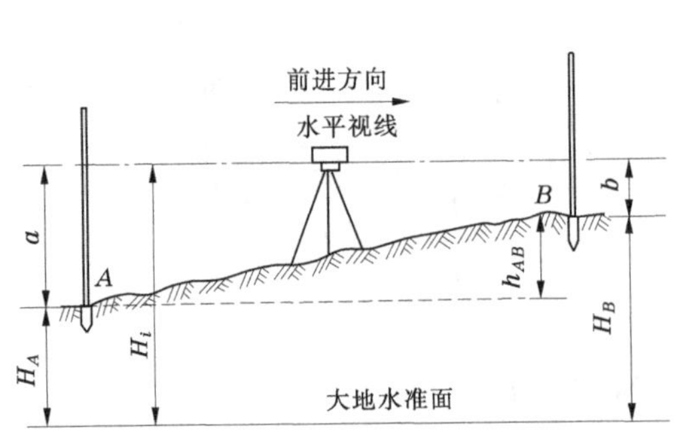

图 5-1　水准测量示意图

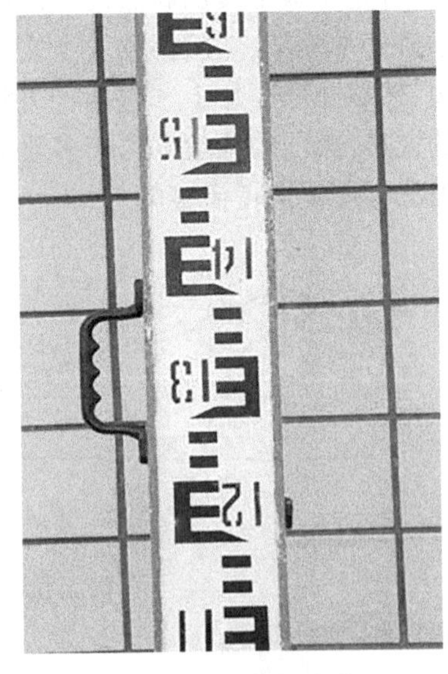

图 5-2　水准测量的塔尺

表 5-1　水准测量记录表

测站	测点	水准尺读数		高差(m)		高程(m)	备注
		后视(a)	前视(b)	+	-		
Ⅰ	BM_A TP_1	2.036	1.118	0.918		27.354 28.272	
Ⅱ	TP_1 TP_2	0.869	1.187		0.318	27.954	
Ⅲ	TP_2 TP_3	1.495	1.078	0.417		28.371	
Ⅳ	TP_3 B	1.256	1.831		0.575	27.796	
计算检核		Σ5.656 -5.214 +0.442	Σ5.214	Σ1.335 -0.893 +0.442	Σ-0.893	27.796 -27.354 +0.442	

(二)水准仪的使用

水准仪(见图 5-3)的使用包括安置、粗平、瞄准、精平、读数五个步骤。

图 5-3　水准仪示意图

(1)安置。将仪器安装在可以伸缩的三脚架上并置于两观测点之间。首先打开三脚架并使高度适中,用目估法使架头大致水平并检查脚架是否牢固,然后打开仪器箱,用连接螺旋将水准仪器连接在三脚架上。

(2)粗平。使仪器的视线粗略整平,利用脚螺旋置圆水准气泡居于圆指标圈之中。在整平过程中,气泡移动的方向与大拇指运动的方向一致。

(3)瞄准。用望远镜准确地瞄准目标。首先是把望远镜对向远处明亮的背景,转动目镜调焦螺旋,使十字丝最清晰。再松开固定螺旋,旋转望远镜,使照门和准星的连接对准水准尺,拧紧固定螺旋。最后转动物镜对光螺旋,使水准尺清晰地落在十字丝平面上,再转动微动螺旋,使水准尺的像靠于十字竖丝的一侧。

(4)精平。使望远镜的视线精确水平。微倾水准仪,在水准管上部装有一组棱镜,可将水准管气泡两端折射到镜管旁的符合水准观察窗内,若气泡居中,气泡两端的像将符合成一抛物线型,说明视线水平。若气泡两端的像不相符合,说明视线不水平。这时可用右手转动微倾螺旋使气泡两端的像完全符合,仪器便可提供一条水平视线,以满足水准测量基本原理的要求。

(5)读数:用十字丝,截读水准尺上的读数。现在的水准仪多是倒像望远镜,读数时应由上而下进行。先估读毫米级读数,后报出全部读数。

普通水准测量对高差闭合差的容许值一般规定如下。

(1)用 S_{10} 级水准仪进行普通水准测量的容许闭合差规定为:

平地　　$f_{h容} = \pm 40L^{1/2}$ (mm)

山地　　$f_{h容} = \pm 12n^{1/2}$ (mm)

式中:L 为水准路线长度,以 km 计;n 为水准路线中总的测站数。

(2)S_3 级水准仪和单面水准尺进行普通水准测量的容许闭合差规定为:

平地　　$f_{h容} = \pm 27L^{1/2}$ (mm)

山地　　$f_{h容} = \pm 8n^{1/2}$ (mm)

在水准测量中,为了评定观测精度和发现粗差,在测量时必须进行校核,水准测量的校核方法可分为测站校核和路线校核。

二、经纬仪的分类及应用

经纬仪为测量水平角和竖直角的仪器,是根据测角原理设计的,如图 5-4 所示。目前,最常用的是光学经纬仪。

图 5-4　经纬仪示意

经纬仪的结构(主要常用部件)为:①望远镜制动螺旋;②望远镜;③望远镜微动螺旋;④水平制动;⑤水平微动螺旋;⑥脚螺旋;⑦光学瞄准器;⑧物镜调焦;⑨目镜调焦;⑩度盘读数显微镜调焦;⑪ 竖盘指标管水准器微动螺旋;⑫光学对中器;⑬基座圆水准器;⑭仪器基座;⑮竖直度盘;⑯垂直度盘照明镜;⑰照准部管水准器。

光学经纬仪的水平度盘和竖直度盘用玻璃制成,在度盘平面的边缘刻有等间隔的分划线,两相邻分划线间距所对的圆心角称为度盘的格值,又称度盘的最小分格值。一般以格值的大小确定精度,分为:DJ_6 度盘格值为 1°,DJ_2 度盘格值为 20′,$DJ_1(T_3)$度盘格值为 4′。

经纬仪按精度从高精度到低精度分 DJ_{07}、DJ_1、DJ_2、DJ_6、DJ_{30} 等(D、J 分别为大地和经纬仪的首字母)。

经纬仪是测量任务中用于测量角度的精密测量仪器,可以用于测量角度、工程放样以及粗略的距离测取。整套仪器由仪器、脚架部两部分组成。

应用举列：已知 A、B 两点的坐标，求取 C 点坐标。

在已知坐标的 A、B 两点中的一点架设仪器（以仪器架设在 A 点为例），完成安置对中的基础操作以后对准另一个已知点（B 点），然后根据自己的需要配置一个读数 1 并记录，然后照准 C 点（未知点）再次读取读数 2。读数 2 与读书 1 的差值即为角 BAC 的角度值，再精确量取 AC、BC 的距离，就可以用数学方法计算出 C 点的精确坐标。

固定、移动位置坐标测量见图 5-5、图 5-6。

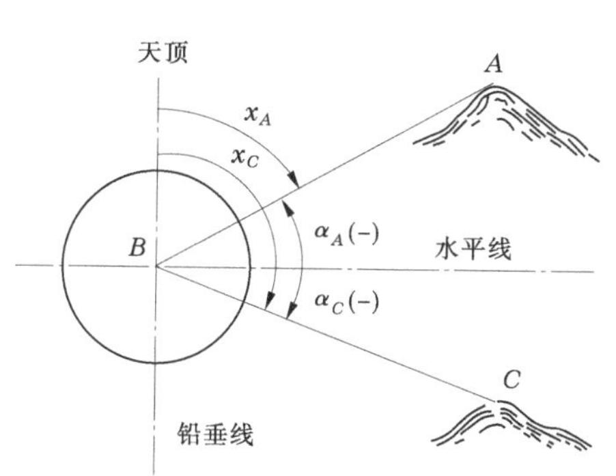

图 5-5　固定位置坐标测量示意图

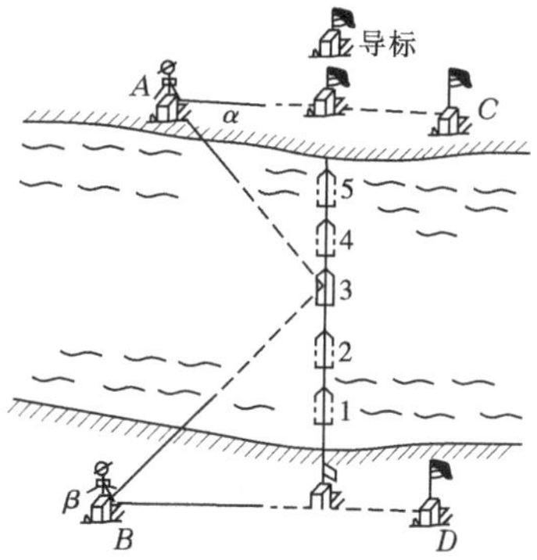

图 5-6　移动位置坐标测量示意图

经纬仪的基本操作为：对中、整平、瞄准和读数。

（1）对中。

对中的目的是使仪器度盘中心与测站点标志中心位于同一铅垂线上。其操作步骤如下：

①张开脚架，调节脚架腿，使其高度适宜，并通过目估使架头水平、架头中心大致对准测站点。

②从箱中取出经纬仪安置于架头上，旋紧连接螺旋，并挂上垂球。如垂球尖偏离测站点较远，则需移动三脚架，使垂球尖大致对准测站点，然后将脚架尖踩实。

③略微松开连接螺旋，在架头上移动仪器，直至垂球尖准确对准测站点，最后再旋紧连接螺旋。

（2）整平。

整平的目的是调节脚螺旋使水准管气泡居中，从而使经纬仪的竖轴竖直，水平度盘处于水平位置。其操作步骤如下：

①旋转照准部，使水准管平行于任一对脚螺旋。转动这两个脚螺旋，使水准管气泡居中。

②将照准部旋转 90°，转动第三个脚螺旋，使水准管气泡居中。

③按以上步骤重复操作，直至水准管在这两个位置上气泡都居中为止。使用光学对中器进行对中、整平时，首先通过目估初步对中（也可利用垂球），旋转对中器目镜看清分划板上的刻划圆圈，再拉伸对中器的目镜筒，使地面标志点成像清晰。转动脚螺旋使标志

点的影像移至刻划圆圈中心。然后，通过伸缩三脚架腿，调节三脚架的长度，使经纬仪圆水准器气泡居中，再调节脚螺旋精确整平仪器。接着通过对中器观察地面标志点，如偏刻划圆圈中心，可稍微松开连接螺旋，在架头移动仪器，使其精确对中，此时，如水准管气泡偏移，则再整平仪器，如此反复进行，直至对中、整平同时完成。

(3)瞄准。

瞄准目标的步骤如下：

①目镜对光。将望远镜对向明亮背景，转动目镜对光螺旋，使十字丝成像清晰。

②粗略瞄准。松开照准部制动螺旋与望远镜制动螺旋，转动照准部与望远镜，通过望远镜上的瞄准器对准目标，然后旋紧制动螺旋。

③物镜对光。转动位于镜筒上的物镜对光螺旋，使目标成像清晰并检查有无视差存在，如果发现有视差存在，应重新进行对光，直至消除视差。

④精确瞄准。旋转微动螺旋，使十字丝准确对准目标。观测水平角时，应尽量瞄准目标的基部，当目标宽于十字丝双丝距时，宜用单丝平分；目标窄于双丝距时，宜用双丝夹住；观测竖直角时，用十字丝横丝的中心部分对准目标位。

(4)读数。

读数前应调整反光镜的位置与开合角度，使读数显微镜视场内亮度适当，然后转动读数显微镜目镜进行对光，使读数窗成像清晰(见图5-7)，再按上节所述方法进行读数。

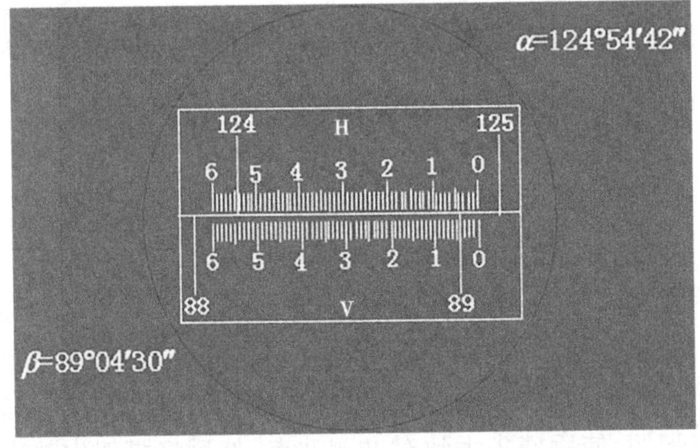

图5-7　读数窗

测回法竖直角观测手簿见表5-2。

表5-2　测回法竖直角观测手簿

测站	目标	竖盘位置	竖直度盘读数 (°　′　″)	半测回角值 (°　′　″)	一测回角值 (°　′　″)	备注
O	A	左	72　18　18			270° 180° 0° 90°
		右	287　42　00			
	B	左	96　32　48			
		右	263　27　30			

三、全站仪的使用

全站型电子速测仪简称全站仪(见图5-8),它是一种可以同时进行角度(水平角、竖直角)测量、距离(斜距、平距、高差)测量和数据处理,由机械、光学、电子元件组合而成的测量仪器。由于只需一次安置,仪器便可以完成测站上所有的测量工作,故被称为全站仪。

图5-8　全站仪

全站仪上半部分包含测量的四大光电系统,即水平角测量系统、竖直角测量系统、水平补偿系统和测距系统。通过键盘可以输入操作指令、数据和设置参数。以上各系统通过I/O接口接入总线与微处理机联系起来。

微处理机(CPU)是全站仪的核心部件,主要由寄存器系列(缓冲寄存器、数据寄存器、指令寄存器)、运算器和控制器组成。微处理机的主要功能是根据键盘指令启动仪器进行测量工作,执行测量过程中的检核和数据传输、处理、显示、储存等工作,保证整个光电测量工作有条不紊地进行。输入输出设备是与外部设备连接的装置(接口),输入输出设备使全站仪能与磁卡和微机等设备交互通信、传输数据。

全站仪的基本操作与使用方法如下。

(一)水平角测量

(1)按角度测量键,使全站仪处于角度测量模式,照准第一个目标A。

(2)设置A方向的水平度盘读数为00°00′00″。

(3)照准第二个目标B,此时显示的水平度盘读数即为两方向间的水平夹角。

(二)距离测量

(1)设置棱镜常数,测距前须将棱镜常数输入仪器中,仪器会自动对所测距离进行改正。

(2)设置大气改正值或气温、气压值。光在大气中的传播速度会随大气的温度和气压而变化，15 ℃和 760 mmHg 是仪器设置的一个标准值，此时的大气改正为 0。实测时，可输入温度和气压值，全站仪会自动计算大气改正值（也可直接输入大气改正值），并对测距结果进行改正。

（3）量仪器高、棱镜高并输入全站仪。

（4）距离测量。照准目标棱镜中心，按测距键，距离测量开始，测距完成时显示斜距、平距、高差。全站仪的测距模式有精测模式、跟踪模式、粗测模式三种。精测模式是最常用的测距模式，测量时间约 2.5 s，最小显示单位 1 mm；跟踪模式，常用于跟踪移动目标或放样时连续测距，最小显示一般为 1 cm，每次测距时间约 0.3 s；粗测模式，测量时间约 0.7 s，最小显示单位 1 cm 或 1 mm。在距离测量或坐标测量时，可按测距模式键选择不同的测距模式。应注意，有些型号的全站仪在距离测量时不能设定仪器高和棱镜高，显示的高差值是全站仪横轴中心与棱镜中心的高差。

全站仪测量示意见图 5-9。

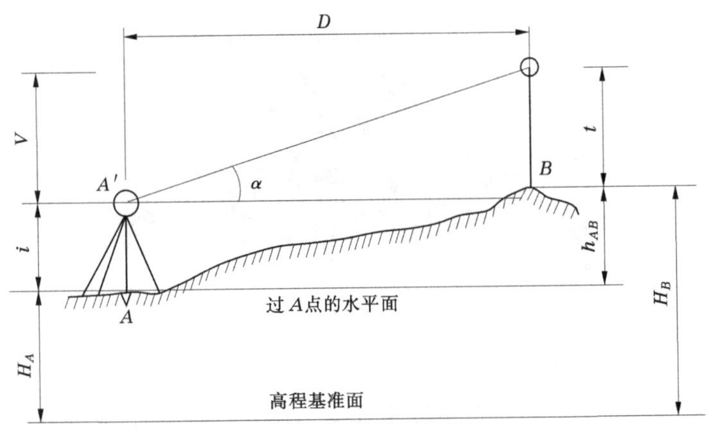

图 5-9　全站仪测量示意图

（三）坐标测量

（1）设定测站点的三维坐标。

（2）设定后视点的坐标或设定后视方向的水平度盘读数为其方位角。当设定后视点的坐标时，全站仪会自动计算后视方向的方位角，并设定后视方向的水平度盘读数为其方位角。

（3）设置棱镜常数。

（4）设置大气改正值或气温、气压值。

（5）量仪器高、棱镜高并输入全站仪。

（6）照准目标棱镜，按坐标测量键，全站仪开始测距并计算显示测点的三维坐标。

坐标放样见图 5-10，后方交会见图 5-11。

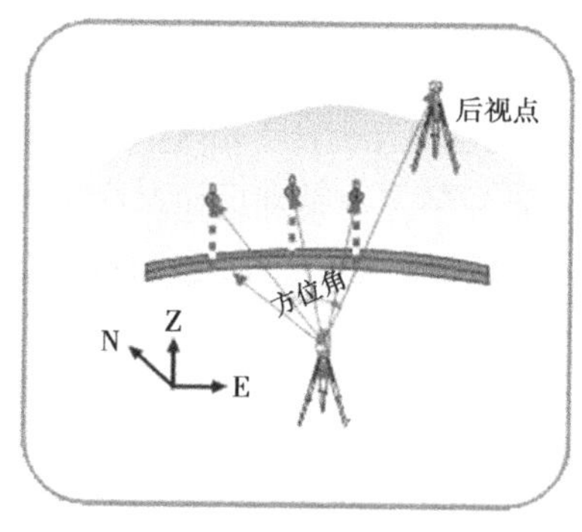

图 5-10　坐标放样

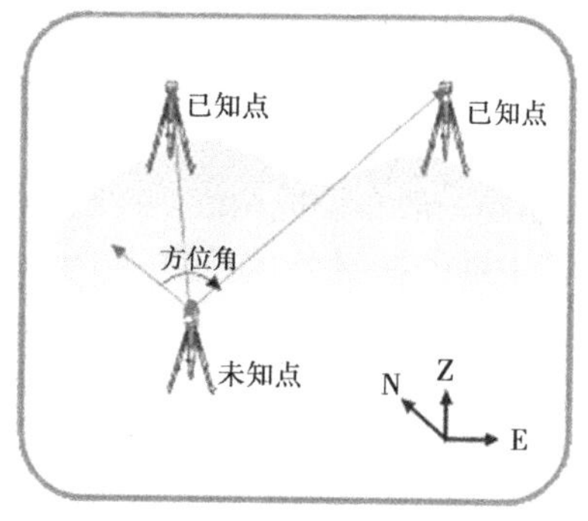

图 5-11　后方交会

第二节　水利工程施工放样的基本工作

一、测量放样的基本概念

把设计图纸上工程建筑物的平面位置和高程，用一定的测量仪器和方法标定到实地上去的测量工作，称为放样。施工放样是根据建筑物的设计尺寸，找出建筑物各部分特征点与控制点之间的几何关系，计算出距离、角度、高程等放样数据，然后利用控制点在实地上标定出建筑物的特征点、线，作为施工的依据。边角控制网见图 5-12。

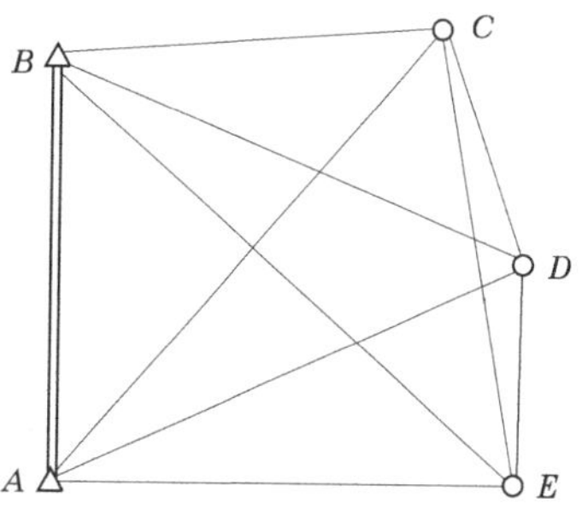

图 5-12　边角控制网

水工建筑物的放样工作也必须遵循“由整体到局部”“先控制后细部”的原则。一般先由施工控制网测设建筑物的主轴线，用它来控制整个建筑物的位置。对中小型工程，测设主轴线有误差，仅使建筑物偏移一微小位置；当主轴线确定后，根据它来测设建筑物细部，必须保证各部分设计的相互位置准确。因此，测设细部的精度往往比测设主轴线的精度要高。例如，测设水闸中心线（主轴线）的误差不应超过 1 cm，而闸门对闸中线的误差要求不应超过 3 mm，但对大型水利枢纽，各主要工程主轴线间的相对位置精度要求较高，应精确测设。

施工放样的精度与建筑物的大小、结构形式、建筑材料等因素有关。如水利水电工程施工中，钢筋混凝土较土石方工程的放样精度要求高，而金属结构物安装放样的精度要求则更高。因此，应根据不同的施工对象，选用不同精度的仪器和测量方法，既保证工程质量又不浪费人力、物力。

施工放样与很多工种有密切的联系，例如测量人员弹出立模线位置后，木工才能立模；模板上定出浇筑混凝土的高程，混凝土工才能开始浇筑；石工要求测量人员放出块石护坡的拉线桩；起重工要求测量人员放出吊装预制构件的位置等。因此，测量工作必须按施工进程及时测放建筑物各部分的位置，还要在施工过程中和施工后进行检测复核。

二、施工控制网的布设

(一)平面控制网的布设

平面控制网一般布设成两级:一级为基本网,它起着控制水利枢纽各建筑物主轴线的作用,组成基本网的控制点,称基本控制点;另一级是定线网(或称放样网),它直接控制建筑物的辅助轴线及细部位置。平面控制网布置示意图见图 5-13。

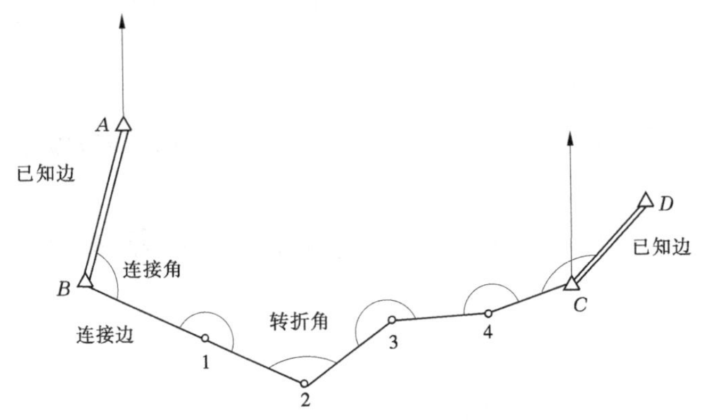

图 5-13　平面控制网布置示意图

基本网一般布设在施工区域以外,以便长期保存,定线网应尽可能靠近建筑物,便于放样。

(1)平面控制网的精度。施工控制网是建筑物的特征点、线放样到实地的依据,建筑物放样的精度要求是根据建筑物竣工时对于设计尺寸的允许偏差来确定的。建筑物竣工时实际误差包括施工误差、测量放样误差以及外界条件所引起的误差;测量误差只是其中的一部分,但它是建筑施工的起始,若定位精度达不到要求将会给其后工序造成较大的误差及经济损失。

测量误差是放样后细部点平面点位的总误差,它包括控制点误差对细部点的影响及施工放样过程中产生的误差。在建立施工控制网时,应使控制点误差所引起的细部点误差相对于放样误差来说小到可以忽略不计。具体的说,若施工控制点误差的影响,在数值上小于点位总误差的 45%~50%,它对细部点的影响仅为总误差的 10%,可以忽略不计。水利水电施工规范规定,主要水工建筑物轮廓点的放样中误差为 20 mm,施工控制点的点位中误差应小于 9~10 mm,因此施工控制网的精度要求较高。要获得精度高的控制网,可通过三个途径:①提高观测精度;②优化控制网网型结构;③增加控制网中多余观测数。

(2)测量坐标系与施工坐标系的转换。

设计图纸上建筑物各部分的平面位置,是以建筑物主轴线(如坝轴线、闸轴线等)为定位依据的。以某主轴线为坐标轴及该轴线的一个端点为原点,或以相互垂直的两轴线为坐标轴所建立的坐标系称为施工坐标系。而平面控制网中的控制点坐标是测量坐标,为了便于计算放样数据和实地放样,必须用统一的坐标系统。施工坐标系与测量坐标系的换算见图 5-14。

(二)高程控制网的建立

高程控制网一般也分为两级:一级水准网与施工区附近的国家水准点连测,布设成闭

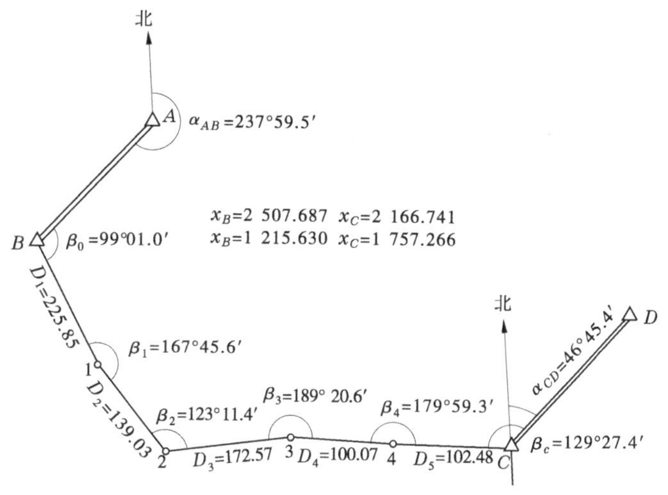

图 5-14　施工坐标系与测量坐标系的换算

合(或附合)的形式,称为基本网。基本网的水准点应布设在施工爆破区外,作为整个施工期间的高程测量的依据。二级水准点是由基本网水准点引测的临时作业水准点,它应尽可能地靠近建筑物,以便能进行高程放样。

(三)清基开挖线放样

为使坝体与岩基很好地结合,在坝体施工前,必须对基础进行清理。为此,应放出清基开挖线,即坝体与原地面的交线。

清基开挖线的放样精度要求不高,可用图解法求得放样数据在现场放样。为此,先沿坝轴线测量纵断面。即测定轴线上各里程桩的高程,绘出纵断面图,求出各里程桩的中心填土高度,再在每一里程桩进行横断面测量,绘出横断面图,最后根据里程桩的高程、中心填土高度与坝面坡度,在横断面图上套绘大坝的设计断面。

根据横断面图上套绘的大坝设计断面,如图 5-15 为某一横断面处的情况,由坝轴线分别向上、下游量取 d_1、d_2 得 A、B 为清基开挖点,量 d_3、d_4 得 C、D 为心墙开挖点。因清基有一定的深度,开挖时要有一定的边坡,故实际开挖线应根据地面情况和深度向外适当放宽 1~2 m,用白灰连接相邻的开挖点,即为清基开挖线。大坝开挖线平面图见图 5-16。

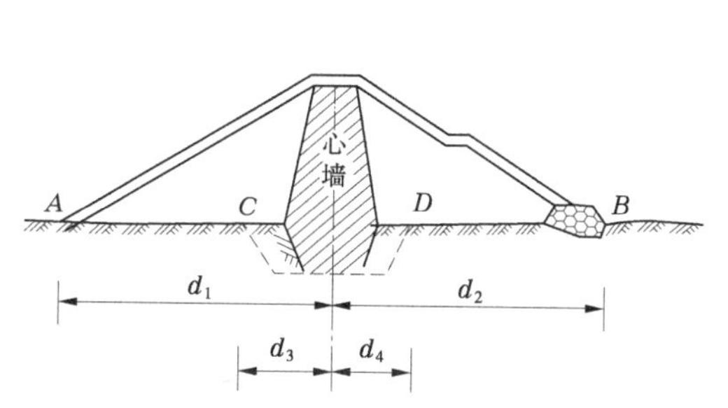

图 5-15　大坝断面图

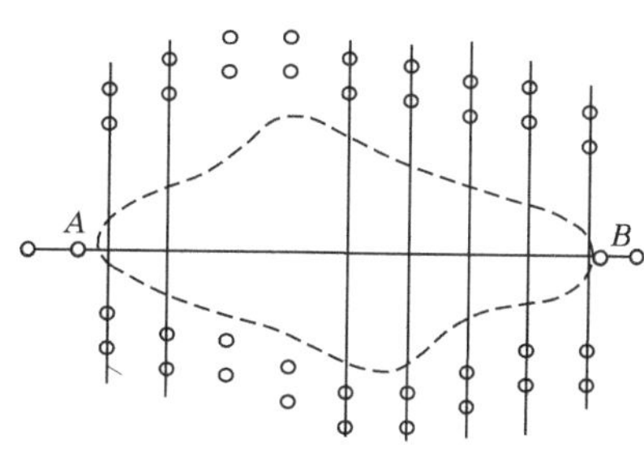

图 5-16　大坝开挖线平面图

（四）坡脚线的放样

清基工作结束后，应标出填土范围，即找出坝体和清基后地面的交线——坡脚线。首先做两个与上、下游坝脚坡度一致的三角形坡度放样板。然后在上、下游清基开挖点上各钉一木桩（见图 5-17 中 A），用水准仪测量其高程，使桩顶高程等于清基开挖前地面高程。将坡度放样板的斜边放在桩顶，左右移动，使圆水准气泡居中，则斜边延长线与地面的交点即为土坝坡脚点，相邻坡脚点的连线，即为坡脚线。

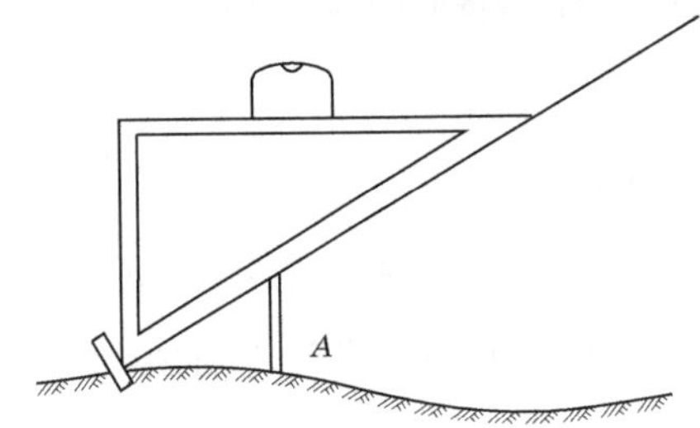

图 5-17　三角坡度放样板

第六章　水闸常见险情抢护

水闸是一种调节水位、控制流量的低水头水工建筑物，具有挡水和泄水的双重功能，在泄洪、排涝、冲沙、取水、航运、发电等方面应用十分广泛。水闸一般建设在河道、渠道及水库、湖泊岸边及滨海地区，通过闸门的开启和关闭调节水位与控制流量。关闭闸门，可以挡水、挡潮、蓄水抬高上游水位，以满足拦蓄洪水、抬高水位、上游取水或通航的需要；开启闸门，可以泄洪、排涝、冲沙、取水或根据下游用水的需要调节排水流量等。

由于主要江河堤防工程上均建有大量水闸，在洪水作用下，水闸会出现各种各样的险情，因此本章具体介绍水闸工程常见险情的抢护。

第一节　水闸概述

一、水闸分类

水闸主要有以下两种分类方法。

(一)按承担的任务分

水闸按所承担的任务可分为节制闸、进水闸、分洪闸、排水闸、挡潮闸、冲沙闸、排冰闸、排污闸等，如图 6-1 所示。

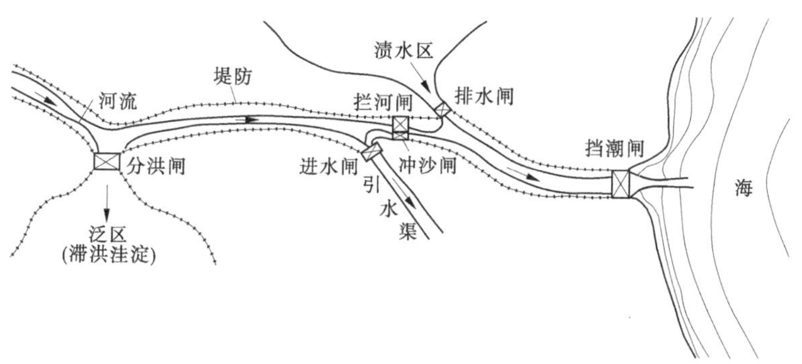

图 6-1　水闸类型及位置示意图

1. 节制闸(或拦河闸)

节制闸用于拦河或在渠道上建造。枯水期用以拦截河道，抬高水位；洪水期则开闸泄洪，控制下泄流量。

2. 进水闸

进水闸又称取水闸或渠首闸，建在河道、水库或湖泊的岸边，用来控制引水流量。

3. 分洪闸

分洪闸常建于河道一侧，用来将超过下游河道安全泄量的洪水泄入预定的湖泊、洼地或蓄滞洪区。

4. 排水闸

排水闸常建于江河沿岸,外河水位上涨时关闸以防外水倒灌,外河水位下降时开闸排除两岸低洼地区的涝渍。

5. 挡潮闸

挡潮闸建在入海河口附近,涨潮时关闸不使海水沿河上溯,退潮时开闸泄水。

6. 冲沙闸

冲沙闸指用于排除进水闸或节制闸前淤积泥沙的水闸。

7. 排冰闸、排污闸

排冰闸、排污闸指为排除冰块、漂浮物等而设置的水闸。

(二)按闸室结构形式分

水闸按闸室结构形式可分为开敞式水闸、胸墙式水闸、涵洞式水闸,如图6-2所示。

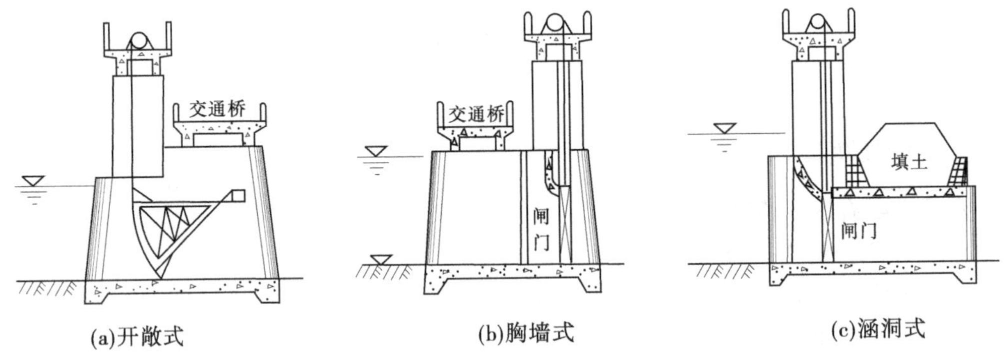

图6-2　闸室主要结构形式示意图

1. 开敞式水闸

闸室为开敞式结构,闸室上面不填土封闭,闸门全开时,过闸水流具有自由水面的水闸,如图6-2(a)所示。

2. 胸墙式水闸

胸墙式水闸通过固定孔洞下泄水流,其闸槛高程低、挡水高度大,如进水闸、排水闸、挡潮闸等均可以采取胸墙式结构,如图6-2(b)所示。

3. 涵洞式水闸

涵洞式水闸简称涵闸,多用于穿堤引(排)水,闸室结构为封闭的涵洞,在进口或出口设闸门,洞顶填土与闸两侧堤顶平接,可作为交通道路的路基,而不需另设交通桥。涵洞式水闸适用于闸上水位变幅较大或挡水位高于闸孔设计水位,即闸的孔径按低水位通过设计流量进行设计的情况,如图6-2(c)所示。

二、水闸组成

水闸一般由闸室、上游连接段和下游连接段组成,如图6-3所示。

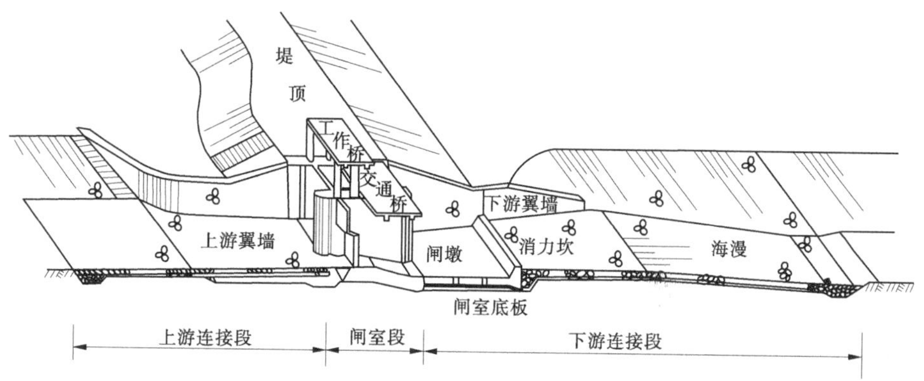

图 6-3　水闸组成

(一)闸室

闸室是水闸的主体部分,分别与上下游连接段和两岸堤防或其他建筑物连接。通常包括底板、闸墩、闸门、启闭机、胸墙、工作桥及交通桥等。

(二)上游连接段

上游连接段工程一般包括防渗工程、护底防冲工程和两岸连接工程。

(三)下游连接段

下游连接段具有消能和扩散水流的作用,主要包括消能防冲工程、排水工程和两岸连接工程。

三、水闸工作特点

(一)稳定方面

关门挡水时,水闸上、下游较大的水头差会产生较大的水平推力,使水闸有可能沿基面产生向下游的滑动。

(二)渗漏方面

由于上下游水位差的作用,水将通过地基和两岸的土体向下游渗流,地基土在渗流作用下,容易产生渗透变形。

(三)消能防冲方面

水闸开闸泄水时,过闸水流往往具有较大的动能,流态也较复杂,有时还会出现波状水跃和折冲水流,而土质河床的抗冲能力较低,可能引起冲刷,必须采取消能防冲措施。

(四)沉降方面

土基上建闸,由于土基的压缩性大,抗剪强度低,在闸室的重力和外部荷载作用下,可能产生较大的沉降,影响正常使用,尤其是不均匀沉降会导致水闸倾斜,甚至引起结构断裂而不能正常工作。

四、水闸常见险情

水闸一般建设在软体地基上,两侧与堤防工程相连,工程主体与基础、两侧的土体结合部位处理难度大,都是防洪的薄弱环节,加上部分水闸管理水平不高,手段落后,洪水期间甚至非汛期枯水期间都有可能出现多种险情。同时,由于水闸需要发挥挡水、泄水、冲沙等多种重要功能,在不同的水力条件下也会发生不同的险情。因此,水闸的险情种类较多、情况比较复杂,险情分类也不完全统一,但概括起来,主要有以下几类常见险情。

(一)土石结合部、闸基破坏

土石结合部、闸基破坏主要包括土石结合部和闸基渗水、管涌与漏洞险情、闸基滑动险情等。

1. 渗水险情

汛期高水位时,水闸边墩、岸墙、翼墙、护坡、管壁等与土堤结合部、背水侧坡面、堤脚等部位有水渗出,形成渗水险情。

2. 管涌险情

汛期高水位时,若渗流出逸点的渗透坡降大于允许坡降,土的颗粒在渗透动水压力作用下,被渗流带出,形成贯穿的通道;或渗透动水压力超过背河地面覆盖的有效压力时,则渗流通道出口局部土体表面被顶破、隆起或击穿,发生"沙沸",土粒随渗水流失,局部成洞穴、坑洼,形成管涌。

3. 漏洞险情

漏洞险情主要是指土石结合部、闸基形成上下游贯通的水流通道,形成漏洞险情。

4. 滑动险情

滑动险情主要指水闸高水位挡水时,闸底板与土基之间的抗滑摩阻力不能抵抗水和泥沙水平方向的滑动推力,使水闸产生向下游移动失稳的险情。

(二)水闸工程自身损坏

水闸工程自身损坏主要包括闸门漏水、闸门失控、建筑物裂缝、启闭机螺杆弯曲等险情。

1. 闸门漏水险情

水闸在运用过程中,有时会出现闸门闭合不严、止水损坏等闸门漏水的险情。

2. 闸门失控险情

闸门门体变形、下垂、门体连接件锈蚀破坏,设计闭门力不足,底槛门槽内障碍物无法清除干净等原因造成闸门失去控制或闸门落不到底,无法控制泄漏水流的险情。

3. 建筑物裂缝险情

水闸建筑物混凝土、砌体或分缝出现裂缝的险情,有的还伴有渗水现象。

4. 启闭机螺杆弯曲

采用螺杆启闭机的水闸螺杆发生纵向弯曲,使启闭机无法正常工作的险情。

(三)闸顶漫溢

闸顶漫溢指水闸上游洪水位超过水闸设计防洪水位,闸墩顶部漫水或闸门溢流的险情。

(四)上下游防护工程破坏

上下游防护工程破坏指水闸上、下游防护工程在水流作用下发生坍塌破坏的险情。

第二节　土石结合部破坏抢险

一、险情说明

水闸土石结合部险情主要包括渗水、管涌、漏洞险情。

水闸等建筑物的某些部位，如水闸边墩、底板、岸墙、翼墙、护坡、管壁等与土基或土堤结合部等，在高水位渗压作用下，形成渗流或绕渗，冲蚀填土，在闸背水侧坡面、堤脚发生渗透破坏，形成渗水、管涌、漏洞险情。渗水、管涌险情若抢护不及时可以发展为漏洞险情，造成土石结合部位土体的大量流失，导致涵闸破坏，甚至造成堤防决口，造成重大洪水灾害。

二、原因分析

造成水闸土石结合部渗水、管涌及漏洞险情的原因，除水情方面外，既有工程方面的原因，也有施工、管理等方面的原因。概括起来，主要有以下几个方面：

(1)水闸边墩、岸墙、护坡的混凝土或砌体与土基或堤身结合部土料回填不实。

(2)闸体与土堤所承受的荷载不均，产生不均匀沉陷、裂缝或空洞，遇到降雨，地面径流进入，冲蚀形成陷坑，或使岸墙、护坡失去依托而蛰裂与塌陷。

(3)洪水顺裂缝集中绕渗，通过砂砾石或壤土中的空隙产生渗漏，严重时在建筑物下游侧造成管涌、流土，危及水闸、堤防等建筑物的安全。

三、险情的判别与监测

(一)渗水、管涌险情监测

对水闸在水头作用下所形成的浸润线、渗透压力、渗水流量、渗水颜色变化等进行观测和监测，具体方法一般有如下几种。

1. 外部观察

对闸室或涵洞，详细检查止水、沉陷缝或混凝土裂缝有无渗水、冒沙等现象，并对出现集中渗漏的部位，如岸墙、护坡与土堤结合部、闸下游的底板、消力池等部位，检查渗流出逸处有无冒水冒沙现象。

2. 渗压管监测

洪水期间密切监测渗压管水位，分析上下游水位与各渗压管之间的水位变化规律是否正常。如发现异常现象，则水位明显降低的渗压管周围可能有渗流通道，出现集中渗漏。应针对该部位检查止水设施是否断裂失效，并查明渗流通道情况。

3. 电子仪器监测

利用电子仪器监测闸基集中渗漏、建筑物土石结合部渗漏通道或绕渗破坏险情，经过20世纪70年代以来的大量探索，已开发研制成功多种实用有效的仪器。其中ZDT-I型智能堤坝探测仪、MIR-1C多功能直流电测仪，均具有智能型、高精度、高分辨率及连续探测、现场显示曲线的特点，可以借助计算机生成彩色断面图及层析成像，对监测涵闸、泵站及涵洞等工程的渗漏及管涌险情具有明显的效果。有关电子探测仪器的详细情况请参阅相关资料。

4. 渗水观测

水闸发生渗水险情后,应指派专人观测渗水的颜色、流量变化情况,观察水流颜色是否变混、变黄,出水量是否加大。渗水颜色由清转黄、流量加大明显的,应及时采取抢护措施。

(二)漏洞险情监测

1. 水面观察法

在水深较浅无风浪时,漏洞进口附近的水体易出现漩涡。如果看到漩涡,即可确定漩涡下有漏洞进水口;如果漩涡不明显,可在水面撒麦糠、碎草或纸片等,若发现这些东西在水面打旋或集中于一处,即表明此处水下有漏洞进口。该法适用于漏洞进水口处工程靠溜不紧、水势平稳、洞口较浅的情况,简便易行。

2. 水上表面裂缝探测与监测

观测裂缝的位置、走向,绘出裂缝的坐标图,探测裂缝长度、深度、宽度等基础数据,并密切注视各项数据的变化情况,做好险情监测。

(三)水下检查法

水下检查法主要由潜水员潜入水下通过目测、手摸进行直接检查,这是水下检查最常用的方法。

探摸漏洞进口的位置时,要特别注意预先关闭闸门,切忌在高速水流中潜水作业,以确保潜水人员的安全。

从以上险情监测的时间、外因条件变化,可以预测其发展趋势,便于及时采取抢护措施。

(四)抢护原则

土石结合部渗水、管涌的抢护原则是"临水截渗,背水反滤导渗",即在临水侧采取截断进水通道,背水侧滤水导渗,减小渗压和出逸速度,制止土粒流失,必要时可以同时采取蓄水平压的方式,减小临背河之间的水位差。漏洞险情的抢护原则是临水堵塞漏洞进水口,背水反滤导渗,辅助采取蓄水平压措施。

四、抢护方法

(一)堵塞漏洞进水口、临水截渗

临河堵塞漏洞进水口的原则是"小洞塞,大洞盖,盖不住时围起来"。漏洞进水口为水深不大、直径较小的单个洞口时,可以用堵塞的办法,如草捆或棉絮、草泥网袋堵塞等塞堵;洞口稍大的漏洞,或虽有多个漏洞进水口,但洞径不大且相互之间距离较近的,可以采取篷布覆盖法盖堵;当漏洞进水口直径较大,险情发展迅速,或漏洞洞口较多、分散范围较大,篷布无法覆盖所有漏洞进水口时,就需要采取围堵措施,即在漏洞堤段的临河侧紧急修筑围堤,将整个水闸围护起来,彻底断绝漏洞进水通道,以达到截断漏洞通道的目的。

1. 抢筑围堤法

当漏水洞口直径较大或洞口较多,范围较大,险情发展快,而闸前堤坡上又有建筑物、障碍物、石护坡等，用堵塞法和覆盖法难以奏效，也不便修筑前戗，闸前又有修筑围堤的场地时，可用修筑临水围堤的办法抢险。

抢险时，可在水闸前一段距离修筑围堤，围堤两端分别与水闸上下游的堤防相连，将整个水闸用围堤和堤防形成的包围圈围堵起来，彻底隔断水流通道，以达到抢护渗水、管涌、漏洞险情的目的。

如闸前有引水渠道，也可以利用渠道两端的渠堤作为围堤的一部分，在渠道内修筑土坝，与渠堤共同形成闭合的围堤，阻断水流通道，达到抢护漏洞险情的目的。

2. 篷布覆盖法

此法一般适用于涵洞式水闸闸前临水堤坡上漏洞进水口的抢护。但是，闸前堤坡如有突出的结构、构件，或堤坡有混凝土及石料护坡，该办法不再适用。

3. 其他抢护方法

一是草捆（或棉絮）堵塞法，适用于进水口直径不大，且水深在 2.5 m 以内的漏洞；二是草泥网袋堵塞法，适用于进水口不大、水深在 2 m 以内的漏洞；三是土工模袋堵漏法，适用于水闸土石结合部或闸基出现洞径较大的渗漏孔洞；四是黏土前戗法，当漏水洞口直径较大或洞口较多，范围较大，无法采取盖堵的办法截断进水口，或闸前堤坡上有建筑物、障碍物，用堵塞法和覆盖法难以奏效时，可用填筑前戗的办法进行抢堵。

（二）背水导渗反滤

渗流已在水闸下游堤坡出逸，当堤身土质渗水性较强，出逸处附近土体稀软，而且当地反滤材料比较丰富时，为防止流土或管涌等渗流破坏，使险情扩大，可在出逸处采取导渗反滤措施。

1. 砂石反滤

此法由于需要满铺滤料，使用砂石较多，但反滤效果比较理想，料源充足时，应优先选用。

2. 柴草反滤（又称梢料反滤）

此法适用于砂石反滤料紧缺，而柴草、梢料等料物充足的情况下抢险。

3. 土工织物反滤

土工织物滤层是一种能够保护土粒不被水流带走的导渗滤层。当背河堤坡或堤脚渗水比较严重，堤坡比较松软，抢险用的砂石料比较缺乏时，可以采取土工织物反滤抢险。

上述险情抢护方法详见本书第四章。

（三）无滤反压法（又称“养水盆”法）

根据逐步抬高背河侧水位，减小水头差的原理，通过在背河渠道内修筑拦水土坝的方法，适当壅高渠道内水位，降低临背河水位差，减小渗透比降，制止渗透破坏，以达到稳定险情的目的。如果闸后渠道上建有分水闸、节制闸等，且距离不太远，也可以通过关闭分水闸、节制闸的方法，适当壅高渠道内水位，以达到蓄水平压、稳定险情的目的。

对水闸工程抢险而言，无滤反压法抢险方法简便，且无须反滤料，特别是有分水闸、节制闸的水闸，只需将所有分水闸门关闭或屯堵即可，简单易行。当水闸工程出现严重漏洞险情，特别是漏洞进水口一时无法找到或全部找到，其他方法一时无法控制险情，该方法对减缓险情发展效果明显。但该方法只从减压着手，而不具备导滤作用，产生险情的根本威胁并未消除，效果较差，一般只作为减缓险情采取的紧急措施，需要与其他抢险方法配合使用。在使用该办法初步减缓险情的同时，应积极采取前堵、后导的抢护措施，彻底消除险情危害。另外，采用该法抢险时，背河侧蓄水位不宜过高，同时要注意及时加固挡水土坝，防止土坝渗水、垮塌等，使险情加重，甚至决口，造成更为严重的灾情。当背河侧水位过高时，可以通过在围堤的适当高程埋置排水管的办法，将多余的水排入下游渠道内。

（四）中堵截渗（又称开膛堵漏法）

在临水漏洞进口堵塞、背水导渗反滤取得效果后，为彻底截断渗漏通道，可从堤顶偏下游侧，在水闸岸墙与土堤结合部开挖长 3~5 m 的沟槽，开挖边坡 1∶1左右，沟底宽 2 m。当开挖至渗流通道时，将预先准备好的木板紧贴岸墙和渗流通道上游坡面，用锤打入土内，然后用含水量较低的黏性土或灰土（灰土比 1∶3~1∶5），迅速将沟槽分层回填，并夯实，以达到截渗的目的，如图 6-4 所示。

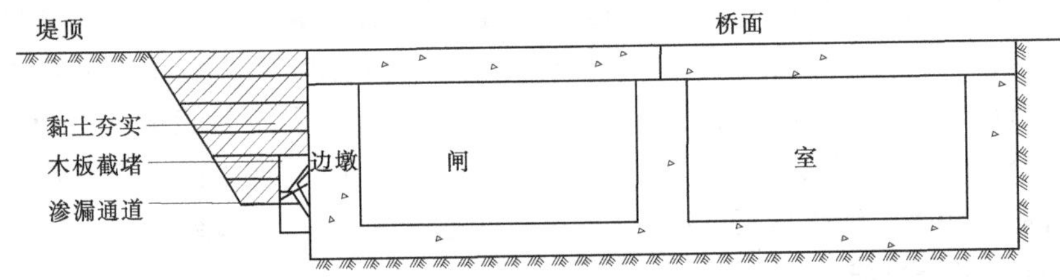

图 6-4　开膛堵漏示意图

采取开膛堵漏的办法截断漏水通道，在大水期间水位较高，堤防土体含水量饱和时，如处理不当很容易造成土体扰动，使险情扩大，甚至引发堤防决口，带来严重后果。因此，在汛期高水位、堤身断面不足时，此法应慎重使用。

五、注意事项

（1）漏洞险情，应尽快寻找进水口并以临水堵截为主，辅以背水导滤，而不能完全依赖于背水导滤。

（2）在漏洞进水口截堵和抢护管涌险情时，切忌乱抛砖石、土袋、梢料等物体，以免使险情发展扩大。在漏洞出水口切忌打桩或用不透水料物强塞硬堵，以防堵住一处，附近又开一处，或使小的漏洞越堵越大，致使险情扩大恶化，甚至造成溃决。在漏洞出水口抛散土、土袋填压都是错误的做法。

（3）采用盖堵法抢护漏洞进水口时，需防止在堵覆初期，由于洞内断流，外部水压增大，从洞口覆盖物的四周进水。因此，洞口覆盖后，应立即封严四周，同时迅速压土闭气，否则一次堵覆失败，洞口扩大，增加再堵困难。

（4）无论采取哪种办法抢堵漏洞进水口，均应注意工程安全和人身安全，要用充足的黏性土料封堵闭气，并应抓紧采取加固措施，漏洞抢堵加固之后，还应有专人看守观察，以防再次出险。

（5）抢护渗水险情，应尽量避免在渗水范围内来往践踏，以免加大、加深稀软范围，造成施工困难和险情扩大。

（6）砂石导渗要严格按质量要求分层铺设，尽量减少在已铺好的层面上践踏，以免造成滤层的人为破坏。

(7)梢料作为导渗抢险材料,能就地取材,施工简便,效果显著,但梢料容易腐烂,汛后必须拆除,重新采取其他加固措施。

(8)修筑导滤设施时,各层粗、细砂石料的颗粒大小要合理,既要满足渗流畅通,又要不让下层细颗粒被带走,一般要求相邻两层间满足颗粒级配系数5~10倍的要求。导滤的层数及厚度根据渗流强度而定。此外,必须分层明确,不得掺混。

(9)凡发生漏洞险情的堤段,大水过后一定要进行锥探灌浆加固,或汛后进行开挖翻筑。

(10)切忌在背水侧用黏性土修做压浸台,这样会阻碍渗流逸出,势必抬高浸润线,导致渗水范围扩大和险情恶化。

(11)在土工织物以及土工膜、土工编织袋等化纤材料的运输、存放和施工过程中,应尽量避免和缩短其直接受阳光暴晒的时间,并在工程完工后,其顶部必须覆盖一定厚度的保护层。

六、抢险实例

(一)湖南省南县育乐垸洞庭湖北岭闸渗水抢险

育乐垸北岭闸位于湖南省南县中鱼口乡,建于1960年。洞身为直径0.7 m的钢筋混凝土圆管,底板高程29.1 m,管身长度42 m。堤顶高程38.30 m,宽8 m,堤身填土为淤泥质土,外河洲高程32 m。

1. 险情概况

1998年7月,洞庭湖发生严重洪水,7月27日6时30分,外河水位达到37.50 m,北岭闸内引水渠与管道出口结合部位突然鼓浑冒泡,明显出现浑水,并很快形成高约1.5 m的水柱,不到30 min时间,水柱增高到近2 m,出水量约相当于8 in(1 in=2.54 cm)水泵的出水量。潜水探摸发现,该闸导墙底板沉陷,水从管道外渗入,险情发展迅速,有可能造成大堤溃决。

2. 出险原因

一是洞身分节设计不当,第一节伸缩缝离启闭机台仅1.5 m,其余均为5 m一节,造成洞身沉降不均匀。二是该闸建设时间长,伸缩缝柏油杉板老化损坏严重。三是闸前水位高,渗透压力超过了土壤承受水渗透压力极限,土体沿管壁随渗水逸出。

3. 抢险方法

按照“前堵、后导、蓄水平压”的原则,制订组合抢护方案。

前堵即在堤防的临河侧用棉絮盖堵进水口,以启闭机台柱为中心,向四周各铺贴15 m,并及时用黏土封堵闭气。后导及平压即在闸后10 m的渠道内修筑拦水土坝,抬高渠道内水位,降低临背河水位差,减少渗透压力,并在出水口处修建砂石导滤铺盖,防止土体流失。

险情发生后,湖南省南县中鱼口乡防指迅速组织1 600名抢险队员抢险,历时3昼夜,闸前帮土方4 500 m^3,闸后修土坝800 m^3,抢险用黄砂35 t、卵石40 t等,险情解除。

(二)湖南省常德市洞庭湖蒿子港交通闸管涌抢险

蒿子港交通闸位于澧水大堤桩号144+591处,建于20世纪80年代中期,结构形式为浆砌石墙、钢筋混凝土底板的开敞式交通闸,堤身为人工填沙黏土壤。1996年高水位时,曾出现墙身底板渗漏险情,仅做反导滤处理。

1. 险情概况

1998年7月,洞庭湖遭受了历史罕见的洪水袭击,洪峰水位高出1954年洪水位2.25 m。7月23日0时,闸首两侧墙开始出现渗流,3时,两侧墙和底板处出现22处鼓水涌沙,直径0.5~1.5 cm,涌水高达0.7 m以上,并挟带有堤身泥土,渗水总流量在0.5 m^3/s以上,随着水位的增长,流量也逐渐加大。

2. 出险原因

一是工程设计标准不足,致使洪水位超过工程设计水位;二是工程修建标准低,闸墙两侧及底板未设防渗墙;三是工程质量较差,墙身与土体结合不实,存在薄弱环节;四是1995年、1996年两次高水位,对该工程造成严重损伤,但处理不彻底,存在安全隐患。

3. 抢险方法

按照“前堵后导”的原则抢险,临湖用彩条布截断水流通道,背湖修筑反滤围井导渗的方法抢险。

7月23日3时15分,防汛指挥部迅速组织抢险队员500人参加抢险。前堵:先将彩条布绑块石沉入坡底,上用人拉平,放到底,出水1 m,然后用砂砾袋压实。迎水面铺彩条布总长60 m防渗,砂卵装袋压实,厚1 m。后导:闸后用土袋修做围堰,闸后漏水处先放粗砂厚0.2~0.3 m,后用砂石压0.8~1 m,四周用袋装土修做围堰。7月23日7时,涌水由0.5 m^3/s减少到0.1 m^3/s,水色由浑变清,险情基本得到控制。

第三节　闸基破坏抢险

一、险情说明

闸基破坏险情主要包括渗水、管涌。

水闸的基础或土基与基础的结合部位等,在高水位渗压作用下,局部渗透坡降增大,集中渗流或绕渗,引起渗水;当渗流比降超过地基土允许的安全比降时,非黏性土中的较细颗粒随水浮动或流失,在闸后发生冒水冒沙现象,形成流土,亦称“翻沙”或“地泉”。

险情如不及时抢护而发展扩大,地基土大量流失出现严重塌陷,会造成闸体剧烈下沉、断裂或倒塌失事,或形成贯通临背水的管涌或漏洞险情。因此,对水闸本身及闸基产生的异常渗水甚至管涌、流土,要及时处理,以确保水闸的渗透稳定,保证安全度汛。

二、原因分析

造成闸基渗水、管涌的原因,归纳起来主要如下所述:

(1)水闸地下轮廓渗径不足,闸基在高水位渗压作用下,渗透坡降增大,当渗流比降超过地基土允许比降时,地基土中的较细颗粒随水浮动或流失,可能产生渗水破坏,形成冲蚀通道，引起流土或管涌。

(2)地基表层为弱透水层，其下埋藏有强透水沙层，承压水与河水相通，当临河侧水位升高，渗透坡降增大，闸下游出逸渗透比降大于土壤允许值时，在闸后地表层的薄弱地段可能发生流土或管涌，冒水冒沙，形成渗漏通道。

(3)由于水闸止水防渗系统破坏，渗透坡降增大，当渗流比降超过地基土允许的安全比降时，在闸后或止水破坏处冒水冒沙，形成流土或管涌，危及水闸安全。

(4)闸底板与地基接触不密实，存有渗流通道，在水头作用下产生渗流。

三、险情判别与监测

闸基破坏险情的判别与监测和水闸土石结合部险情的判别与监测基本相同，详见本章第二节。

四、抢护原则

闸基渗水、管涌险情的抢护原则是：上游截渗、下游导渗或蓄水平压减小上下游水位差。只要条件许可，应以上截为主，以下排(导)为辅。上截即在水闸上游侧或迎水面封堵进水口，以截断进水通道，防止入渗；下排(导)即在水闸下游侧采取导渗和滤水措施，及时将渗水排走，制止涌水带沙，以降低基础扬压力。

五、抢护方法

(一)上游抛黏土阻渗

首先关闭闸门，派潜水员下水查找漏水进口。在渗漏进口处，用船载黏土袋，由潜水人员下水用黏土袋填堵进口，然后抛散黏土闭气，如图6-5所示。再在漏水口周围用船缓慢抛填黏土。

抢险时，一是要准备足量的散状黏性土，并且装于船上备用。二是由船上抛土时，要缓缓推下，不要太快，以免土体固结不实。

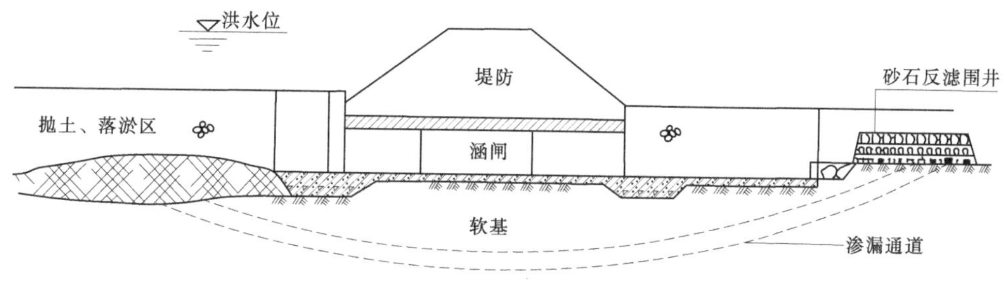

图6-5 上游阻渗和下游设反滤井示意图

(二)上游落淤阻渗

在水闸闸基渗水、管涌不太严重的情况下，并且水闸所在河流含沙量较高，能够利用河水落淤阻渗的，可以将水闸关闭，利用洪水挟带的泥沙在闸前落淤，形成阻渗铺盖，阻止渗漏，如图6-5所示。

(三)下游反滤围井导渗

在管涌出口处修筑反滤围井,可制止涌水带沙,防止险情扩大,如图 6-5 所示。下游反滤围井导渗一般运用于背水地面出现数目不多和面积较小的管涌,以及数目虽多但未连成大面积而能分片处理的管涌群。对于水下管涌,当水深较小时亦可采用。根据所用导渗材料的不同,具体修筑方法如下。

1. 土工织物反滤围井

土工织物反滤围井的施工方法也与砂石反滤围井的施工方法基本相同,但在清理地面时,应把一切带有尖、棱的石块和杂物清除干净并注意平整好修做场地。土工织物铺好后在其上填筑 40~50 cm 厚的一般透水料。

此法应注意防止土工织物被淤堵失效。若发现背水堤坡浸润线抬高,或滤料凸起,应改用砂石料反滤。

2. 砂石反滤围井和梢料反滤围井

临时抢护管涌险情可采用砂石反滤围井或梢料反滤围井。

(四)反滤铺盖法

此法通过建造反滤铺盖,降低涌水流速,制止泥沙流失,以稳定管涌险情。一般运用于管涌较多,面积较大并连成一片、涌水涌沙比较严重的地方,特别是表层为黏性土,洞口不易被涌水迅速扩大的情况。

(五)透水压渗台法

修筑透水压渗台可以平衡渗压,延长渗径,减小渗透比降,并能导渗滤水,防止土粒流失,使险情趋于稳定,此法适用于管涌较多,范围较大,反滤料不足而沙土料源丰富的堤段。

(六)无滤反压法(也叫减压围井法,又称"养水盆"法)

在下游修筑围堤或关闭闸门蓄水平压,减小上下游水头差。

六、注意事项

水闸工程渗水、管涌险情抢护注意事项与堤防工程渗水、管涌险情抢护注意事项基本相同。

七、抢险实例

(一)湖南省岳阳市洞庭湖三合垸龙井闸闸底板管涌抢险

三合垸位于湖南省岳阳市新墙河中下游。龙井闸位于大堤桩号 3+700 处,1974 年 10 月建成,为预制混凝土砖拱形结构,宽 2 m,底板高程 30.76 m,表层土质为轻黏土,下部地质构造不明。

1. 险情概况

该工程险情共分两个阶段:

(1)第一阶段从 1998 年 7 月 4 日到 8 月 25 日。7 月 4 日晚 21 时,外湖水位 34.4 m,内湖水位 29.2 m 时,巡逻发现在距水闸出口 5 m 的地方出现管涌,管涌直径 18 cm,出水量 3 L/s,并严重挟沙出流,随后下水探查,发现管涌出口周围水温低,通过对该点的压渗后，管涌范围扩大为约 21 m^2，管涌出逸点增到 4 处。

（2）第二阶段从 8 月 26 日开始。外湖水位 35.7 m，在第一次出现的管涌点位置，重新出现翻沙鼓水，直径约 15 cm，挟沙程度一般。

2. 出险原因

（1）下游消力池彻底破坏，将出口冲成深坑。根据潜水员探明的情况，坑深达 4 m，高程约 27 m，面积 30 m^2，在闸室出口形成陡坎。由于冲坑底板高程低于外河河滩沙洲高程，将透水性强的砂层裸露出来，在闸底板形成了强透水通道，渗径大大缩短。

（2）进口底板没有设置垂直截渗，闸基础在扬压力作用下，使进口位置土层破坏，形成管涌。第一次破坏时，当闸基透水通道形成后，水力坡降为 5.2/3 = 1.73。如此高的水力坡降很容易使土体失稳。

（3）渗径太短。由于该闸靠近河床位置，下部沙基础高程较高，土壤保护层较薄，渗流流网分布不均，主要由进出口土层控制渗流，一旦土层破坏，容易发生管涌。

3. 抢险原则及方法

按照前堵后导的抢护原则，并结合工程险情实际情况，采取反虑导渗的办法制止涌水带沙。同时，采取蓄水减压措施，在下游修做“养水盆”，降低上下游水位差。

4. 工程抢险

管涌发生后，按照轻重缓急，分两步组织抢险：

（1）第一步，采用卵石导滤，控制泥沙带出。管涌发生后，一方面立即向县防汛指挥部报告，一方面组织 10 余部拖拉机抢运卵石，100 余名劳力紧急将卵石装包成为卵石包，将管涌周围用卵石包垒起，然后填压卵石，面积约 21 m^2，卵石厚度 1.3 m。抢险工作从 7 月 4 日晚 21 时 20 分开始，到 7 月 5 日 4 时结束。

（2）第二步，蓄水减压。在闸下进水渠 30 m 位置做土坝，土坝高 3.6 m，堤面高程 33.8 m，长 9 m，底宽 4 m，7 月 5 日 8 时开始，到 11 时 40 分结束。土坝蓄水后内外水位差降至 1.6 m。

通过上述措施，险情得到控制，渗水量稳定，蓄水池水质清亮，管涌发生、发展第一过程结束。由于外河水位的持续上涨，8 月 26 日，当外河水位达到 35.7 m 时，巡查人员发现在原管涌位置出现翻沙鼓水，为做到彻底控制管涌，迎战下一次洪峰的到来，一方面组织劳力继续用卵石导渗，控制泥沙带出；另一方面，在外湖进行封堵。首先，自卸船将冲坑用砂填平至高程 30.67 m；再通过潜水员将油布铺平，完全遮住填平后的沙堆；再在油布上面压沙。通过 6 h 的紧张抢护，外湖封堵结束，险情被完全控制。

（二）湖南省安乡县洞庭湖大鲸港交通闸闸基管涌抢险

大鲸港交通闸位于湖南省安乡县大鲸港镇，建于 20 世纪 80 年代中期，闸身宽 4 m、高 4.5 m，长 12 m，钢筋混凝土结构；前后扩散段长各 4.5 m，浆砌石结构，底板高程 37.1 m。附近堤面高程 41.6 m，面宽 8 m，内外坡 1:5.5。堤顶以下 5 m 内坡设宽 5 m 平台，堤脚防汛公路宽 7 m，路面高程 35.0 m。

1. 险情概况

1998 年 7 月 22 日下午，当外河水位 40.10 m 时，在内扩散段与闸墙结合处底部发生翻沙鼓水。随着洪水位的升高，渗水时间延长，涌水量逐渐增大。在处理第一处后扩散段与底板接合处又连续发现了 3 处涌水点，涌水孔径 0.12 m，开始时涌水高 0.2 m，迅速增加到 0.8 m。

2. 出险原因

该堤段是 20 世纪 80 年代由湖内向湖外移筑的临湖大堤，基础原是坑塘，基础处理不够彻底，闸体石墙不够密实。经查，20 世纪 90 年代几个丰水年汛期都有较小量的翻沙鼓水，均没有彻底处理，以致与主体结合部被淘空而形成管涌。

3. 抢险原则及方法

经研究，采取前堵后导的抢护原则，采取闸前修筑围堤，封堵闸门，闸后修围堰，蓄水平压，闸前闸后同时抢护。

4. 工程抢险

第一个险点用砂卵石按三级导滤处理，但随后又接连出现 3 个险点，险情有进一步发展的趋势。经研究，按照前堵后导的抢护原则，及时调整为闸前截流、闸后导虑、减压的方法同时抢护。一是用土封堵闸门，封堵墙高于洪水位 0.5 m，阻断管涌通道；二是在堤内修围堰，围堰高 1.4 m，灌水深 1 m，蓄水减压；三是将 3 个险点连片用修做砂、石导滤铺盖，控制了险情。

第四节　滑动抢险

一、险情说明

水闸高水位挡水时，水闸水平方向的推力增大，闸基扬压力也相应增大，闸底板与土基之间的抗滑摩阻力不能平衡水平方向的滑动推力，使水闸沿底板与地基结合部或地基内薄弱面产生剪切破坏或向下游失稳滑动。

滑动险情按照滑动面的位置分为表面滑动和深层滑动两种基本类型。按照滑动面形状的不同可分为三种类型：一是平面滑动，二是圆弧滑动，三是混合滑动。三种类型的共同特点是基础已受剪切破坏，险情发展迅速，抢护十分困难，如抢护不及时，可能导致水闸失事。因此，必须在水闸出现滑动征兆后，及早采取紧急抢护措施，避免滑动险情的扩大。

二、原因分析

发生滑动险情的水闸多为开敞式水闸，其他类型的水闸一般不会发生滑动险情。开敞式水闸一般修建在软土地基上，采用浮筏式结构，主要靠自重及其上部荷载在闸底板与土基之间产生的摩阻力维持其抗滑稳定。水闸向下游滑动失稳的原因主要有以下几种：

(1) 上游挡水位超过水闸设计挡水位，下游水位低于设计水位，上下游水位差加大，水平推力增加，同时闸基渗透压力和上浮力也增大，闸底板与土基之间的抗滑摩阻力降低，使水平方向的滑动力超过抗滑摩阻力。

(2) 防渗、止水设施破坏，反滤失效，使渗径变短，造成地基土壤渗透破坏甚至冲蚀，增大了渗透压力、浮托力，地基摩阻力降低。

(3) 上游泥沙淤积，产生的水平推力加大了水平滑动力。

(4)其他突发的附加荷载超过原设计极限值,如地震力等。

三、险情的判别与监测

水闸一般建设在土基上,在建筑物、水压力等各种荷载组合作用下应具有抵抗滑动或剪切破坏的能力。除自重外,水闸还承受高水位时水平向的推力和基础扬压力,一旦滑动力大于抗滑稳定力,水闸下的土基或底板与地基结合部就会发生剪切破坏、滑动、倾覆。因此,每年汛期都必须对水闸在各种运用条件下的抗滑动稳定和抗倾覆稳定进行监测,以确保防洪安全。

险情监测主要是依据变位观测资料,分析工程各部位在外荷载作用下的变位规律和发展趋势,从而判断有无滑动、倾覆等险情出现。涵闸变位观测是在工程主体部位安设固定标点,观测其垂直和水平方向的变位值。在洪水期间要加密观测次数,将观测结果及时整理分析,判断工程稳定状态是否正常。

(一)水平位移观测

水平位移观测是运用精密仪器设备连续定期测量水闸测点在水平方向上的位置变化。观测点一般布设在闸墩顶部、岸墙顶部、公路桥和工作桥棱角处,以及翼墙上部和一些需要进行水平位移观测的部位等。

(二)垂直位移观测

垂直位移观测是水闸安全监测的基本项目,主要采用精密水准测量的方法。观测前,先校核水准基点高程,然后将水准基点与起测基点组成水准环线进行观测。如果河流的两岸均布设有起测基点,主线的观测可按附合水准线路进行。水闸建成竣工后,头5年运行期内1次/月,随着时间的推移,运行期超过5年以后,经资料分析水闸沉陷也趋稳定,可适当减少测次,为1次/季度和汛后测1次。当发生地震或超标准运用(例如超过设计最高水位,最大水位差)时,有可能加大地基沉降,危及工程安全,应及时增加测次,加强观测。

四、抢护原则

抢护原则是增加阻滑力,减小水平滑动力,提高抗滑安全系数,预防水闸滑动。

五、抢护方法

(一)加载增加摩阻力

该方法适用于水闸平面缓慢滑动险情的抢护。

抢险时,在水闸的闸墩等部位堆放块石、土袋或钢铁,在公路桥面可以堆放钢轨、工字钢、钢板等重物,加大水闸上部荷载,增加闸底板与土基之间产生的摩阻力,维持水闸抗滑稳定。加载重量要经过稳定验算确定,同时也能不影响防汛交通。

加载阻滑时要注意:

(1)加载量不得超过地基许可应力,否则会造成地基大幅度沉陷;各部位加载要均衡,以免造成不均匀沉陷。

(2)具体加载部位的加载量不能超过该构件允许的承载能力,一般应进行应力计算分析。

(3)堆放重物的位置,要考虑留出必要的防汛抢险应急通道。

(4)一般不要向闸室内抛物增压,以免压坏闸底板或损坏闸门构件。

(5)险情解除后要及时卸载,进行善后处理。

(二)下游堆重阻滑

该方法适用于圆弧滑动和混合滑动两种缓滑险情的抢护。

在水闸下游可能出现滑动面的下端堆放土袋、砂袋、块石等重物,阻止水闸滑动。重物堆放位置及数量由阻滑稳定验算确定,如图6-6所示。

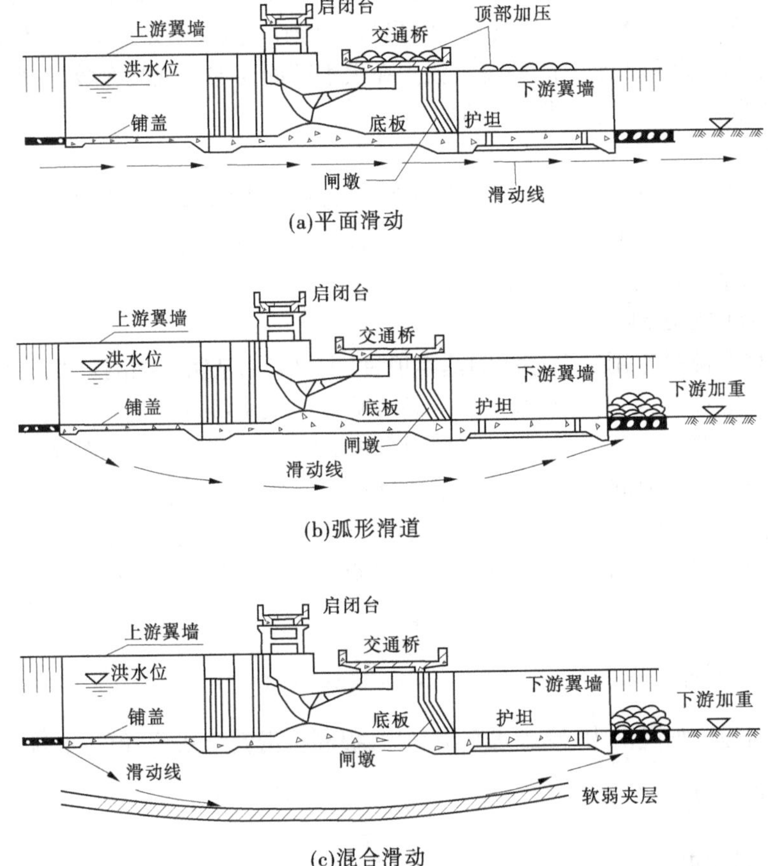

图6-6　下游堆重阻滑示意图

下游堆重阻滑应注意:

(1)水闸下游一般土源丰富,取用方便,工作场面大,便于抢险作业,抢险时应优先考虑使用。

(2)抢险前要认真勘察险情,确定水闸滑动面的下端边缘,认真研究抢险方案,确定堆重位置和堆重量,保证堆重体覆盖住滑动面的下端,保证阻滑效果。

(三)下游蓄水平压

该方法采取抬高水闸下游水位,减小上下游水位差,减小水平方向滑动力的办法,以达到消除险情的目的。

抢险时,在闸下游一定范围内用土袋或土料筑成围堤,与渠道两边的渠堤一起形成"养水盆",抽取河水灌注在"养水盆"内,适当壅高下游水位,减小上下游水头差,以抵消部分水平推力。修筑围堤的高度要根据壅水对闸前水平作用力的抵消程度经计算确定,堤顶宽约2 m,土围堤边坡1:2.5,堆土袋边坡1:1,堤顶超高1 m左右,并在靠近控制水位处设溢水管,如图6-7所示。

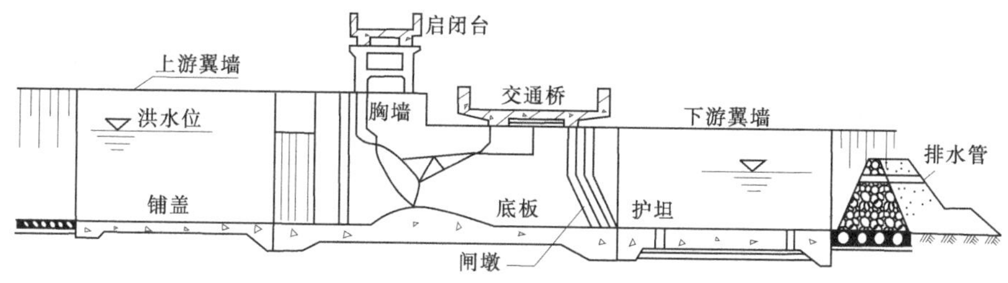

图6-7 下游围堤蓄水示意图

若水闸下游渠道上建有节制闸、分水闸,且距离较近,险情发生后可以将节制闸、分水闸全部关闭,抬高下游水位,减小上下游水位差,亦能起到"养水盆"的作用。

为预防大洪水期间水闸发生滑动险情,部分存在安全隐患的水闸可以在非汛期依托闸后两侧渠堤预先修建围堤,顶高程、顶宽、边坡等依据情况而定,闸后渠道预留缺口,平时正常运用,高水位水闸发生滑动险情时,迅速修筑土堤堵住缺口,在闸后形成"养水盆",蓄水平压,抵消部分水平推力,防止水闸滑动。不具备修建围堤条件的,也可以在水闸附近预备土方,以备紧急时刻用于修建围堤蓄水。

(四)圈堤围堵

该法一般适用于闸前有较宽滩地的情况。

在水闸临水侧,沿滩地修筑临时圈堤,圈堤两端与水闸两侧的堤防工程形成闭合圈,将水闸与洪水隔绝,彻底消除滑动威胁。圈堤高度通常与闸两侧堤防高度相同,顶宽应不小于5 m,以利施工和抢险。圈堤边坡1:2.5~1:3。圈堤临水侧可堆筑土袋,背水侧填筑土戗,或者两侧均堆筑土袋,中间填土夯实,以减少土方量。土袋堆筑边坡1:1。

圈堤填筑工程量较大,且施工场地相对较小,短时间内抢筑相当困难。一般可在汛前将圈堤两侧部分修好,中间留下缺口,并备足土料、编织袋等,预报发生大洪水,需要围堵水闸时,迅速封堵缺口,形成圈堤。

六、抢险注意事项

不论发生何种滑动险情,都要立即实行交通管制,禁止除抢险车辆外的其他车辆在水闸上通行。一是避免来往车辆扰乱抢险工作的顺利进行;二是避免车辆的扰动加剧水闸滑动,使险情恶化;三是避免险情对行人、车辆安全的威胁,保证人民生命安全。

抢险加载、堆重时，切忌乱堆乱放和猛掀猛倒，避免对基础造成有害扰动或受力不均，加重险情。

第五节　上下游坍塌抢险

一、险情说明

水闸上游一般修建有建筑物两侧翼墙、边墙、导流墙、护坦、护坡等防止河道水流及水闸泄水冲刷的防护设施，汛期高水位或水闸开闸放水时，受到高速水流或高含沙水流的冲刷、空蚀作用，水闸上游防护设施等建筑物可能发生蛰陷、倾斜甚至坍塌等险情。

水闸下游一般修建有护坦、消力池、海漫、防冲槽，以及建筑物两侧翼墙、边墙、导流墙、护坡等防护设施，水闸开闸放水时，受到高速水流的冲刷、空蚀作用，下游防护设施等建筑物可能发生蛰陷、倾斜甚至坍塌等险情，如不及时抢护，将危及水闸安全。

二、原因分析

闸前遭受大溜顶冲，风浪淘刷。

闸下游泄流不匀，出现折冲水流，使消能工、岸墙、护坡、海漫及防冲槽等受到严重冲刷，使砌体冲失、蛰裂、坍陷，形成淘刷坑。

三、险情判别与监测

在水闸引水、分洪时，为保证工程安全运用，需要及时进行监测。一般采用如下监测方法。

（一）外观检查

观察闸上下游水流有无明显的回流、折冲水流等异常现象；观察上下游裹头、护坡、岸墙及海漫有无垫陷及滑动，与土堤结合面有无裂缝等。

（二）人工测深检查

按照预先布置好的平面网格坐标，在船上用探水杆或尼龙绳拴铅鱼（球）探测基础面的深度，对比原来工程的高程，确定冲刷坑的范围、深度，计算冲刷坑的容积。同时，对可能发生的滑动、裂缝、前倾或后仰等进行分析。

（三）测深仪监测

采用超声波或同位素测深仪对水下冲刷坑进行探测，绘制冲刷坑水下地形图，与原工程基础高程相比较，找出冲刷坑的深度、范围，并确定冲失体积及分析建筑物可能出险的部位。

四、抢护原则

上下游坍塌险情的抢护原则是：固坦护坡，阻止继续坍塌。

五、抢护方法

（一）抛投块石或混凝土块

护坡及翼墙基脚坍塌，可以采取抛投块石或混凝土块的办法抢险。

抛投可采取船抛和岸抛两种方式进行。先从险情最严重的部位抛起，依次由下层向上层抛投，并向两边展开。抛投时要随时探测，掌握抛石高度和坡度，直到达到稳定要求为止。

当水深溜急，块石粒径太小不能满足稳定要求时，可抛投大块石等，同时采用施工机械抢险，加快、加大抛投量，尽快遏制险情发展，争取抢险主动。

护坡及翼墙基脚受到淘刷时，抛石体可高出基面；护坦、海漫部位一般以抛填至原设计高程为宜。

（二）抛铅丝（或竹篾）笼

护坡及翼墙基脚发生坍塌，如溜势过急，抛块石不能制止坍塌，可采取抛铅丝笼的办法抢险。用铅丝笼装块石或卵石，抛入冲刷坑内，制止坍塌。铅丝笼体积一般为0.5~1.0 m^3，笼内装石不可过满，以利抛下后笼体变形，减小空隙。

竹子来源丰富的地方，也可以用竹篾子编笼装石，代替铅丝笼抢险。

（三）抛土袋

护坡及翼墙基脚坍塌，块石短缺或供应不足时，也可采用抛土袋等方法进行抢护。

抢险时，将土料装入麻袋或编织袋，袋口扎紧或缝牢后抛入冲刷坑内，也能起到和抛石一样的防冲固基效果。抢险时，草袋、麻袋、土工编织袋内装入土料，袋内装土不宜过满，饱满度为70%~80%，人工抛投时以每袋重50 kg左右为宜，以便搬运和防止摔裂。土料以砂土、砂壤土为好，装土后用铅丝或尼龙绳绑扎封口，土工编织袋应用手提式缝包机封口。若用机械抛填，根据袋类的抗拉强度，可适当加大装土量。

抛土袋最好从船上抛投，或在岸上用滑板滑入水中，层层压叠。流速较大时，可将几个土袋用绳索捆扎后投入水中；也可将多个土袋装入预先编织好的大型网兜内，用吊车吊放至出险部位，或用船、滑板投放入水。

（四）抛柳（秸）石枕

当护坡及翼墙基脚坍塌严重，基脚土胎外露，险情较严重时，水流会淘刷基础，仅抛块石抢护，因石块间隙透水，效果不好，而且抢护速度慢、耗资大，这时可采用抛柳石枕的方法抢护。

（五）土工编织布（或土工布）软体排

用聚丙烯编织布、聚氯乙烯绳网构成软体排，设置在坍塌险点处，然后用混凝土块或土、石袋压沉于坍塌处。在水流不太急的地段，也可以采取将土工编织布或土工布直接铺在坍塌部位，上压土、石袋的办法抢险。

六、抢险实例：福建省九龙县北溪引水枢纽工程上游冲刷坑抢险

福建省九龙县北溪引水枢纽工程于1980年建成运用，由南、北港水闸，船闸，左、中、右干渠进水闸及节制闸等组成。

（一）险情概况

1986年，检查发现南港水闸2号与3号闸孔前黏土铺盖及浆砌条石护面被冲刷，破坏面积约200 m^2，最大冲刷深度为3.2 m，冲刷坑边界上铺盖护石悬空，底层黏土平均冲刷深0.5 m，最大2.5 m，并有向闸身和4号、6号闸孔方向发展的趋势。

（二）出险原因

闸前黏土铺盖冲刷破坏的主要原因是：

（1）受河势变化影响，南港主流偏向左岸，水流集中冲刷南港水闸的2号与3号闸孔部位。

（2）闸前原阻水建筑物施工后未彻底清除，影响水流，形成漩涡。

（3）黏土铺盖端墙基础部分在设计及施工时未采取必要的加固措施。

（三）抢险原则及方法

按照"及时加固闸前黏土铺盖，增强抗冲能力，阻止继续坍塌"的原则抢险。

为了避免南港水闸闸前黏土铺盖和河床冲刷坑继续扩大，危及闸身安全，决定对现有冲刷坑予以回填，并修复防渗体。经方案比较，选定了土工织物防护的处理方案。

该方案的特点是：①在静水下抛填散砂，回填冲刷坑密实度高；②用土工织物水下铺盖封闭散砂，整体性较好；③用编织袋砂包压盖土工织物，具有柔性，抗冲性能好；④水中铺设的土工膜与原黏土铺盖连接紧密，修补加固并恢复了防渗性能；⑤用扎结尼龙绳网，使表层砂包连成整体，提高了砂包抗冲能力；⑥水下施工各工序均由潜水员与水上人员配合完成，施工质量可靠。

（四）工程抢险

（1）放样与定位。根据加固工程范围和水下施工抢护特点，在现场使用经纬仪测量放样。

（2）抛填散砂。船运散砂至指定地点，向出险部位抛砂，潜水员水下整平，施工员在船上用测深锤检查回填高程。

（3）抛填编织袋砂包。船运砂包至指定地点，抛投入水，潜水员水下搭叠，摆正位置。

（4）水下铺设土工织物。先将幅宽2.5 m的土工布按设计长度裁剪，将两块布用尼龙线缝扎双道缝拼成一块（幅宽5.0 m的可单块使用）并编号，铺放时按指定位置选好编号。将土工布卷在一根钢管上，用木船运到指定位置，放入水中，由潜水员在水下慢慢展开，同时抛放砂包将土工布压住，再抛填上层砂包。

（5）水下铺设土工膜。先将幅宽0.9 m的土工膜按设计长度剪裁，然后用电熨斗热粘，每块布由4~5小块黏接而成，拼接后膜布的幅宽为3.3~4.1 m，全部按设计数量加工，并编号，铺放方法同上。同样上压砂包。

工程竣工后，经实测验证冲刷坑位置已按设计完成，有的地段还略有淤积。施工中及完工后曾多次受洪水考验，经潜水员水下检查，表层更加密实，砂包之间吸附得更为紧密，无异常现象。

第六节　闸顶漫溢抢险

一、险情说明

涵洞式水闸一般埋设于河流的堤防工程内，防漫溢措施和堤防工程防漫溢措施相同，一般不必考虑漫溢险情。

开敞式水闸的闸身上方没有堤防覆盖，如果洪水位超过设计挡水位，洪水漫过闸门顶或胸墙跌入闸室，会发生漫溢险情。同时，由于水位升高，河水对闸身的水平推力和基础扬压力也相应增加，闸身基础稳定性降低，也可能导致水闸发生浮托滑动等严重险情。

二、原因分析

工程出险的原因主要有：水闸设计挡水位标准偏低，或河道淤积严重，造成水闸防洪能力降低，洪水期间水位超过闸门或胸墙顶高程，如不及时采取防护措施，洪水会漫过闸门或胸墙跌入闸室，危及闸身安全。

三、险情判别与监测

（一）水文、气象信息

当发生较大洪水，水位较高，可能发生闸顶漫溢险情时，应密切注视水文、气象信息，及时收集水情信息，按照水文预报和气象预报，分析判断洪水发展趋势，预测最高洪水位，分析闸顶漫溢险情的可能性。

（二）工程结构检查

检查闸门顶部结构，结合闸门结构选择适合的抢护方案，及时制订修建土袋挡水墙或闸前围堵的抢护方案，落实抢险料物、人员、机械，做好抢险准备。

四、抢护原则

当洪水位超过闸墩顶部或闸门高度不大时，采取修建土袋挡水墙的办法抢险；洪水位超过闸墩顶部或闸门高度过大、无法使用土袋加高的办法抢险时，采取闸前围堵的办法抢险。

五、抢护方法

（一）土袋挡水墙法抢险

根据洪水预报水位，测算闸顶漫水高度，在洪水位超过闸顶不多的情况下，可以采取在闸顶排压土袋的办法抢险。根据水闸类型的不同，修筑土袋挡水墙可以分为以下两种情况。

1. 无胸墙开敞式水闸的情况

闸顶压土袋的方法适用于水闸闸孔跨度不大的漫溢抢险。抢险程序如下：

第一步，先焊一个平面钢架，钢架的外形尺寸以能够刚好放入水闸闸门槽内为度。钢架内部用钢筋焊上尺寸不大于 0.3 m×0.3 m 的网格。

第二步,用吊车或其他吊具将已焊接好的钢架网格轻轻吊入闸门槽内,放置于关闭的工作闸门顶上,紧靠门槽下游侧。

第三步,在钢架临水侧的闸门顶部,分层叠放土袋。土袋叠放由最下端开始,逐层向上分层叠放,平铺压实,不留空隙。土袋装土不可太满,以便于平铺排压密实,增强抢险效果。

第四步,在叠放的土袋临水面铺放土工膜布或篷布挡水。抢险时,要注意将土工膜布或篷布先压在最底部的土袋下面,压紧压实,向上卷起,并将全部土袋包裹严实,上部用土袋压牢。土工膜布或篷布宽度不足时可以搭接,搭接宽度不小于 0.2 m。亦可用 2~4 cm 厚的木板,严密拼接后紧靠在钢架上,在木板前放一排土袋作为前戗,压紧木板防止漂浮。如图 6-8 所示。

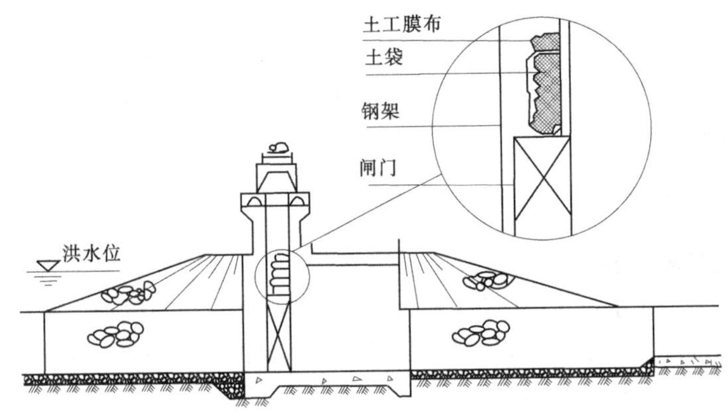

图 6-8　无胸墙开敞式水闸漫溢抢护示意图水闸

2. 有胸墙开敞式水闸

有胸墙开敞式水闸发生漫溢抢险时,可以充分利用闸前工作桥,采取在其上部叠放土袋修筑土袋挡水墙的办法抢险。抢险时胸墙顶部土袋堆放,迎水面压放土工膜布或篷布挡水等均与无胸墙开敞式水闸漫溢抢险的方法相同,如图 6-9 所示。

有胸墙开敞式水闸漫溢抢险方法与无胸墙开敞式水闸漫溢抢险方法的区别,主要是有胸墙开敞式水闸漫溢抢险时土袋挡水墙的下游侧没有钢网架。

(二)闸前围堵

当水位超过设计水位过高,采用闸顶抢筑的办法抢险,需要修筑的土袋挡水墙高度过高,无法采用时,应考虑采用抢筑围堤挡水的办法抢险,以保证水闸安全。

抢险时,围堤两端要分别与水闸上下游的堤防相连,将整个水闸用围堤和堤防形成的包围圈围堵起来,彻底隔断水流通道,达到防止发生漫溢险情的目的。修筑围堤的标准一般应与水闸所在堤防相同,堤顶宽度除满足安全要求外,还应当考虑抢险通车的要求,一般不小于 5 m。

如水闸建成时间很长,河床逐年淤积抬高,河道防洪设计水位不断抬升,致使水闸闸顶挡水高程达不到设计防洪标准要求,严重威胁防洪安全的,应当考虑将其拆除或废除。

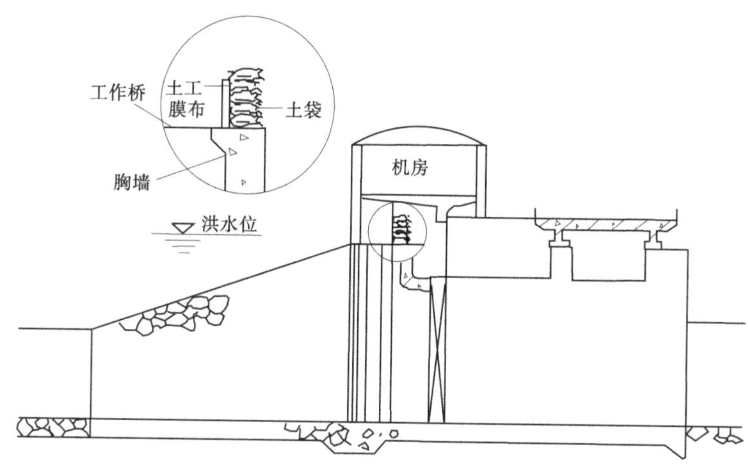

图 6-9 有胸墙开敞式水闸漫溢抢护示意图

管理部门可以将其纳入基建计划,筹集资金,在汛期到来前完成闸前围堵、拆除或改建等处理措施,彻底消除安全隐患。

六、注意事项

(1)土袋挡水墙应与两侧闸室翼墙衔接,注意做好防渗漏措施,共同抵御洪水。

(2)防止闸顶漫溢的土袋墙修筑高度不宜过高,否则,容易造成钢网架变形、土袋墙坍塌等,加剧险情发展。

七、抢险实例:湖南省益阳市洞庭湖黄茅洲船闸闸顶漫溢抢险

黄茅洲船闸位于湖南省益阳市大通湖大圈南部,赤磊洪道北岸的黄茅洲镇,是连接境内外水运交通的枢纽工程。该工程于 1956 年 5 月竣工,地基为坚硬的黄色砂质黏土。闸室净长 50. 0 m,闸身结构全部为钢筋混凝土,闸室为 U 形槽,宽 8 m,底板高程 25. 5 m,用防渗混凝土板墙与大堤连接,顶高程 36. 5 m;闸门位置宽 6. 4 m,闸门采用 10. 20 m 高人字门,顶高程分别为上闸首 36. 5 m,下闸首 35. 2 m、最高通航水位 34. 5m。

(一)险情概况

1996 年 8 月,黄茅洲船闸洪水位达 36. 94 m,超船闸设计防洪标准 1. 59 m,超上闸首顶高程 0. 44 m,超闸门顶高 0. 64 m。船闸上闸首防洪墙出现 3 条纵向裂缝,缝宽 2~2. 5 mm,情况十分危险。

(二)出险原因

(1)水位超高。1996 年 7 月 8 日开始,洞庭湖资、沅、澧三大流域相继出现了大到暴雨,再加之柘溪、五强溪、凤滩水库泄洪总量达 60 多亿 m^3,同时长江干流流量始终维持在 40 000 m^3/s 左右,造成洞庭湖出流不畅,上下顶托,使湖区 13 d 处在危险水位以上。

(2)防洪标准偏低。黄茅洲船闸设计最高防洪水位 35. 35 m,上闸首顶高程 36. 50 m,人字门顶高程 36. 3 m,而黄茅洲地区堤段堤面高程为 38. 00 m,防洪建筑物顶高程为 37. 5 m,船闸防洪标准远远不适应防洪保安的要求。

(3)工程及其设施老化。船闸竣工通航40余年,工程日趋老化,设备十分落后。

(三)抢险方法

工程采取“一加”“二堵”“三顶”“四填”的紧急抢险方案。

(1)“一加”,即洪水位在36.3~36.5 m的范围内,用10 mm钢板将上游人字门焊高20 cm,使闸门高程由36.3 m上升为36.5 m,有效地保证船闸实现梯级堵水战略,分散上、下游闸门的水压力,减轻上游人字门负载,确保一道防线的安全。当洪水位上升到36.5 m以上时,闸门不再焊高,使洪水自由漫溢;同时调节下闸首门廊道泄水孔,使闸室内外保持相对稳定的水头差,以便实现上游人字门梯级堵水。这在一定程度上可最大限度地减轻闸门的水压力。

(2)“二堵”,即用化纤编织袋装黏土,湿润压扁后按防洪墙承受水压力分布情况,以防洪墙为对称平面,按一定规律堆放在防洪墙的背水面。考虑到场地有限,背水面再筑黏土、砂卵石袋平台。

对产生了裂缝的防洪墙,堆垒袋装黏土时,应预留一个30 cm×30 cm的观察孔,以便及时掌握裂缝的发展情况,便于采取更有力的抢险措施。同时,当水位超过36.5 m时,用袋装黏土加高防洪墙,迎水面布置雨布,以防洪水渗透。

(3)“三顶”,即用圆木做成桁架支撑闸首空箱面板,以便板面叠垒袋装黏土。

(4)“四填”,即在防洪水位达36 m以上时,用化纤编织袋装2~4 cm的卵石抛填闸室到34.2 m高程,表面再覆盖防雨布。同时,对位于上闸首空箱部位的防洪墙采用空箱内弃填砂卵石的办法,以防不测。经过3天3夜的奋力抢护,终于化险为夷。

第七节　建筑物裂缝抢险

一、险情说明

混凝土建筑物主体或构件受温度变化、水化学侵蚀,以及设计、施工、运行不当等因素的影响,在各种荷载作用下,会出现有害裂缝。裂缝严重时可造成建筑物断裂和止水设施破坏,通常会使工程结构的受力状况恶化和整体性丧失,对建筑物的防渗、强度、稳定性有不同程度的影响,甚至可能导致工程失事。裂缝按照所在水闸的部位和危害程度的不同可分为表面裂缝、内部深层裂缝和贯通性裂缝。

二、原因分析

产生险情的原因主要有:

(1)建筑物强度不足,达不到水闸安全标准要求。

(2)建筑物建设时间长,工程老化,建筑物构件强度达不到水闸安全标准的要求。

(3)建筑物超载或受力分布不均以及地基不均匀沉陷,使工程结构拉应力超过设计安全限值。

(4)地基土壤遭受渗透破坏,建筑物构件受力比设计受力情况恶化,造成建筑物裂缝、断裂等。

(5)地震等突发灾害性事件产生的地震力超过设计值,造成建筑物断裂、错动、地基液化或急剧下沉。

三、险情判别与监测

(一)裂缝位置形状监测

首先定出各建筑物的轴线,画出坐标,逐条量测裂缝的分布位置、现状、走向、长度、宽度和深度等。

(二)宽度监测

宽度可通过在其两侧设带钉头的小木桩作标点直接进行观测,也可在缝的两侧设金属标点,用游标卡尺量测或采用差动式电子测缝计等监测。

(三)深度监测

深度除可用细铁丝等简易办法探测外,还可用超声波探伤仪等进行探测。

(四)错距监测

对贯穿性裂缝的错距,可在缝的两侧设三向测缝标点进行三个方向的量测。

四、抢护方法

裂缝险情一般都有缓慢发展的过程,急速出现裂缝险情的情况并不多见,一般发展缓慢。因此,多数裂缝一般可在汛期过后采取处理、加固措施。

(一)表面裂缝处理

表面裂缝一般对结构强度无影响,但影响抗冲耐蚀或容易引起钢筋锈蚀的干缩缝、沉陷缝、温度缝和施工缝都要处理,处理方法有以下几类。

1. 防水快凝砂浆堵漏,即表面涂抹

在水泥砂浆内加入防水剂,使砂浆有防水和速凝性能。防水剂的配制,按表6-1的配合比进行。

表6-1　防水剂配合比

编号	材料名称		配合比（重量比）	颜色
	化学名称	统称		
1	硫酸铜	胆矾	1	水蓝色
2	重铬酸钾	红矾	1	橙红色
3	硫酸亚铁	黑矾	1	绿色
4	硫酸铝钾	明矾	1	白色
5	硫酸铬钾	蓝矾	1	紫色
6	硅酸钠	水玻璃	400	无色
7	水		40	无色

把水加热到 100 ℃,然后将 1~5 号材料(或其中的三四种,其重量要达到 5 种材料总重,各种材料重量相等)加入水中,加热搅拌溶解后,降温至 30~40 ℃,再注入水玻璃,搅拌均匀,30 min 后即可使用。配制的防水剂要密封保存在非金属容器内。

防水快凝灰浆和砂浆,按表 6-2 的配合比拌制。将水泥或水泥与砂加水拌匀,然后将防水剂注入,迅速拌匀,并立即涂抹使用。

表 6-2　防水快凝灰浆和砂浆的配合比

名　称	配 合 比 (重量比)				初凝时间(min)
	水泥	砂	防水剂	水	
急凝灰浆	1		0.69	0.44~0.52	2
中凝灰浆	1		0.20~0.28	0.40~0.52	6
急凝砂浆	1	2.2	0.45~0.58	0.15~0.28	1
中凝砂浆	1	2.2	0.20~0.28	0.40~0.52	3

施工工艺:先将混凝土或砌体裂缝凿成深约 2 cm、宽约 20 cm 的毛面,清洗干净后,在面上涂刷一层防水灰浆,厚 1 mm 左右,硬化后即抹一层厚 0.5~1 cm 的防水砂浆,再抹一层灰浆,硬化后再抹一层砂浆,交替填抹直至与原砌体面齐平。

2. 表面粘贴法

表面粘贴法即用胶黏剂把橡皮、氯丁胶片、塑料带、玻璃布或紫铜片等片状防水材料粘贴在裂缝部位防止渗漏的一种方法,适用于混凝土大面积龟裂、渗水等险情的修复,如图 6-10 所示。一般采用橡胶防水卷材(如三元乙丙橡胶防水卷材、氯化聚乙烯橡胶防水卷材等)或其他片状纤维材料(如玻璃纤维、碳纤维等),但要求黏合剂能够在潮湿或有明水的界面快速黏结固化。

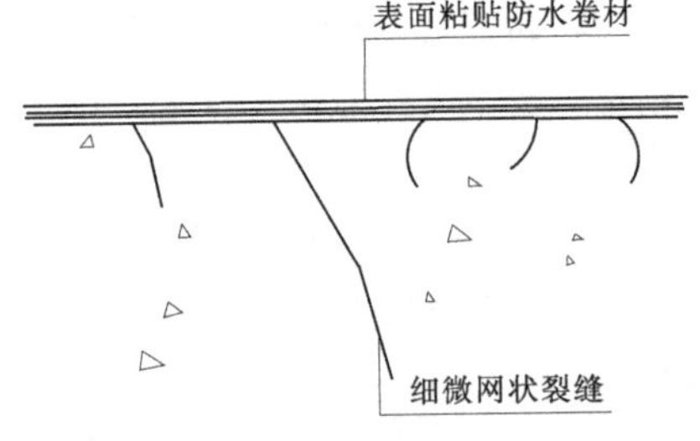

图 6-10　表面粘贴法施工示意图

表面粘贴法的工序为:施工准备→基面处理→底胶涂刷→卷材粘贴→面层处理→质量检查。

(1)施工准备:施工前应根据现场情况制订合理的修复方案,准备施工材料、人员及相关机械设备。

(2)基面处理:基面处理的程度决定了粘贴材料与混凝土的黏结能力,根据基面情况可采用钢丝刷或角向磨光机打磨,将混凝土基面表层附着物、松动混凝土清除,并用高压水枪冲洗干净。

(3)底胶涂刷:基层处理结束后,将配置好的胶黏剂均匀地涂抹在基层表面,厚度 1~2 mm,待表面干燥后,方可进行下道工序。

(4)卷材粘贴:底胶表面干燥后,在底胶上均匀涂刷一层面胶,然后将卷材平铺在黏合面上,用滚筒或手压紧,不能有褶皱、起皮、空鼓现象。

(5)面层处理:卷材粘贴完毕后,一般采取外粉砂浆或其他修补材料隐蔽。

(6)质量检查:卷材粘贴表面应平整,无气泡、水泡,必要时还应对卷材的黏结强度进行现场检测。

3. 表面嵌填法(凿槽嵌填法)

表面嵌填法是指沿裂缝凿槽,并在槽中嵌填止水密封材料,封闭裂缝,以达到防渗、补强的目的,如图6-11所示。对无渗漏的结构裂缝,一般可采用环氧砂浆、聚合物砂浆、弹性环氧砂浆或聚氨酯砂浆等强度较高的材料嵌填;而对于有水渗漏的裂缝,一般在填入遇水膨胀止水条后再用环氧砂浆、聚合物砂浆、弹性环氧砂浆或聚氨酯砂浆等封闭。

表面嵌填法的施工工序为:施工准备→裂缝开槽→槽面清理→止水材料嵌填封闭。

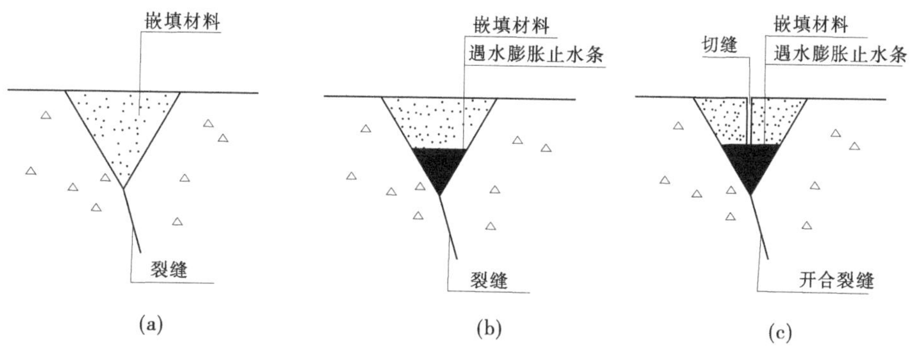

图6-11　表面嵌填法施工示意图

(1)施工准备:施工前应根据选择的施工方案,准备施工材料、人员及相关机械设备。清除裂缝两侧20 cm内混凝土表面附着物。

(2)裂缝开槽:沿裂缝开V形槽,槽宽3~5 cm,槽深2~5 cm,开槽时应清除松动混凝土。开槽长度应超过裂缝长度15 cm以上。

(3)槽面清理:开槽完成后,应采用高压水枪清理槽面,去除表面灰渣。用以水泥为主要原料的嵌填材料修补,修补前应做界面处理。

(4)止水材料嵌填封闭:按选定的方案嵌填止水材料,采用环氧砂浆、聚合物砂浆、弹性环氧砂浆或聚氨酯砂浆等材料可直接嵌填,表面抹平即可。若采用遇水膨胀止水条直接嵌填,应先嵌填止水条,再用其他材料嵌填平整。

由温度应力引起的裂缝,在加固设计中允许其开合的,应采用遇水膨胀止水条嵌填,并在面层嵌填材料上切缝。

表面嵌填法防水堵漏最常用的材料为环氧砂浆,环氧砂浆可参考图6-12所示的程序配制,配合比见表6-3。

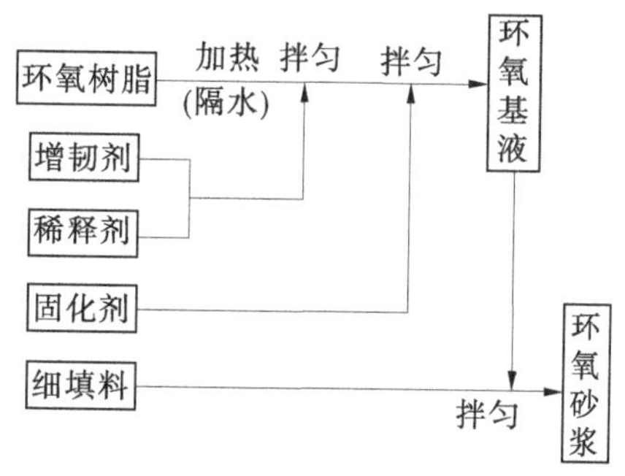

图6-12　环氧砂浆的一般配制程序

表 6-3　防水堵漏用环氧砂浆配合比(重量比)

序号	环氧树脂	活性溶剂	500#固化剂	聚酰胺	多乙烯多胺	聚硫橡胶	304#聚酯树脂	二甲苯	丁醇	煤焦油	水泥	石膏线	石棉绒
1	100	20	25					35	35				
2	100		20	10~15	5			5~10	5~10	20	100		
3	100	20	20		5		20	5~10	5~10	20	100		适量
4	100			10~15	15			5~10	5~10			100	
5	100			50~60	5~10			10~20					
6	100				5~10	80		0~20					
7	100	5	25				30	5		80	100		适量

注:1—冷底子;2—粘贴用;3—环氧腻子;4,5—粘贴用;6—粘贴和涂层用;7—环氧煤焦油腻子用。

(二)深层和贯通性裂缝处理

1. 丙凝水泥浆堵漏

丙凝水泥浆堵漏法适用于对结构强度有影响或裂缝内渗透压力影响建筑物稳定的沉陷缝、应力缝、温度缝和施工缝。深层裂缝常用的处理方法是灌浆,即水泥灌浆,以丙烯酰胺为主剂,配以其他材料发生聚合反应,生成不溶于水的弹性聚合体,用以充填混凝土或砌体裂缝渗漏流速大的堵漏,其配合比见表 6-4。

表 6-4　丙凝灌浆材料的配合比(重量比)

材料名称	A 液							B 液	
	丙烯酰胺	N,N′-甲樟双丙烯酰胺	β-二甲氨基丙腈	三乙酰胺	硫酸亚铁	铁氰化钾	水	过硫酸铵	水
代号	(A)	(M)	D	T	(Fe^{2+})	(KFe)		(AP)	
作用	主剂	交联剂	还原剂(促进剂)		促进剂	缓凝剂	溶剂	氧化剂(引发剂)	溶剂
配方用量(%)	5~20	0.25~1	0.1~1		0~0.05	0~0.05		0.1~1	

浆液的配制:①A 液。先将称好的丙烯酰胺、N,N′-甲樟双丙烯酰胺溶于 40~45 ℃的热水中,搅拌溶解后,过滤去掉沉淀物,再将称量好的 β-二甲氨基丙腈加入,最后加水至总体积的一半。②B 液。将称好的过硫酸胺溶于水中,加水至总体积的一半,铁氰化钾用量视选定的胶凝时间而定。一般配成 10%浓度的溶液。

丙凝水泥浆中的水泥用量取决于丙凝与水泥之比,一般为 2:1~0.6:1。

丙凝水泥浆配制:在 A 液中加入所需水泥,搅拌均匀,再加 B 液搅拌均匀即成。

一般采用骑(裂)缝打孔、插管灌浆堵漏,灌浆压力 0.3~0.5 MPa,可用水泥泵、手摇泵或特制压浆桶进行。

2. 土工织物堵漏

土工织物堵漏应根据土壤粒径选取土工织物规格，铺放堵塞裂缝，上部填筑碎石压重体。

五、抢险实例：湖南省常德市西子口电灌站裂缝抢险

西子口电灌站位于湖南省常德市沅澧大圈桩号 8+500 处，建于 1975 年。装机容量 1×155 kW，穿堤管道为 60 cm×70 cm、长 38 m 的浆砌条石箱涵，底板高程 38.00 m。涵管出口为浆砌条石压力水池，电灌站堤水经涵管进入水池升高后再入灌渠。堤顶高程 44.8 m，堤身断面已按洞庭湖区一期治理要求达标，堤内地面高程 37.0~37.5 m。

（一）险情概况

1996 年 7 月 21 日 0 时，外河水位达 41.74 m 时，发现涵管出口流清水。21 日 1 时左右突然出现浑水，且流量加大到 0.3 m^3/s，进管检查发现距进口 27.5 m（约迎水堤肩 1 m）处伸缩缝断裂，缝宽 4~5 cm，渗水沿管外壁从裂缝中射入管内并挟带泥沙。

（二）出险原因

基础产生不均匀沉陷，造成涵管伸缩缝断裂，渗透水沿管外壁进入管内，形成通道。

（三）抢险方法

（1）组织 1 000 多名劳力在临水坡修做围堤堵漏。由于外河坡陡水深，潜水员潜入水中没有找到渗漏点，险情没有得到控制。

（2）在做外包围的同时，组织队员用较小的木屑进管扎缝止漏，这一措施获得了较大的成功，管内流量减少了 50%以上。

（3）在出口水池修做围堰平压。经过 30 多 h 奋战，三种措施并举，终于控制了险情。

第八节　闸门失控抢险

一、险情说明

水闸在运行过程中，闸门有时可能难以正常开启和关闭，使闸门失去控制。闸门失控不仅危及水闸本身的安全，而且高水位时闸门无法关闭，将形成泄水缺口，失去控制洪水的能力，下泄洪水可能对下游地区造成严重的洪涝灾害。

二、原因分析

（1）闸门变形，闸门槽、丝杠扭曲，启闭装置发生故障或机座损坏、地脚螺栓失效，以及卷扬机钢丝绳断裂等。

（2）闸门底坎及门槽内有石块等杂物卡阻，牛腿断裂，闸身倾斜等，使闸门难以开启和关闭到位。

（3）某些水闸在高水位泄流时引起闸门和闸体的强烈振动，造成闸门失控。

三、险情判别与监测

（一）漏水监测

及时收集水闸失控后的过流监测，收集过流流量、水位数据，包括闸门失控的时间、失控位置、过水流量大小、水位变化等，以及工程险情发展变化情况、后续洪水预报等。

（二）险情监测

监测人员根据启闭闸门的螺杆、钢丝绳长度或启闭高度仪读数等，判定闸门关闭不到位的程度。指派专人观察险情发展变化情况，观察险情是否扩大、恶化，如果预报后续有较大洪水、险情迅速恶化，在尽快采取水闸封堵措施的同时，还应该考虑在水闸的上游或下游采取圈堵措施，修筑围堤将水闸围护起来，形成第二道安全屏障，彻底截断水流通道。

四、抢护方法

出现闸门失控险情后，可采用如下方法抢堵。

（一）有检修门槽的水闸

有检修门槽的水闸闸门失控抢险可以采取吊放检修闸门或叠梁屯堵。如仍漏水，可在工作门与检修门或叠梁门之间抛填土料，将闸门用土料堵死，也可在检修门前铺放防水布帘，防止水流下泄。

（二）无检修门槽的水闸

无检修门槽的水闸闸门失控抢险可以采取框架-土袋法屯堵，如图 6-13 所示。

图 6-13　框架-土袋法屯堵示意图

第一步，先焊一个平面钢网架，钢架的宽度略大于闸门跨度，高度略大于闸前水深，钢架内部用钢筋焊上尺寸不大于 0.3 m×0.3 m 的网格。

第二步，用吊车或其他吊具将焊接好的钢架网格吊至闸门前，卡在闸墩前，紧靠闸墩。

第三步，在钢架临水侧抛填土袋，直至高出水面。

第四步，在土袋前抛填黏土，促使闭气。

(三)大型分泄水水闸

大型分泄水水闸一般闸孔跨度较大,设计下泄流量较大,险情对下游的危害极大,一旦出现闸门失控险情,应当采取坚决措施,及时制止水流下泄。

大型分泄水水闸闸门出现失控险情,抢堵主要是根据闸上下游场地情况,相机采用围堰封堵。围堰封堵的做法与要求见本章第二节土石结合部破坏抢险。

五、注意事项

(一)抢险准备要充分,力争一气呵成

闸门失控险情发展一般较迅速,抢险需要的料物、人力、机械均集中,一旦抢险开始,抢险人员料物供应必须及时到位,不能中断,否则不但抢险前功尽弃,而且还将使险情扩大,带来不可预料的后果。因此,抢险之前必须做好充分准备,保证抢险需要,集中力量抢大险,争取一气呵成,迅速截断水流通路。

(二)加强指挥调度,注意抢险人员安全

闸门失控险情工程量集中,人员料物用量大,而抢险作业面狭小,各工序作业相互影响,如果组织协调搞不好,不但抢险效率不能满足抢险需要,而且人员的安全无法保证,必须加强组织协调,有条不紊地开展工作,保证抢险各工序协调进行,人员安全。

六 、抢险实例

(一)黄河山东省博兴县打渔张引黄闸闸门失控抢险

打渔张引黄闸位于山东省黄河博兴县王旺庄险工,大堤右岸桩号 183+650。该闸始建于 1956 年,后于 1981 年进行改建。该闸为桩基开敞式闸型,6 孔,每孔净宽 6 m,净高 3 m,闸室总宽 42 m,长 21 m,两端设岸箱(宽 8. 15 m)和减压载孔(宽 6. 8 m),新闸总宽 71. 9 m。闸门为钢筋混凝土平板式闸门,闸门由上、下门页组成,两门页采用螺栓连接,每扇宽 6. 6 m,高 3. 14 m,重 24. 68 t,启闭设备为 2×40 t 双吊点固定启闭机。

1. 险情概况

1991 年工程管理检查发现,该闸 6 孔闸门底部混凝土都不同程度地出现了破损漏筋,最大破损面积 0. 42 m^2,之后管理单位多次采用环氧树脂砂浆修补,未解决根本问题。水闸止水橡皮多处脱落,失去止水作用,漏水严重。闸门铁件锈蚀、变形严重,闸门支撑轮不能转动,闸门启闭困难。由于铁件锈蚀严重,打渔张引黄闸第 3、4 孔闸门上、下门页分别于 2001 年 8 月 6 日 15~16 时闸门提升过程中断开,随后断开的两孔闸门上门页回落至原位,暂未处理。2007 年 9 月 10 日 10 时,该闸第 6 孔闸门上、下门页再次出现断裂,闸门上支撑轮支座断裂,导致上页闸门卡于闸室,闸门失去挡水功能,漏水流量最大达 9 m^3/s,危及水闸及沿黄群众的生命安全。

2. 出险原因

(1)门体结构不合理。该闸闸门分为上、下两页,两页门页之间使用钢板连接,整体性差,下门页自重大,存在不安全隐患。

(2)上、下闸门门页的连接钢板锈蚀严重,承载断面不断缩小,难以承担下门页的重量,导致连接钢板断裂。

(3)闸门修建时间太长,年久失修,老化严重,闸门上支撑轮支座多数断裂,导致闸门卡于闸室,闸门启闭的拉力增大,连接钢板的拉力相应增大,导致连接钢板断裂。

3. 抢险方法

由于3孔闸门均已损坏严重,无法修复,也无法将其吊出,经研究,采取了闸前围堵措施,将失控的3孔闸门先后堵复。

(1)第3、4孔闸门断开后,于2002年调水调沙开始时发生较严重的漏水,经研究,采取闸前软帘覆盖及抛土袋堵漏措施抢护,7月7日下午7点河务部门组织80人抢险队开始进行抢护,到7月9日凌晨抢护完成、漏水基本停止。抢护中采用闸门前覆盖帆布并结合抛土袋围堵的方法,土袋顶宽0.5 m,长均为6.5 m,临河边坡约1∶2,临河侧用编织袋装土护坡。

(2)第6孔闸门断开后,采取在闸门前紧急修筑围堰的办法抢险,围堤紧贴闸墩前沿,用编织袋装土做围堰(水下),为了减小流速,同时在闸门前用秸料封堵。进占围堰顶宽为3~4 m,围堰长10 m,临河边坡1∶1。抢险从2007年9月10日开始,到9月13日结束,历时73 h。围堰完成后用泥浆泵将闸门前淤至地面平,防止漏水。

(3)为了确保失控闸门的防洪安全,2010年5月对打渔张引黄闸第6孔闸门进行砖砌封堵,对其他5孔闸门进行大修。先修筑挡水围堰,然后排水及清除淤泥,用砖封堵第6孔闸门,大修其他5闸门,最后拆除围堰。自5月21日开始至6月10日完成,共完成填筑土方4 600 m^3,清淤1 778 m^3,清除抢险堵闸杂物500 m^3,闸门封堵砖砌体10 m^3,土方拆除3 680 m^3,闸门大修5孔。

(二)黄河山东牡丹区刘庄引黄闸闸门失控抢险

刘庄引黄闸位于黄河山东段菏泽市牡丹区的南岸大堤上,黄堤桩号221+080,始建于1979年。该闸为桩基开敞式结构,共3孔。闸孔过水断面净高4 m,净宽6 m,闸门为钢筋混凝土双梁式平板闸门,高4.15 m,宽6.54 m,自重25 t,分上、下两页,上、下页闸门由连接板通过锚栓连接,双吊点,吊点距为5.9 m,启门力为2×40 t。

1. 险情概述

1993年12月5日下午,刘庄引黄闸左侧闸门在无人操作的情况下自动运转,闸门开始开启。管理人员及时发现,紧急切断了电源,及时制止了险情发展。经检查,闸门右边吊耳被拔出,与闸板脱离,左边吊耳松动,相应部位混凝土破碎,同时闸门上、下门页的连接板发生变形、扭曲现象。闸门向右倾斜,支承轮脱离轨道,闸门局部混凝土破坏,闸门卡在闸门槽中,失去控制,无法正常启闭。

2. 出险原因

刘庄引黄闸启闭系统供电电路与生活供电电路共用,年久失修,经常出现小故障。1993年入秋以后,雨雪天气较多,受启闭机倒正开关受潮等因素影响,启闭机供电电路出现短路,致使东孔闸门自行转动。闸门为两侧双吊点启闭,启闭机在提升过程中,因钢丝绳的长度不一致,两个吊耳不同时受力,造成右边单吊点受力,右边吊点受拉力超过承受能力,致使吊耳被拔出,闸门破坏。

3. 抢险方法

抢险首先采取闸前围堵的办法截断水流通道,保障水闸停止向下游泄流,确保人民生命财产安全;随后对损坏的吊耳和闸门进行修复和加固。

4. 工程抢险

(1)闸前围堵。12 月 7 日,河务部门及时组织人员在闸前修筑第一道围埝(埝顶高程 60.5 m,顶宽 1.0 m,边坡 1:2,长 110 m),13 日排除埝内积水。由于凌汛涨水,13 日下午 4 时,围埝被冲决进水,14 日再次修筑加固围埝,24 日又将水闸处积水排完。

为确保闸门维修顺利进行,在第一道围埝前 40 m 又修筑第二道围埝,该围埝顶高程 61.00 m,顶宽 2.0 m,边坡 1:2,长 45 m,按照防御 2 000 s/m^3 的标准修做。12 月 30 日,第二道围捻完工。1994 年 1 月 2 日,闸前后的淤泥全部清除,做好了闸门维修的各项准备。

(2)闸门维修。1 月 7 日,山东黄河位山工程局安装队的施工人员进驻工地,1 月 8 日开始闸门维修。按照施工规程,一是进行破碎混凝土凿除、清理,二是进行外露钢筋的切割、除锈、焊接,三是钢模板的制作,四是加固混凝土的浇筑与修复,五是支承轮和连接板的校正等。至 1 月 15 日,所有修复工作全部完成。随即搭起帐篷,将闸门保护在帐篷内,进行为期 15 d 的保暖养护,至 1 月 30 日,维修工作全部结束。

第九节 闸门漏水抢险

一、险情说明

闸门止水设备失去止水作用,造成闸门漏水。险情如不及时处理,将严重危及涵闸自身安全,若在汛期高水位期间出险,不仅对背河地区造成严重危害,而且还可能造成闸门失控,形成泄水缺口,影响到防洪安全,必须引起高度重视。

二、原因分析

(1)闸门止水设备安装不当,造成漏水。

(2)闸门止水老化失效,造成漏水。

三、险情判别与监测

(1)密切注视洪水预报,如果预报发生较大洪水,漏水险情一时又无法消除的话,及时采取屯堵措施。

(2)加强漏水监测。及时做好水闸失控后的漏水监测,收集漏水数据,包括漏水的时间、位置、水量大小等,以及工程险情发展变化情况。

(3)观察漏水对下游河道、农田的影响,如果造成严重涝灾,也要尽快采取屯堵措施。

四、抢护原则

加强日常检修,消除漏水隐患;及时更换已损坏的止水设施,制止漏水。

五、抢护方法

发现水闸漏水,应根据水闸类型以及漏水严重程度的不同,分别采取不同的抢护或维修措施。

(一)漏水不太严重情况下的抢护

在关门挡水条件下,应从闸门上游侧用沥青麻丝、棉纱团、棉絮等填塞缝隙,并用木楔挤紧。有的还可用直径约 10cm 的布袋,内装黄豆、红淤泥、海带丝、粗砂和棉絮混合物,堵塞闸门止水与门槽上下左右间的缝隙。

(二)漏水严重情况下的抢护

当水闸漏水严重,对水闸工程、下游渠道(农田)构成威胁或水资源浪费严重时,就需要采取断然措施:

(1)采取闸前围堵的办法,彻底阻断水流。

(2)闸后修建围堤,抬高下游水位,阻止水流下泄。

(3)闸前围堵与闸后围堤并用,彻底截断水流通道,免除漏水危害。

闸前围堵的具体办法参见本章第二节土石结合部破坏抢险的抢筑围堤法,闸后围堤的具体办法参见本章第四节滑动抢险下游蓄水平压法。

六、注意事项

(1)加强日常维修,尽量将隐患消除在平时的维修养护工作中。

(2)汛前进行全面检查,发现漏水及时更换止水设施,不让水闸带隐患进入汛期,避免应急抢险。

(3)定期进行止水密闭性检查,在非汛期进行清淤检查,发现止水老化、错位、损坏的,及时维护、更新。

(4)大型闸门应在挡水前进行启闭试验,检查止水装置的密封状况。止水损坏或密封不严的,要及时更换止水装置,或进行维修养护,保证挡水之前止水完好。

第七章　游荡性河段的险情特点

第一节　黄河下游河道特性

一、黄河河道基本情况

黄河是我国的第二大河，发源于青藏高原巴颜喀拉山北麓，海拔 4 500 m 的约古宗列盆地，自河源以下，沿途汇集 370 多条支流穿过高山峡谷，跨过辽阔平原，一泻千里，奔流入海。流经青海、四川、甘肃、宁夏、内蒙古、山西、陕西、河南、山东 9 省（自治区），在山东省垦利县注入渤海，全长 5 464 km，流域面积 79.5 万 km^2，流域内有人口 1.4 亿，占全国人口的 12%，耕地 2.4 亿亩（1 亩 = 1/15 hm^2，后同）。按地理位置及河流特征划分为上游、中游、下游，从河源到内蒙古托克托县的河口镇为上游，河长 3 472 km，流域面积 42.8 万 km^2；从河口镇到河南郑州桃花峪为中游，河长 1 206 km，流域面积 34.4 万 km^2；桃花峪以下至河口为下游，河长 786 km，流域面积 2.3 万 km^2。

山东黄河现行河道是 1855 年（清咸丰五年）在河南兰考铜瓦厢决口，改道北流，夺大清河入海后形成的，流经菏泽、济宁、泰安、聊城、德州、济南、淄博、滨州、东营 9 个市的 26 个县（市、区），河道全长 628 km。河道特点是：两岸堤距上宽下窄，河道纵比降上陡下缓，排洪能力上大下小。而东明黄河作为山东黄河的门户，位于山东黄河的最上游，黄河自东明王夹堤进入山东省。从山东上界至高村水文站，河段长 56 km，为游荡性河段，两岸堤距 5~20 km，纵比降约为 1/6 000，主河槽宽 1.2~3.3 km，河道宽浅、散、乱，多沙洲、歧流，河势变化不定，主流摆动频繁，是历史上著名的“豆腐腰”河段。

二、黄河故道演变史

黄河河道自古以来多徙善变，下游变迁尤甚，有史以来，发生多次改道。

（1）第一次河徙：“周定王五年（公元前 602 年）河徙，自宿胥口东行漯川，右经滑台城，又东北经黎阳县。又东北经凉城县，又东北为长寿津，河至此与深川别行而东北入海，水经渭之大河故渎。”（见《禹贡锥指》）

（2）第二次河徙：新王莽始建国三年（公元 11 年），河决魏郡泛清河、平原、济南至千乘入海。后汉永平中王景修之，遂为大河之径流。这条河道一直维持到北宋，行河近千年。

（3）第三次河徙：宋仁宗庆历八年（公元 1048 年），河决濮阳商胡改道北流，经大名、恩州、冀州、深州、瀛州（河间）、永静军（东光）、至钱宁军（青县）合御河于天津入海。史称北流。

（4）第四次河徙：金章宗明昌五年（公元 1194 年），河决阳武故堤，灌封丘而东，经长垣、东明、曹州、单州、徐州等地，南汇淮河入海。北流之局基本终结。

（5）第五次河徙：明孝宗弘治七年（公元 1494 年），河决张秋，复北流。刘大夏来取遏制北流，分水南下入淮的方策，于十二月堵塞张秋决口，疏浚南岸支河，筑太行堤，大河复归兰阳、考城，分流经徐州、归德、宿迁、南入运河，会淮水，东注入淮。

（6）第六次河徙：清咸丰五年（公元 1855 年），河决兰阳（兰考铜瓦厢），经封丘、祥符折向东北走兰、仪、考至长垣兰通集分为二：一由赵王河下注，经曹州府巡南穿运。一由长垣小清集至东明雷家庄又分两股，一经东明县之南门外，水行七分，经曹州迤北下注，与赵王河下注漫水汇流入张秋镇穿运；一经东明县之北门外下注，水行三分，经茅草河，由山东濮州城及白阴阁集，逯家集，范县以南，渐向东北行，至张秋镇穿运。三河均至张秋汇穿运河，夺山东大清河由利津县注入渤海。

（7）第七次河徙：中华民国 27 年（公元 1938 年），国民党军奉命放黄河水阻止日本侵略军西进，于 6 月 9 日，扒决郑州花园口大堤，又用炮弹炸宽口门，洪水滔滔而下，大部分河水由贾鲁河入颍河，少部分由涡河，分别至正阳关和怀远入淮，而后横溢江苏、安徽广大地区又一次改道南行。1947 年堵复决口，3 月重归故道至今。

黄河下游河道变迁见图 7-1。

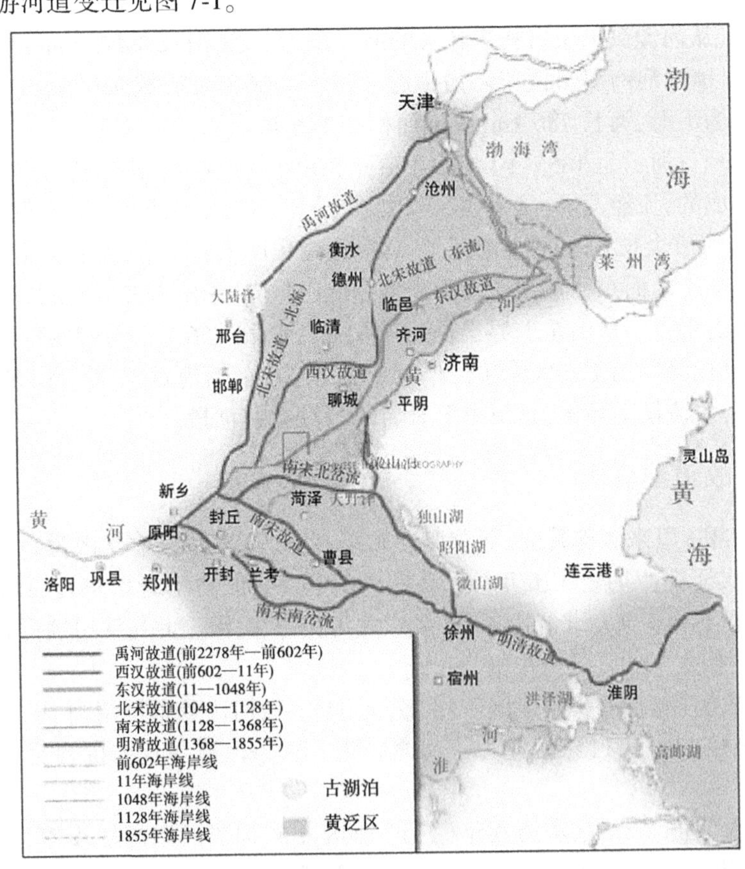

图 7-1　黄河下游河道变迁图

追溯东明黄河故道演变情况如下所述。

金代：

大定十一年（公元 1171 年），河决原武王村。大定十二年尚书省奏"水东南行，其势甚大。可自河阴广武山循河而东，至原武、阳武、东明等县，孟、卫等州均筑堤岸。"

大定二十七年（公元 1187 年）前后，黄河主道走长垣、东明、定陶、徐州会泗入淮。

明昌五年（公元 1149 年），"河决阳武故堤，灌封丘而东，决水经封丘、长垣、东明仍至徐州以南会淮"。

从河道略图分析，黄河流经东明（东明集）张寨、渔沃、陆圈入菏泽境。金代，黄河在东明流经了 63 年，南宋 45 年。

元代：

元初，黄河沿金大定年间主流经过河道北行，后河逐渐南徙，东明有了决河记载："至顺元年（公元 1130 年）六月，河决大名路长垣、东明二县，没民田五百八十余顷。"曹州、济南也有了决河的记载，这时黄河流经焦元、三春、马头（杜胜集）入曹县界会泗入淮。

至正四年（公元 1344 年）五月，河决曹县白茅口，六月又北决金堤，泛滥七年，东明遭水灾，为害甚大，以至"民老弱昏垫壮者流四方"。至正十一年，贾鲁采取"疏、浚、塞"之法治河。

至正二十六年（公元 1366 年）黄河主流又北徙东明、曹州、郓城一带，上自东明、曹、濮，下及济宁，皆被其害。不久元代灭亡，元代黄河在东明流经了 39 年之久，主要走马头南一线。元末，黄河日趋北徙，逐渐靠近东明县城。

明代：

洪武元年（公元 1368 年）为避水患，东明县城从东明集迁到云台集（堡城），俗称西东明集。

东明县志载："太祖洪武元年东明、曹州等处以决河溺死人畜坏官民庐舍不可胜计。二年，人民以河再泛溢遂四散，县治乃费。"这时黄河流经三春、刘楼、沙窝、张寨、鱼沃、武胜、海头入菏泽县界，正统十三年（公元 1448 年）诏命工部尚书石礤、侍郎王永和、都御史王文相堵塞响子口（今沙窝冯口）。正统十四年（公元 1449 年）河决朱家口。

弘治二年（公元 1489 年），河决荆隆口、黄陵岗、曹、濮等处入张秋穿运。

弘治四年（公元 1491 年），复治东明县于大单集（今东明）。

弘治五年（公元 1492 年），"诏令刘大夏治河，先疏祥符、荥泽上流东入于淮，又疏贾鲁旧河四十余里出之徐州，更于黄陵岗东西各筑长堤三百余里，河逐东流，经归、徐合淮入海，东明水患始平。东明长堤（太行堤）计长三十三里，自大营起迤东三里为靳家口，又二里至魏家口，又三里至玉皇庙，又三里至刘（牛）皮口，又一里盛家口，又一里至杜胜集（马头），又三里至何二庄，又四里至柳林，又六里至九埠口，又六里至胡家厂，又四里至纸坊集属长垣"［《东明县志》（乾隆二十一年）］。

明代，黄河决溢频繁，河道流路紊乱，淤垫严重，流经东明境内黄河主要在县城东南西北走向滚动，泛滥成灾达 124 年。自刘大夏筑太行堤后，太行堤以北受水患较少。只有太行堤以南村受洪水危害甚巨。万历十五年（公元 1587 年）《明史 · 河渠志》载："封丘、偃师、东明、长垣缕被冲决。"东明冲决系指封丘荆隆决口之水漫至城下而言。崇祯十五年（公元 1642 年）九月，李自成攻打开封，河南巡抚高名衡倔南堤，河直冲汴城以南。故道涸为平地。

清代：

顺治元年（公元 1644 年），堵塞开封决口，黄河归故道“由开封经兰仪（今兰考）、商、虞、迤、曹、单、砀山、丰、沛、肖、徐州、灵璧、睢宁、邳、宿迁、桃源（今泗阳），东经清河（今淮阴）与淮合，历云梯关入海。”（《清史稿·河渠志》）。康熙、雍正、乾隆朝，修治堤坝渐坝渐趋完整，但两岸还不断决口，均进行了堵合，直到咸丰五年以前，未再发生过大的改道。

咸丰五年（公元 1855 年），由于河道淤积日益严重，清朝政府忙于镇压太平天国运动，河道常年失修。六月十九日，终于在铜瓦厢（今东坝头西）决口改道，使长期南夺淮河入海的局面结束。

铜瓦厢决口后黄河主溜先流向西北，淹及封丘、祥符两县村庄，而后折转东北，淹及兰仪、考城、长垣等县村庄，河水至长垣县兰通集。“溜分两股：一股由赵王河下注，经山东曹州府、迤南穿运。一股由长垣县之小清集行至东明县之雷家庄，又分两股，一股由东明县南门外下注，水行七分，经山东曹州府迤北下注，与赵王河下注漫水汇流入张秋镇穿运。一股由东明县北门外下注，水行三分，经茅草河，由山东濮州城及白阴阁集、逯家集，范县迤南，渐自东北行，至张秋镇穿运。统计漫水分三股行走，均汇至张秋穿运。夺大清河至利津县注入渤海。”

咸丰五年（公元 1855 年），河流经东明县焦园、三春、马头、大屯为一股，走赵王河（贾鲁河）下注，由长垣盘岗里、青邱里、东明、春亭、海乔里、黄王庄、张表屯、袁长营、葛岗、至高堌归入正河，系县南一股河。县北一股由雷庄经北门外经龙王庙、毛相、顺漆河下注。

咸丰八年（公元 1858 年），一股由贾鲁河北行，自李宫营村别开新河入曹州七里河，另一股只由盘岗里以西经兰岗、黑岗、裴村、大张入东明、经邢庄一带而入正河。

咸丰十年（公元 1864 年），大溜并入洪河，逼近县城。分支溜淤城西，全县被水害。

同治二年（公元 1863 年），水冲县城、大溜西徙、由盘岗里西北行经兰通集、竹林、朱口、于家营、旧城口入东明县，由李连庄趋高村复折而东，由乔口、永乐、汉丘、黄庄、刘庄入山东濮县界（今河道）。

光绪元年（公元 1875 年）始筑东明大堤，使黄河北流。虽经清末民国时期堤防多次开口，但经堵合，未形成大的改道，河道行洪在两岸大堤内左右摆动。

中华人民共和国成立后，对河道进行统一治理，修建了滩区控导护滩工程 8 处，和临堤险工 5 处，使河势基本上趋于归顺单一流路，现在黄河由王夹堤经辛店集、老君堂、堡城、高村、冷寨、柴口入菏泽市。

三、水患带来的灾难

黄河滔天巨浪，历史民患。洪水横溢改道，淤河填渠平沟，妨碍漕运，劳民伤财，实为“害河”，使东明数千年来受害最巨者为黄河。

因黄河变迁，河渠或淤或涸或废，今仅援《东明县志》及有关资料所载，参以现在情形分列如下：

（1）响子口：口在县西南二十里，即历代黄河之故道，当时其流奋激声闻数十里，故名，今废。

(2)济河:河在县南三里许,秦始皇东游至户牖乡,昏雾四塞,不能前进,起名东昏(现地在考间边。后,王莽改东明)。

水经注载:济水出于王屋,为中国四渎之一,名曰沇水,东流为济,历浪荡渠径阳武,封邱出东昏之故城北,即户牖乡也。东过平邱之故城南,又东过济阳(今渔沃满城村)之南,以城在济水之南故名,即春秋时古武父地,汉光武帝刘秀诞生出。自此经冤句转濮枣而出于陶邱北,会汶河而入于海。今以淤废。

(3)贾鲁河:河在县南断头堤,距城六十里,系元朝至正四年(公元1344年)五月白矛口,六月金堤北决成灾后,至正十一年(公元1351年),命贾鲁为工部尚书,总治河防使,发动民夫所开,故名。当时自断头堤东北流入山东境,今因黄河变迁靡常而涸废。

(4)枯河:河在县南六十里杜胜集(马头)稍东南夹河内,系黄河之支流。清乾隆初即干涸,故名枯河,今河形犹辨。

(5)洪河:河在县南三里许,此水源出滑县卫南坡至此,始与济合。每值秋水骤至,自洪门村至十里铺数十里俱患淹没,明万历末年,李迂知率民夫督工开凿,入洪河故道。今与济同涸。

(6)濉河:河在县南50里李元屯村迤南,系黄河支流。《禹贡》云:水自河出为濉。由西南之故黄河道而来,自屯前绕向东北经范土屯,复折东南入山东界。清乾隆时即涸。今故道犹存。

(7)濮河:河在杜胜集(马头)西北,由袁长营经袁旗营,赵官营等村东北流与洪河,今涸废。《开州志》载为毛相河,在州东南六十里,即濮水也。康熙六十年(公元1721年)河决荆隆口,因过毛相村,遂名毛相河(今东明境)。

(8)漆河:河在县北门外玉带桥下,西自漆堤东北入洪河。东明得名最古者即漆水。庄周为漆园吏、明、清朝以来,县书院多用漆阳命名。此河今已涸废。

由于黄河变迁,河道变动,流路散乱,全县皆属黄河冲击平原,且沙、碱、荒、洼,旱涝不均,量产低而不稳,常受赈济。尤其清咸丰五年(公元1855年)铜瓦厢改道后,东明首当其冲,因当时清朝镇压太平天国运动,国资不给,到清光绪元年(公元1875年),始筑堤防御水,东明饱受二十年黄水之苦。原有洪水流经之地,变为荒沙河丘。至今刘楼南部有2 000年沙丘,沙沃西部有故围堤。

第二节　黄河洪水特点

一、黄河四汛

黄河洪水按照出现时期的不同划分为桃、伏、秋、凌四汛。12月至次年2月为凌汛期,凌情严重时形成冰坝壅水,武开河洪峰危害最大。山东、内蒙古河段凌情较为严重;3~4月桃花盛开之时,中上游冰雪融化,形成洪峰,称为桃汛;7~8月暴雨集中,河水猛涨,称为伏汛,历史上较大洪水多发生在此期;9~10月流域多普降大雨,形成洪峰,称为秋汛。伏汛、秋汛习惯上称为伏秋大汛,也就是我们现在说的汛期。伏秋大汛的洪水多由黄河中游暴雨形成,发生时间短,含沙量高,水量大。历史上黄河决口成灾主要发生在伏秋大汛和凌汛期。

二、洪水来源

黄河洪水的出现时间主要在6~10月。来源主要有五个地区:上游的兰州以上地区,中游的河口镇至龙门区间、龙门至三门峡区间、三门峡至花园口区间(中游的三个地区分别简称河龙间、龙三间、三花间),以及下游的汶河流域。上游地区洪水洪峰小、历时长、含沙量小,是黄河下游洪水基流的主要来源区;中游的三个地区是最主要的洪水来源区;下游的洪水主要来自黄河中游地区,由中游地区暴雨形成。

(一)河龙间洪水

河龙间属于干旱或半干旱地区,暴雨强度大(点暴雨一般可达400~600 mm/d,最大点暴雨达1 400 mm/d),历时较短(一般不超过20 h,持续性降雨可达1~2 d),日暴雨50 mm以上的笼罩面积达20 000~30 000 km²,最大可达50 000~60 000 km²。一次洪水历时,主峰过程为1 d,持续历时一般可达3~5 d,形成了峰高量小的尖瘦型洪水过程。区间发生的较大洪水,洪峰流量可达11 000~15 000 m³/s,实测区间最大为18 500 m³/s(1967年),日平均最大含沙量可达800~900 kg/m³。本区间是黄河粗泥沙的主要来源区。

(二)龙三间洪水

龙三间的暴雨特性与河龙间相似,但由于受到秦岭的影响,还易形成较强的强连阴雨。强连阴雨历时较长,秋季强连阴雨的历时可达10多d之久(1981年9月)。日降雨中心雨量为100 mm左右;中强降雨历时约5 d,5 d降雨量大于50 mm的雨区范围达70 000 km²。本区间所发生的洪水为矮胖型,洪峰流量为7 000~10 000 m³/s。本区间除马莲河外,为黄河细泥沙的主要来源区,渭河华县站的日平均最大含沙量为400~600 kg/m³。

以上两个区间洪水常常相遭遇,如1933年和1843年洪水。这类洪水主要是由西南东北向切变线带低涡天气系统产生的暴雨所形成的,其特点是洪峰高、洪量大,含沙量也大,对下游防洪威胁严重。

(三)三花区间洪水

三花间属于湿润或半湿润地区,暴雨强度大,最大点雨量达734.3 mm/d,一般为400~500 mm/d,日暴雨面积为20 000~30 000 km²。一次暴雨的历时一般为2~3 d,最长历时达5 d。本区间所发生的洪水,多为峰高量大的单峰型洪水过程,历时为5 d(1958年洪水);也发生过多峰型洪水过程,历时可达10~12 d(1954年洪水)。区间洪水的洪峰流量一般为10 000 m³/s左右,实测区间最大洪峰流量为15 780 m³/s,洪水期的含沙量不大,伊洛河黑石关站日平均最大含沙量为80~90 kg/m³。三花区间的较大洪水,主要是由南北向切变线加上低涡或台风间接影响而产生的暴雨所形成的,具有洪水涨势猛、洪峰高、洪量集中、含沙量不大、洪水预见期短等特点,对黄河下游防洪威胁最为严重。

这些区间洪水一般不同时遭遇,来水主要有以下两种情况:一是三门峡以上来水为主形成的大洪水简称"上大洪水",如1933年洪水,其特点是洪峰高、洪量大、含沙量也大,对黄河下游威胁严重;二是三花间来水为主形成的大洪水简称"下大洪水",如1958年,其特点是洪水涨势猛、洪峰高、含沙量小、预见期短,对黄河下游防洪威胁最为严重。小浪底水库运用后,黄河下游的流量过程得到调节。

三、冰凌洪水

冰凌洪水只有上游的宁蒙河段和下游的花园口以下河段出现，它主要发生在河道解冰开河期间，其特点是峰量小、历时短、水位高。凌峰流量一般为 1 000~2 000 m^3/s，全河最大实测值不超过 4 000 m^3/s；洪水总量上游一般为 5~8 亿 m^3，下游为 6~10 亿 m^3；上游洪水一般为 5~9 d，下游洪水一般为 7~10 d；由于河道中存在着冰凌，易卡冰结坝壅水，使河道水位在相同流量下比无冰期高得多，例如 1955 年利津站凌峰流量 1 960 m^3/s，相应水位达 15.31 m，比 1958 年流量 10 400 m^3/s 的洪水位高出 1.55 m。凌洪的另一显著特点是流量沿程递增，因为在河道封冰以后，拦蓄了一部分上游来水，使河槽蓄水量不断增加，由于“武开河”时这部分水量被急剧释放出来，向下游推移，沿程冰水越积越多，形成越来越大的凌峰流量。

黄河下游冰凌洪水，自三门峡水库防凌蓄水运用以来，大大减少了“武开河”的机遇，凌洪情况也较以前有了很大的变化，减轻了下游防凌负担。

从近几年天气来看，菏泽黄河河道气温呈逐年上升趋势，且很少有长时间的低温过程。凌汛期间，2000 年以来未出现封河现象，只是出现流凌，密度不大，一般为 5%~30%，最大时达 35%，冰块面积较小，面积一般为 0.1~4 m^2，个别冰块面积达到 20 m^2；严重时，部分河段可能出现岸冰。

四、泥沙特点

黄河是举世闻名的多沙河流，三门峡站进入下游的泥沙多年平均约 16 亿 t，平均含沙量 35 kg/m^3，在河道排泄大量泥沙入海的同时，约有 1/4 的泥沙淤积在河道内，使河床不断抬高，形成“地上悬河”。黄河水沙有以下特点：一是水少沙多，其年输沙量之多、含沙量之高，居世界河流之冠。二是水沙异源，黄河泥沙 90%来自中游的黄土高原。上游的来水量占全流域的 54%，而来沙量仅占 9%；三门峡以下的支流伊、洛、沁河的来水量占 10%，来沙量占 2%左右，这两个地区相对来说水多沙少，是黄河的清水来源区。中游河口镇至龙门区间来水占 14%，来沙量占 56%；龙门至潼关区间来水占 22%，来沙量占 34%，这两个地区水少沙多，是黄河泥沙主要来源区。三是年际变化大，年内分布不均。汛期沙量在天然情况下占全年 80%以上，汛期又集中于几场暴雨洪水。四是含沙量变幅大，同一流量下的含沙量可相差 10 倍左右，1977 年 8 月三门峡最大含沙量达 911 kg/m^3，非汛期含沙量一般小于 10 kg/m^3。

五、洪水灾害

历史上，黄河两岸以水灾严重而著称，尤其是黄河下游，频繁的决口、改道给两岸人民带来了深重灾难。据历史文献记载，自周定王五年（公元前 602 元）至 1938 年的 2 540 年中，黄河在下游决口的年份达 543 年，决堤次数达 1 590 多次，经历 6 次大的改道和迁徙。洪灾波及范围北达天津，南抵江淮，包括冀、鲁、豫、皖、苏 5 省，总面积约 25 万 km^2，每次泛滥决口和改道都给人民带来了深重灾难。如 1933 年 8 月，陕县洪峰流量 22 000 m^3/s，下游两岸决口 50 多处，淹没冀、鲁、豫、苏 4 省 30 县，受害面积 6 592 km^2，受灾人口 273

多万人，死亡1.27余万人。1938年6月国民党扒开花园口大堤黄河夺淮入海，淹没豫、皖、苏3省44县，受灾人口125万人、死亡89万人。

人民治黄以来，山东人民和治黄职工经过艰苦努力，初步建成了由堤防、河道整治工程和蓄滞洪工程组成的防洪工程体系，为战胜黄河洪水提供了物质条件。每年汛期，沿黄地(市)组建百余万人的群防队伍常备不懈，待命抗洪抢险。凭借防洪工程和"人防大军"，保证了60多年伏秋大汛不决口，彻底改变了历史上黄河三年两决口的险恶局面。但由于黄河洪水频繁，虽无决口泛滥，洪水漫滩造成的淹没损失却很严重，1949～2001年的53年间，洪水全部漫滩偎堤的有11个年份，占21%；大部分漫滩偎堤的有6个年份，占12%；局部漫滩偎堤的有16个年份，占31.4%。举例如下：

(1)1958年洪水，花园口站洪峰流量22 300 m^3/s，进入高村站最大流量为17 900 m^3/s，为中华人民共和国成立后的最大洪水，黄河下游大漫滩，山东河段堤根水深一般3～4 m，个别堤段深达5～6 m。淹没滩区村庄1 101个，受灾人口54.59万人，淹地177万亩，倒塌房屋20.1万间。

(2)1976年洪水，花园口站洪峰流量9 210 m^3/s，高村站最大流量为9 060 m^3/s，山东800多km大堤全部靠水，淹没滩区村庄949个，受灾人口49.6万人，淹地118.5万亩，倒塌房屋14.8万间，死亡25人。

(3)1982年洪水，花园口站洪峰流量15 300 m^3/s，高村站最大流量为13 000 m^3/s，山东省共有566 km大堤靠水，淹没滩区村庄794个，受灾人口50.4万人，淹地94.5万亩，倒塌房屋10.6万间。

(4)1988年洪水，花园口站洪峰流量7 000 m^3/s，高村站最大流量为6 550 m^3/s，有66个村庄进水或被水包围，受灾人口2.4万人，淹地51万亩。

(5)1996年8月洪水，花园口站洪峰流量7 600 m^3/s，含沙量大，水位高，比1958年22 300 m^3/s洪峰流量的水位还高0.91 m，高村站最大流量为6 810 m^3/s，山东黄河25个县(市、区)102个乡(镇)全部漫滩，淹地105万亩，淹没滩区村庄570个，受灾人口35.86万人，紧急转移群众20多万人，造成直接经济损失16.34亿元。

(6)2003年9～11月，黄河发生了历时长、洪量大的秋汛，河道来水在2 000～3 000 m^3/s，造成了菏泽市部分堤防、险工、控导工程多处出现渗水和风浪淘刷，险工、控导险情多为根石走失、坦石下蛰等较大险情，抢险耗资1 496.43万元；东明县南滩、鄄城县左营滩、郓城县徐码头滩、四杰滩进水。淹没滩地面积35.04万亩，其中耕地26.82万亩；受灾村庄178个，水围村庄148个；受灾人口18.28万人，被水围困10.78万人，其中迁移2.86万人；9 289户34 656间房屋损坏，倒塌1 798户6 231间，直接经济损失7.92亿元，无人员伤亡。菏泽市损坏桥涵闸255座、机井529眼、供电线路139 km、通信线路175 km，浸泡公路86.2 km。

改革开放以来，菏泽市工农业生产发展迅猛，国有资产总值迅速增长，中原油田分布在黄河两岸和滩区内，新菏等铁路干线横跨黄河，高速公路纵横交错。据分析，黄河若在右岸河南省兰考—山东省梁山河段决口，洪水将波及菏泽及江苏、安徽的部分地区和津浦、京九、新菏等铁路，洪泛区面积将达2万km^2，人口1 000万人。因此，一旦黄河决口，必将造成毁灭性灾难，后果不堪设想。不仅对国民经济建设和人民生命财产造成灾难性损失,而且将导致生态环境恶化,长期影响经济和社会的可持续性发展,延缓我国经济发展和现代化建设的进程,还将严重影响社会稳定。

第三节　黄河防洪形势

一、黄河防洪任务

黄河防洪任务:确保花园口站发生 22 000 m^3/s 洪水时大堤不决口;遇特大洪水,要尽最大努力,采取一切措施缩小灾害。

二、黄河下游防洪形势

人民治黄以来,虽经过多年建设,黄河下游初步建成了“上拦下排,两岸分滞”的防洪工程体系。由于黄河泥沙问题一直没有得到解决,河道逐年抬高淤积,黄河下游防汛形势仍然十分严峻。

(1)小浪底水库运用后,黄河下游仍有发生大洪水的可能。

小浪底水库到花园口区间有 2.7 万 km^2 的区域为无工程控制区。该区域是一个强暴雨区,即使充分运用中游水库联合调控,30 年一遇的洪水在花园口站的洪峰流量为 13 000 m^3/s 左右,100 年一遇的洪水可达 15 700 m^3/s 左右,且洪峰高、流量大、预见期短,严重威胁黄河下游的堤防安全。中华人民共和国成立以来,黄河花园口站发生 10 000 m^3/s 以上的洪水 10 次,其中 5 次发生在这一区间。

(2)“二级悬河”的不利局面没有得到根本改观。

虽然经过 8 次调水调沙,黄河下游河道主河槽得到明显的冲刷,但河道槽高、滩低、堤根洼、堤外更洼的“二级悬河”形势仍然没有得到根本改变。河道高于两岸地面 4~6 m,设防水位高于两岸地面 8~11 m。中常洪水也可能发生高水位、大漫滩,甚至出现横河、斜河和顺堤行洪的严峻局面;大洪水时可能发生滚河,严重威胁堤防安全。

(3)防洪工程还存在许多薄弱环节。

有些河段河势尚未得到有效控制,部分险工、控导工程根石坡度陡,稳定性差。而菏泽河段地理位置正处于黄河有名的豆腐腰地段(最软弱地段)。所谓豆腐腰,其特征是:①堤防基础基本是沙土,因自 1855 年铜瓦厢决口后,水流漫滩 20 余年没有治理,以后形成的堤防都是在黄河淤积的平原上,有民埝而加高培厚形成的堤防,基础砂质、透水性大又不抗冲,大水时背河易出现管涌,临河如偎堤走溜,淘刷根基,易出现堤防坍塌、墩蛰等大险情。②两岸堤距宽,最宽处 20 km,河道游荡性大,河槽宽、浅、乱,摆动幅度大。③堤防背河坑、塘洼地 53 处,致使局部堤段临背悬差较大,大水时,水位高差大,易出现渗水、管涌等险情,抢护任务艰巨。

(4)防洪非工程措施存在问题较多。

①人防体系建设。专业队伍年龄老化,机动抢险队数量少、规模小、配备不足;群防队伍的组织、管理和培训还需要不断改进、完善和加强。再者由于黄河多年未发生大洪水,专业队伍和沿黄干部群众缺乏抗御大洪水的经验,部分干部群众产生了麻痹思想和侥幸心理。

②通信系统建设。硬件设备容量小，技术性能落后；软件开发不足，没有充分发挥设备的技术性能；通信网络的管理、调度和监测技术落后且很不完善，不能提前预防、及时发现和实时处理通信故障。

③防汛物资保障。国家常备防汛物资中，有的品种缺额较大；社会团体和群众备料筹集、运输存在较大难度。抢险新机具、新材料、新技术缺乏。群防队伍组织、防汛料物的落实，在个别单位存在“榜上有名，实际无人”“本上有数，实际无料”的现象。

④滩区群众迁安任务重。菏泽黄河滩区内仍有16.51万人未搬迁。若花园口站发生流量5 000 m^3/s以上洪水，最快不到两天时间，洪峰即可到达菏泽上界，迁移时间较紧、道路少、路况差、运输工具明显不足，确保滩区群众生命安全任务艰巨。

以上这些问题不同程度地影响防汛抢险工作的开展，决不能掉以轻心。

三、防洪工程体系

自1946年至今，黄河下游初步建成了“上拦下排，两岸分滞”的防洪工程体系，为处理洪水提供了调（水库调节）、排（河道排洪）、分（分洪滞洪）的多种措施。改变了过去历史上单纯依靠堤防工程防洪的局面，为战胜洪水奠定了较好的基础。同时，防洪非工程措施和人防体系的建设也得到了加强，取得了人民治黄以来伏秋大汛不决口的成绩，扭转了历史上黄河频繁决口改道的险恶局面。

（一）上拦工程

“上拦”是指利用在上中游地区的水库工程拦蓄洪水，由黄河干、支流先后建成了三门峡水库、小浪底水库、陆浑水库、故县水库。这些水库不但在控制洪水、调节水沙方面发挥了重要作用，而且还发挥了灌溉、供水等综合效益，促进了经济发展。

1. 三门峡水库

三门峡水库是为根治黄河水害、开发黄河水利修建的第一个大型关键性工程，位于陕、晋、豫三省交界处，控制流域面积68.8万km^2，占全流域面积的91.4%，控制了黄河河口镇至龙门区间和龙门至三门峡区间两个主要洪水来源区，对三门峡至花园口区间的第三个洪水来源区的洪水能起到错峰作用，同时还有防凌、灌溉、发电等综合效益。

三门峡水库防洪运用原则是根据1969年“四省会议”确定的，即当上游发生特大洪水时，敞开闸门泄洪。当下游花园口站可能发生流量超过22 000 m^3/s洪水时，应根据上、下游来水情况，关闭部分或全部闸门。增建的泄水孔，原则上应提前关闭。水库非汛期控制水位310 m；汛期平水时按控制库水位305~300 m运用，一般洪水时敞开闸门泄洪，以利于水库的排沙和降低潼关高程。

2. 小浪底水库

小浪底水库位于河南省洛阳市以北40 km处的黄河干流中游末端最后一个峡谷的出口，上距三门峡水利枢纽130 km，下距郑州花园口约130 km，控制流域面积69.4万km^2，占花园口以上流域面积的95.1%，其中三小间流域面积5 730 km^2。小浪底水库的开发任务是以防洪（包括防凌）、减淤为主，兼顾供水、灌溉、发电。设计总库容126.5亿m^3，包括拦沙库容75.5亿m^3，防洪库容40.5亿m^3，调水调沙库容10.5亿m^3，最大泄洪能力17 000 m^3/s。

3. 故县水库

故县水库位于洛河中游河南省洛宁县境内，是一座防洪、灌溉、发电、供水等综合利用的大型水库，按千年设计、万年校核标准兴建。控制流域面积 5 370 km^2，占洛河流域面积的 45%，占三花间流域面积的 12. 9%，设计总库容 11. 75 亿 m^3。故县水库主要配合三门峡、小浪底、陆浑等水库以减轻黄河下游洪水威胁。

4. 陆浑水库

陆浑水库位于伊河中游的河南省嵩县，控制流域面积 3 492 km^2，占该河流域面积 6 029 km^2 的 57. 9%，占三花间流域面积的 8. 4%，总库容 12. 9 亿 m^3，是以防洪为主，结合灌溉、发电、养鱼等综合利用的水库。主要作用是配合三门峡水库削减三门峡至花园口区间的洪峰流量，以减轻黄河下游的防洪负担。

（二）下排工程

"下排"是指在确保大堤安全的前提下，充分利用现行河道排洪入海。下排工程由下游两岸堤防、河道整治工程组成。

1. 堤防工程

目前，山东黄河现有各类堤防长度 1 525. 87 km（菏泽 256. 092 km），设防大堤 1 192. 37 km。设防大堤中临黄大堤 807. 98 km。其中，菏泽 155. 907 km，以防御花园口站流量 22 000 m^3/s 洪水设防标准，经过四次大修堤和标准化堤防建设，堤高一般为 8～12 m；顶宽一般 9～12 m，其中平工段 9～12 m，险工段 11～12 m；边坡背河 1∶3，临河 1∶3。

2. 险工

险工修建历史悠久，过去大部分为秸埽和砖柳结构。人民治黄以来，逐步进行了加高改建，全部石化，提高了险工的抗洪强度。现在山东黄河险工 107 处，3 866 段坝岸，工程长 208. 07 km，护砌长度 180. 76 km。其中，菏泽 12 处，357 段坝岸，工程长 38. 37 km，护砌长度 31. 26 km。

3. 控导工程

自 1949 年以来，在有利于防洪的前提下，本着因势利导，左右岸兼顾的原则，从控导主流，稳定河势出发，有计划地开展河道整治工作，使控导工程配合堤防、险工，控导主流，护滩保堤，以达到有利于防洪、涵闸引水、滩区生产的目的。山东黄河控导工程 133 处，2 424 段坝岸，工程长 208. 59 km，护砌长度 190. 40 km。其中，菏泽 17 处，346 段坝岸，工程长 36. 64 km，护砌长度 29. 45 km。

此外，山东黄河在菏泽段建有顺堤行洪防护工程 2 处，分别是东明老君堂以上顺堤行洪防护工程和鄄城县刘口顺堤行洪防护工程，工程长 27. 94 km，64 段坝。

（三）分滞洪工程

分滞洪工程是指利用沿河湖泊、洼地或特定划定的地区，修筑围堤及附属建筑物，以蓄滞洪水的工程措施。黄河分滞洪工程有东平湖水库、北金堤滞洪区、齐河北展宽区、垦利南展宽区等工程。

1. 北金堤滞洪区

北金堤滞洪区位于郑州市花园口下游约 190 km 左岸临黄堤与北金堤之间的区域，有效分洪水量 20 亿 m^3。当高村站流量涨至 20 000 m^3/s 时，分洪后大河流量一般控制在

16 000～18 000 m^3/s。

2. 东平湖滞洪区

东平湖滞洪区是下游的重要分洪工程。滞洪区位于山东省境内，距黄河干流三门峡水库约 585 km，总面积 627 km^2。有效分洪水量 39.79 亿 m^3。

第四节　游荡性河段的险情特点

东明黄河河道形成于 1855 年河南省兰考县铜瓦厢决口，现已行河 150 多年。该段河道最显著的特点是上宽下窄，主流位置迁徙不定，从上游的两岸最大堤距 24 km，到下游的堤距 5 km，河道呈现出一个巨大的"漏斗"形，防洪任务复杂而艰巨。

因河道逐年淤积，东明黄河滩区目前已高出背河地面 3～5 m，河床又高于滩地 2～3 m，防洪水位高于背河地面 8～10 m，成为典型的"二级悬河"。且现行河槽宽浅，水流散乱，具有变化速度快，摆动幅度大的特点，极易发生横河、斜河和滚河，形成水流顶冲堤防险工，造成冲决的危险。

历史上该段曾多次发生决口，据统计，1855～1933 年的 78 年间，发生决口多达 23 次。每次决口，都给沿黄人民造成深重的灾难，现保存于高村黄河历史文化苑的清代光绪年间的"高村合龙碑"就是历史的见证。在人民治黄历史上，1948 年高村黄河大抢险亦发生于此。

一、1948 高村抢险

（1）高村，位于黄河下游的东明县城北 6 km 处，黄河从这里由南北流向折转扑向东北；高村险工是黄河由游荡性宽浅河道陡然变窄的隘口，道窄水深，急流夺注，险工堤段长达 3 km，原有坝 16 道。

高村抢险发生在 1948 年 6～8 月，历时 70 余 d。

此时恰逢黄河洪水瀑涨，高村险工告危，湍急的河势在高村对岸青庄与柿园之间坐一死弯，大溜挑向高村 7 坝，紧冲 7 坝以下险工堤段，高村险工 16 道坝均系砖柳结构，基础薄弱，加之年久失修，已不堪洪水一击，大溜一靠，工程猛蛰。

（2）高村险工出险后，冀鲁豫黄委会第一修防处和东明修防段 20 多名员工于 6 月 19 日上午由河北岸渡至南岸，立即投入抢修，共产党组织的 4.5 万民工和 8 000 头牲畜上堤抢险，采取多种有力措施，遏止险情的发展，从此揭开了高村抢险的序幕。

6 月 19 日至 7 月 6 日，在黄委会第一修防处的指导下，以东明县政府和修防段为主组成抢险指挥部，县长任指挥长，修防段长任副指挥长。抢险挥部边组织民工抢护，边动员当地群众筹集料场。很快筹集柳料 15 万 kg，动员民工 45 000 余人，牲口 8 000 余头，加快了抢险进度，仅十多天时间就抢护、抢修了 8 道坝，使险情得到缓解。

7 月 6 日下午，水势突变，大溜顶冲 14 号坝，护埽全部冲垮，不久，16 号坝又生险情。由于出险频繁，工料不足，抢护缓慢，洪流从 16 号坝下淘刷大堤，堤坡不断坍塌。黄委会立即召开了处、县、段高村紧急联席会议，决定黄委会处长、第一修防处主任参加抢险指挥部，同时成立了县、区两级集料指挥部。东明县以最快的速度，筹集砖料 100 万块、柳料

75 万 kg,并动员大车 450 辆,土车 1 200 辆。各区料物从四面八方涌上抢险工地。

7 月 20 日下午 6 时,13 号、14 号两坝上跨角坍塌入水,14 号、15 号两坝之间堤脚被洪流淘刷,黄河面临决口,危在旦夕。

(3)从 8 月 1 日至 9 月 1 日,在党中央的直接关怀下,在武装部队保护下,数万名抢险员工、运料民工,投入了更大规模的抢险斗争。

8 月 5 日 12 时,15 号坝出险急流淘空埽底,坝基坍入水中。工地技术小组用推枕补底子的办法,才分段将埽做出水面。同时, 起做 15 号坝以上新坝及 16 号坝以下两道新坝。至 8 月 9 日,陆续抢护加固了 13 号至 16 号坝,并修成两道新坝。此时,大溜滑至 16 号坝以下。9 日拂晓,17 号坝被洪水冲垮,16 号坝以下 400 m 堤顶不断坍塌,险情十分危急。阴雨连绵,道路泥泞,料缺溜急,黄河决堤在即。附近居民有些已撤家上堤。

为确保黄河不决口,冀鲁豫区党委决定成立抢险指挥部,根据险情发展,制订抢险方案。同时,抽郓城、寿南、范县、濮县、长垣、滑县等 8 个工程队参加抢险。半月之内 14 号坝以下三十多段坝岸,一段接一段都修了起来, 黄河终于转危为安。

(4)人民治黄以来,国家先后对黄河大堤进行了 4 次大规模加高培厚,把过去低矮残破的黄堤普遍加高 4~6 m,培厚 100 m 左右堤防道路全部铺上了柏油路面,大大提高了堤防抗御洪水的能力。全面进行河道治理,改建新建险工控导工程,彻底改变了历史上黄河三年两决口的险恶局面,确保了人民治理黄河 70 年岁岁安澜。

同时,沿黄人民通过引黄建闸、修渠灌溉、放淤改土,使昔日“夏秋水汪汪、冬春白茫茫”的不毛之地变成了稻谷飘香的沃野良田。

二、1958 · 洪水记忆

由于黄河中下游连降暴雨, 1958 年 7 月 17 日 17 时,花园口水文站洪峰流量达到 22 300 m^3/s,为 1919 年黄河有实测水文资料以来的最大的一场洪水,防御此次洪水成为一项极其光荣而又艰巨的政治战斗性的任务,此次抗洪斗争注定成为人民治黄史上一部大写的力作。

(1)1958 年 7 月 14~18 日,黄河中游地区乌云沉沉,雷鸣电闪,暴雨如注;7 月 14 日 8 时,山陕区间和三门峡到花园口黄河干支流区间普降暴雨;7 月 15 日 20 时至 16 日 20 时,降雨强度显著增大,并出现降雨量 100 mm 以上的大暴雨区;7 月 16 日 20 时至 17 日 18 时,主要雨区在三花区间的干流区间和伊、洛、沁河中下游,汾河中下游、淮河流域的北汝河、沙河以及汉江的唐白河上游地区。这场暴雨强度大,暴雨中心降雨量达 249 mm;7 月 18 日 8 时至 19 日 8 时,为零星暴雨,局部地区降雨量较大。

这次暴雨笼罩面积达 8. 6 万 km^2,其中 200 mm 以上的强暴雨区面积有 16 000 km^2,300 mm 以上的有 6 500 km^2,400 mm 以上的有 2 000 km^2;平均最大 1 d 雨量 69. 4 mm,最大 3 d 雨量 11 9. 1 mm;在这 5 d 中大部分雨量是集中在 16 日 20 时至 17 日 8 时的 12 h 内。如垣曲站 12 h 的降雨量为 249 mm,为五天降水总量的 499. 6 mm 的 50%。

受暴雨影响,7 月 17 日 10 时至 18 日 0 时,沿程次第出现最大流量,从而形成干支流洪水在花园口同时遭遇的不利情况。三门峡站 18 日 16 时出现洪峰流量 8 890 m^3/s,支流伊洛河黑石关站 17 日 13 时半出现洪峰流量 9 450 m^3/s,沁河小董站 17 日 20 时出现洪峰流量 1 050 m^3/s,由于洛河白马寺上游决口和伊洛河夹滩地区的滞洪作用,使花园口的洪峰流量受到一定程度的削减。黄河于流花园口站 7 月 18 日 2 时。时出现洪峰流量 22 300 m^3/s,洪峰水位 93.82 m,峰顶持续 2.5 h,花园口站大于 10 000 m^3/s 的流量持续 79 h。

黄河下游河道上宽下窄,花园口站 22 300 m^3/s 的大洪水推进到下游河段后,东坝头以下全部漫滩,大堤临水,堤根水深一般 2~4 m,个别水深达 5~6 m,同时高水位持续时间长,高村至泺口河段洪水在保证水位持续 34~76 h。

(2)此次洪峰流量达 22 300 m^3/s,在整个黄河流域,东明河段是最危险的关键地段。

这次洪水进入东明境内后,滩区全部漫滩,大堤全线偎水,水深 2~4 m。东明县大堤出现 28 处蛰陷和 2 处渗漏;东明黄河洪峰滚滚,大水漫滩,高村险工共抢修坝 6 道,整修 12 道,护岸 16 道。8 月 14 日高村险工 33 坝,突然前头下蛰长达 20 m、宽 2.3 m,入水深 2.5 m,经过全体队员的抢修,用柳料 500 kg、石料 34 m^3、木桩 5 根、铅丝笼 11 个,很快抢出水面,制止了险情的扩展。有的险工坝头被洪水漫顶,有的地方大水耙堤,堤顶出水只有几分米,形势万分紧急。堤线上除郭庄和代店两处渗漏和 28 处小的粪猪洞蛰陷外,未出现大的险情。整个汛期计用柳料 176 399 kg、石料 3 012 m^3、铅丝 633 kg、木桩 1 251 根、棉衣 2 件、草捆 287 个、口袋 5 条、土方 1 131 m^3、小绳 439 根、缆 5 个。

在县委县政府的直接领导下,全县人民积极战斗,在不分洪的情况下,取得了防汛斗争的彻底胜利,战胜了 100 年一遇的特大洪水。

(3)自 1946 年人民治黄起,沿黄各地每年与黄河洪水打交道,那些全线偎水、惊涛拍岸的紧急情况,无不是惊心动魄之后伴留着几分余悸。这场洪水,中游地区连降暴雨,干流水位居高不下,支流伊、洛、泌河急剧上涨,7 月 14 日,黄河下游流域出现雨情、水情、河道险情以来,各种数据都源源不断地传递到黄河水利委员会黄河防汛总指挥部。水利部决定由当时任黄河三门峡工程局副局长的我国著名治黄专家王化云来主持这次新中国成立以来最大的抗洪抢险。

7 月 16 日夜,雨情水情发生重大变化,花园口站洪峰流量可能超过 20 000 m^3/s。按照预定防洪方案,当秦厂站发生流量 20 000 m^3/s 以上洪水时即相机在长垣县石头庄溢洪堰分洪,以控制秦口水位不超过 48.79 m,相应流量 12 000 m^3/s。按照当时的统计资料,滞洪区内有 100 万人,200 多万亩耕地,运用一次国家补偿财产损失约 4 亿元。因此,必须以对人民负责的态度,对气象、水情、堤防、人防、河道情况进行科学的分析。王化云经过反复考虑说,现在还不是考虑分洪的时候。根据降雨和干支流已经出现的洪水情况,同 1933 年洪水相似,是中华人民共和国成立以来的最大洪水,要继续注视水情变化,尽快做出预报,报告中央并通知河南、山东两省。要求全党全民动员加强防守,同时做好长垣石头庄分洪的准备;如果雨情、水情不再发展,可全力防守,争取不分洪。

17 日当天,中央防汛总指挥部发来指示电,电文指出:必须密切注视雨情、水情的发展,以最高的警惕,最大的决心,坚决保卫人民的生产成果,坚决制止洪水为患。

17 日夜是个不眠之夜。防汛总指挥部办公室的全体工作人员,都在等待雨情和水情变化的最新消息。傍晚,伊、洛、沁河和三门峡以下干流区间雨势已经减弱,但花园口站洪水开始上涨。17 日 24 时,花园口站洪水水位达到 94.42 m,超过了预报水位。洪水是否继续上涨,防汛总指挥部办公室焦急地等待着水文站的进一步报告。

18 日 5 时，花园口水文站终于传来了水位已开始回落的消息，而且花园口以上降雨大部分已转为小雨或中阵雨，有的地方已停止降雨。这说明这次洪水后续水量不大。

王化云和防汛总指挥部的同志交换意见后，决定采取不分洪的措施，随即向国务院、中央防汛总指挥部、水利部发出了不分洪的请示电并得到了批准。

(4)按照国务院和黄河防汛总指挥部的部署，在菏泽地区地委的统一领导下，全县人民总动员，统一布置、统一号令、统一行动，全县共组织抢险队 3 621 人，防汛队员 12 992 人，运输队 14 904 人，第一、二线支援队 45 960 人，共计 70 877 人，坚决做到人在堤在，确保大堤安全。为便于防守，传授技术，增加抢险技能，采取了沿河基干班防汛连与二线乡镇防汛连以堤屋为单位混合编队，分段、分屋包干负责，分兵把守。技术学习方面也是现教现学，沿黄一线乡镇教非沿黄乡镇。东明黄河沿线一处出险，全线支援，进行抢堵，全区人民齐心合力迎战大洪水。

(5)7 月 27 日，千里黄河大堤两岸传来令人振奋的消息：中华人民共和国成立以来黄河下游最大的一次洪峰“驯服”地流入渤海。

自 1946 年人民治黄以来，黄河已经安度了 11 个伏秋大汛，没有发生决口泛滥，1958 年的特大洪峰，最大洪峰流量 22 300 m^3/s，特大洪水总水量达 60 亿 m^3。这个水量和洪峰流量都和有水文记载以来的最大洪水 1933 年洪水相似。特别是人民治黄以前历年大洪水到不了东明县高村就要发生决口，因而高村以下的河道是从来没有经过像这样大的洪水。在党和政府的领导下广大军民战胜了特大洪水，两岸没有分洪，没有决口，保证了农业大丰收。这是我国人民创造的又一个奇迹。

三、1982 · 万众一心

1982 年 8 月 2 日 20 时，花园口站洪峰流量达到 15 300 m^3/s；4 日 22 时，高村站洪峰流量 12 600 m^3/s，郓城县伟庄以上河段洪水位普遍高出 1958 年大洪水水位 1 m 以上。险情就是命令，国务院下达了确保黄河安全的指示，要求全力投入到抗洪斗争中去。菏泽市老一辈黄河职工精湛的抢险技术和 1979 年新招的青年职工的无畏拼搏，形成了一个坚强有力的战斗集体，还有沿黄各级政府和广大人民群众的全力支持，人、财、物坚强的后盾，最终取得这次抗洪胜利。

(1)7 月 29 日至 8 月 2 日，黄河三门峡至花园口区间降暴雨到大暴雨，部分特大暴雨；山陕区间和泾、络、渭、汾河降大雨到暴雨。黄河三花间干流及伊洛河接踵涨水，花园口站 8 月 2 日 18 时涌现流量 15 300 m^3/s 的洪峰，7 d 洪量 50.2 亿 m^3，10 000 m^3/s 以上流量持续 52 h，是 1958 年以来的最大洪水。

4 日 22 时，高村站洪峰流量 12 600 m^3/s，水位 64.13 m，比 1958 年洪水位高 1.14 m，洪峰 8 月 2 日到达东明境内后，高村虹吸管理房裂缝长 5.9 m，宽 0.002~0.003 m，深 0.30 m，原因是水位高、土基浸泡，房基产生不均匀蛰陷，导致裂缝。

王夹堤、单寨、马厂、大王寨四处工程，76 道坝全部着水，马厂 16~25 坝全部漫水，7、8、9 三道主坝出险最大，平均下蛰 2.5 m，山东黄河河务局、菏泽修防处、东明县等领导亲临工地，带领所有职工、民工一起冒雨奋力抢修，经几昼夜战斗，始得平稳。

辛店集工程 8 月 3 日凌晨，10~11 坝间由于大溜顶冲，出现决口和严重塌方。

堡城险工,18 坝后尾背河,堤脚流浑水,发现漏洞口直径约 0.2 m,经过修筑围堰、堵塞了漏洞。

高村险工 9~20 坝于 8 月 2~20 日抢险,8 月 5 日 16 时,37 坝上跨角根石突然下蛰,15 m 长的坦石沉入水中,随后 34~38 坝也蛰陷。

洪峰期间,共有 53 道坝出险,抢险 92 次,共用石料 7 011 m^3、铅丝 5 175 kg、木桩 430 根、电线 1 600 m、电石 1 452 kg、竹竿 591 根、汽油 2.3 t、柴油 1.26 t 、苇席 1 325 领、草袋 1 600 个、帆布篷 59 块。

(2)东明县防汛指挥部制定了“关于防御黄河各类洪水的作战方案”。7 月 30 日接到洪水预报后,县委、县政府连夜召开沿黄公社书记和县直部门负责人会议,对战胜洪水所需的人员、工具料物、后勤供应等进行了全面部署安排,并及时向各公社、县直单位发了紧急通知,进入紧张防汛状态,做好了上堤抢险救护准备。

①大堤裂缝。8 月 3 日 21 时在桩号 204+150 处临河老坝坝坡上出现裂缝,缝弧长 23 m,最高点距水面 1.2 m,距堤顶 2.5 m,宽 5~10 cm,8 月 5 日在此缝以上又出现裂缝 1 处,走向同上,宽 2~3 cm。

8 月 4 日 16 时在桩号 182+450 处出现一纵向裂缝,距堤顶 2.5 m,长 30 m,最大缝宽 1 cm。

②渗水。8 月 5 日发现渗水二处,一处在桩号 176+500 黄堌路口以下背河堤脚外 10 m 处;另一处在郭庄东 47 号防汛屋北背河堤脚,渗水长 30 m。

8 月 7 日在桩号 169+900 任庄南背河堤脚处发现渗水长 20 m。

③獾洞。8 月 3 日在桩号 189+100 临河堤坡水面以上 1 m 处发现獾洞,洞是顺斜坡向上,长 9 m,洞尾距堤肩 3 m,最深在堤坡下 1.7 m,最浅 0.7 m,最大直径 0.4 m,当天下午开挖回填。

④黄鼠狼洞。8 月 5 日 12 时在桩号 209+150 临河堤坡处发现洞深 1 m,立即开挖回填,在 55 号防汛屋临河堤肩发现一个暗浪窝,顺堤长 17 m,宽 0.3 m,最深 0.9 m,随即开挖处理。

(3)解放军大力支援抗洪抢险,在洪水偎堤的紧张时刻,济南军区某部队炮兵团 903 人,某部队××营 599 人奉命于 8 月 4 日 10 时到达东明县,分别在菜园集、张寨、黄堌、樊庄四个点,支援防守抢险和滩区救护。8 月 5 日高村抢险,解放军派 150 名指战员与黄河职工并肩作战几昼夜,保证了大堤安全。

四、“96 · 8” · 众志成城

1996 年 8 月 5 日、13 日黄河花园口站连续出现了 7 600 m^3/s 和 5 520 m^3/s 两次洪峰。虽然洪峰流量属中常洪水,但水位表现非常高,黄河下游河道沿程水位普遍接近或超过历史最高记录。造成工程出险多、淹没范围大、损失惨重。在党中央、国务院的英明领导下,经过沿黄党政军民和广大黄河职工按照“确保大堤安全,确保人民生命安全”的目标要求,全力以赴、抗洪抢险,连续迎战一、二号洪峰,取得了黄河防汛抗洪斗争的伟大胜利。

(1)受 1996 年第 8 号台风影响,7 月 31 日 20 时至 8 月 1 日 10 时,黄河中游地区普降中到大雨,局部暴雨;2 日 8 时到 4 日 6 时三门峡至花园口地区再次降中到大雨。受两次

降雨影响,8 月 5 日 15 时,黄河花园口站出现入汛以来第一次洪峰,洪峰流量 7 860 m^3/s,相应水位 94.71 m。10 日 0 时,洪峰到达高村站,流量 6 200 m^3/s,相应水位 63.87 m。13 日 3 时安全出境,历时 139 h。

8 月 8 日,黄河北干流地区降暴雨,各支流相继涨水,洪水沿程汇集。10 日 13 时,黄河龙门站出现 11 200 m^3/s 的洪峰。13 日 4 时花园口站出现二号洪峰,洪峰流量 5 520 m^3/s,相应水位 94.09 m。15 日 2 时二号洪峰到达东明高村站,流量 4 470 m^3/s,水位 63.34 m,16 日 10 时顺利出境,历时 42 h。

此次洪峰与历史上任何一次洪峰相比,有许多不同的特点,主要有:①水位表现高。由于黄河多年未来大水,主河床萎缩,春季又发生干河断流,泥沙淤积,主河床泄洪排沙能力降低,造成此次洪水水位表现异常偏高。②洪水流速慢,洪峰传播时间长。由子洪水漫滩严重,峰顶削减,洪峰演进速度极为缓慢,洪水从花园口站到高村站共用了 106 h,而正常情况下仅需 30 h,是常规传播的 3 倍,推进速度仅为 1.80 km/h。洪水漫滩严重。花园口站一号洪峰的高水位表现,使得黄河下游滩区普遍上水漫滩。据黄委有关资料记载,就连 1855 年铜瓦厢决口形成的 141 年未曾上水的河南原阳高滩,这次洪水也发生了漫滩。这次洪水,东明县滩区全部进水、95 个村庄被洪水围困。据不完全统计,滩区淹没面积达 23.85 万亩,受灾人口 10.14 万人。滩区水深 0.5~2.0 m,堤根水深一般 2 m,最深处达 4 m,其漫滩面积和漫滩水深均为历史少见,给滩区人民的生产和生活造成很大影响。

(2)洪水期间河势没有发生大的变化,近年暴露的不利河势未能得到有效调整。由于洪峰水位表现高,持续时间长,造成东明县险工、控导工程出险频繁,多达 81 次,其中堤防、滚河防护工程出险 6 次,险工坝岸出险 15 处,控导坝岸出险 60 处,尤其是老君堂控导工程由于设计防洪标准低,出现了洪水满溢、联坝溃决等险情,工程破坏严重。在一、二号洪峰过程中,造成东明县堤防全线偎水,堤根水深一般 2~4 m,最深处 4 m;东明滩区全部进水漫滩;滩区交通、通信、电力设施和水利工程毁坏严重。特别是洪水过后,由于槽高滩低堤根洼,滩内滞留大量积水,不少地方无法自排,对滩区群众恢复生产,重建家园带来很大困难。

这次抗洪抢险共用石料 3.16 万 m^3/s,软料 132.72 万 kg,铅丝 2.48 万 kg,麻袋、编织袋 1.84 万条,麻绳 1.38 万 kg,土方 1.97 万 m^3,工日 2.08 万个。抗洪期间,据统计,全县共组织一线防汛队伍基干班 855 个、10 266 人,3 个护闸队 150 人,8 个抢险队 370 人,共计 10 786 人。同时县直干部 488 人,县乡干部 150 人上堤防守。另外,加上山东省防汛指挥部派来的济南军区××部队 120 名官兵、地直机关干部 215 人,参加大堤防守人员多达 11 753 人。

五、2003 · 大河秋潮

受"华西秋雨"气候的影响,2003 年 8 月 25 日至 10 月中旬,黄河流域发生了近 20 年来未曾有过的长历时、大洪量的秋汛,河南省兰考县蔡集生产堤决口造成了东明县南滩洪水漫滩偎堤,堤防和河道工程出现较大险情。

(1)2003 年 8 月 25 日以来黄河流域先后发生 7 次较大范围持续强降水,为近 20 年来所罕见,8 月 25 日至 9 月 6 日,黄河中下游地区先后出现两次强降雨过程。泾河、北洛河、渭河、山陕区间、汾河、伊洛河、三花间部分地区降大到暴雨，个别站降特大暴雨。受降雨影响，黄河中游泾、渭、汾、伊、洛、沁等干支流相继出现较大洪水。伊洛河黑石关站 9 月 3 日 2 时最大流量为 2 220 m^3/s。

9 月 4 日 2 时花园口站出现本年度最大流量 2 780 m^3/s，水位 93.42 m，高村水位站最大流量 2 670 m^3/s，水位 63.65 m。由于此次洪水是黄河下游 2003 年发生的第一次洪水，水位表现较高，菏泽市各站都超警戒水位，其中高村站超警戒水位（63.50 m）15 cm。

9 月 6 日 9 时至 18 日 18 时 30 分，结合小浪底水库防洪预泄运用，三门峡、小浪底、故县、陆浑水库四库联合调度调水调沙试验实施。9 月 18 日，黄河防汛抗旱总指挥部决定自 9 月 18 日 18 时 30 分起暂停小浪底水库防洪预泄运用，改为按控制花园口水文站流量 800 m^3/s 左右运用，试验结束。9 月 20 日 20 时小浪底水库下泄流量 890 m^3/s。

9 月 19 日，河南省兰考县蔡集生产堤溃决，东明南滩开始进水，洪水沿着堤沟河顺势而下，由于老君堂格堤阻水，阻断了洪水的退路，洪水开始在南滩汇集，河水加上雨水，东明南滩偎水堤段 156+050—181+790 段水深 1.22~5.32 m，平均水深达 3.15 m，东明县焦元乡、长兴集乡、樊庄、徐集的水位高于“96 · 8”洪水位 0.21~0.29 m。

10 月 26 日 16 时至 30 日 20 时 30 分，小浪底水库按控制花园口站流量 500 m^3/s 运用，以利河南省兰考县蔡集口门堵口。10 月 26 日 18 时，小浪底水库泄流流量 137 m^3/s。10 月 28 日 6 时，夹河滩站流量 1 100 m^3/s，水位 75.67 m，蔡集口门宽度约 52 m，过流水深 10 m 以上，最大 18 m，开始第二次堵口。10 月 28 日 20 时 30 分，滩区水向大河退水，口门处水流较为缓和，35 坝至口门处为行阵回溜。10 月 28 日 22 时 30 分，口门宽度约 6 m。10 月 29 日 0 时 10 分（兰考县局防办提供），口门合龙，历时 18.2 h。10 月 30 日 20 时 30 分，小浪底水库泄流流量 1 500 m^3/s，菏泽市河道一直维持在 2 300 m^3/s 左右。11 月 18 日开始，小浪底水库按日平均流量 900 m^3/s 下泄，并于 12 月转入防凌运用，控制花园口站流量 600 m^3/s。

（2）入汛以来东明河务局始终把黄河防汛作为全局各项工作的中心任务来抓，受“华西秋雨”影响，小浪底超汛限运行，转入调洪运用。

9 月 22 日，东明县黄河大堤上界到大李庄临河堤根水深已达 0.5~2.0 m。按照黄河防洪预案关于上防基干班的具体程序和规定，该段上防 17 个基干班，204 人。10 月 17 日，随着偎堤水位的抬高，险情进一步加重，东明县防指对大堤 156+050~180+790 段及老君堂格堤进行了上堤防守，基干班增至 186 个，2 232 人。东明河务局 320 名职工全力以赴地参加了抗洪抢险，还聘请了退休职工 30 人作为技术顾问。山东省防汛指挥部先后调集省属第一、二、五、六、八、十专业机动抢险队 6 个 279 人，机械 64 台（套），省武警总队 620 人，济南军区部队 1 092 人，菏泽市河务局抽调牡丹区、鄄城县、郓城县 3 个河务局 125 名职工支援东明抗洪抢险，上堤防守人数最多时 4 976 人。

（3）由于进滩水位高、持续时间长，10 月 9 日，黄堤 177+500—177+650 段背河柳荫地发现长 150 m、宽 8 m 的地带有水渗出，到 9 日 11 时 20 分，险情发展为黄堤桩号 177+500—177+700 段，出险尺寸为 200 m×50 m，出水均为清水，渗水明显。10 月 9 日 23 时 30 分，黄委、省河务局领导及专家对该渗水堤段进行了现场查看，认为渗水且局部带有管涌迹象的险情，拟定了土工布上压砂石反滤层的抢护方法。具体做法是在清理好的地基上先铺一层土工布,尺寸 200 m×25 m,上压厚各 10 cm 的中砂和小石子,周边压砂袋。抢险从 10 月 10 日 1 时 30 分开始,至 10 日 17 时 20 分结束,历时 15 时 50 分。省属黄河第一、第五、第十专业机动抢险队共 138 人,武警部队 150 人,共 288 人参加了抢险。动用挖掘机 2 部,推土机 2 部,大型发电机组 2 台,小型发电机组 10 台,机动车辆 6 辆。抢险共铺设土工布 4 400 m^2,砂石料 930 m^3(砂、石对半),周边压砂袋 2 400 条。

10 月 11~12 日,东明县又刮起大风,北风 4~6 级,局部 8 级,最大风力 10 级。东明上界至谢寨河段 4 段堤防工程出现长 4 859 m 严重的风浪淘刷险情,坍塌高度 0.6~1.2 m;49 段滚河防护工程坍塌长 7 300 m,坍塌高度 0.3~4.5 m,其中 20+3、25 和 33 坝等破坏最严重,部分坝的背水面坝坡全部坍塌入水,坝顶塌入水中 1 m 多宽。风波淘刷险情采取挂柳、土工布压土袋和抛石抢护,10 月 18 日完成抢护任务。参加抢护武警官兵 1 200 人,黄河专业抢险队 6 支 330 人,动用大型机械 78 台套。抢险用石料 6 378 m^3,土方 2 816 m^3,柳料 341.7 万 kg,土工布 9.7 万 m^2,袋类 21.4 万条。

9 月 12 日,王高寨护滩工程 10 坝受主溜冲刷,迎水面至上跨角出现根石走失、坦石下蛰险情。东明河务局及时组织黄河职工、民技工 172 人采取抛散石护根、外抛铅丝笼的办法进行抢护,共动用机械 44 台,抢险用石料 8 028 m^3、柳料 58.67 万 kg、铅丝 17.37 t,工日 5 028 个,耗资 146.82 万元。

东明县南滩 9 月 19 日 9 时漫滩进水,淹没滩地面积 28.32 万亩,其中耕地面积 19.2 万亩;受灾村庄 141 个,被水围困村庄 135 个;受灾人口 11.35 万人,被水围困人口 9.68 万人,其中迁移 9 110 户 2.06 万人;33 940 间房屋损坏,倒塌房屋 3 914 间;损坏桥涵闸 188 座,机井 86 眼,供电线路 139 km、通信线路 175 km,浸泡公路 86.2 km,焦园、长兴集两乡 135 个村供电中断,13 个村 730 部电话中断。

中华人民共和国成立以来,特别是 1998 年以来,国家加大了黄河防洪工程的建设力度,东明县所属黄河防洪工程得到进一步加固,本次大水偎水堤段水深 1.6~5 m,浸泡长达 40 余 d,只出现了部分风浪淘刷、渗水等险情,河道整治工程险情主要是根石走失、坦石下滑,充分说明坚固的防洪屏障是夺取抗洪胜利的基础。

第五节　常见险情解析

一、渗水险情

抢护要点:临河截渗,背河导渗。

洪水偎堤后,背河堤坡或堤脚附近出现表土潮湿、发软、有水渗出或有积水的现象,称为渗水险情(见图 7-2)。险情轻微时应由专人观测,严重时应及时抢护,以防发展成管涌、漏洞、滑坡等险情。渗水险情的抢护方法如下:

(1)土工膜截渗。临水堤坡较平整时,采用土工膜截渗(见图 7-3)。将直径 4~5 cm 的钢管固定在土工膜的下端,卷好后将上端系于堤顶木桩上,沿堤坡滚下,并在其上压盖土袋。

(2)梢料反滤层。先将渗水堤坡、堤脚清理整平,铺一层麦秸、稻草等细料,厚约 15 cm,然后铺一层细柳料或苇料,梢尖朝下,厚约 30 cm,再铺一层横柳枝,上压土袋,如

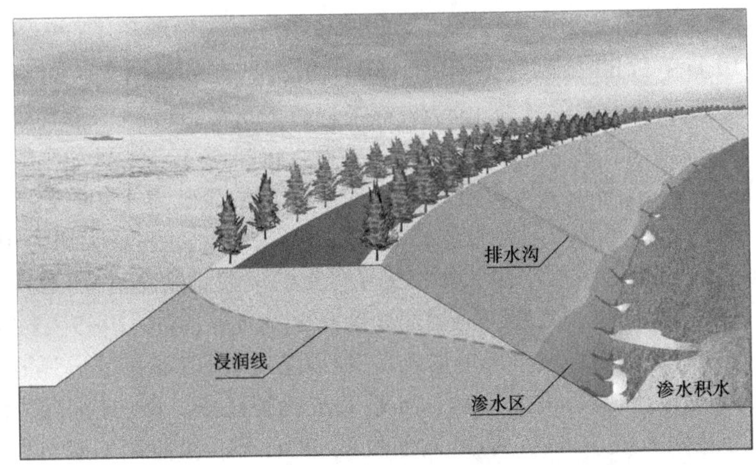

图 7-2　渗水险情示意图

图 7-3　土工膜截渗示意图

图 7-4 所示。

(3)透水后戗(见图 7-5)。堤坡渗水严重,沙土料源丰富,施工机具充足,可抢筑透水后戗。抢筑前,清除地表杂物。戗顶一般高出浸润线出逸点 0.5~1 m、顶宽 2~4 m,戗坡 1:3~1:5,长度超过渗水堤段两端各 5 m。

二、管涌险情

抢护要点:反滤导渗,控制带沙。

管涌多发生在背河坡脚附近地面及坑塘中。汛期高水位时,在渗透压力作用下土中的细颗粒被水带出,落于孔口周围形成沙环(见图 7-6)。发现管涌险情后,应及时抢护。管涌险情的抢护的方法如下:

(1)反滤铺盖。在背河大面积出现管涌时,如料源充足,可用反滤铺盖抢护(见图 7-7)。即在出现管涌的范围内,分层铺填透水性良好的反滤料,制止地基土颗粒流失。

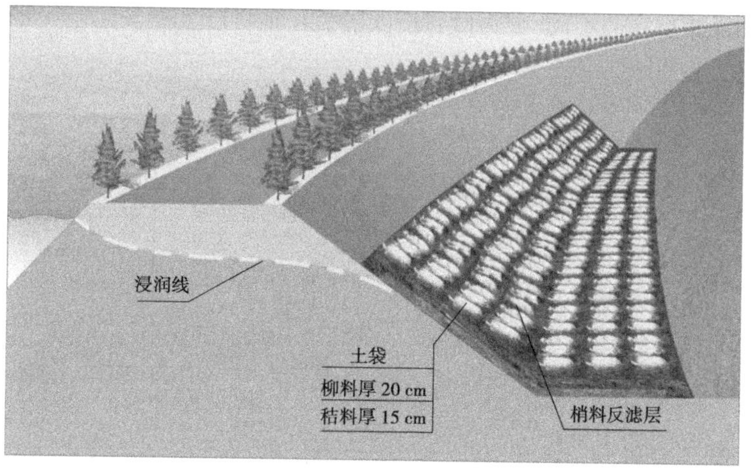

图 7-4　梢料反滤层示意图

图 7-5　透水后戗示意图

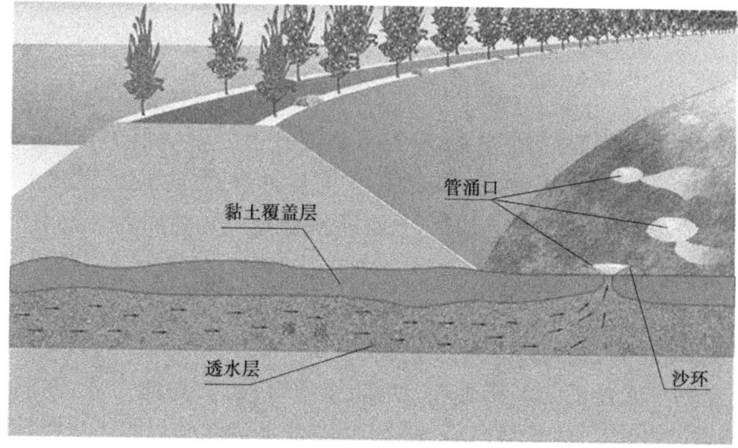

图 7-6　管涌险情示意图

根据所用反滤材料的不同,分为砂石反滤铺盖和梢料反滤铺盖。

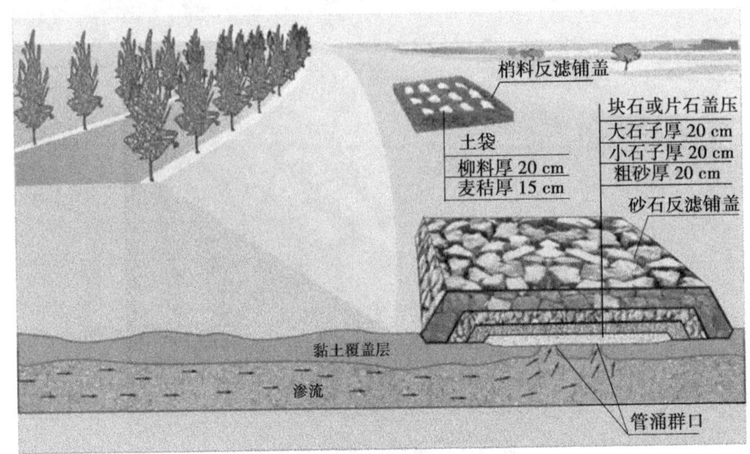

图 7-7　反滤铺盖示意图

(2)反滤围井(见图 7-8)。反滤围井适用于独立管涌的抢护。先清除地面杂物并挖除软泥 10~20 cm,用土袋错缝围成井状,井内分层铺设反滤料(如砂石、梢料等),层厚 20~40 cm,并在反滤层顶面设置排水管。

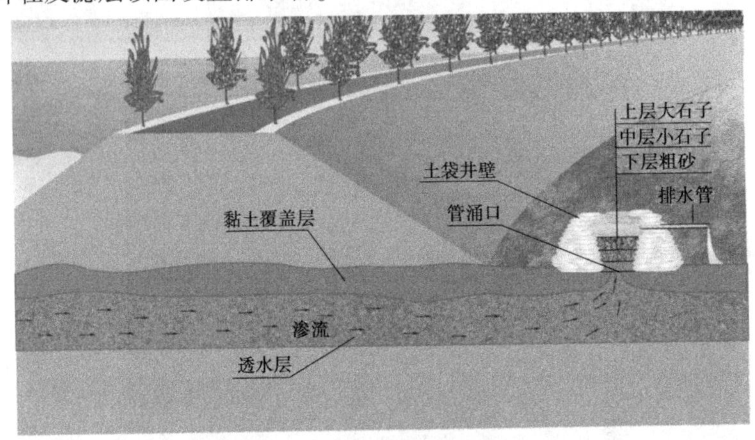

图 7-8　反滤围井示意图

(3)背河月堤。当背河堤脚附近出现分布范围较大的管涌群时,可在背河堤脚管涌范围外用土或土袋抢筑月堤,积蓄涌水,抬高水位减少渗透压力,延缓涌水带沙速度(见图 7-9)。随水位升高需对月堤帮宽加高,直至险情稳定。月堤高度一般不超过 2 m。

三、漏洞险情

抢护要点:前堵后导,临背并举。

漏洞是贯穿堤身或堤基的水流通道。堤防土质多沙,抗冲能力弱,漏洞扩展迅速,极易造成决口(见图 7-10)。发现漏洞后,必须尽快查出进水口,全力以赴,迅速抢堵。同时,在背河出水口采取反滤措施,以缓和险情。抢堵后应由专人观察。漏洞险情的抢护方法如下:

图 7-9　背河月堤示意图

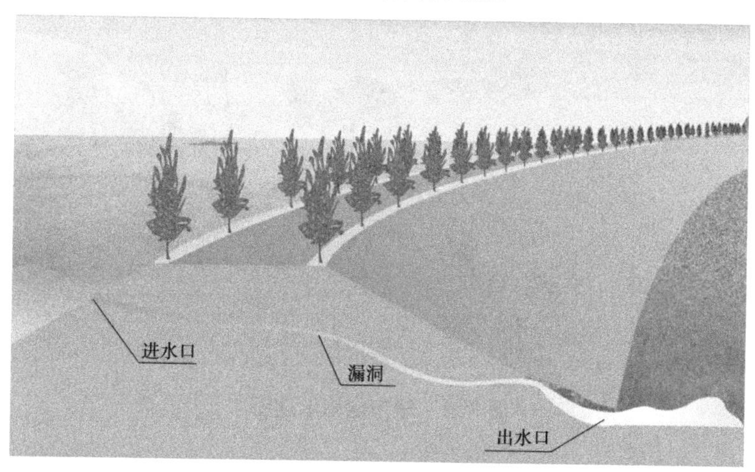

图 7-10　漏洞险情示意图

(1)塞堵漏洞。探测到漏洞进口位置时,应优先采用塞堵法(见图 7-11)。塞堵料物有软楔、草捆、软罩等。塞堵时应快、准、稳,使洞周封严,然后迅速用黏性土修筑前戗加固。塞堵漏洞应注意人身安全。

(2)软帘盖堵。知道漏洞进口大致位置且附近堤坡无树木杂物时,可用软帘盖堵(见图 7-12)。软帘可用复合土工膜或篷布制作。软帘应自临河堤肩顺坡铺放,然后抛压土袋,再填土筑戗。

(3)临河月堤。当临河水深较浅、流速较小、洞口在堤脚附近时,可在洞口外侧用土袋迅速抢筑月形围埝,圈围洞口,同时在围埝内快速抛填黏性土,封堵洞口(见图 7-13)。

(4)反滤围井(或背河月堤)(见图 7-14)。发现漏洞后,无论进水口是否找到,均应在出水口迅速抢筑反滤围井。滤井内可填砂石或柳秸料。围井内径 2~3 m,井高约 2 m,也可抢修背河月堤,形成"养水盆"或在月堤内加填反滤料。

四、滑坡险情

抢护要点:固脚阻滑,削坡减载。

图 7-11　塞堵漏洞示意图

图 7-12　软帘盖堵示意图

图 7-13　临河月堤示意图

堤防滑坡又称脱坡，一般是由于水流淘刷、内部渗水作用或上部压载所造成的（见图 7-15）。滑坡后堤身断面变窄，水流渗径变短，易诱发其他险情。险情发现后，应查明原因，及时抢护方法如下：

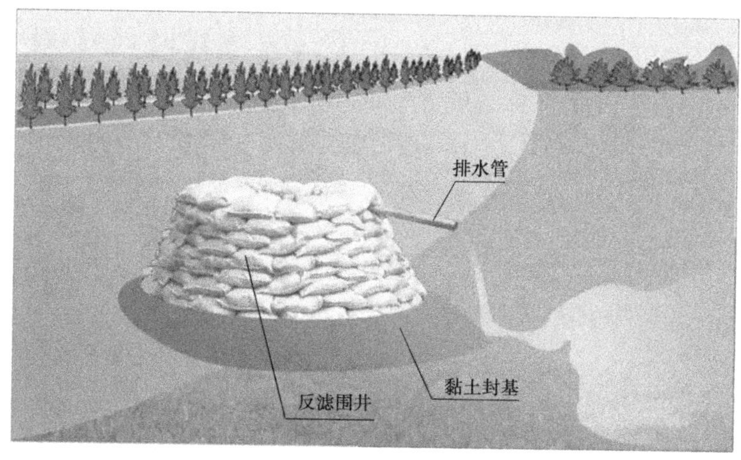

图 7-14　反滤围井示意图

图 7-15　滑坡险情示意图

(1)固脚阻滑。背河滑坡时,将土袋、块石、铅丝笼等重物堆放在滑坡体下部,使其起阻止继续下滑和固脚的双重作用(见图 7-16),同时移走滑动面上部和堤顶的重物,并削缓陡坡。

(2)滤水土撑。适用于堤防背水坡范围较大、险情严重、取土困难的滑坡抢护(见图 7-17)。先在滑坡体上铺一层透水土工织物,然后在其上填筑砂性土,分层轻轻夯实而成土撑。一般每条土撑顺堤方向长 10 m,顶宽 3~8 m,边坡 1:3~1:5,土撑间距 8~10 m,修在滑坡体的下部。

五、陷坑险情

抢护要点:查明原因,还土填实。

陷坑又称跌窝,是指在洪水期或大雨时,堤身发生的局部塌陷(见图 7-18)。有的口大底浅呈盆形,有的口小底深呈井形。无论陷坑发生在何处,都必须查明原因,及时进行抢护。陷坑险情抢护方法如下:

(1)翻填夯实。凡是条件许可,陷坑内又未伴随渗水、管涌或漏洞等险情的情况下,

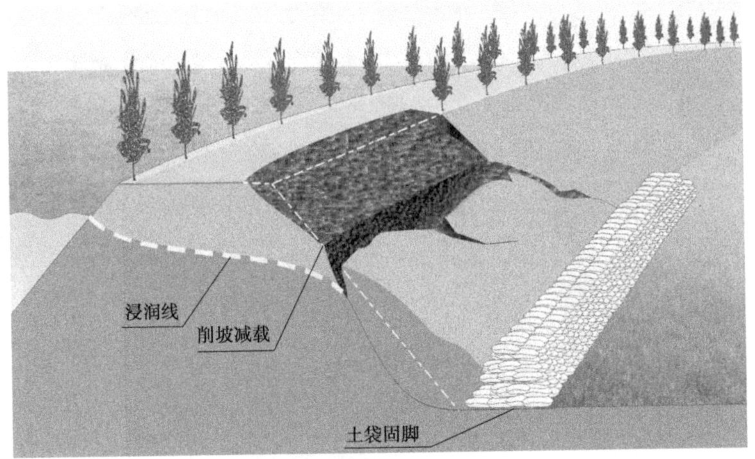

图 7-16　固脚阻滑示意图

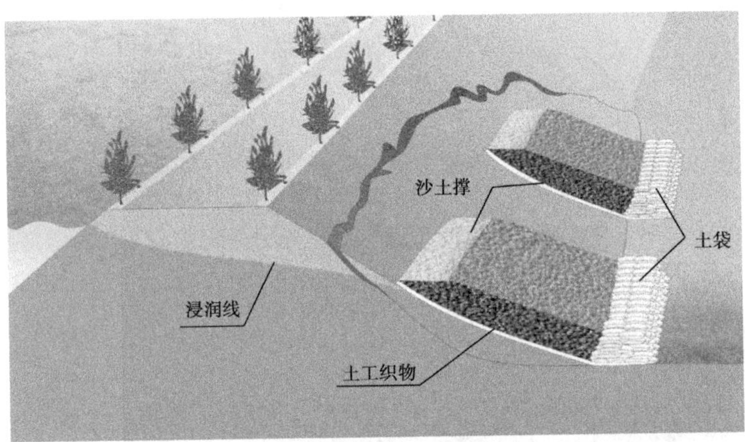

图 7-17　滤水土撑示意图

图 7-18　陷坑险情示意图

均可采用此法(见图 7-19)。具体做法:先将陷坑内的松土翻出,然后分层回填夯实,恢复堤防原貌。

图 7-19　翻填夯实示意图

(2)填塞封堵。适用于临水坡水下部位的陷坑。先用土工编织袋、草袋或麻袋装黏性土料,直接向水下填塞陷坑,填满后再抛投黏性散土加以封堵和帮宽(见图 7-20)。要求封堵严密,避免从陷坑处形成漏洞。

图 7-20　填塞封堵示意图

六、冲塌险情

抢护要点:缓溜防冲,护脚固基。

顺堤行洪走溜,水流淘刷堤脚,造成堤坡失稳坍塌的险情为冲塌险情(见图 7-21)。该险情一般长度大、坍塌快,如不及时抢护,将会冲决堤防。水深溜急、坍塌长的堤段,应采用垛或短丁坝群导溜外移,保护堤防,其他冲塌险情可按缓流固脚原则抢护。冲塌险情的抢护方法如下:

(1)沉柳缓流防冲。适用于水深溜缓的险情。采用枝叶茂密的柳树头,捆扎大块石等重物,顺堤从下游向上游,依次抛沉(见图 7-22)。水浅溜缓时可改为土工织物上压土袋或挂柳防冲等措施。

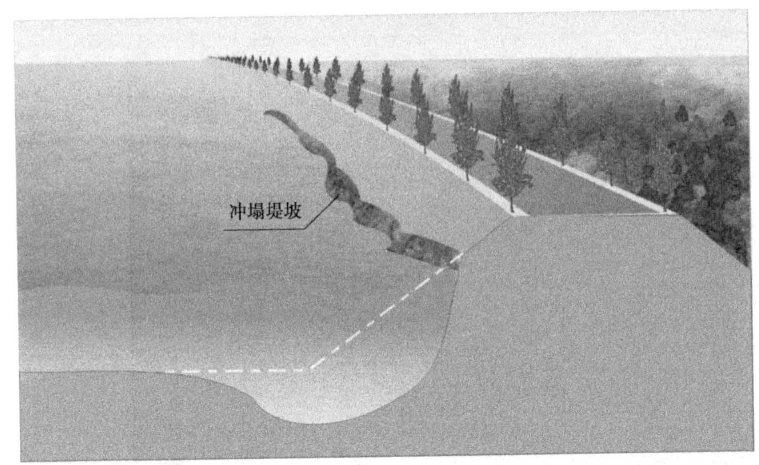

图 7-21　冲塌险情示意图

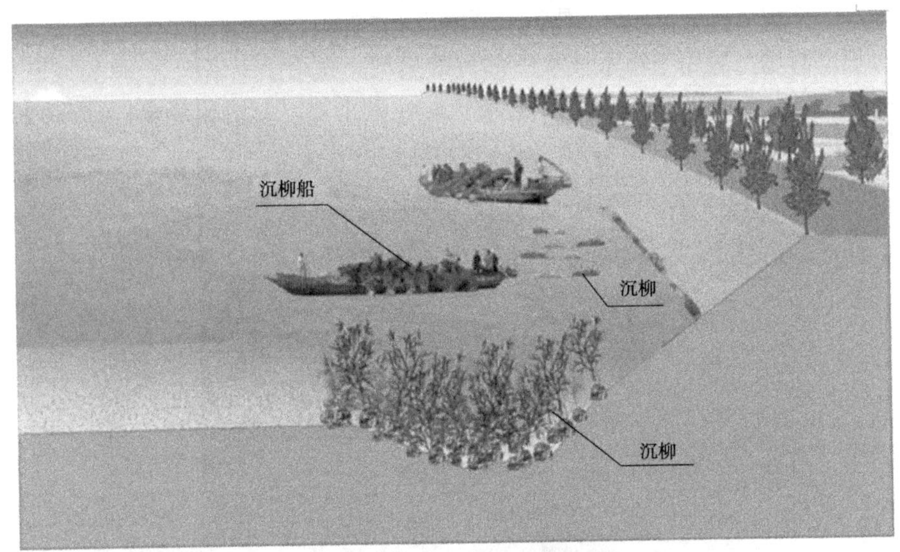

图 7-22　沉柳缓流防冲示意图

(2)护坡固脚防冲。适用于水深溜急、坍塌长度较短的险情。对冲刷堤段堤坡先进行清理,再抛投土袋、石块、柳石枕等防冲物体(见图 7-23)。抛投从坍塌严重部位开始,依次向两边展开,直到抛至稳定坡度。

七、裂缝险情

抢护要点:隔断水源,开挖回填。

堤防裂缝是常见的一种险情(见图 7-24),常是其他险情的预兆,危害较大的有横向裂缝和纵向裂缝。横向裂缝一经发现必须迅速抢护。纵向裂缝要专人观测和维护,对发展较快的要采取抢护措施。裂缝险情的抢护方法如下:

(1)横墙隔断。适用于横向裂缝抢险。除沿裂缝方向开挖沟槽外,还每隔 3~5 m 开挖一条横向沟槽,沟槽内用黏土分层回填夯实(见图 7-25)。如裂缝已与河水相通,开挖沟槽前,应采取前戗等截流措施。

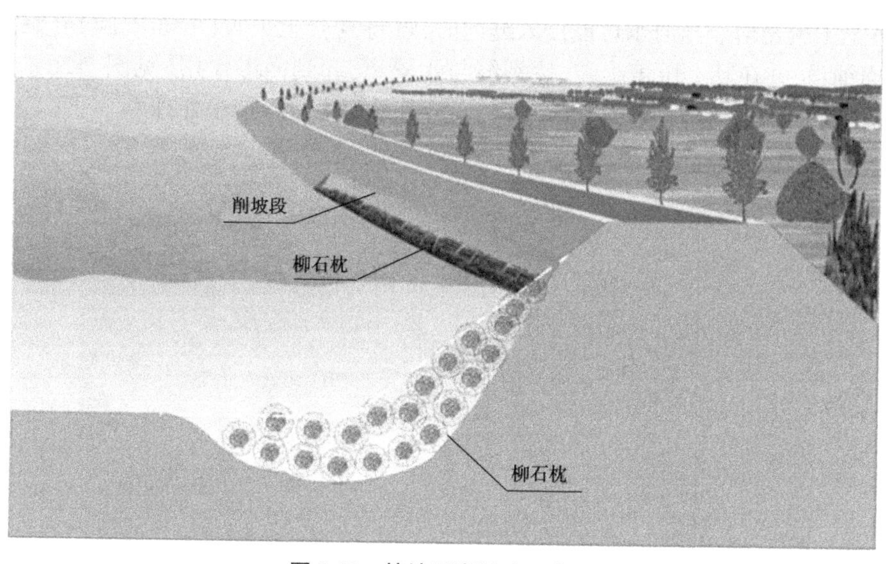

图 7-23 护坡固脚防冲示意图

图 7-24 裂缝险情示意图

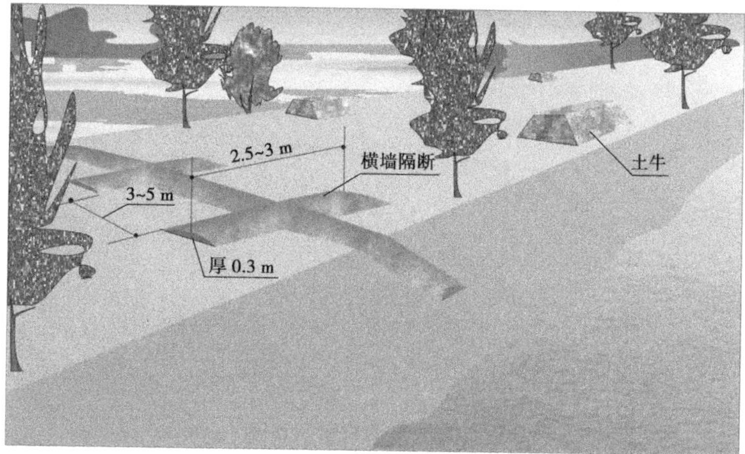

图 7-25 横墙隔断示意图

(2)土工膜盖堵。当河水可能侵入缝内时,可将复合土工膜(一布一膜)在临水坡裂缝处全面铺设,并在其上压盖土袋,使裂缝与水隔离,起到截渗作用(见图 7-26)。同时,在背水堤坡铺设反滤土工织物,上压土袋,然后再采用横墙隔断法处理。

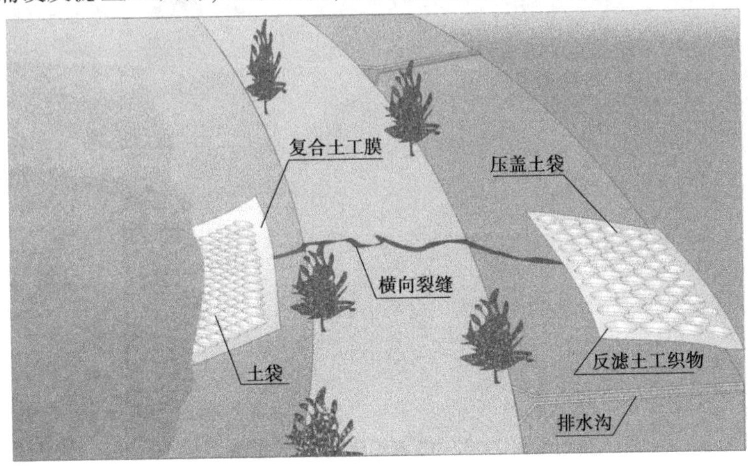

图 7-26　土工膜盖堵示意图

八、风浪险情

抢护要点:消能防冲,保护堤坡。

汛期河水上涨,水面变宽,当风速较大时,风浪对堤防冲击力强,轻者造成堤坡坍塌变陡,重者出现滑坡、漫溢等险情(见图 7-27),甚至造成决口,应因地制宜,采取具体抢护措施。风浪险情的抢护方法如下:

图 7-27　风浪险情示意图

(1)土工织物防浪。此法防浪效果好,宜优先选用。将编织布铺放在堤坡上,顶部用木桩固定并高出洪水位 1.5~2 m(见图 7-28)。另外,用铅丝或绳一端固定在木桩上,一端拴石或土袋坠压于水下,以防漂浮。

图 7-28　土工织物防浪示意图

(2)土袋防浪。此法适用于风浪破坏已经发生的堤段,用编织袋、麻袋装土(或砂或碎石或砖等),叠放在迎水堤坡(见图 7-29)。土袋应排挤紧密,上下错缝。

图 7-29　土袋防浪示意图

(3)挂柳防浪。在堤顶打木桩,桩距 2~3 m,用双股 10~12 号铅丝或绳将枝长 1 m 以上,枝径 0.1 m 左右的枝头(或将几棵枝头捆扎使用)系在木桩上,在树杈处捆扎砂(石)袋,使树梢沉入水下,以削减风浪(见图 7-30)。

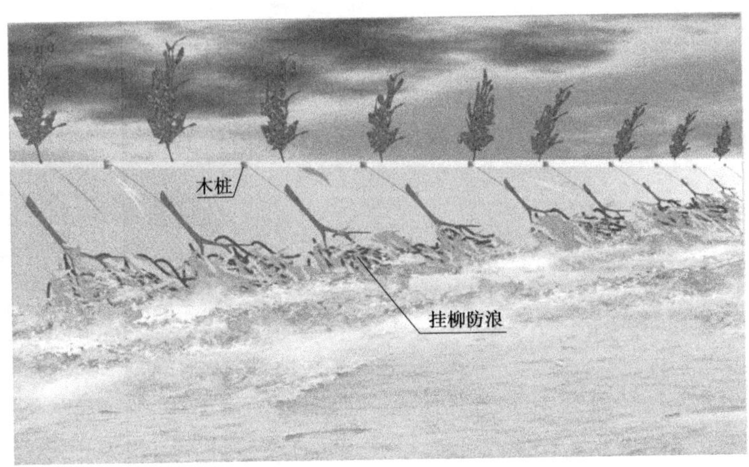

图 7-30　挂柳防浪示意图

九、漫溢险情

抢护要点:预防为主,水涨堤高。

根据水情预报,洪水位如有可能超过堤顶,应迅速组织人力、物力于洪水来临前在临河堤肩上抢修子埝,防止漫溢。漫溢险情见图 7-31。抢护方法如下 :

图 7-31　漫溢险情示意图

(1)土袋子埝。土袋子埝施工快,应优先选用。一般用编织袋或麻袋装土七八成满,分层交错叠垒,并踩实严密,在袋后填土帮戗防渗(见图 7-32)。或全部用土袋筑埝,但要加裹土工膜防渗。

(2)土工织物子埝。适用于土料充足、运输有保障的情况。先在距临水堤肩 0.5~1 m 处抢筑土埝,然后用彩条布或土工膜将其包盖,用签桩石坠固定,以防渗抗冲(见图 7-33)。

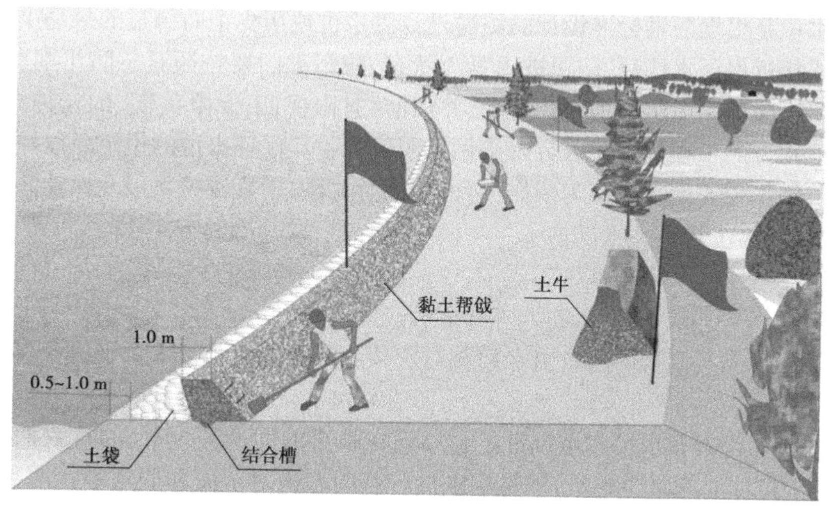

图 7-32　土袋子埝示意图

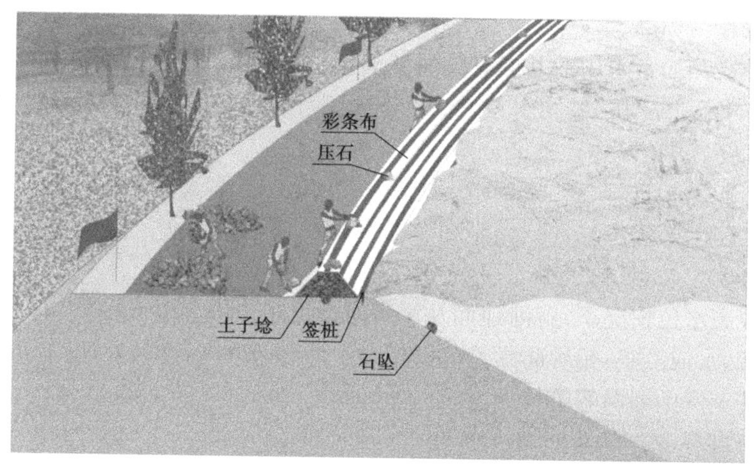

图 7-33　土工织物子埝示意图

第六节　河道工程防洪抢险的基本概念

一、设防水位、警戒水位、保证水位

设防水位是指汛期河道堤防已经开始进入防汛阶段的水位，即江河洪水漫滩以后，堤防开始临水需要防汛人员巡查防守。此时，堤防管理单位由日常的管理工作进入防汛阶段，开始组织劳力进行巡堤查险并对汛前准备工作进行检查落实。设防水位是由防汛部门根据历史资料和实际情况确定的。

警戒水位是堤防临水到一定深度有可能出现险情，要加以警惕戒备的水位，是根据堤防质量、保护重点以及历年险情分析制定的。到达该水位时，堤防防汛进入重要时期，防汛部门要加强戒备，密切注意水情、工情、险情的发展变化，在各自的防守堤段或区域内增加巡逻查险次数，开始日夜巡查，并组织防汛队伍上堤防汛，做好防洪抢险人力、物力的准备。

保证水位是根据防洪标准设计的堤防设计洪水位或历史上防御过的最高洪水位。当水位达到或接近保证水位时,防汛进入紧急状态,防汛部门要按照紧急防汛期的权限,采取各种必要措施确保堤防等工程的安全,并根据“有限保证、无限负责”的精神,对可能出现超过保证水位的工程抢护和人员安全做好积极准备。保证水位的拟定是以堤防规划设计和河流曾经出现的最高水位为依据,考虑上下游关系、干支流关系以及保护区的重要性制定的,并经上级主管机关批准。

二、水位观测

水位是河流或其他水体的自由水面相对于某一基面的高程。水位观测是对水位每日定时观测和记录。

观测水位的设备有水尺和水位计。水尺设在顺直的河道旁,水尺的读数加上已知水尺零点高程(相对于基面的高差)即得到水位。基面有绝对基面和假定基面两种,绝对基面是以国家规定的统一水准基面为标准;假定基面是尚未接测到绝对基面的地方,采用低于河床最低处作为标准。

我国水位观测通常采用的基面有黄海基面、吴淞基面和假定基面。长江干流采用的是吴淞基面,如宜昌站’98 最高水位为 54. 50 m;黄河干流采用的是黄海基面,如花园口站’98 最高水位为 94. 37 m。

三、堤防险情抢护

(一)渗水

在汛期或高水位情况下,背河地面及堤脚附近出现土壤潮湿或发软、有水渗出的现象叫渗水,又称洇水或散浸,是堤防常见的险情之一。渗水如不及时处理,有可能发展成为管涌、脱坡,甚至发生漏洞等险情。

1. 发生原因

(1)水位超过堤防设计标准。

(2)堤身断面不足、背水坡偏陡,浸润线可能在背水坡出逸。

(3)堤身土质多沙,透水性大,又无防渗斜墙或其他有效的控制渗流的工程措施。

(4)施工质量差,堤身存在隐患。

2. 抢护原则

抢护原则为临河截渗,背河导渗。使渗入堤身内的水分减少,同时把渗入堤身的水,通过反滤,有控制地只让清水流出,不让土粒流失,从而降低浸润线,稳定堤坡,保持堤身稳定。切忌在堤背用黏性土压渗,这样会阻碍堤内渗流逸出,抬高浸润线,导致渗水范围扩大和险情恶化。

3. 抢护方法

(1)反滤层法。对于堤身透水性强,在反滤料丰富以及堤身断面较小或堤土过于稀软不宜做导渗沟时,可采用反滤层法抢护。此法主要是在渗水堤坡上满铺反滤层,使水渗出。根据所用反滤材料的不同,主要有砂石反滤层、梢料反滤层(柴草反滤层)、土工织物反滤层等方法。

(2)导渗沟法。此法适用于堤背大面积严重渗水,主要是在堤背开挖导渗沟,铺设反滤料,使渗水集中在沟中排出,避免土壤颗粒流失,以降低浸润线,使险情趋于稳定。根据所用导渗材料的不同,主要有砂石导渗沟、梢料导渗沟(又称芦柴导渗沟)、土工织物导渗沟等方法。

(3)透水后戗法(又称透水压渗台)。一般适用于堤身断面单薄,堤坡渗水严重,滩地狭窄,背水堤坡较陡,或背水有潭坑、池塘的堤段。其作用是既能排除渗水,防止渗透破坏,又能加大堤身断面,达到稳定堤身的目的。主要有砂土后戗、梢土后戗(又称柴土帮戗)。

(4)临水截渗法。此法通过增加阻水层,减小渗水量,降低浸润线,以达到控制渗水险情和稳定堤身的目的。适用于临水不太深、风浪较小,附近有黏性土且取土较易的堤段;堤背抢护困难,必须在临水侧进行抢护的堤段,以及重要堤段,有必要在临背同时抢护的堤段。此法又可分为黏性土前戗截渗、桩柳(土袋)前戗截渗、土工膜截渗等。

4. 注意事项

(1)抢护渗水险情,应尽量避免在渗水范围内来往践踏,以免加大、加深稀软范围,造成施工困难和扩大险情。

(2)如渗水堤段的堤脚附近有潭坑、池塘,在抢护渗水险情的同时,应在堤脚处抛填块石或土袋固基,以免因堤基变形而引起险情扩大。

(3)砂石导渗要严格按质量要求分层铺设,要尽量减少在已铺好的层面上践踏,以免造成滤层的人为破坏。

(4)采用梢料作为导渗、抢险材料能就地取材,施工简便,效果显著,但梢料容易腐烂,汛后须拆除,重新采取其他加固措施。

(5)在土工织物以及土工膜、土工编织袋等化纤材料的运输、存放和施工过程中,应尽量避免和缩短其直接接受阳光暴晒的时间,并在工程完工后,其顶部覆盖一定厚度的保护层。

(二)管涌

管涌(也叫地泉、翻沙鼓水)险情发生在背河堤脚附近,或堤外洼坑、水沟等地方,在地面发生孔眼冒水,带出细沙围绕孔口周围形成“沙环”。如任其发展,时久洞径扩大,流出浑水,会发展成为漏洞,或是堤身坍塌蛰陷等更大险情。

1. 发生原因

由于堤身、堤基存有透水性较大的沙土层或龟裂通缝,当洪水时期,河水位升高,渗压加大,河水渗入背河,由地面冒出,将地面下的粉细沙颗粒随水带出,形成管涌。

2. 抢护原则

反滤导渗,防止渗透破坏,制止涌水带沙。对于较小、仅冒清水的管涌,可加强观察,暂不处理,但必须做好抢护的准备;对于较大或出浑水的管涌,必须迅速抢护。“牛皮包”在穿破表层后,按管涌处理。

3. 抢护方法

管涌常用的抢护方法有修做反滤围井、减压围井、反滤铺盖、压渗台等。

(1)反滤围井。反滤围井的作用是通过反滤导渗,制止涌水带沙,防止险情扩大。一般适用于地面出现数目不多和面积较小,以及数目虽多但未连成大面积而能分片处理的管涌群,对于水下管涌,当水深较小时亦可采用。根据所用导渗材料的不同,具体修筑方法有砂石反滤围井、梢料反滤围井、土工织物反滤围井等。

(2)减压围井法(养水盆法)。按逐步壅高围井内水位,减小水头差的原理,逐步降低渗压,减小渗透比降,制止渗透破坏,以稳定管涌险情。此法适用于当地缺乏反滤材料,临背水位差较小,出现管涌的周围地表坚实,渗透系数较小的情况,具体做法有无滤围井、无滤水桶、背水月堤(又称背水围埝)、装配式橡塑"养水盆"等方法。

(3)反滤铺盖法。通过建造反滤铺盖,降低涌水流速,制止泥沙流失,稳定管涌险情。一般运用在管涌较多,面积较大并连成一片,涌水涌沙较严重的地方。根据所用反滤材料的不同,具体修筑方法有砂石反滤铺盖、梢料反滤铺盖、土工织物反滤铺盖等。

(4)透水压渗台法。通过透水压渗台可以平衡渗压,延长渗径,减小渗透比降,并能导渗滤水,防止土粒流失,使险情趋于稳定。此法适用于管涌较多、范围较大、反滤料不足而沙土料源丰富的堤段。具体做法为:先将修筑范围内的软泥、杂物清除,用透水大的沙土修筑平台,即为透水压渗台。其尺寸视具体情况确定,应以能制止涌沙,浑水变清为原则。

(5)水下管涌的抢护方法。在潭坑、池塘、水沟、洼地等水下出现管涌时,可根据具体情况,采用填塘法、水下反滤层法、抬高塘内水位法等。

(6)"牛皮包"的处理方法。"牛皮包"的处理,可在隆起的部位,铺一层厚 10～20 cm 的细稍料,其上再铺一层厚 20～30 cm 的粗稍料,当厚度超过 30 cm 时可横竖分两层铺放,铺成后用锥戳破鼓包表层,使内部的水分和空气排出,然后压块石或土袋,进行处理。

4. 注意事项

(1)在背水处理管涌险情时,切忌用不透水材料强填硬塞,以免断绝排水通道,渗压增大,使险情恶化。

(2)要避免使用黏性土修筑压渗台,因为这违反"背水导渗"的原则。

(3)建造无滤围井,由于井内水位较高,压力大,关键是井周围埝要有足够的高度和强度,以免井壁被压垮,或周围地面出现新的管涌。

(三)漏洞

汛期河水上涨偎堤,特别是高水位时,堤坡或堤脚出现横贯堤身或堤基的流水孔洞,流出浑水,有的开始流清水,逐渐变为浑水,这就是一种非常严重的险情——漏洞。

1. 发生原因

(1)堤身、堤基质量差,渗流集中贯穿了堤身。

(2)堤身内部存在隐患(如裂缝、沟、洞穴、树根等),未经发现处理,一旦水位涨高,渗水就从隐患中流出。

(3)渗水、管涌处理不及时,逐渐演变成为漏洞。

2. 抢护原则

抢护的原则是:"前堵后导",要抢早抢小一气呵成,及时堵塞,截断水源;同时在漏洞出水口采取滤水措施,制止土壤流失,防止险情扩大。

3. 抢护方法

漏洞是一种严重的险情,要及时抢护。抢护时要先探找进水口,目前探找进水口的方法主要有查看漩涡、水下探摸、观察水色和布幕、席片、潜水探摸、自动报警器、电子探测仪探漏等。抢护方法主要是临河截堵、背河反滤抢护。

(1)临河截堵。当探摸到的洞口较小时,一般可用软材料堵塞,并压盖闭气;当洞口较大,堵塞不容易时,可利用网兜、软帘、薄板等覆盖的办法进行堵截;当洞口较多,情况复杂,洞口难以找到时,可在临河侧修筑月堤截断进水,或在临水坡面做黏土前戗,也可铺放篷布、土工膜等截堵。临河截堵主要有塞堵法、盖堵法、戗堤法等。

(2)背河反滤抢护。在临水截堵漏洞的同时,还应在背水漏洞出口抢做滤水工程,以制止泥沙外流,防止险情扩大。背水抢护漏洞除采用平压围井法比抢护管涌所用的减压围井法对围井高度和强度要求更高,必须更加慎重对待外,其他方法均相同。

4. 注意事项

(1)抢护漏洞险情是一项紧急的任务,要加强领导,统一指挥,措施得当,行动迅速。

(2)无论采取哪种方法进行抢堵,均应注意工程的安全性和人身安全。要用充足的黏性土料封堵闭气,并应抓紧采取加固措施。漏洞抢堵加固后,还应由专人看守观察,以防再次出险。

(3)在漏洞进水口切忌乱抛砖石等块状材料,以免架空,使漏洞继续发展扩大,在漏洞进水口切忌打桩或用不透水材料强塞硬堵。以防堵住一处,附近又开一处,或把小的漏洞越堵越大,致使险情扩大恶化,甚至造成溃决。

(4)凡发生漏洞险情的堤段,大水过后一定要进行锥探灌浆加固,或汛后进行开挖翻修。

(5)采用盖堵法抢护漏洞进水口时,需防止在堵复初期,由于洞内断流,外部水压增大,从洞口覆盖物的四周进水。因此,洞口覆盖后,应立即封严四周,同时迅速压土闭气,否则一次堵复失败,洞口扩大,增加再堵困难。

(四)裂缝

堤防裂缝是常见的一种险情,也可能是其他险情的预兆,因此险情应引起足够的重视。裂缝按其出现的部位可分为表面裂缝、内部裂缝;按其走向可分为横向裂缝、纵向裂缝、龟纹裂缝;按成因可分为沉陷裂缝、干缩裂缝、冰冻裂缝、振动裂缝。

1. 发生原因

(1)堤基土壤承载力差别大,引起不均匀沉陷。

(2)施工时土壤含水量大,引起干缩或龟裂。

(3)修堤时淤土、冻土、硬土块上堤,碾压不实,以及新旧土结合部未处理好,在浸水饱和时,易出现各种裂缝,甚至蛰裂。

(4)高水位作用下,背水堤坡由于抗剪强度降低,引起弧形滑坡裂缝,特别是背水有坑塘、堤脚软弱时,容易发生。

(5)临水堤脚被冲刷淘空以及水位骤降时,引起临水坡半月形滑动裂缝。

(6)由于堤身存在隐患,在渗水的作用下引起局部蛰裂。

(7)与建筑物结合处因结合不实,在不均匀沉陷以及渗水作用下引起裂缝。

(8)地震破坏。造成裂缝的原因往往不是单一的,常常是两种以上的原因同时存在,有些次要的原因,经过发展又可能变成主要的原因。

2. 抢护原则

处理裂缝要先判明成因,属于滑动性裂缝还是坍塌性裂缝,应先从处理滑动和坍塌着手,否则达不到预期效果。纵向裂缝如仅系表面裂缝,可暂不处理,但应注意观察其变化和发展,并应堵塞缝口,以免雨水进入,较宽较深的纵缝,则应及时处理。横向裂缝是最危险的裂缝。如已横贯堤身,水流易于穿越,冲刷扩宽,甚至形成决口。如部分横穿堤身,也因缩短了渗径,浸润线抬高,使渗水加重,引起堤身破坏。因此,对于横向裂缝,不论是否贯穿堤身,均应迅速处理。龟纹裂缝一般不宽不深,可不进行处理,较宽较深时可用较干的细土予以填缝,用水洇实。

3. 抢护方法

裂缝险情的抢护方法,可概括为开挖回填、横墙隔断、封堵缝口等。

4. 注意事项

(1)已经趋于稳定并不伴随有坍塌、滑坡等险情的裂缝,才能用上述方法进行处理。

(2)未堵或已堵的裂缝,均应注意观察、分析、研究其发展情况,以便及时采取必要措施。

(3)发现伴随坍塌、滑坡险情的裂缝,应先抢护坍塌、滑坡险情,待脱险并裂缝趋于稳定,必要时再按上述方法处理裂缝本身。

(4)做横墙隔断是否需要做前戗、反滤导渗;或者只做前戗或反滤导渗而不做隔断墙,应当根据具体情况决定。

(五)滑坡

滑坡(又称脱坡)是严重的险情之一,是边坡失稳下滑造成的险情。开始在堤顶或堤坡上发生裂缝或蛰裂,随着蛰裂的发展即形成滑坡。一般滑坡可分为圆弧滑动和局部挫落两种。

1. 发生原因

(1)高水位引起背水坡滑坡。一般,高水位持续时间长时,在渗压水的作用下,浸润线抬高,土体抗剪强度降低,在渗压水和土重增大的情况下,导致背水坡失稳而引起滑坡。

(2)水位骤降引起临水坡滑坡。临水坡在土体仍处于大部分饱和、抗剪强度较低的状态下,受到水位骤降时发生的反向渗压水和土体自重大的情况,可能引起失稳而滑坡。

(3)堤身堤基有缺陷而引起滑坡。

2. 抢护原则

背水坡滑坡的抢护原则是导渗还坡,恢复堤坡完整,如临水条件好,可同时采取临水帮戗措施,以减少堤身渗流,进一步稳定堤身;临水坡滑坡的抢护原则是护脚、削坡减载。如堤身单、质量差,为补救削弱堤坡后造成的堤身削弱,应采取加筑后戗的措施,予以加固。如基础不好,或靠近背水坡脚有水塘,在采用固基或填塘措施后,再行还坡。

3. 抢护方法

(1)滤水土撑法(又称滤水戗垛法)。在背水滑坡范围全面修筑导渗沟工程,以减小渗水压力并降低浸润线,消除产生背水滑坡的条件。至于因滑坡对堤身断面的削弱则以间隔修土撑的办法予以加固。此法适用于背水堤坡排渗不畅,滑坡严重且范围较大,取土又较困难的堤段。

(2)滤水后戗法。在背水滑坡范围内全面做导渗后戗工程。既能导出渗水,降低浸润线,又能恢复并加大堤防断面,使险情趋于稳定。此法适用于堤身单薄、边坡过陡、有滤水材料和取土较易处。

(3)滤水还坡法。凡采取反滤结构,恢复堤防断面的抢护滑坡的措施,统称为滤水还坡法。此法适用于背水坡由于土壤渗透系数偏小引起堤身浸润线升高、排水不畅而形成严重滑坡的堤段。具体抢护方法有导渗沟滤水还坡、反滤层滤水还坡、透水体滤水还坡(砂土或梢土)。

(4)前戗截渗法(又称临水帮戗法)。此法主要是用黏性土修前戗截渗,遇到背水滑坡严重,范围较广,在背水坡抢筑滤水土撑、滤水后戗、滤水还坡等工程都需要较长时间,一时难以奏效,而临水有滩地时,可采用此法,也可以与抢护背水堤坡同时进行。

(5)护脚阻滑法。此法在于增加抗滑力,减小滑动力,制止滑坡发展,以稳定险情。将块石、土袋、铅丝石笼等重物抛投在滑坡体下部堤脚附近,使其能起到阻止继续下滑和固基的双重作用。护脚加重数量可由堤坡稳定计算确定。滑动面上部和堤顶除在有重物时移走外,还要视情况将坡度削缓,以减小滑动力。

4. 注意事项

(1)滑坡是堤防的一种严重险情,一般发展很快,一经发现就应立即处理。抢护时要抓紧时机,把料物准备齐全,争取一气呵成。在险情十分严重采取一种措施无把握时,可考虑临背同时抢护或多种方法同时抢护,以确保堤防安全。

(2)在滑坡体上做导渗沟,应尽可能挖至滑裂面,否则起不到导渗作用,反而有可能跟随土坡一齐滑下来。如情况严重,时间紧迫,至少应将沟的上下端大部分挖至滑裂面,以免工程失败。导渗材料的顶部要做好覆盖保护,切记勿使滤料层堵塞,以利排水畅通。

(3)渗水严重的滑坡体上,要避免大批人员践踏,以免险情扩大。在滑动体的中上部不能用加压的办法阻止滑坡,因土体开始滑动后,土体结构已经破坏,抗滑能力降低,加重后加大了滑动力,会进一步促进土体滑动。在滑体的上、中部也不能用打桩的方法来阻止土体滑动,因打桩会使土壤振动,抗剪强度进一步降低,亦将促进滑坡险情发展。

(4)背水滑坡部分,土壤湿软,承载力不足,在填土还坡时,必须注意观察,上土不宜过急、过量,以免超载,影响土坡稳定。

(六)跌窝

跌窝又称陷坑,一般在大雨前后堤防突然发生局部坍塌而形成,在堤顶、堤坡、戗台以及堤脚附近均有可能发生。这种险情既破坏堤防的完整性,又缩短了渗径。有时伴随渗水、管涌或漏洞同时发生,严重时有导致堤防突然失事的危险。

1. 原因分析

发生跌窝的原因主要有:堤防存在隐患,质量差,伴随渗水、管涌或漏洞形成。

2. 抢护原则

根据险情出现的部位,采取不同措施,以“抓紧翻筑抢护,防止险情扩大”为原则。在条件允许的情况下,尽量采用分层填土夯实的办法彻底处理。在条件不允许时,可做临时性的填土处理。如跌窝处伴有渗水、管涌、漏洞等险情，可采用填筑反滤导渗材料的办法处理。

3. 抢护方法

（1）翻填夯实法。先将跌窝内的松土翻出，然后分层填土夯实，直到填满跌窝，恢复堤防原状为止。如跌窝出现在水下且水下不太深，可修土袋围堰或桩柳围堰，将水抽干后，再予以翻填。翻填所用土料，如跌窝位于堤顶或临水坡，宜用防渗性能不小于原堤土的土料，以利防渗；如位于背水坡，宜用排水性能不小于原堤土的土料，以利排渗。

（2）填塞封堵法。为了消除临水坡水下跌窝，凡不具备水上抢护条件的均可采用此法。具体方法如下：用草袋、麻袋装黏性土或其他不透水材料直接在水下填塞跌窝，待全部填满后再抛投黏性散土，加以封土帮宽。要封堵严密，不使从跌窝处形成渗水通道。

（3）填筑滤料法。为了消除伴随渗水、管涌或漏洞险情下，不宜直接翻筑的背水跌窝，可采用此法抢护。先将跌窝内松土和湿软土壤挖出，然后用粗砂填实，如涌水水势严重时可加填石子或块石、砖块、梢料等透水料消杀水势后，再予填实，待跌窝填满后，可按砂石反滤层的铺设方法抢护。

4. 注意事项

（1）抢护跌窝险情应当查明原因，针对不同情况，选用不同方法，备妥料物，迅速抢护。在抢护过程中，必须密切注意上游水情涨落变化，以免发生意外。

（2）翻填时，应按土质留足坡度或用木料支撑，以免坍塌扩大。需筑围堰时，应适当围得大些，以利抢护工作和漏水时加固。

（七）坍塌

坍塌险情是指堤防成块土体失去稳定而发生墩蛰所造成的险情。当水流冲刷堤坡或堤脚，带走部分土体，使坡度变陡，上层土体失稳快速崩塌，如不及时抢护，很快就能溃堤成灾。

1. 原因分析

（1）堤防遭受主溜或边溜冲刷，造成堤防坍塌。

（2）堤基为粉细砂土，不耐冲刷，常受溜势顶冲而被淘空，或因地震使砂土地基液化，均可能造成堤身严重坍塌。

2. 抢护原则

抢护原则以固基、护脚、防冲为主，阻止继续坍塌。

3. 抢护方法

（1）护脚防冲法。当堤防受水溜冲刷，堤脚或堤坡已冲成陡坎，若不抓紧抛护就要发生严重坍塌时，可采用此法抢护。在堤顶上或船上沿坍塌部位抛投块石、土袋、铅丝笼或柳石枕加以抢护，水下抛填的坡度一般应缓于原堤坡，以期稳定。

（2）沉柳护脚法。此法适用于堤防临水坡被淘刷范围较大的险情。先摸清堤坡被淘刷的下沿位置、水深和范围，以决定沉柳的底部位置和应沉的数量。以船（船面搭上木板）运载枝叶茂密的柳树头，用铅丝或麻绳将大块石或土袋扎在树杈上，待船定位后推其入水。从下游向上游、由低到高，依次抛沉，务使树头之间密切相联。如一排不能掩护淘刷范围，可增加推沉排数，并使后一排的树梢重叠于前一排树叉上，以防排间空隙被冲。

(3)桩柴护岸(散厢)法。除上述方法外,还可采用黄河埽工中常用的柳石软搂法、柳石搂厢法。

4. 注意事项

(1)不应当只重视险工而忽视平工,在大水时要加强对平工的巡查,以便及时发现险情,及时抢护。

(2)应特别注意溜势顶冲、堤身崩塌的险情,稍不注意即造成决堤之患。

(3)应注意落水出险。河流落水时,薄弱堤段很容易出险坍塌险情。

(八)风浪淘刷

汛期涨水后,堤前水深增大,风浪也随之增大。堤坡在风浪淘刷下,易受破坏。轻者把临水堤坡冲刷成陡坎,重者造成坍塌、滑坡、漫水等险情,使堤身遭受严重破坏,甚至有决口的危险。

1. 原因分析

风浪造成堤防险情的原因可归纳为两方面:一是堤防本身存在的问题,如高度不足、断面不足、土质不好等;二是与风浪有关的问题,如堤前吹程、水深、风速、风向等。

进一步分析风浪可能引起堤防破坏的原因有三:一是风浪直接冲击堤坡,形成陡坎,侵蚀堤身;二是抬高了水位,引起堤顶漫水冲刷;三是增加了水面以上堤身的饱和范围,减小土壤的抗剪强度,造成崩塌破坏。

2. 抢护原则与方法

按削减风浪冲力,加强堤坡抗冲能力的原则进行,一般是利用漂浮物来削减风浪冲力,在堤坡受冲刷的范围内做防浪护坡工程,以加强堤坡的抗冲能力。常用的抢护方法主要有挂柳防浪、挂枕防浪、土袋防浪、柳箔防浪、木排防浪、湖草排防浪、桩柳防浪、土工织物防浪等。

3. 注意事项

(1)抢护风浪淘刷险情尽量不要在堤坡上打桩,必须打桩时,桩距要疏,以免破坏土体结构,影响堤防防洪能力。

(2)防风浪一定要坚持"预防为主,防重于抢"的原则,平时要加强管理养护,备足防汛料物,避免或减少出现抢险的被动局面。

(3)汛期抢做临时防浪措施,使用材料较多效果较差,容易发生问题。因此,在风浪袭击严重的堤段,如堤前有滩地,应及早种植防浪林并应种好草皮护坡,这是一种行之有效的防风浪生物措施。

(九)漫溢

漫溢指实际洪水位超过现有堤顶高程,或风浪翻过堤顶,致使水溢过堤顶漫流而出现的现象。

当洪水位有可能超过堤顶时,为防止漫决,应迅速进行加高抢护。

1. 原因分析

造成漫溢的原因主要有:

(1)上游发生超标准洪水,洪水位超过堤防的实际高度。

(2)河道内存有阻水障碍物,缩小了河道的泄洪能力,使水位壅高而超过堤顶。

(3)河道严重淤积,过水断面减小,抬高了水位。

(4)风浪或主流坐弯,以及地震、潮汐等壅高了水位。

(5)堤防碾压不实或基础软弱造成较大沉陷等原因,致使堤防的高度不足,当发生大洪水时有漫溢的可能。

2. 抢护原则

当洪水位有可能超过某一堤段的堤顶时,为了防止洪水漫溢,应在堤顶抢筑子埝,力争在洪水到来之前完成。

3. 抢护方法

抢护的方法是在堤顶修筑子埝,防止洪水漫溢。漫溢抢护可分为以下几种方法:纯土子埝、土袋子埝、桩柳(木板)子埝、柳石(淤)枕子埝等。

4. 注意事项

(1)修筑子埝前应根据预报估算洪水到来的时间和最高水位,并做好抢修子埝的施工计划。施工中要抓紧时间,务必抢在洪水到来之前完成子埝。

(2)抢修子埝,要保证质量,以防在洪水期经不起考验,造成漫决之患。

(3)抢修子埝要全线同步施工,决不允许中间留有缺口或部分堤段施工进度过缓的现象存在。

(4)抢修完成的子埝,一般质量较差,应派专人巡查,加强防守,发现问题要及时处理。

四、险工控导工程险情

险工、控导工程是丁坝、垛、护岸等堤防的前卫,当受水流淘刷时常常发生吊蛰、坍塌、墩蛰、溃膛、滑动等险情。因此,必须注意观察河势,探摸坝岸水下基础情况(见图7-34),要根据不同工情,采取不同措施加紧抢护,保坝岸安全。

图7-34　探摸根石

（一）漫顶抢护

水位超过坝顶，工程遭受冲刷破坏，严重时可导致整个坝体冲溃。险工一般不允许漫顶，但遇大洪水时，要采取防漫顶冲刷措施；控导工程标准低，遇到漫顶洪水时，可视情况确定抢护措施。

1. 出险原因

（1）发生特大洪水，水位超过险工坝岸顶高程。

（2）施工期间遇漫顶洪水。

（3）由于控导工程标准低，在发生大洪水时，会出现漫顶险情。

2. 抢护方法

（1）秸埽加高法。在距坝肩1.0 m处沿坝外围打一排桩，桩距1.0 m，采用当地可收集的材料，如高粱秆、芦苇、柳枝等，沿坝周围排放至加高高度，秸料应根部向外排齐，柳枝应根梢交错排列紧密，并用小绳将秸埽等捆绑在桩上。同时，在上下游埽间空裆填土至埽面高度，如来不及进行全坝面加高，可采取加高子埝等方法。

（2）土袋（或柳枕）子埝法。为防止坝顶漫水冲刷，可用麻袋、草袋或土工编织袋装土（或用柳石枕），于坝顶沿石上分层交错叠垒，子埝顶宽1.0~1.5 m，坡度1∶1，以防御水流冲刷。土袋后修土戗宽1.0 m左右，边坡1∶（1.0~1.5），子埝加高至洪水位以上0.5~1.0 m。

（3）堆石子埝法。对用块石修筑的石坝或护岸，可在坝顶临水面用块石堆垒，顶部宽度一般1.0~1.5 m，迎水面边坡1∶1.0，堆石后用土料筑土戗至相同高度。

（4）柴柳护顶法。对标准较低的控导工程或施工中的坝岸，遇到漫顶洪水需要时，可在坝前后各打一排桩，用绳缆将柴柳捆搂护在桩上，柴柳捆直径一般0.5 m左右，柴柳捆要互相搭接紧密，用小麻绳或铅丝绑扎在桩上，防止坝顶被冲。如漫坝水深流急，可在两侧木桩之间先铺一层厚0.3~0.5 m的柴柳，再在柴柳上面压块石，以提高防冲刷能力。

3. 注意事项

（1）要根据洪水预报，在洪水到来之前将坝顶加高或子埝修做完毕。

（2）修筑子埝要保证质量，修筑之前要清除堤顶的树木、草皮，堆放土袋上下层要相互错开压缝，填土要分层夯实。柴柳护顶要将下游坝肩坝坡裹护好。

（3）子埝修在临河侧，子埝坡脚至堤坡肩应留出1.0 m的宽度，以便于施工及查水。

（二）坝岸基础坍塌

坝岸的护根被大溜冲失，引起坍塌，坝身失稳而出险。

1. 发生原因

坝岸根石深度不够，水流淘刷形成的坝前冲刷坑，使坝体发生裂缝和蛰动；坝岸遭受急流冲刷，水流速度过高，超过保护层单体的起动流速，将根石等料物冲揭剥离；新修坝基础尚未稳定，而且河床多沙，在水流冲刷过程中，使新修坝岸基础不断下蛰出险。

2. 抢护原则

根据根石冲失程度，及时抛填料物抢修加固。

3. 抢护方法

常用的抢护方法有抛块石、抛铅丝笼、抛土袋、抛柳石枕等。

(三)坝岸墩蛰

坝岸基础被主溜严重淘刷,造成坝体墩蛰入水的险情称为坝岸墩蛰。

1. 发生原因

(1)河底多沙,工程基础浅,大溜顶冲或回溜严重时,很快淘深数米甚至十几米,导致基础淘空,出现墩蛰险情。

(2)坝基的土质分布不均匀,基础有层淤层沙(称“格子底”),当砂土层被淘空后,上部黏土层承受不住坝体的重量,使坝体随之猛墩猛蛰。

(3)坝基坐落在腐朽埽体上,由于急流冲刷,埽体淘空,而使坝体墩蛰。

(4)搂厢埽体在急流冲刷下,河床急剧刷深,原已修筑到底的埽体依靠坝岸顶桩绳拉系而维持稳定,当水流继续淘深,绳缆拉断,坝体承托不住,即出现墩蛰。

2. 抢护原则

坝岸墩蛰的抢护应以迅速加高,及时抢护,保土抗冲为原则,先重点后一般进行抢护。

3. 抢险方法

一般可用柳石枕等抢出水面,再抛散石、铅丝笼固根;或用柳石搂厢、混厢抢护,再以柳石枕、铅丝笼固根。

(四)坝岸溃膛

在中常洪水水位变动处,水流透过保护层及垫层,将坝体护坡后面的土料淘出,蛰成深槽,槽内过水淘刷土体,险情不断扩大,使保护层及垫层失去依托而坍塌,严重时可造成整个坝岸溃塌。

1. 发生原因

(1)散抛石结构保护层厚度小,保护层后垫层或堆石间隙大,与堤坦(或滩岸)结合不严,或堤岸土质不好,在水流的冲刷下,堤岸后的堤土泡软后被淘出。

(2)浆砌石坝,在水下部分有空洞裂缝,水流串入淘刷形成孔穴,堤岸与堤的结合部形成流道,随水流带走土粒形成深槽。

2. 抢护原则

发现险情应先堵截串水来源,同时加修后膛,防止蛰陷。

3. 抢护方法

常用的抢护方法有懒枕抢护、土工编织袋抢护等。

4. 注意事项

(1)发生溃膛险情,首先要通过观察找出串水的部位进行堵截,切忌单纯向沉槽内填土,以免扩大险情,贻误抢险时机。

(2)坝体蛰陷部分,则可相机采用懒枕或柳石搂厢等法进行抢护。

(3)坝岸前抛石或柳石枕维护,以防坝体前爬。

(五)坝岸滑动

坝岸在自重和外力作用条件下,失去整体稳定,使坝体护坡、护根连同部分土胎沿弧形破裂面向河槽滑坡。滑动情况可分为骤滑、缓滑两种;骤滑险情发展快,历时短,抢护比较困难;缓滑险情发展较慢,发现后应及时采取措施抢护。

1. 发生原因

(1)坝岸基础深度不够,护坡、护根的坡度过陡。

(2)坝岸基础有软弱夹层,或存有腐朽埽料,抗剪强度过低。

(3)坝岸遇到高水位骤降。

(4)坝岸施工质量差,坝基承载力小,坝顶料物超载,遇到强烈的地震力的作用等。

(5)由于后溃的发展造成坝体前爬。

2. 抢护原则

加固下部基础,增加阻滑力,减轻上部荷载,减小滑动力。

3. 抢护方法

常用的抢护方法有抛石固根、上部减载等。当坝岸滑动已发生,即已发生骤滑,可用柳石搂厢法抢护,以防止险情扩大。当坝体裂缝过水,土胎遭水冲刷,需采用抢护溃膛的方法。

(六)坝岸倾倒

重力式坝岸的砌体稳定主要靠自身重量来维持,当坝岸抵抗倾复的力矩小于倾复力矩时,坝岸砌体便失稳倾倒。坝岸发生倾倒前常有前兆,如坝岸发生前倾或下蛰,坝的土石结合部或土的表面出现裂缝等。

1. 发生原因

(1)坝岸根石被洪水冲走,地基淘空,抗倾力减小。

(2)坝岸顶部堆放石料或填土过高,超载过大,土压力增大。

(3)水位骤降。

(4)坝岸地基的承载能力超过允许值而发生破坏性变形,使坝身失稳。

2. 抢护原则

当发生倾倒时,根据坝下基础破坏程度,应迅速采取巩固基础的方法,以防急溜继续淘刷,维护未倾倒部分,避免险情扩大。

3. 抢护方法

主要抢护方法有抛石(或抛石笼)抢护、搂厢抢护坝岸等。

五、涵闸等穿堤建筑物险情抢护

(一)涵闸与土堤结合部渗水及漏洞

1. 发生原因

(1)土料回填不实。

(2)闸体或土堤所承受的荷载不均匀,引起不均匀沉陷、错缝、裂缝,遇到降雨地面径流进入,冲蚀形成陷坑,或使岸墙、护坡失去依托而蛰裂、塌陷。

(3)洪水顺裂缝造成集中绕渗,严重时在闸下游侧造成管涌、流土,危及涵闸及堤防的安全。

2. 抢护原则

堵塞漏洞的原则是临水堵塞漏洞进水口,背水反滤导渗;抢护渗水的原则是临河截渗,背河导渗。

3. 抢护方法

涵闸与土堤结合部渗水及漏洞常用的抢护方法有堵塞漏洞进口、背河反滤导渗、中堵截渗等。

(二)涵闸滑动

1. 发生原因

(1)上游挡水位超过设计挡水位,使水平水压力增加,同时渗透压力和上浮力也增大,使水平方向的滑动力超过抗滑摩阻力。

(2)防渗、止水设施破坏,使渗径变短,造成地基土壤渗透破坏甚至冲蚀,地基摩阻力降低。

(3)其他附加荷载超过设计值,如地震力等。

2. 抢护原则

抢护的原则是增加摩阻力,减小滑动力,以稳固工程基础。

3. 抢护方法

常用的方法:加载增加摩阻力、下游堆重阻滑、下游蓄水平压、圈堤围堵等。

(三)闸顶漫溢

设计洪水水位标准偏低或河道淤积,洪水位超过闸门或胸墙顶高程。

抢护方法:涵洞式水闸因埋设于堤内,其抢护方法与堤防的防漫溢措施基本相同,对开敞式水闸的防漫溢措施如下:

(1)无胸墙开敞式水闸。当闸跨度不大时,可焊一个平面钢架,将钢架吊入闸门槽内,放置于关闭的闸门顶上,紧靠闸门的下游侧,然后在钢架前部的闸门顶部,分层叠放土袋,迎水面放置土工膜(布)或蓬布挡水,宽度不足时可以搭接,搭接长度不小于 0.2 m。亦可用 2~4 cm 厚的木板,严密拼接紧靠在钢架上,在木板前放一排土袋做前戗,压紧木板防止漂浮。

(2)有胸墙开敞式水闸。利用闸前工作桥在胸墙顶部堆放土袋,迎水面压放土工膜(布)或蓬布挡水。上述堆放土袋应与两侧大堤衔接,共同挡御洪水。为防闸顶漫溢抢筑的土袋高度不易过高,若洪水位超高过多,应考虑抢筑围堤挡水,以保证闸的安全。

(四)闸基渗水、管涌

水闸地下轮廓渗径不足,渗透比降大于地基土壤允许比降,地基下埋藏有强透水层,承压水与河水相通,当闸下游出逸渗透比降大于土壤允许值时,可能发生流土或管涌、冒水冒沙,形成渗漏通道。

抢护原则:上游截渗,下游导渗和蓄水平压减小水位差。

抢护方法如下:

(1)闸上游落淤阻渗。先关闭闸门,在渗漏进口处,用船载黏土袋由潜水人员下水填堵进口,再加抛散黏土落淤封闭,或利用洪水挟带的泥沙,在闸前落淤阻渗,或者用船在渗漏区抛填黏土形成铺盖层防止渗漏。

(2)闸下游管涌或冒水冒沙区修筑反滤围井(详见前文反滤围井法)。

(3)下游围堤蓄水平压,减小上下游水头差(详见前文背水月堤法)。

(4)闸下游滤水导渗。当闸下游冒水冒沙面积较大或管涌成片,在渗流破坏区采用分层铺填中粗砂、石屑、碎石反滤层,下细上粗,每层厚 20~30 cm,上面压块石或土袋,如缺乏砂石料,亦可用秸料或细柳枝做成柴排(厚 15~30 cm),上铺草帘或苇席(厚 5~10 cm),再压块石或砂土袋,注意不要将柴草压得过紧,同时不可将水抽干再铺填滤料,以免使险情恶化。

(五)建筑物上下游连接处坍塌

闸前受大溜顶冲,风浪淘刷;闸下游泄流不均匀,出现折冲水流,使消能工、岸墙、护坡、海漫及防冲槽等受到严重冲刷,使砌体冲失、蛰裂、坍塌形成淘刷坑。

抢护原则:填塘固基。

常用的抢护方法主要有:抛投块石或混凝土块、抛石笼、抛土袋、抛柳石枕。对上游连接建筑物的护坡、翼墙等防风浪冲刷措施,可参照前文抢护风浪的方法。

(六)建筑物裂缝及止水破坏

(1)建筑物超载或受力不均,使工程结构拉应力超过设计安全限值。

(2)地基土壤遭受渗透破坏,出逸区土壤发生流土或管涌、冒水冒沙,使地基产生较大的不均匀沉陷,造成建筑物裂缝、断裂和止水设施破坏。

(3)地震力超出设计值,造成建筑物断裂、错动和地基液化,急剧下沉。

对建筑物裂缝、止水破坏,渗水冒沙冒水严重,有可能危及工程安全时,要及时进行抢修。常用的抢修方法有防水快凝砂浆堵漏、环氧砂浆堵漏、丙凝水泥浆堵漏。

(七)闸门失控

闸门变形,启闭装置等设备发生故障,高速水流冲击闸门引起闸门或闸体的强烈振动等。

抢堵方法:

(1)吊放检修闸门或叠梁。

(2)框架—土袋屯堵。对无检修门槽的涵闸,可将焊好的钢框架吊放在闸墩前,然后在框架前抛填土袋,并抛黏性土闭气。

(八)闸门漏水

闸门止水安装不好或久用失效,造成严重渗水。

抢堵方法:用柏油麻丝、棉纱团、棉絮等填塞缝隙,并用木楔挤紧。

(九)穿堤管道出险

埋设于堤身的各种管道,常会发生管接头开裂、管身断裂或管壁锈蚀穿孔,造成漏水(油),冲刷并淘空堤身,危及堤防安全。

出险原因如下:

(1)堤身发生不均匀沉陷,造成管接头开裂或管身断裂。

(2)铸铁管或钢管的管壁锈蚀穿孔,漏水沿管壁冲蚀堤土,同时管内流体的吸力,将孔洞周围的堤土吸入管内泄走,造成堤身洞穴,或者管道周围填土不密实,且无截渗环,沿管壁与堤土接触面形成集中渗流,严重时堤内空洞塌陷使堤形成塌坑。

抢护原则:临河封堵,中间截渗和背河反滤导渗。

主要方法:临河截渗、压力灌浆截渗、反滤导渗、背河抢修围堤,蓄水平压等。

(十)穿堤管道出险

埋设于堤身的各种管道,常会发生管接头开裂、管身断裂或管壁锈蚀穿孔,造成漏水(油),冲刷并淘空堤身,危及堤防安全。

出险原因如下:

(1)堤身发生不均匀沉陷,造成管接头开裂或管身断裂。

(2)铸铁管或钢管的管壁锈蚀穿孔,漏水沿管壁冲蚀堤土,同时管内流体的吸力,将孔洞周围的堤土吸入管内泄走,造成堤身洞穴,或者管道周围填土不密实,且无截渗环,沿管壁与堤土接触面形成集中渗流,严重时堤内空洞塌陷使堤形成塌坑。

抢护原则:临河封堵、中间截渗和背河反滤导渗。

主要方法:临河截渗、压力灌浆截渗、反滤导渗、背河抢修围堤,蓄水平压等。

第七节　黄河滩区防洪预案的编制

黄河下游宽河段滩区内耕地面积 22.7 万 hm^2,人口约 180 万人,保障滩区内居民安全度汛,是提高人民生活质量的最重要的前提。滩区防洪预案编制是一项重要的技术工作。

东明黄河上界至高村之间,属宽、浅、散、乱的游荡性河段。两岸堤距最宽达 23.1 km。东明县黄河滩区分为南、西、北 3 个滩区,总面积 47.72 万亩,其中耕地 36.05 万亩,涉及焦园、三春、长兴、刘楼、沙窝、城关、菜园集等 7 个乡(镇)。滩区内有村庄 153 个,居住人口 11.93 万人。为了保证黄河滩区人员在洪水到来前安全及时转移,保障人民群众生命安全,需编制滩区防洪专项预案。本节参照国家防办《蓄滞洪区运用预案编制大纲》,结合东明县黄河滩区编制预案情况,重点探讨滩区防洪预案编制情况。

一、滩区概况

(一)自然地理特征

1. 东明黄河滩区的地理位置、地形和地貌特征

东明黄河滩区位于北纬 34°58′~35°25′,东经 114°48′~115°16′之间,地处黄河下游山东省菏泽市西部。该区域属温带季风气候,气候温和。东明县黄河滩区内有焦园、三春、长兴、刘楼、沙沃、城关、菜园集等 7 个乡(镇、街道办),分南、西、北三个滩区,总面积 318.12 km^2。

南滩上接兰考北滩,下至老君堂格堤,面积 30.57 万亩,村庄 113 个,9.78 万人。迁安撤退上堤道路主要有甘辛路、浮桥路、王店路、长兴路等。

西滩上始老君堂格堤,下至高村险工,面积 10.31 万亩,23 个村庄,1.33 万人。迁安撤退上堤道路主要有朱屯路和西南庄路等。

北滩上始高村险工,下与牡丹区岔河头滩区相连,面积 6.84 万亩,17 个村庄,0.82 万人。迁安撤退上堤道路主要有洪庄路和杜桥路等 。

东明河道高悬于黄、淮平原之上,洪水靠两岸大堤约束,由于黄河下游洪水的突出特点为:水少沙多,年输沙量大;水沙异源,水沙不平衡,并且年内年际洪水变化大,汛期(7~

10月）洪水陡涨陡落，非汛期流量则相对较小，不同年份的洪水量级差别大。为适应这一洪水的特性，保证大洪水顺利通过，合理处理洪水泥沙，目前东明河段仍沿用历史上逐渐形成的“宽河固堤”的治理方略。现东明河段河道的平面形态为上宽下窄，过流能力上大下小，依靠两岸大堤之间广阔的滩地蓄滞洪水和泥沙。河道中存在着大量可以耕种的较高滩地。

东明河段是铜瓦厢决口改道后形成的河道，长 76 km，两岸堤距 5～20 km，滩面宽 1～8 km，滩面广，属宽滩低滩区。滩区均为低滩，由于漫滩概率较多，滩面上群众修建了不少生产堤，生产堤缩窄了行洪河道，减少了洪水漫滩概率，泥沙集中淤积在河槽内，致使河段出现主河槽高于临河堤根滩面的“二级悬河”的局面，目前，该河段已成为黄河下游“二级悬河”最严重的河段。也是黄河下游滩区最易受灾和受灾后灾情较重的河段。由于该河段河槽淤积萎缩，2001 年平滩流量降到 1 800 m^3/s，经过十几年的调水调沙，目前该河段 5 000 m^3/s 不出槽漫滩。

滩区的主要地貌有控导（护滩）工程、生产堤、村庄、避水台、道路、串沟、洼地、堤河等。控导（护滩）工程一般布置在河流弯道处，起到控导主流、稳定河势和护滩保堤的作用。生产堤主要分布在老滩区与嫩滩分界处，堤高一般为 1.5～3 m，“96·8”洪水以后，特别是“03·8”洪水以后，部分地区又有新修生产堤的现象。串沟是历史上大堤决口、漫滩时水流集中冲刷形成的。堤河是由于修堤取土和泥沙淤积少形成的洼地，堤河大部分与串沟相通，大水时堤河先进水，阻断滩区到大堤的交通道路，给群众的迁安撤退带来很大困难。

2. 东明滩区所在的流域、水系等相关情况

第 1 条东明滩区属于黄河下游滩区，所在流域为黄河流域，由于黄河下游河道高悬于两岸背河地面 4～6 m，最大 10 m 以上，下游只有汶河、金堤河等支流流入。黄河下游的洪水主要来自中游三个区间：一是河口镇至龙门区间；二是龙门至三门峡区间；三是三门峡至花园口区间。三个不同来源区的洪水，组成花园口站不同类型的洪水。

1）上大洪水

上大洪水指以三门峡以上的河龙间和龙三间来水为主形成的洪水，其特点是峰高、量大、含沙量也大，对黄河下游防洪和下游滩区群众威胁严重。如 1843 年调查洪水，三门峡、花园口洪峰流量分别为 36 000 m^3/s 和 33 000 m^3/s；1933 年实测洪水，三门峡、花园口洪峰流量分别为 22 000 m^3/s 和 20 400 m^3/s。随着三门峡、小浪底水库的建设，这类洪水逐步得到控制。

2）下大洪水

下大洪水指以三门峡至花园口区间干支流来水为主形成的洪水，具有洪峰高、涨势猛、洪量集中、含沙量小、预见期短的特点，对黄河下游防洪和下游滩区群众威胁最为严重。如 1761 年调查洪水，花园口洪峰流量为 32 000 m^3/s；1958 年实测洪水，花园口洪峰流量分别为 22 300 m^3/s。

小浪底水库投入防洪运用后，三门峡至小浪底之间的洪水得到了一定程度的控制。但小浪底至花园口区间（简称小花间）5 年一遇设计洪水流量达 6 350 m^3/s，100 年一遇设计洪水流量达 15 700 m^3/s，仍对下游有较大威胁。

3)上下较大洪水

上下较大洪水指以三门峡以上的龙三间和三门峡以下的三花间共同来水组成的洪水,如1957年7月洪水,花园口、三门峡洪峰流量分别为13 000 m^3/s和5 700 m^3/s。这类洪水的特点是洪峰较低,历时长,含沙量较小,对下游防洪和下游滩区群众也有相当威胁。

3. 东明黄河滩区蓄滞洪能力

黄河下游宽滩区的自然滞洪能力十分明显,东明滩区位于黄河下游夹河滩—高村、高村—孙口段,利用实测洪水资料,运用水量平衡方程,分别计算出1954年、1957年、1958年、1982年及1996年5场漫滩洪水期间各河段的最大滞洪量(见表7-1)。可以看出,1958年和1982年花园口站分别发生了22 300 m^3/s和15 300 m^3/s的大洪水,花园口—孙口河段的槽蓄量分别为25.89亿m^3和24.54亿m^3,均相当于故县水库和陆浑水库的总库容,起到了明显削减洪峰,大大减轻窄河段的防洪压力。从各河段的滞洪量来看,以高村—孙口段为最大,占花园口—孙口河段最大滞洪量的52%~71%,且生产堤修建后,该河段滞洪量占整个宽河段的比例有进一步增大的趋势。天然情况下的1958年高村—孙口河段最大滞洪量为15.62亿m^3,1982年和1996年分别为17.48亿m^3和12.97亿m^3,这三场洪水本河段最大滞洪量占花园口—孙口河段的比例分别为60%、71%和66%。花园口—夹河滩、夹河滩—高村两河段最大滞洪量基本相当,前者最大滞洪量为9.85亿m^3(1958年),后者最大滞洪量为10.06亿m^3(1996年)。

表7-1　黄河下游宽滩区各河段最大滞洪量统计表

年份	花园口洪峰(m^3/s)	夹河滩—高村		高村—孙口		花园口—孙口滞洪量(亿m^3)
		滞洪量(亿m^3)	时间(月-日T时)	滞洪量(亿m^3)	时间(月-日T时)	
1954	15 000	4.00	08-06T3	6.51	08-07T7	12.42
1957	13 000	4.26	07-20T15	9.69	07-21T14	14.3
1958	22 300	6.04	07-19T3	15.62	07-20T5	25.89
1982	15 300	8.01	08-04T8	17.48	08-06T10	24.54
1996	7 600	10.06	08-08T11	12.97	08-13T16	19.81

注:1954年8月4日7时开始计算;1958年7月15日零时开始计算;1982年7月31日零时开始计算;1996年8月1日零时开始计算。

东明黄河滩区总面积318.12 km^2。依据黄河下游河道排洪能力分析成果,推算出黄河下游滩区各流量级水位、蓄洪面积、蓄洪量关系(见表7-2)。

在黄河下游滩区沿程超过6 000 m^3/s洪水时,东明滩区开始漫滩蓄洪,滩区的蓄洪面积约为7.36万亩,滩区蓄洪量为0.376 2亿m^3;当出现8 000 m^3/s洪水时,滩区的蓄洪面积约为45.63万亩,滩区蓄洪量为4.988 2亿m^3;当出现10 000 m^3/s洪水时,滩区的蓄洪面积约为47.72万亩,滩区蓄洪量为6.517 0亿m^3;当出现12 370 m^3/s洪水时,滩区的蓄洪面积约为47.72万亩,滩区蓄洪量为7.571 1亿m^3;当出现15 700 m^3/s洪水时,滩区的蓄洪面积约为47.72万亩,滩区蓄洪量为8.752 6亿m^3;当出现22 000 m^3/s洪水时,滩区的蓄洪面积约为 47.72 万亩,滩区蓄洪量为 10.657 0 亿 m³。流量面积、蓄洪量曲线见图 7-35。

表 7-2 东明黄河滩区水位、面积、蓄水量关系表

6 000 m³/s 流量级洪水						
序号	滩区名称	滩区总面积（万亩）	水位（m）	平均水深（m）	蓄洪面积（万亩）	蓄洪量（亿 m³）
	东明滩区	47.72	68.92~60.40	0.92	7.36	0.376 2
8 000 m³/s 流量级洪水						
序号	滩区名称	滩区总面积（万亩）	水位（m）	平均水深（m）	蓄洪面积（万亩）	蓄洪量（亿 m³）
	东明滩区	47.72	69.69~61.10	1.66	45.63	4.988 2
10 000 m³/s 流量级洪水						
序号	滩区名称	滩区总面积（万亩）	水位（m）	平均水深（m）	蓄洪面积（万亩）	蓄洪量（亿 m³）
	东明滩区	47.72	70.12~61.46	2.05	47.72	6.517 0
12 370 m³/s 流量级洪水						
序号	滩区名称	滩区总面积（万亩）	水位（m）	平均水深（m）	蓄洪面积（万亩）	蓄洪量（亿 m³）
	东明滩区	47.72	70.49~61.73	2.36	47.72	7.571 1
15 700 m³/s 流量级洪水						
序号	滩区名称	滩区总面积（万亩）	水位（m）	平均水深（m）	蓄洪面积（万亩）	蓄洪量（亿 m³）
	东明滩区	47.72	70.88~62.08	2.73	47.72	8.752 6
22 000 m³/s 流量级洪水						
序号	滩区名称	滩区总面积（万亩）	水位（m）	平均水深（m）	蓄洪面积（万亩）	蓄洪量（亿 m³）
	东明滩区	47.72	71.46~62.70	3.33	47.72	10.657 0

(二)社会经济情况

1. 东明黄河滩区基本情况

按照东明县统计上报数据,东明县黄河滩内有 153 个村庄,11.93 万人,滩区总面积 318.12 km²,其中耕地 36.05 万亩(见表 7-3)。固定资产 34.66 亿元。

另外,据不完全统计,中原油田黄河南的部分油井在滩区内作业,固定资产约 8 亿多元。

2. 东明黄河滩区经济情况

目前,东明黄河滩区处于典型的农业经济状态,除少量的油井外,乡镇企业规模很小,滩区农作物夏粮以小麦为主,秋粮以玉米、大豆为主,而玉米、大豆的成熟期正好是汛期,常因河水漫滩造成绝收,往往有麦没有秋,滩区群众只能依靠一季夏粮来维持全年生计,滩区的农业生产仍然处于粗放型的自然经济状态。

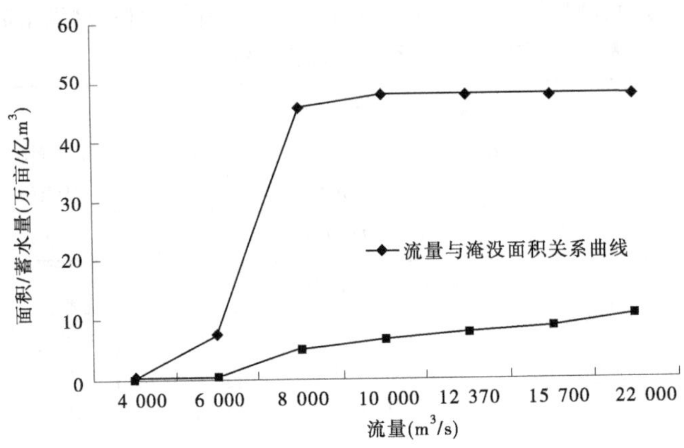

图 7-35　黄河滩区流量、面积、蓄洪量曲线图

表 7-3　黄河下游滩区社会经济情况统计

序号	项目	计量单位	社会经济情况
1	城镇	个	7
2	村庄	个	153
3	人口	万人	11.93
4	牲畜	头	2 713
5	耕地面积	万亩	36.05
6	粮食年产量	万 t	26.71
7	食油年产量	万 kg	643.27
8	棉花年产量	万 kg	201.58
9	渔业年产量	万 kg	683.11
10	林木年产量	万 m^3	10.3
11	重要企业		中原油田等
12	重要道路		16
13	重要桥梁		东明黄河公路大桥；长东铁路一桥；长东铁路二桥；东明黄河高速公路大桥
14	农业年总产值	亿元	12.55
15	工业年总产值	亿元	2.9
16	固定资产值	亿元	34.66
17	社会资产值	亿元	54.6
18	经济发展模式		农业经济为主
19	产业结构形式		以小麦、玉米、花生、大豆等为主
20	人均年收入	元	11 640

据统计，东明黄河滩区农业生产总值 12.55 亿元，工业生产总值 2.9 亿元，固定资产总值 34.66 亿元，社会资产值 54.6 亿元，主要包括房屋、机械、役畜、耐用消费品、工矿企业、机井、公路、线路、渠道、桥梁等。黄河下游滩区牲畜存栏 0.27 万头，粮食年产量 2.67 亿 kg，油年产量 0.06 亿 kg，棉年产量 0.02 亿 kg，渔业年产量 0.07 亿 kg，林业年产量 10.3 万 m^3。人均年收入 11 640 元左右。东明河段的低滩区，漫滩机遇较多，灾害频繁，生产环境较差，不少滩地洪水漫滩后，秋作物受淹，若退水不及时，还会影响小麦的播种。

3. 东明黄河滩区重要设施情况

东明滩区内重要企业有中原油田等。黄河大桥有东明黄河公路大桥、菏宝高速黄河公路大桥和长东黄河铁路一桥、长东黄河铁路二桥。阳淮 500 kV 超高压线路等重要设施。

（三）历史漫滩运用情况

1949 年以来，东明河段发生的洪峰流量大于 10 000 m^3/s 的较大洪水有 10 次，其中最大的一次是 1958 年，花园口站洪峰流量为 22 300 m^3/s；其次是 1982 年，花园口站洪峰流量为 15 300 m^3/s。大洪水时全部滩区漫滩，滩区受灾严重；中常洪水时大部分滩区也会漫滩受灾。

东明黄河滩区人民中华人民共和国成立前长期受黄河洪水灾害，滩区人民长期逃荒在外，流离失所。人民治黄以来，国家投入大量人力、物力加大对黄河治理，取得了显著成效。但因黄河是世界上最难治理的河流，洪涝灾害依然频繁。中华人民共和国成立以来，曾发生过 1958 年、1976 年、1982 年、1996 年较大洪水和 2003 年河南兰考蔡集控导工程生产堤决口，均造成了东明黄河滩区全部漫滩受灾（见表 7-4）。

表 7-4　东明黄河滩区历年运用情况统计

年份	蓄滞洪次数	花园口站流量 (m^3/s)	滩内受灾村庄（个）	滩内受灾人口（万人）	淹没耕地（万亩）	倒塌房屋（万间）	财产损失（万元）
1957	1	13 000	128	8.9	21.28	0.288	484
1958	1	22 300	156	8.83	26.36	1.21	898
1973	1	5 890	178	8.56	19.75	0.61	1 121
1975	1	7 580	197	11.43	20.58	3.59	2 443
1976	1	9 210	133	6.49	15	0.034	801
1981	1	8 060	174	9.7	15	0.4	2 240
1982	1	15 300	186	11.84	25	3.57	7 320
1996	1	7 600	196	16.5	21.6	3.29	224 488
1998	1	4 700	95	10.14	11.98		10 280
2002	1			1.41	11		12 600
2003	1	2 580	141	11.35	19.2	0.39	71 000

据统计，东明黄河滩区洪水漫滩最严重的是 1958 年、1976 年、1982 年、1996 年和 2003 年。其中 1958 年、1976 年和 1982 年滩区基本全部上水，每次受淹村庄 133~182 个，受灾人口 6.5 万~11.8 万人，倒塌房屋 340~35 747 间，淹没耕地 15 万~26 万亩。按当时价格估算，1982 年洪水漫滩造成的财产损失就达 0.73 亿元，大部分为个人财产。1996 年 8 月 5 日花园口站发生 7 600 m^3/s 的洪水，由于河道淤积严重，沿河水位大部分河段发生

有实测资料以来的最高水位,东明县滩区几乎全部进水,淹没耕地 35.2 万亩,共有 196 个村庄、16.5 万人受灾,8.8 万人紧急迁移安置,倒塌损坏房屋 3.29 万间,损坏房屋 6.58 万间,按当年价格计算,直接经济损失达 22.45 亿元。

根据对黄河下游滩区 1949~2004 年的受灾情况统计,55 年间共遭受 24 次不同程度的漫滩(详见表 7-5)。

表 7-5　东明滩区历年受灾情况统计

年份	花园口最大流量(m^3/s)	淹没村庄个数(个)	人口(万人)	耕地(万亩)	淹没房屋数(万间)
1949	12 300	161	4.35	9.72	0.13
1950	7 250	12		1.52	
1953	10 700			3.53	
1954	15 000	48	1.7	5.53	0.038
1955	6 800	26	0.8	1.76	0.000 2
1956	8 360	33	2.23	7.33	0.012 3
1957	13 000	128	8.9	21.28	0.288
1958	22 300	156	8.83	26.36	1.21
1961	6 300			1.11	
1970	5 830			0.4	
1971	5 040	85	2.8	6.7	0.011
1972	4 170	44	2.54	3.85	0.000 4
1973	5 890	178	8.56	19.75	0.61
1975	7 580	197	11.43	20.58	3.59
1976	9 210	133	6.49	15	0.034
1977	10 800	106	4.82	14.7	0.2
1978	5 640	117	5	7.50	0.175
1981	8 060	174	9.7	15	0.4
1982	15 300	186	11.84	25	3.57
1983	8 180	24	1.2	6	
1985	8 260	23	1.41	13.95	0.013 5
1996	7 600	196	16.5	35.2	3.29
1998	4 700	95	10.14	23.85	
2003	2 580	141	11.35	28.32	0.39

从表 7-5 中数据看出,黄河花园口实测洪峰流量大于 10 000 m^3/s 的年份有 7 年(1949 年、1953 年、1954 年、1957 年、1958 年、1977 年、1982 年),平均 7.9 年淹没一次。滩区受淹耕地面积占总耕地面积 10%的年份有 19 年,平均 2.89 年淹没一次;滩区受淹耕地面积占总耕地面积 20%的年份有 13 年,平均 4.23 年淹没一次;滩区受淹耕地面积占总耕地面积 30%的年份有 11 年,平均 5 年淹没一次。东明滩区年均受淹面积 5.708 万

亩。

(四)洪水风险概况

黄河干流龙羊峡、刘家峡、万家寨、三门峡、小浪底等水利枢纽工程已经建成投入运用,水库联合调度运用可以较好地控制小浪底水库以上洪水。但是,小浪底水库以下无控制区的暴雨强度大、汇流快、洪峰预见期短,经水库调控后花园口站100年一遇洪峰流量仍达到15 700 m^3/s。这样的洪水将使东明县滩区全部受淹,堤防全部偎水,防洪形势将十分严峻。

由于黄河下游河道冲淤变化大,河势摆动频繁,洪水水位表现随着来水来沙的不同也有很大差别,因此黄河下游滩区的漫滩和淹没情况难以准确预估。汛前黄河防办组织有关技术人员,对黄河下游各级洪水滩区淹没情况进行了分析、预估(见表7-6~表7-11)。

分析中,各级洪水漫滩范围确定的依据是:黄河下游河道排洪能力分析成果、河道地形地物现状、近期社经调查情况以及历史较大洪水黄河下游实际漫滩情况。各流量级洪水风险情况如下。

1.4 000 m^3/s 流量级

根据近几年调水调沙洪水冲刷情况,4 000 m^3/s 以下洪水发生时,洪水在主河槽内行洪。

2.6 000 m^3/s 流量级

当花园口站发生6 000 m^3/s 时,洪水进入东明县河道后,部分低滩区将漫滩进水,漫滩水深在0.5~1 m。南滩长兴乡,西滩沙窝镇7个村庄被洪水围困,道路中断,需迁移人口0.28万人。

3.8 000 m^3/s 流量级

当花园口站发生8 000 m^3/s 时,洪水进入东明县河道后,部分滩区漫滩进水,水深1~2 m,南滩焦园、长兴,西滩沙窝、菜园集7个乡(镇)的134个村庄被洪水围困,道路中断,需迁移人口9.46万人。

4.10 000 m^3/s 流量级

当花园口站发生10 000 m^3/s 时,洪水进入东明县河道后,大部分滩区漫滩进水,淹没面积318.12 km^2,水深1~3 m,南滩、西滩、北滩7个乡(镇)的153个村庄被洪水围困,道路中断,需迁移人口10.99万人。

5.12 370 m^3/s 流量级

当花园口站发生12 370 m^3/s 时,洪水进入东明县河道后,大部分滩区漫滩进水,淹没面积318.12 km^2,水深1.5~3.5 m,部分堤根水深4 m以上。南滩、西滩、北滩7个乡(镇)的153个村庄被洪水围困,道路中断,需迁移人口11.93万人。

6.15 700 m^3/s 以上流量级

当花园口站发生15 700 m^3/s 以上时,洪水进入东明县河道后,滩区淹没面积318.12 km^2,水深2~4 m,南滩、西滩、北滩7个乡(镇)的153个村庄被洪水围困,道路中断,需迁移人口11.93万人。

表 7-6　6 000 m^3/s 洪水淹没情况预估表

县名	涉水乡镇（个）	涉及滩区（个）	涉及村庄（个）	涉水村庄				涉及人口（万人）	滩内人口（万人）	涉及滩内人口（万人）	漫滩面积（万亩）	淹没耕地（万亩）	淹没老滩耕地（万亩）	需迁移人数（万人）	经济损失（万元）
				进水村庄（个）	人口（人）	水围村庄（个）	人口（人）								
东明	4	3	90	0	2 786	7	2 786	7.48	11.93	5.84	7.36	6.74	1.95	0.28	15 063

注：涉及村庄指滩内外涉及的村庄；涉及人口指滩内外受洪水影响的人口；滩内人口指滩内全部人口；涉及滩内人口指滩内受洪水影响的人口。

表 7-7　8 000 m^3/s 洪水淹没情况预估表

县名	涉水乡镇（个）	涉及滩区（个）	涉及村庄（个）	涉水村庄				涉及人口（万人）	滩内人口（万人）	涉及滩内人口（万人）	漫滩面积（万亩）	淹没耕地（万亩）	淹没老滩耕地（万亩）	需迁移人数（万人）	经济损失（万元）
				进水村庄（个）	人口（人）	水围村庄（个）	人口（人）								
东明	7	3	254	27	15 622	134	94 604	21.22	11.93	10.41	45.63	35.19	23.45	9.46	151 081

注：涉及村庄指滩内外涉及的村庄；涉及人口指滩内外受洪水影响的人口；滩内人口指滩内全部人口；涉及滩内人口指滩内受洪水影响的人口。

表 7-8　10 000 m³/s 洪水淹没情况预估表

县名	涉水乡镇（个）	涉及滩区（个）	涉及村庄（个）	涉水村庄				涉及人口（万人）	滩内人口（万人）	涉及滩内人口（万人）	漫滩面积（万亩）	淹没耕地（万亩）	淹没老滩耕地（万亩）	需迁移人数（万人）	经济损失（万元）
				进水村庄（个）	人口（人）	水围村庄（个）	人口（人）								
东明	7	3	254	122	90 111	153	109 884	21.22	11.93	11.93	47.72	36.05	24.31	10.99	218 587

注：涉及村庄指滩内外涉及的村庄；涉及人口指滩内外受洪水影响的人口；滩内人口指滩内全部人口；涉及滩内人口指滩内受洪水影响的人口。

表 7-9　12 370 m³/s 洪水淹没情况预估表

县名	涉水乡镇（个）	涉及滩区（个）	涉及村庄（个）	涉水村庄				涉及人口（万人）	滩内人口（万人）	涉及滩内人口（万人）	漫滩面积（万亩）	淹没耕地（万亩）	淹没老滩耕地（万亩）	需迁移人数（万人）	经济损失（万元）
				进水村庄（个）	人口（人）	水围村庄（个）	人口（人）								
东明	7	3	254	153	119337	0	0	21.22	11.93	11.93	47.72	36.05	24.31	11.93	284 779

注：涉及村庄指滩内外涉及的村庄；涉及人口指滩内外受洪水影响的人口；滩内人口指滩内全部人口；涉及滩内人口指滩内受洪水影响的人口。

表 7-10　15 700 m³/s 洪水淹没情况预估表

县名	涉水乡镇（个）	涉及滩区（个）	涉及村庄（个）	涉水村庄				涉及人口（万人）	滩内人口（万人）	涉及滩内人口（万人）	漫滩面积（万亩）	淹没耕地（万亩）	淹没老滩耕地（万亩）	需迁移人数（万人）	经济损失（万元）
				进水村庄（个）	人口（人）	水围村庄（个）	人口（人）								
东明	7	3	254	153	119 337	0	0	21.22	11.93	11.93	47.72	36.05	24.31	11.93	357 630

注：涉及村庄指滩内外涉及的村庄；涉及人口指滩内外受洪水影响的人口；滩内人口指滩内全部人口；涉及滩内人口指滩内受洪水影响的人口。

表 7-11　22 000 m³/s 洪水淹没情况预估表

县名	涉水乡镇（个）	涉及滩区（个）	涉及村庄（个）	涉水村庄				涉及人口（万人）	滩内人口（万人）	涉及滩内人口（万人）	漫滩面积（万亩）	淹没耕地（万亩）	淹没老滩耕地（万亩）	需迁移人数（万人）	经济损失（万元）
				进水村庄（个）	人口（人）	水围村庄（个）	人口（人）								
东明	7	3	254	153	119 337	0	0	21.22	11.93	11.93	47.72	36.05	24.31	11.93	394 055

注：涉及村庄指滩内外涉及的村庄；涉及人口指滩内外受洪水影响的人口；滩内人口指滩内全部人口；涉及滩内人口指滩内受洪水影响的人口。

7. 22 000 m^3/s 以上流量级

当花园口站发生 22 000 m^3/s 以上时，洪水进入东明县河道后，滩区淹没面积 318. 12 km^2，一般水深 3～5 m，最大达 6 m 以上，南滩、西滩、北滩 7 个乡(镇)的 153 个村庄被洪水围困，道路中断，需迁移人口 11. 93 万人。

8. 有关说明

(1)涉及乡镇包括背河区乡镇(耕地在滩区)。

(2)由于黄河洪水演进情况复杂，同流量水位波动较大，影响洪水上滩因素多，实际发生的洪水与本分析结果可能不完全相同，本分析结果仅供参考。

(五)防洪工程情况

1. 防洪工程现状

堤防工程：东明县堤防上接河南兰考县堤防，下界与牡丹区堤防相连。堤防长度 61. 135 km，东明河段堤防设计标准为防御花园口水文站洪水 22 000 m^3/s，相应高村站设计流量为 20 000 m^3/s。堤顶宽 11～12 m，堤顶高程 75. 29～66. 45 m(85 黄海)，堤身高 8～12 m；临背边坡 1∶3，临背河地面高差 2～3 m，全线堤段进行了淤背，淤背宽 100 m，堤顶已全部硬化。东明河段临黄堤堤防超高：高村以上堤顶高程超高 3 m，高村至下界超高 2. 5 m。

河道整治工程：东明河段河道整治工程主要分为险工和控导(护滩)工程。险工工程依堤防工程修建，其主要作用是控制溜势、保护堤防工程的安全；控导(护滩)工程在滩区内修做，主要作用是控制主流，稳定河势，保滩固堤，可以有效控制滩区的摆动幅度，起到了保滩护村的作用。

东明河段滩区共有险工 5 处，133 道坝岸，工程总长度为 15 150 m，裹护长度 8 453 m。坝顶宽度 12～15 m，除高村险工 16 段护岸为干砌石结构外，其余都是乱石结构。作用是保护大堤，其设计标准为，按照当地 2000 年设防水位，坝顶高程为高村以上超高 2 m，高村以下超高 1. 5 m。

控导(护滩)工程：近年来，对黄河滩区兴建的 9 处控导(护滩)工程(见表 7-12)，204 道坝(垛)，进行了完善，工程长度达 19 154 m，护砌长度 16 844. 77 m。有效地控制了中、小洪水的河势摆动，保护了滩区人民的生产生活和经济发展。

滚河防护工程：东明黄堤桩号 156+150～181+790，该段共修筑防护坝 51 道，格堤 1 道(长 1 115 m)，工程长度 25 640 m，护砌长度 5 624 m，坝顶宽 15 m(见表 7-13)。该处滩区横比降为 1/2 000～1/2 500，在大洪水时有发生顺堤行洪的可能性。

水闸工程：东明河段大堤上共建有引黄涵闸 4 座(见表 7-14)，分别是闫潭闸(大堤桩号 162+070)、新谢寨闸(大堤桩号 181+739)、谢寨闸(大堤桩号 181+790)和高村闸(大堤桩号 207+337)。设计引水流量共为 145 m^3/s，设计灌溉面积 175 万亩。4 座涵闸闸门起闭灵活，常年引水。这些涵闸大部分可以在滩区漫滩后用于滩区积水的排除，起到退水闸的作用。

滩区引黄闸：为解决滩区农田灌溉，于 1989 年后，在东明县先后修建滩区引黄闸 7 座(见表 7-15)，设计引水能力共计 27. 5 m^3/s。滩区引水闸由地方水利部门管理，闸门启闭困难。

表 7-12　东明黄河控导(护滩)工程情况统计

工程名称	始建时间	相应大堤桩号	工程长度(m)	护砌长度(m)	坝岸类型		坝顶高程(m)	备防石(m^3)
					坝	垛		
王夹堤	1978	156+800~159+700	1 773	2 017	19		72.60~72.10	9 403.93
单寨	1976	160+300~161+800	1 240	718	16		71.85~70.85	1 246.59
马厂	1968	163+500~165+500	2 000	2 099	25	3	71.23~70.57	2 502.16
大王寨	1972	165+500~166+900	1 650	774	18		71.55~70.82	1 930.92
王高寨	1969	166+900~170+700	2 678	2 579.98	24		70.25~69.74	3 063.85
辛店集	1969	170+000~174+100	3 123	3 190.39	29		70.30~69.74	7 963.64
老君堂	1974	180+100~182+700	3 990	3 540.40	34	2	68.65~67.65	15 052.67
高村下延	1987	209+000~209+300	300	388	3			2 084
河道工程	1959		2 400	1 538	29	2		1 000
合计			19 154	16 844.77	197	7		

表 7-13　东明黄河滚河防护工程情况统计

起止地点	起点桩号	止点桩号	坝数	工程长度(m)	护砌长度(m)	坝身结构	其他	备注
上界—谢寨	156+150	181+790	51	25 640	5 624	乱石坝	1	其他是指老君堂格堤

表 7-14　东明县引黄涵闸工程统计

涵闸名称	涵闸结构	孔数	流量(m^3/s)		防洪水位		底板高程(m)	堤顶高程(m)	闸门形式	修(改)建竣工时间
			设计	加大	设计	校核				
闫潭闸	涵洞式	6	50	150	71.85	72.85	62.70	73.20	平板钢闸门	2019.12 1982 1971
谢寨新闸	涵洞式	6	50	80	69.61	70.61	60.91	71.83	钢筋混凝土平面	1990.11
谢寨闸	涵洞式	3	30	50	68.51	69.51	60.91	71.83	钢筋混凝土平面	1980.11 2015.5
高村闸	厢式涵洞	2	15	25	66.66	67.66	57.11	68.21	平板钢筋混凝土闸门	1990.12

2.防洪工程存在的问题

(1)河道整治工程不完善。东明县高村以上河段河道主河槽宽、浅、散乱,河势摆动频繁、摆幅大,易出现横河、斜河甚至滚河,滩岸坍塌严重,严重威胁滩区群众的生命安全。

表 7-15　东明县滩区引黄涵闸统计

滩区	涵闸名称	地点	孔数	设计流量(m^3/s)	闸门形式	建成时间
南滩	新井沿引黄闸	单寨工程 1 坝上首	1	2.5	平板钢筋混凝土闸门	1991 然后
	王高寨引黄闸	王高寨工程 10~11 坝	2	2.0	平板钢筋混凝土闸门	1989 年 3 月
	新店集引黄闸	新店集工程 4~5 坝	1	4.5	平板钢筋混凝土闸门	1992 年 4 月
	新店集三干引黄闸	新店集工程 17~18 坝	2	1.5	平板钢筋混凝土闸门	1994
	司胡同引黄闸	新店集工程 28~29 坝	2	6.0	平板钢筋混凝土闸门	1992
西滩	堡城引黄闸	堡城险工 15~16 坝	2	6.0	平板钢筋混凝土闸门	1990
北滩	冷寨引黄闸	高村险工 38~39 坝	2	5.0	平板钢筋混凝土闸门	1989

(2)新修控导工程多,大部分没有经过洪水考验,大水期间极易出现较大险情,甚至跨坝,对滩区安全构成威胁。

(六)安全设施状况

1. 安全设施现状

自 1974 年黄河下游滩区贯彻“废堤筑台”政策后,滩区安全建设就纳入黄河防洪基建计划,由于滩区安全建设关系群众的切身利益,工程量大,需投资多,安全建设投资始终采取以群众投资投劳为主,国家适当补助的方式。补助投资来源为:黄河防洪基建、以工代赈和地方财政。

滩区安全建设的主要内容为:修筑避水、撤退工程和通信预警系统。避水工程的修建,1982 年以前以公共避水台和房台为主,1982 年洪水中,一般避水台和房台超出洪水位 0.5~1.0 m,少部分与洪水位平,工程标准偏低,但避洪作用很大,群众称之为“救命台”,洪水过后,群众认识到避水台由于人均面积小,在台上生活不方便,房台被洪水冲刷浸泡后房屋易沉陷和裂缝,避洪不安全,而村台避洪既生活方便又安全可靠,很受群众欢迎,因此 1982 年洪水后,避水工程修建以村台为主。滩区安全建设的原则是:以保护滩区群众生命安全为主,同时尽量减少财产损失。

1)避水设施

以村(房)台为避洪设施。由于“槽高、滩底、堤根洼”,洪水出槽漫滩后,将直逼大堤根。截至 2020 年,东明县滩区共有村台 155 个,总面积 2 303.87 万 m^2,台顶一般高于当地地面 2~3 m,均达不到 2000 年设防水位要求。2006 年完成的东明滩区安全建设工程长兴乡两个大村台,工程设计按照防御黄河花园口 12 370 m^3/s,村台超高 1.0 m,村台台顶总面积 67.8 万 m^2,可搬迁安置滩区内 11 个村,9 453 人。东明县黄河滩区居民迁建工程正在实施,建设 24 个大村台(新建 23 个、扩建 1 个),预计于 2021 年投入使用。

2)迁安撤退道路

目前,东明县滩区共修撤退道路 16 条,长 191.67 km,近几年大部分铺了柏油路面,路况一般,可行车。也有少部分路面因无养护资金,年久失修,坑洼不平,行车困难。路基高于当地地面 0.5 m,路面一般宽 5 m。上堤路口因其堤根处低洼,滩区进水后大都被切断。大洪水期间,滩区群众主要通过这些道路转移安置到背河安全地带(见表 7-16)。

表 7-16　东明黄河滩区主要撤退道路情况统计表

滩区	路名	起点	终点	上堤桩号	长度(m)	宽度(m)	高程(m)	结构	路况	备注（涉及村庄）
南滩	甘辛路	辛庄	大堤	160+130	10.2	5	67.72	柏油路	一般	辛庄、双楼、甘西、甘东、南张庄、王西、王东、王南等
	闫新路	王夹堤	大堤	162+150	10	5	69.2	柏油路	差	王夹堤、新井沿、徐夹堤、西小庄、西王庄、单寨、农中、大黄庄、小黄庄、黄夹堤、郭堂、毕桥、娄寨等
	浮桥路	一马厂	大堤	163+950	8.5	7	68.02	柏油路	良好	一马厂、二马厂、三马厂、温寨、前王寨、北兰通、朱口、荆西、荆南、荆东、焦园、后王、后汤庄、前汤王、张庄、胡寨等
	两大路	大王寨	大堤	166+485	9.2	4	67.52	柏油路	差	大王寨、小王寨、王子杨寨、石香炉、贾庄、高庄、小王庄、老李庄等
	任庄路	王高寨	大堤	168+800	28.5	3	67.02	柏油路	一般	王高寨、李庄、罗寨、三王寨、大刘占、张夏庄、张小集等
	王店路	辛店集	大堤	170+868	33	5	66.52	柏油路	一般	辛店集、李换堂、赵九楼、刘庄、庞庄、六合集、蔡庄、王店、翟庄、肖集、张庄、杨庄等
	董庄路	西黑岗	大堤	173+890	21	3	68.92	柏油路	一般	西黑岗、东黑岗、司胡同、东岳庙、燕庄、张老庄、徐庄等
	长兴路	姚头	大堤	176+600	33.5	5	67.22	柏油路	一般	姚头、高庄、王小台、刘小台、姚庄、崔庄、长兴、李庙、魏庄、曹庄、顿庄等
	找营路	水坑	大堤	177+500	14.5	5	66.17	柏油路	一般	水坑、找营、东竹林、西竹林、毛庄、刘乡、大张庄等
	老君堂路	老君堂	大堤	181+790	2.5	3	66.2	柏油路	一般	老君堂、辛庄等
西滩	马集南路	马集	大堤	193+386	3.07	5	65.2	混凝土	较差	马集、西双堌堆、徐炉等
	陈屯至朱屯公路	陈屯	大堤	197+790	4.8	5	62.73	柏油路	一般	陈屯、李屯等
	尚庄至西南庄	尚庄	大堤	198+880	3.9	5	62.5	混凝土	一般	尚庄、河道、逯寨、四合村、西南庄等
北滩	郭庄路	郭庄北	大堤	211+800	1	5	63.2	混凝土	一般	郭庄等
	北滩撤退路	双河岭	洪庄南大堤	213+000	6	5	62.5	柏油路	差	北王庄、洪庄等
	杜桥撤退道路	蔡口	黄庄大堤	217+200	2	5	62.2	柏油路	一般	杜桥、岳辛庄等

3)救生工具

1996年后,黄河下游汛期洪水流量较小,下游滩区漫滩受淹范围较小,区内群众原有的船只已基本损坏,加之黄河河道宽浅,水流散乱,树木较多,不利通航,除在黄河渡口处有少量渡船外,滩区群众基本没有自备船只。

2. 东明黄河滩区预警通信情况

近几年,家庭程控电话的普及,以及移动通信设施的快速发展,将为滩区群众迁安救护起到积极的作用。洪水漫滩前,利用电视台、固定电话、手机发布水情。

3. 安全设施存在问题

根据目前滩区安全建设现状及安全建设标准规划要求,滩区安全建设还存在以下主要问题:

(1)避水工程标准达不到要求。

东明县黄河滩区居民迁建工程建设的24个大村台,预计于2021年投入使用,现有避水工程标准达不到要求。主要表现在以下几个方面:①村台高度达不到要求。②尽管有些村庄内个别房台达到了规划要求,但由于整个村台没有形成联台,遇到高水位洪水,有些街道、胡同反而成了排水沟,甚至形成过流通道冲毁房台,使高房台仍起不到抵御洪水灾害的作用。

(2)撤退道路和船只少,青壮年劳力缺乏。

东明滩区面积大、人口多、洪峰预报时间短,滩区群众迁安撤退道路少,标准低,洪水期间滩区群众不能按时搬迁到安全地带,防汛人员、车辆和物资无法按时到达指定地点,延误防汛时机,洪水漫滩后救生船只严重缺乏,无法满足水上救护的需要。农民长年外出务工,区内青壮年劳动力严重缺乏。大水期间确保群众安全难度较大。

二、运用准备

(一)东明黄河滩区运用临时指挥机构

1. 滩区运用临时指挥机构

为了切实做好滩区迁安救护工作,县防指专门成立了滩区运用临时指挥部,指挥长由县防指常务副指挥长担任,成员由应急、交通、公安、卫生、粮食、财政、供电、电信、黄河河务等部门的负责同志组成。临时指挥部在县防指的领导下,负责东明县滩区蓄洪运用和群众的转移安置工作。

临时指挥机构根据情况设立以下责任小组:

(1)警报信息发布组:负责滩区运用的预警报发布和传递任务。

(2)转移安置组:负责人员转移安置任务。

(3)口门运用组:负责进洪口门和退洪口门的扒口、爆破任务。

(4)应急抢险组:负责滩区围堤和隔堤的防守、抢险和人员救生任务。

(5)物资供应组:负责防汛物资的调拨和运输任务。

(6)后勤保障组:负责转移群众生活必需品的筹集和发放、社会治安、医疗卫生等任务。

2. 滩区运用指挥部的职责

(1)负责本辖区滩区运用的预警发布和信息传递任务。

(2)组织做好滩区群众的转移安置和救灾工作,安排好群众生活,搞好灾区生产自救,保持社会稳定。

(3)领导和协调本辖区的转移安置工作,制订迁安救护方案,研究部署洪水期间的救护措施,督促、检查、落实迁安救护工作。

(4)向县政府和防汛指挥部及上级有关部门报告滩区灾情及迁安救护中发生的重大问题。

(5)及时解决迁安救护中急需解决的重大问题和临时应急事项。

(6)组织力量转移灾民,救护伤病员,处理善后事宜。

3. 成员单位职责

1)应急管理局

主要职责:负责制定、修订《黄河滩区迁安救护预案》并组织实施;负责黄河滩区灾民生活安置和救灾工作;组织灾情核查,及时提供灾情信息;根据需要下达动用县级救灾物资指令。组织协调重要应急物资的储备、调拨和紧急配送,承担县救灾款物的管理、分配和监督使用工作,会同有关方面组织、协调灾区受灾群众紧急转移安置和生活救助,检查、督促灾区各项救灾措施的落实。

2)发展和改革局

主要职责:负责协调安排防洪工程和非工程建设、重点水毁工程修复及灾后重建项目。会同县应急管理等部门确定年度购置计划,根据县级救灾物资储备规划、品种目录和标准、年度购置计划,按照权限组织实施县级救灾物资的收储、轮换和日常管理,根据动用指令按程序组织调出。

3)卫健局

主要职责:负责制定《黄河防汛卫生防疫和医疗救护保障方案》;负责黄河灾区疾病预防控制和医疗救护工作。灾情发生后,及时向市黄河防指提供灾区疫情与防治信息,指导当地卫生行政部门组织专家对灾区基本卫生状况进行综合评估,提出处置建议;根据灾区需要组织防疫队伍进入灾区,组建灾区临时医疗队,抢救、转运和医治伤病员;向灾区提供所需药品和医疗器械;及时监测灾区饮用水源、食品等,确保灾区饮食安全;对重大疫情实施紧急处置,控制疫情发生、传播和蔓延;加强环境卫生管理,开展卫生防病知识宣传。

4)供电公司

主要职责:负责《黄河防汛供电照明保障方案》的制定、修订并组织实施。负责所辖供电设施安全度汛,组织指导黄河受灾滩区抢修和恢复电力设施,保障防汛指挥指令发布、洪水调度、防汛抢险、救灾等电力供应。负责灾民安置地的电力供应及滩内受灾村庄和搬迁道路的照明,并收集、统计有关情况,及时向县政府提供有关信息。

5)财政局

主要职责:负责筹集迁安救护中的资金,确保救护救灾资金及时足额到位,收集、统计有关救灾工作开展情况,并向县政府提供救灾资金的筹集使用等情况。滩区运用后,会同水利部门负责区内居民损失的核查、统计上报及补偿资金的发放工作。

6)交通运输局

主要职责:负责制定《黄河防汛交通运输保障预案》;负责公路工程设施的安全运行,保障防汛抗旱指挥车辆、抢险救灾车辆的畅通,并免征通行费。承担防汛抢险救灾干线公路的加固、抢建,保障公路畅通。组织协调做好公路、水运交通设施的防洪安全工作,做好公路(桥梁)在建工程安全度汛工作,督导、督促建管单位拆除浮桥和清除碍洪设施;负责修复被损毁的防汛道路、桥梁等基础设施,做好防汛、防疫人员和物资、设备的运输工作,提供灾民转移、疏散所需的交通工具;协助实施黄河滩区群众安全转移。

7)教体局

主要职责:负责组织排查黄河滩区学校安全隐患,提出限期整改意见和相应的安全工作措施。协助灾区政府转移被困师生,组建临时校舍,恢复正常教学秩序;指导灾后校舍恢复重建。

8)黄河河务局

主要职责:负责黄河防洪工程的建设管理,指导、监督防洪工程安全运行;负责黄河防汛的日常工作;组织制定东明县黄河防洪预案、防凌预案,制定黄河水量调度计划,及时提供黄河雨情、水情、工情和洪水预报,做好黄河防洪、防凌和引黄供水调度,负责黄河防汛技术指导;配合财政局和水务局做好滩区的运用管理;主管国家常备抢险物资供应;组织开展防洪工程应急处理和雨、水毁工程修复。

9)水务局

主要职责:负责及时掌握黄河防汛情况,调度所属与黄河防汛抗旱有关的水利、水电设施,调集所属防汛抗洪力量参加黄河防汛抢险。配合做好滩区运用,居民损失核实、补偿资金发放方案及相关情况上报等工作。

10)黄河水文站

主要职责:负责防汛水文测报设备、网络的建设、维修,确保各类观测仪器正常运行;负责向县防汛抗旱指挥机构提供和发布黄河水文资料。

11)公安局

主要职责:负责维护黄河防汛抢险秩序和灾区社会治安,依法打击造谣惑众和盗窃、哄抢黄河防汛物资及破坏黄河防洪设施的违法犯罪活动;协助有关部门妥善处置因黄河防汛引发的群体性治安事件;协助组织群众从黄河滩区撤离、转移和安置;协助做好黄河清障及抢险救灾通行工作,确保黄河抗洪抢险、救灾物资运输车辆畅通无阻。

12)广播电视台

主要职责:负责组织指导广播电台、电视台对黄河防汛抢险工作的宣传报道,按照防指要求及时向公众发布黄河汛情信息,跟踪报道黄河防汛抢险活动,向社会宣传黄河防汛抢险、抗灾自救知识。

13)工信局、联通公司、移动公司、电信公司

主要职责:负责所辖通信设施的防洪安全,确保汛期通信畅通,根据汛情需要,协调调度应急通信设施,做好防汛救灾应急通信保障,保障抢险现场通信,确保黄河防汛信息及时传递。

14）人保财产公司

主要职责：负责协调指挥全县系统的救灾理赔工作，确保理赔主动、迅速、准确、合理。负责对保险标的组织安全检查，提出切实可行的整改意见。

15）气象局

主要职责：做好全县范围内暴雨、强对流和区域性中到大雨天气的监测，密切关注天气变化，按时提供有关天气预报，及时向防汛部门提供天气预报信息及上级气象部门发布的重要天气信息。

16）石油公司

主要职责：负责所辖供油设施的防洪安全工作，组织协调保障防汛抗旱油料的及时供应。

17）人力资源和社会保障局

主要职责：参加防汛抢险救灾工作，负责组织表彰、奖励黄河抗洪抢险及抗旱工作中涌现出的先进集体和先进个人的相关工作；负责采集就业岗位信息，组织灾区劳务输出。

18）农业农村局

主要职责：负责制订黄河滩区农业防灾救灾预案，组织指导灾后农业救灾、生产恢复，做好救灾种子、化肥、农药、动物疫病防治药物的储备、调集和管理，做好排水机械的检修、组织调度；配合有关部门落实灾区减负政策。

19）林业局

主要职责：负责抗洪抢险林木采伐许可办理，允许可先采伐后补办手续。指导乡（镇）政府清除黄河河道行洪区内的阻水林木。

20）武警东明中队、东明县消防救援大队

主要职责：负责组建东明黄河抗洪抢险突击队，根据黄河汛情灾情需要，担负抗洪抢险、营救滩区群众、转移物资、抗洪救灾及执行重大防汛抗洪任务。

21）东明县火车站

负责在防洪抢险期间，优先运送防汛抢险、救灾、防疫、工作人员和物资、设备。

（二）抢险救生队伍和救护方案

汛期东明县滩区各乡（镇）都以基干民兵为主，组成一定数量的抢险救生队，负责本辖区的抢险救生工作，各对口安置村也以基干民兵为主组织人员，以便帮助迁移群众搬迁。县政府机关及企事业单位视情安排一定力量，支援滩区群众安全转移。紧急情况下，县防汛指挥部可申请人民解放军和武警部队支援。

根据东明县黄河河道状况和滩区的实际情况，分别从六个流量级洪水（花园口 6 000 m^3/s、8 000 m^3/s、10 000 m^3/s、12 370 m^3/s、15 700 m^3/s、22 000 m^3/s 以上）预筹迁安救护方案，部署迁安救护工作。

1. 花园口站 6 000 m^3/s 迁安救护方案

（1）水情分析：此类洪水属中常洪水，水位临近警戒水位，据测算，滩区低洼处串水漫滩，滩区水深 0.5～1 m。

（2）迁安措施：①县黄河防汛办公室接到该类洪水预报后，立即向县防指通报；②由县防指命令电信、广电部门，通过广播、电视和通信设施发布洪水预报；③调度责任人为东明县防汛抗旱指挥部常务副指挥长，组织召开迁安救护会商会议，协调各乡镇滩区迁安救护工作;④调度的重点是焦园、长兴、沙沃(河西滩区)、菜园集等乡镇低洼滩区群众及财产外迁和高滩群众的自救工作;⑤此类洪水应以各乡迁安领导小组为主,加强领导,集中力量做好低洼村庄群众的迁安救护工作;⑥各村迁安救护组织应实行明确分工,各负其责,老弱病残、妇幼儿童及贵重物资应搬到高处避水台上;⑦部分离堤较近且地势低洼的村庄群众应动员其搬出滩区;⑧在滩区作业的油田、铁路大桥等单位应做好相应的防护措施;⑨卫生防疫部门做好迁出群众的卫生防疫消毒工作和设置传染性疾病隔离区。

2. 花园口站 8 000 m^3/s 迁安救护方案

(1)水情分析:此类洪水属中常洪水,水位临近警戒水位,据测算,部分滩区串水漫滩,滩区水深 1~2 m,堤根水深 2 m 多。如 1988 年的 5~8 次洪峰。

(2)迁安措施:①县黄河防汛办公室接到该类洪水预报后,立即向县防指通报;②由县防指命令电信、广电部门,通过广播、电视和通信设施发布洪水预报;③调度责任人为东明县防汛抗旱指挥部常务副指挥长,组织召开迁安救护会商会议,协调各乡镇滩区迁安救护工作;④调度的重点是焦园、长兴、沙沃(河西滩区)、菜园集等乡镇低洼滩区群众及财产外迁和高滩群众的自救工作;⑤此类洪水应以各乡迁安领导小组为主,加强领导,集中力量做好低洼村庄群众的迁安救护工作;⑥各村迁安救护组织应实行明确分工,各负其责,老弱病残、妇幼儿童及贵重物资应搬到高处避水台上;⑦部分离堤较近且地势低洼的村庄群众应动员其搬出滩区;⑧在滩区作业的油田、铁路大桥等单位应做好相应的防护措施;⑨卫生防疫部门做好迁出群众的卫生防疫消毒工作和设置传染性疾病隔离区。

3. 花园口站 10 000 m^3/s 迁安救护方案

(1)水情分析:此类洪水,到达东明县流量约 9 000 m^3/s,若峰形较胖,则洪水持续时间长,水位表现高。东明县大部分滩区漫滩进水,滩区水深 1~3 m,南滩的果园至樊庄、徐集,北滩的铁庄等堤段堤根水深将达 4 m 以上。滩区群众除留少数基干民兵守护外,其他人员和贵重物资要在洪水到来之前全部迁出。情况紧急时,请中国人民解放军××部队给予支援。尽最大努力缩小灾害损失。

(2)迁安救护措施:①县黄河防汛办公室接到该类洪水预报后,立即向县防指通报。②由县防指命令电信、广电部门,通过广播、电视和通信设施发布洪水预报。③县防指迁安救护领导小组应上堤办公,抽调部分党政干部充实办事机构,并分赴各乡及时正确的领导好迁安救护工作。④调度责任人为东明县防汛抗旱指挥部指挥长,组织召开迁安救护会商会议,协调各乡镇滩区迁安救护工作,必要时,请中国人民解放军××部队给予支援。调度的重点是焦园、长兴、沙沃、菜园集等乡镇滩区群众及财产外迁和高滩群众的自救工作。⑤滩区各乡镇党委、政府的主要负责同志要加强领导,调整充实迁安救护办事机构,切实做好迁安救护工作。⑥各村迁安救护组织要以党支部为核心,明确分工,责任到人。⑦按照预先登记组织好的车辆、船只,先让老弱病残、妇幼儿童及贵重物品上车,由迁安撤退道路,搬离滩区。⑧按照迁安救护卡片,村对村,户对户,对口落实到背河村庄。⑨背河村庄要做好接待安置工作。

在滩区作业的油田、铁路大桥等单位要按照县防指的部署,做好设施的防护措施,结合所在乡镇政府,迅速撤防,确保安全。

公安、人武部等部门对迁出的群众应做好治安保卫工作,维护好抗洪抢险、迁安救护的社会秩序。

卫生防疫部门做好滩内和迁出群众的卫生防疫消毒和传染性疾病的隔离工作。

粮食、供销、应急部门对迁出的群众做好食物、日用物资供应及救灾安抚工作。

电力、电信部门应做好安全供电和保证防汛抗洪通信联络畅通。

农机、石油部门应做好排涝机具和防汛油料供应工作。

农业、保险部门应做好农业生产防灾措施，灾后损失的理赔工作。

迁安救护紧急情况下，申请中国人民解放军××部队给予支援。

4. 花园口站12 370 m^3/s以上洪水迁安救护方案

（1）水情分析：当花园口站发生12 370 m^3/s洪水时，东明县滩区将全部漫滩进水，滩地水深一般在1.5~3.5 m。南滩的果园至樊庄、徐集，北滩的铁庄等堤段堤根水深将达4 m以上。滩区群众和贵重物资要在洪水到来之前全部迁出。车辆、船只要全部动员起来，各救护队要立即进入战时准备，对来不及撤离的群众，要迅速组织救护。情况紧急时，请中国人民解放军××部队给予支援。尽最大努力缩小灾害损失。

（2）迁安救护措施：①县黄河防汛办公室接到该类洪水预报后，立即向县防指通报。②由县防指命令电信、广电部门，通过广播、电视和通信设施发布洪水预报。③县防指迁安救护领导小组应上堤办公，抽调部分党政干部充实办事机构，并分赴各乡及时正确的领导好迁安救护工作。④调度责任人为东明县防汛抗旱指挥部指挥长。组织召开迁安救护会商会议，协调各乡镇滩区迁安救护工作，必要时，请中国人民解放军××部队给予支援。调度的重点是焦园、长兴、沙沃、菜园集等乡镇滩区群众及财产外迁和高滩群众的自救工作。⑤滩区各乡镇党委、政府的主要负责同志要加强领导，调整充实迁安救护办事机构，切实做好迁安救护工作。⑥各村迁安救护组织要以党支部为核心，明确分工，责任到人。⑦按照预先登记组织好的车辆、船只，先让老弱病残、妇幼儿童及贵重物品上车，由迁安撤退道路，搬离滩区。⑧按照迁安救护卡片，村对村，户对户，对口落实到背河村庄。⑨背河村庄要做好接待安置工作。

在滩区作业的油田、铁路大桥等单位要按照县防指的部署，做好设施的防护措施，结合所在乡镇政府，迅速撤防，确保安全。

公安、人武部等部门对迁出的群众应做好治安保卫工作，维护好抗洪抢险、迁安救护的社会秩序。

卫生防疫部门做好滩内和迁出群众的卫生防疫消毒和传染性疾病的隔离工作。

粮食、供销、应急部门对迁出的群众做好食物、日用物资供应及救灾安抚工作。

电力、电信部门应做好安全供电和保证防汛抗洪通信联络畅通。

农机、石油部门应做好排涝机具和防汛油料供应工作。

农业、保险部门应做好农业生产防灾措施，灾后损失的理赔工作。

迁安救护中，必要时请中国人民解放军××部队给予支援。

5. 花园口站15 700 m^3/s以上洪水迁安救护方案

（1）水情分析：当花园口站发生15 700 m^3/s时，到达东明县高村流量约14 000 m^3/s，届时，东明县将超过历史最高水位，堤根水深一般在4 m以上，部分堤段堤根水深可达6 m以上。滩区群众和贵重物资要在洪水到来之前，全部迁出。车辆、船只要全部动员起来。各救护队要立即进入战时准备,对来不及撤退的群众,要迅速及时进行组织救护。请中国人民解放军××部队给予大力支援。尽最大努力缩小灾害损失。

(2)迁安救护措施:①县黄河防汛办公室接到该类洪水预报后,立即向县防指通报。②由县防指命令电信、广电部门,通过广播、电视和通信设施发布洪水预报。③县防指迁安救护领导小组应上堤办公,抽调部分党政干部充实办事机构,并分赴各乡及时正确的领导好迁安救护工作。④调度责任人为东明县防汛抗旱指挥部指挥长。组织召开迁安救护会商会议,协调各乡镇滩区迁安救护工作,必要时,请中国人民解放军××部队给予支援。调度的重点是焦园、长兴、沙沃、菜园集等乡镇滩区群众及财产外迁和高滩群众的自救工作。⑤滩区各乡镇党委、政府的主要负责同志要加强领导,调整充实迁安救护办事机构,切实做好迁安救护工作。⑥各村迁安救护组织要以党支部为核心,明确分工,责任到人。⑦按照预先登记组织好的车辆、船只,先让老弱病残、妇幼儿童及贵重物品上车,由迁安撤退道路,搬离滩区。⑧按照迁安救护卡片,村对村,户对户,对口落实到背河村庄。⑨背河村庄要做好接待安置工作。

在滩区作业的油田、铁路大桥等单位要按照县防指的部署,做好设施的防护措施,结合所在乡镇政府,迅速撤防,确保安全。

公安、人武部等部门对迁出的群众应做好治安保卫工作,维护好抗洪抢险、迁安救护的社会秩序。

卫生防疫部门做好滩内和迁出群众的卫生防疫消毒和传染性疾病的隔离工作。

粮食、供销、应急部门对迁出的群众做好食物、日用物资供应及救灾安抚工作。

电力、电信部门应做好安全供电和保证防汛抗洪通信联络畅通。

农机、石油部门应做好排涝机具和防汛油料供应工作。

农业、保险部门应做好农业生产防灾措施,灾后损失的理赔工作。

接到洪水预报后,申请中国人民解放军××部队给予支援。

6. 花园口站 22 000 m^3/s 以上洪水迁安救护方案

(1)当花园口站发生 22 000 m^3/s 时,堤根水深一般在 4 m 以上,部分堤段堤根水深达 6 m 以上。滩区群众和贵重物资要在洪水到来之前,全部迁出。车辆、船只全部动员起来。各救护队要立即进入战时准备,对来不及撤退的群众,要迅速组织救护。请中国人民解放军××部队给予大力支援。尽最大努力缩小灾害损失。

(2)迁安救护措施:①县黄河防汛办公室接到该类洪水预报后,立即向县防指通报。②由县防指命令电信、广电部门,通过广播、电视和通信设施发布洪水预报。③县防指迁安救护领导小组应上堤办公,抽调部分党政干部充实办事机构,并分赴各乡及时正确的领导好迁安救护工作。④调度责任人为东明县防汛抗旱指挥部指挥长。组织召开迁安救护会商会议,协调各乡镇滩区迁安救护工作,必要时,请中国人民解放军××部队给予支援。调度的重点是焦园、长兴、沙沃、菜园集等乡镇滩区群众及财产外迁和高滩群众的自救工作。⑤滩区各乡镇党委、政府的主要负责同志要加强领导,调整充实迁安救护办事机构,切实做好迁安救护工作。⑥各村迁安救护组织要以党支部为核心,明确分工,责任到人。⑦按照预先登记组织好的车辆、船只,先让老弱病残、妇幼儿童及贵重物品上车,由迁安撤退道路,搬离滩区。⑧按照迁安救护卡片,村对村,户对户,对口落实到背河村庄。⑨背河村庄要做好接待安置工作。

在滩区作业的油田、铁路大桥等单位要按照县防指的部署，做好设施的防护措施，结合所在乡镇政府，迅速撤防，确保安全。

公安、人武部等部门对迁出的群众应做好治安保卫工作，维护好抗洪抢险、迁安救护的社会秩序。

卫生防疫部门做好滩内和迁出群众的卫生防疫消毒和传染性疾病的隔离工作。

粮食、供销、应急部门对迁出的群众做好食物、日用物资供应及救灾安抚工作。

电力、电信部门应做好安全供电和保证防汛抗洪通信联络畅通。

农机、石油部门应做好排涝机具和防汛油料供应工作。

农业、保险部门应做好农业生产防灾措施，灾后损失的理赔工作。

接到洪水预报后。申请中国人民解放军××部队给予支援。

（三）物资准备

黄河防汛物资实行“国家储备、社会团体储备和群众备料相结合”的原则，采取分散储存和集中储存相结合的管理方式，按照“统一领导，归口管理，科学调度，确保需要”原则，实施日常管理与组织供应。

国家储备物资由黄河防汛和中央防汛储备两部分组成，并由黄河河务部门代统一管理，分布在黄河大堤沿线的仓库内，主要储备有石料、铅丝、麻袋、麻料、木桩、发电机组等，其中石料分散储备在各险工、控导工程的坝岸上。是黄河抗洪抢险应急和先期投入使用的重要物资来源。国家常备料物主要用于防洪工程抢险（见表7-17）。

社会团体储备物资是县防指按照防汛任务，向辖区有关企业和社会团体下达的储备物资。主要包括各种抢险设备、交通运输工具、通信器材、救生器材、发电照明设备、铅丝、麻绳、篷布、麻袋、编织袋、燃油、润滑油等。这些物资是为弥补国家储备防汛物资不足，保证抗大洪抢大险需要而储备，主要用于滩区救护、抗洪抢险等（见表7-18）。

群众备料物资由县防指根据抗洪抢险需要进行安排，并向辖区有关乡村下达储备任务。主要包括各种抢险设备、工具、交通运输车辆、树木及柳秸料等，群众备料物资主要用于弥补国家和社会团体防汛物资的不足（见表7-19）。

（四）宣传

每年汛前由县防指办公室制定宣传计划，主要宣传洪水危害性、滩区淹没情况、报警手段、撤离路线、转移安置方案、生活保障措施等内容，沿黄乡（镇）防指负责实施，使滩区群众能够充分了解。黄河洪水信息由河务局负责向沿黄乡（镇）防指发布，乡（镇）防指向滩区群众发布。

三、人员转移安置

（一）通信报警

1. 警报发布

县防指的常务副指挥长或由其指定专人为东明黄河滩区人员转移警报发布人，乡（镇）防指的指挥或由其指定专人为该乡（镇）黄河滩区人员转移警报发布人，黄河滩区各村村长为该村人员转移警报发布人，县、乡（镇）、村警报发布人均负责本辖区人员转移的发布，并对上一级负责。

表 7-17　黄河国家主要常备料物统计表

名称	规格	单位	数量	滚河坝	王夹堤	单寨	马厂	大王寨	王高占	辛店集	老君堂	黄寨	霍寨	堡城	河道	高村仓库	冷寨仓库
石料		m^3	149 996.11	48 580.25	9 403.93	1 246.6	2 502.2	1 930.9	3 063.9	7 963.64	15 052.67	17 373.64	12 983.52	14 623.66	1 000	14 271.28	
铅丝		kg	76 350														76 350
麻绳	5 丈	kg	46 600														46 600
麻绳	6 丈	kg	7 030														7 030
麻绳	8 丈	kg	4 110														4 110
木桩	1.5 m	根	3 633													3 633	
编织袋	5 m	条															
编织袋	0.5	条	70 000													70 000	
编织袋	1.2	条															
土工布		m^2	14 700														14 700
编织布		m^2	4 800														4 800
发电机组		kW	305													305	
探照灯		只	2													2	
蓬布		块	2														2
手灯		把															
探照灯泡		只	64													64	
灯泡		只	314													314	
救生衣		身	310														310
油锤		把	70													70	
月牙斧		把	70													70	
手硪		个	17													17	
口哨		个	70													70	
钢丝钳		把	61													61	
防汛旗		面	34													34	
冲锋舟		艘	1													1	

表 7-18　黄河社会团体储备料物情况统计表

料物名称	单位	数量	料物存放地点及单位																
			交通运输局	公路局	工业总公司	轻工业总公司	供电总公司	市场监管局	商业总公司	县社	发改局	邮政局	财政局	进出口公司	农商行	人行	工行	建行	农行
铅丝	t	21		6	10			5											
编织袋	条	65 000				10 000			10 000	10 000	10 000			5 000		5 000	5 000	5 000	5 000
绳类	kg	49 000	15 000			9 000			10 000				15 000						
帐篷	顶	125	20	20		15					30	10		10		5	5	5	5
木桩	根	3 000			1 000		500			1 000					500				
油锯	把	0																	
钢管	根	0																	
砂石料	t	500											500						
土工布	m^2	35 000			5 000	5 000		5 000	10 000	10 000									
复膜编织布	m^2	0																	
发电机	kW	450					200					50				50	50	50	50
照明设备	台套	200					200												
救生衣	件	1 400				200		500	500						200				
挖掘机	台	50	30	20															
装载机	台	20	10	10															
推土机	台	20	10	10															
自卸车	台	55	20	20			10							5					
吊车	台	15	5	5			5												
平板拖车	台	10	5	5															
运输车	辆	60	20	20			20												
客车	辆	65	65																
手持照明灯	个	2 000							1 000			500	500						
雨具	件	3 000							2 000			1 000							

续表 7-18

料物名称	单位	数量	料物存放地点及单位															
			保险公司	农机中心	住建局	林业局	水务局	畜牧中心	水产中心	县政府	县委	县人大	县政协	农业农村局	司法局	石油公司	体育中心	卫健局
铅丝	t	34		8		8	12							6				
编织袋	条	25 000		5 000						5 000	5 000	5 000	5 000					
绳类	kg	3 000							3 000									
帐篷	顶	85	10	5			30			5	5	5	5	10		10		
木桩	根	2 500				2 000										500		
油锯	把	150			50	100												
钢管	根	1 800			1 800													
砂石料	t	1 000			1 000													
土工布	m^2																	
复膜编织布	m^2	6 000															1 000	5 000
发电机	kW	0																
照明设备	台套	150			150													
救生衣	件	2 200	200				500	200	500						500		100	200
挖掘机	台	25			20		5											
装载机	台	15			5		5									5		
推土机	台	10			5		5											
自卸车	台	45		15	20		5									5		
吊车	台	5			5													
平板拖车	台	5			5													
运输车	辆	10										5	5					
客车	辆	0																
手持照明灯	个	1 500	500				500											500
雨具	件	2 000	1 000				1 000											

续表 7-18

料物名称	单位	数量	料物存放地点及单位													
			文化旅游局	教体局	自然资源和规划局	物资公司	乡企局	检察院	法院	烟草公司	桥工段	采油六厂	中行	石化公司	税务局	文化旅游局
铅丝	t	30				15					5	10				
编织袋	条	40 000			5 000		5 000			10 000			5 000	5 000	5 000	5 000
绳类	kg	12 000			3 000						3 000	6 000				
帐篷	顶	60				20					10	20	5	5		
木桩	根	1 000													500	500
油锯	把	0														
钢管	根	0														
砂石料	t	0														
土工布	m^2	20 000								5 000				5 000	5 000	5 000
复膜编织布	m^2	14 000		1 000		3 000		5 000	5 000							
发电机	kW	0														
照明设备	台套	0														
救生衣	件	1 100	100	100				200	200		500					
挖掘机	台	10										5		5		
装载机	台	30				5	5				5	10		5		
推土机	台	15									5	5		5		
自卸车	台	45				5	5				5	10		20		
吊车	台	0														
平板拖车	台	5												5		
运输车	辆	60			20					10				20	5	5
客车	辆	0														
手持照明灯	个	0														
雨具	件	0														

表 7-19　黄河群众防汛储备料物情况统计

项目 单位	柳、秸等软料 (万 kg)	木桩 (根)	铁锨 (把)	斧头、锯、镐、 油锤等(把)	运输 车辆
合计	692	48 300	9 980	12 750	1 000
焦园乡	32	2 600	500	600	50
三春镇	40	2 500	500	800	40
长兴乡	21	1 800	300	400	40
刘楼镇	55	3 700	800	1 000	50
沙窝镇	110	7 500	1 600	2 000	200
城关街道办事处	10	700	150	200	10
渔沃街道办事处	10	700	150	200	10
菜园集镇	70	4 800	1 050	1 200	100
武胜桥镇	14	900	180	250	10
马头镇	32	2 600	450	600	50
东明集镇	60	3 700	800	1 000	50
大屯镇	60	4 300	950	1 100	100
小井镇	58	4 300	800	1 200	80
陆圈镇	110	7 500	1 600	2 000	200
开发区	10	700	150	200	10

人员转移安置工作始终在县迁安救护指挥部的领导下进行，警报发布以县为单位。警报发布人职责及其履行职责的步骤如下：

洪水的预测预报是群众搬迁的重要依据。县黄河防汛办公室应及时向行政首长报告汛情，传递洪水信息。

东明县防指常务副指挥长接到黄河防办传递的洪水预报情报后，及时向指挥长(县长)汇报，并组织召开县防汛抗旱指挥部领导成员会议，落实各有关部门迁安救护的任务和责任。指令县广播电视局、县网通公司、滩区乡防汛指挥部，利用手机、固定电话、电视、广播等方式，发出洪水预报和迁安救护警报。指令有关乡村和部门责任人上岗到位，保证在接到洪水预报后 1 h 内把洪水预报传达到沿黄乡防汛指挥长和有关单位、部门责任人。根据最新洪水预报、本县河道的水位表现和本县河段河势情况，确定需要迁移的村庄，下达人员迁安救护指令(同时上报山东省黄河防办备案),实施迁安救护工作。

2. 报警方式

防指利用手机、固定电话、电视、传真等多种方式报警,把洪水预报传达到沿黄乡(镇)防汛指挥长和有关单位、部门责任人;乡(镇)利用手机、固定电话、逐村通知等方式通知到村;村利用手机、固定电话、广播、人员传递等方式通知到各户。

3. 报警信号分级

根据滩区启用的不同阶段,分为:警戒、待命、行动、结束等。不同级别警报信息具体的发布时机、持续时间和行动内容均由发布人据情决定。

花园口站流量在4 000 m^3/s以下时,河道属于正常行洪,不发布报警信号。当花园口站流量大于4 000 m^3/s时,根据洪水流量大小和滩区漫滩进水情况报警,报警信号分为:

漫滩预警信号:接到黄河部门可能发生漫滩洪水的预报,由县防指发布预警信号。发布内容应当包括洪水流量,出现时间,漫滩的滩区名称等。

迁移安置待命信号:当预报东明县滩区可能发生漫滩洪水,滩区群众需要紧急迁移安置时,由滩区运用临时指挥部发布迁移安置待命信号,让可能进水村庄的滩区群众做好迁移准备。

迁移安置行动信号:当滩区运用临时指挥部根据洪水情报分析,滩区群众生命财产安全受到洪水威胁,研究决定实施迁移安置时,由滩区运用临时指挥部尽快发布迁移指令。

迁移安置返迁信号:在洪水退去并且预报没有后续洪水,并且在返迁道路能够满足安全的前提下发布返迁指令,发布时机由县滩区运用临时指挥部确定。

4. 联络方式

一是市话公网,指挥中心与各级防指领导、防指各成员单位、驻军之间采用公用通信网的座机电话、手机联络。

二是黄河专网。省、市、县黄河防汛指挥中心采用程控交换系统通过微波联系,实现无线传输。

(二)转移安置

1. 转移安置负责人及其职责

转移安置工作始终在县防汛指挥部统一领导下进行,采取分级分部门负责的办法,坚持以人为主、兼顾财产的原则,县防指和乡镇政府组织实施。

迁移乡(镇)乡(镇)长为乡(镇)转移负责人,履行职责的步骤:接到洪水预报或群众迁移指令后,利用电话、包村干部直接送达等方式,保证在1 h内把洪水预报或群众迁移指令传达到滩区村村长和包村干部,部署实施迁移的具体村和固守村,全力展开实施迁安救护工作。

迁移村村长为村转移负责人,履行职责的步骤:包村干部接指令后要在1 h内到位,村长采取手机、固定电话、喇叭广播、逐户通知等方式,保证在1 h内把洪水预报传达到每户,动员需迁移群众按照既定程序迁移,指挥群众在洪水到来之前对口安置到规定地点。

安置乡(镇)乡(镇)长为乡(镇)安置负责人,履行职责的步骤:接到洪水预报或群众迁移指令后,利用电话、包村干部直接送达等方式,保证在1 h内把洪水预报或群众迁移指令传达到安置村村长和包村干部,全力做好迁移村民的安置工作。

安置村村长为村安置负责人，履行职责的步骤：包村干部接指令后要在1 h内到达安置村，村长采取喇叭广播、逐户通知等方式，通知村民做好迁移群众的安置工作。

2. 转移安置任务

东明县滩区转移安置任务是：当黄河花园口站发生20年一遇洪水，相应洪峰流量12 370 m^3/s时，保证滩区人民生命财产安全；当发生大于20年一遇洪水时，尽最大努力，千方百计保障群众生命安全，财产少受损失。滩区运用临时指挥部要按照“乡对乡、村对村、户对户、人对房”四对口原则，落实外迁人员的具体安置地点，并通知外迁人员和接收人员，一旦发生大洪水，能够有条不紊地迅速安全转移。

(1)当花园口站发生4 000 m^3/s洪水时，此级洪水一般在黄河主槽内行洪，县滩区运用指挥部应密切注视水情发展变化，做好滩区群众的搬迁准备工作。

(2)当花园口站发生6 000 m^3/s洪水时，东明县部分低洼滩区漫滩进水，其中部分为嫩滩，预估需迁移0.28万人。此级洪水东明县滩区漫滩水深一般在0.5 ~1 m。县级防指滩区运用临时指挥部应集中办公，负责迁移安置的组织工作，并派出工作人员深入乡镇、滩区宣传发动。督促落实迁安运输工具、撤退道路、安全保卫、交通管制、后勤供应、转移安置区域和防疫等工作。保证在规定时间内将需迁移人员全部迁移，做好留守村台、房台的防守工作，同时做好迁安救护的统计、报告编制工作等。

(3)当花园口站发生8 000 m^3/s洪水时，发生此级洪水时，东明县滩区漫滩进水，水深一般1 ~2 m，最深达4 m。预估需迁移9.46万人。省滩区运用临时指挥部应集中办公，必要时派出工作组深入滩区现场指导。各市滩区运用临时指挥部按照职责分工开展工作，及时掌握迁安救护进展情况，必要时派出工作组到重点地区指导。县级滩区运用临时指挥部负责迁安救护工作的实施，分派工作人员深入到乡镇、滩区进行迁安救护指导，组织迁安救护队伍，安排好安置地点，做好转移安置的防疫工作。保证在规定时间内将需迁移人员转移迁出，同时做好留守村台、房台的防守工作等。

(4)当花园口站发生10 000 m^3/s洪水时，东明县滩区全部进水，滩区水深一般为1~3 m，最深4 m以上。预估需迁移10.99万人。发生此级洪水时，省滩区运用临时指挥部要加强领导，各成员部门按照职责划分开展工作。省防指根据洪水预报派出工作组现场指导。各市滩区运用临时指挥部及时研究迁安救护工作中存在的问题，统一调度，组织足够的迁安救护力量，紧急情况下，申请人民解放军和武警部队支援。县级滩区运用临时指挥部负责迁安救护的实施，落实好外迁人员安置地点，做好转移安置群众的卫生防疫工作。需要撤离的群众必须在规定时间内全部迁出，同时做好留守村台、房台的防守工作。

(5)当花园口站发生12 370 m^3/s洪水时，滩区水深一般为1.5~3.5 m，部分堤根水深4 m以上，预估需迁移11.93万人。发生此级洪水时，黄河下游滩区大部进水，省滩区运用临时指挥部及时研究迁安救护工作中存在的问题，统一调度，各成员部门按照职责划分开展工作。省防指派出工作组现场指导。各市滩区运用临时指挥部加强迁安救护的领导、组织和协调。紧急情况下，申请人民解放军和武警部队支援。县级防指滩区运用临时指挥部负责迁安救护的实施，落实好外迁人员安置地点，做好转移安置群众的卫生防疫工作。需要撤离的群众必须在规定时间内全部迁出。

(6)当花园口站发生15 700 m^3/s以上洪水时，滩区水深一般为2 ~4 m，部分堤根水深达 6 m,东明县滩区全部漫滩进水,预估需迁移 11.93 万人。发生此级洪水时,各级防指滩区运用临时指挥部在省政府、省防指的统一领导下,集中指挥,统一调度,各成员部门按照职责划分积极开展工作,全力做好群众迁移安置工作。及时派出工作组现场指导,并申请人民解放军和武警部队支援。县级防指滩区运用临时指挥部负责迁安救护的实施,安排好外迁人员安置地点,进行宣传发动,做好转移安置群众的卫生防疫工作,防止流行性疾病的发生和蔓延。

(7)当花园口站发生 22 000 m^3/s 以上洪水时,滩区水深一般为 3~4 m,部分堤根水深 6 m 以上,东明县滩区全部漫滩进水,预估需迁移 11.93 万人。发生此级洪水时,各级防指滩区运用临时指挥部在省政府、省防指的统一领导下,集中指挥,统一调度,各成员部门按照职责划分积极开展工作,全力做好群众迁移安置工作。及时派出工作组现场指导,并申请人民解放军和武警部队支援。县级防指滩区运用临时指挥部负责迁安救护的实施,安排好外迁人员安置地点,做好转移安置群众的卫生防疫工作,防止流行性疾病的发生和蔓延,尽最大努力缩小灾害损失。

3. 乡镇级具体转移措施

以乡镇为单位的具体转移措施,主要包括转移时机、转移方式(区内就近转移和区外转移)、转移路线、交通工具、安置地点等。具体转移措施如下:

(1)当预报花园口洪水将达到或超过警戒水位时,迁安救护组织在县防指的统一指挥下,提前做好如下工作:①县迁安救护组织进入临战状态,所有工作人员立即到岗到位并开展工作;有迁安救护任务的乡和有关部门做好准备,随时听从调遣。②及时将迁移通知传达到滩区每户群众。③先将滩区老、小、弱、病残等群众和主要贵重物品转移到安全地带。④易燃易爆物品和有毒有害物资迅速转移到安全地带,以免发生意外。⑤各有关部门要做好相应准备工作。

(2)在迁移命令下达 2 h 内,迁移包村带队干部、武装执勤人员、交警、医务人员等携带必要保障设备到达指定地点,并做好如下工作:①每个渡口、路口和桥梁设一至二名交警执勤维护治安,疏导交通,由治安组负责落实。②各级迁安救护指挥部采取得力措施,组织滩区群众迁移到安全地带,已迁出的人畜坚决不准回流。③县防指调剂调运救生衣、救生圈,并及时运送灾区,由各乡镇迁安救护指挥部组织分发。④县和乡(镇)迁安救护指挥部,保证滩区迁移群众的安置;安置方各单位和居民无条件按计划接受灾民居住;并及时分发搭棚器材、组织灾民搭棚。⑤县防汛指挥部请粮食、物资、供销、商业、卫生等部门调运生活、抢险、搭棚物资和医疗设施及药品到达指定地点。

(3)具体迁安救护流程。

当花园口站发生 10 000 m^3/s 以上洪水时,东明县滩区全部被淹,堤防工程全线偎水,滩区群众需全部外迁。下面简述焦园乡郭堂村具体迁安救护流程。

郭堂村属于南滩的焦元乡,该村 382 户,人口 1 581 人,迁安救护实行乡(镇)长负责制,安置村庄是三春集镇马桥村,应配备抢险队 8 个,共 400 人,抢险车辆 79 辆,船只 20 只,包村干部 2 名,县直包村安置单位是县交通运输局,负责人是县交通运输局局长。撤退道路是闫新路,相应大堤桩号 162+150,路况为柏油路面。

①当黄河上中游发生暴雨时,东明县防指立即成立滩区临时迁安救护指挥部,指挥长

由县政府县长担任、县政府副县长、县防指副指挥长(分管县长)协助县长做好迁安救护工作。成员由应急管理、交通、公安、供电、卫健、粮食、财政、广电、移动、河务部门的负责同志组成。在暴雨形成洪水前,指挥长及成员到指挥部办公,指挥部设在水务局会议室,指挥部成立后立即命令沿黄7乡(镇)成立相应指挥机构。

②县、乡包村干部,按照职责,组合救护队,做好搬迁户动员发动工作。

县直各成员单位,按照分工,准备好各项迁安救护的物资调集、医疗救护、电力供应、资金准备、交通工具落实、安全保卫、商品供应、通信信息保障等工作。

乡(镇)包村干部及村委会救护队,按照各自职责,对搬迁路线、车辆、搬迁救护人员进行落实,并合理安排。

以民兵为主,郭堂村滩区救护队,按照各自职责,充分准备好本村搬迁救护工作。

以民兵为主,非沿黄村救护队,按照各自职责,充分准备村对村、户对户对口支援。

安置村三春集镇马桥村包村干部及村委会搬迁救护队,按照各自职责,动员安置户,做好接纳搬迁人员的有关准备工作。

③河务部门向东明县防指提供洪水信息,县防指发布滩区群众迁安救护第一号命令:全县相关单位(部门),有关乡镇和涉及迁安救护任务的村队,按照滩区迁安救护方案要求和责任分工,全面落实各项责任制,责任具体到岗到人,迅速行动起来,积极投入到迁安救护工作中去。

④发布预警信息:利用电视、电话直接传达方式通知到焦园乡乡长及郭堂村搬迁领导小组及包村干部县公路局局长。

公安部门:根据本部门制定的滩区迁安事宜方案,负责治安保卫、指挥交通车辆、2 h内到达所包村庄及路口。维持交通秩序,疏导交通道路。

供电部门:根据预案,2 h内到达安置村,确保电力供应,保证生活用电。

交通部门:2 h到达搬迁村,根据本部门预案,把补充船只、车辆落实到位。

卫生部门:2 h内到达迁安村庄,按照本部门实施方案,做好灾区卫生防疫、医疗救护等工作。

水务、河务部门:指定业务技术骨干到搬迁救护指挥部提供水情信息,当好参谋。

粮食部门:2 h到达安置村负责被安置人员的食品供应,保证灾民生活需要。

电信部门:2 h到达安置村,确保安置村的通信畅通。

应急部门:2 h到达迁安村庄,统计灾情,调集分配灾民生活必需物资,并及时向防指报告救灾情况。

⑤县防指发布第二号命令,要求郭堂村20 h内,全部搬迁完毕,马桥村全面做好安置工作。

⑥郭堂村外迁领导小组组长由村长担任,及时组织救护队,按照先老弱病残、少年儿童、后其他群众的原则,按照程序迁移,必须做到不漏人、不伤人、不死人。

安置村马桥村安置领导小组组长由该村村长担任,负责组织安置人员,按照村对村、户对户、人对房的要求做好安置工作,保证灾民有地方住、有饭吃、学生有学上。

各成员单位及包村干部,在迁移安置期坚守岗位,按照职责要求,全面做好迁移安置工作。

⑦20 h 后,县防指发布第三号命令:进一步落实责任,强调做好郭堂村的搬迁和马桥村安置的扫尾工作,确保责任到位、工作到位,不留纰漏。

⑧焦园乡、三春集镇迁安救护领导小组、包村干部联合村委会对郭堂村进行拉网式检查,确保迁出村民安全、确保不漏人,如发现确有未迁出人员应采取有效措施迁出,确保全部安全迁出。

(三)生活保障

东明县防指成立后勤保障组,由县政府办公室明确一名负责同志任组长,吸收供销、商业、粮食、卫生、交通、物资、石油、电力、财政、公安等有关部门负责同志组成,负责黄河滩区的生活保障。在各级行政首长的统一领导下,按照分级负责、密切配合的原则,以政府保障为主线,各部门按照各自部门的业务范围做好所分管的保障工作,一级保障一级,即县、乡、村分级保障,一级对一级负责。

相关单位、负责人及保障转移安置群众基本生活的具体职责。包括:人均每日生活基本定额;临时住房、粮食、饮用水、衣被、药品、燃料等生活必需品的筹集和发放方式。

(四)交通及治安保障

交通及治安工作由县公安局负责,检察院、法院、交通局为成员单位,其职责是保护滩区转移人员的人身、财产安全及转移过程的有序不乱。乡(镇)派出所、法庭担负具体指导转移人员治安保障。各村建立以民兵连长为首的村治安队,听从乡(镇)治安人员的指令,具体负责治安的实施。

(五)医疗救助

一旦黄河滩区漫滩,卫生部门要在安置区设置医疗点,为转移人员提供及时的医疗救助。定期对人员聚集区进行消毒,一旦发生传染性疾病,卫生部门要立即组织医疗队赶赴安置地区,按要求严格划定防疫区域,严格管理。卫生部门和疾病预防控制机构,要从严划定疫点,提出管理措施。各级疾病预防控制机构要细化疫点封锁和管理的标准,完善消毒方法,加强疾病预防知识的宣传和普及,对重点人群实施针对性的宣传教育。各级公安机关负责强制隔离措施的实施。

四、滩区运用

(一)启用条件和运用方式

花园口水文站是黄河下游洪水的控制站,其洪水组成为:干流小浪底以上洪水、支流伊洛河洪水(其上建有陆浑水库和故县水库)、支流沁河洪水和干流小浪底至花园口区间洪水。其间只有支流沁河洪水和干流小浪底至花园口区间洪水没有水库控制,小浪底水库位于黄河干流最后一段峡谷的下口,控制流域面积 69.4 万 km^2,占流域总面积的 92%。

东明县河道高悬于两岸背河地面 4~6 m,最大 10 m 以上。东明县洪水主要来自上中游干流区间及其支流,洪水主要靠黄河下游两岸大堤约束。因此,东明县滩区可视为由小浪底、陆浑水库和故县水库闸门控制的自然滞洪区,洪水由黄河下游两岸大堤约束,从河道的主槽和滩区下泄。

1. 黄河下游滩区启用条件

东明县河槽流量超过滩区平滩流量时,东明县滩区就具备了启用条件。目前,当花园口流量在平滩流量以下时,东明县滩区无蓄滞洪任务。当花园口洪水流量在 4 000 m^3/s 以上时具有蓄滞洪任务,但通过对小浪底、故县、陆浑等水库的科学调度,在保证黄河大堤安全的前提下,可减少洪水给东明县滩区带来的灾害。

2. 黄河下游滩区运用方式

下文为小浪底水库的调度方式,故县、陆浑两水库主要配合小浪底水库,其调度方式略。

(1)预报花园口洪峰流量小于 4 000 m^3/s 时。

三水库适时调节水沙,按控制花园口流量不大于(下游平滩流量)的原则泄洪(避免黄河下游滩区遭受洪灾损失)。

(2)预报花园口洪峰流量 4 000~8 000 m^3/s 时。

①若中期预报黄河中游有强降雨天气或当潼关站发生含沙量大于等于 200 kg/m^3 的洪水时,原则上按进出库平衡方式运用(减少东坝头以上河段滩区的洪灾损失)。

②中期预报黄河中游没有强降雨天气且潼关站含沙量小于 200 kg/m^3。

小花间来水洪峰流量小于 3 000 m^3/s 时,原则上按控制花园口流量不大于下游平滩流量运用(避免黄河下游滩区遭受洪灾损失)。

小花间来水洪峰流量大于等于 3 000 m^3/s 时,在小花间洪峰时段按不大于 1 000 m^3/s(发电流量)下泄,在小花间洪水退水段按控制花园口站流量不大于洪水过程洪峰流量的方式运用(减少东坝头以上河段滩区的洪灾损失)。

控制水库最高运用水位不超过 254 m。

(3)预报花园口洪峰流量大于 8 000 m^3/s 时。

①当预报花园口流量大于 8 000 m^3/s 小于或等于 10 000 m^3/s,若入库流量不大于水库相应泄洪能力,原则上按进出库平衡方式运用;若入库流量大于水库相应泄洪能力,按敞泄滞洪运用。

②当预报花园口流量大于 10 000 m^3/s。

若预报小花间流量小于 9 000 m^3/s,按控制花园口 10 000 m^3/s 运用(减少温孟滩的洪灾损失)。

预报小花间流量大于等于 9 000 m^3/s 时,按不大于 10 000 m^3/s(发电流量)下泄。

③当预报花园口流量回落至 10 000 m^3/s 以下时,按控制花园口流量不大于 10 000 m^3/s 泄洪,直到小浪底库水位降至汛限水位。

④当危及水库安全时,加大泄量泄洪。

(二)进退洪运用

1. 进洪方式

(1)滩区进洪受小花间无控区来水和小浪底水库运用影响。小浪底水库由黄河防总负责调度,小浪底水利枢纽建设管理局负责组织实施;故县水库由黄河防总负责调度,故县水利枢纽管理局负责组织实施。陆浑水库由黄河防总负责调度,陆浑水库灌溉工程管理局负责组织实施。

(2)其他进洪方式。

在不同量级洪水进入黄河下游后,随着洪水位的抬高,当下游主槽水位高于某自然滩水位时,该自然滩就具备了进洪条件,若该自然滩内没有生产堤和围堤等建筑物挡水,洪水将漫滩,属于自然进洪。该自然滩内有生产堤和围堤等,若因蓄滞洪需要,可将生产堤破口,从口门进洪,即为人为进洪。当发生较大洪水时,随着洪水位的抬高,黄河下游各自然滩内大部分生产堤和围堤将漫顶进洪,即为自然进洪。黄河下游滩区不同量级洪水淹没范围图详见附图4、附图5。

2. 退洪方式

当洪水消退后,东明县各自然滩的洪水位高于河道主槽水位时,在该自然滩下首无生产堤(或生产堤被洪水冲毁)等阻水时,可采取自然退洪。在该自然滩下首有生产堤(或生产堤没有被洪水冲毁)等阻水时,汇集在该自然滩下首的洪水,可采取在自然滩下首将生产堤破口自然退洪。

东明河段是"二级悬河"较严重的河段,河道横比降远大于纵比降,自然滩进洪后,由于滩唇高仰,当河道洪水消退后,自然滩内的洪水不能自然排入主槽,自然滩退水只能采取开启黄河大堤上的引黄闸,或在自然滩下首设置移动泵站、开挖引渠进行提水或引水退洪,以免影响冬季小麦种植。

(三)应急救生

条东明县防汛抗旱指挥部对本辖区的防汛抗洪工作负总责。所辖地区的黄河堤防的防守、抢险由县防汛抗旱指挥部负责组织实施。

(1)由××部队和河务部门组织成立巡逻组,每组两只冲锋舟,同时对滩区水围村庄进行巡查,负责灾民外迁运输工作。

(2)巡查时,最少要有2艘冲锋舟或橡皮船同时巡查,尽量避免1艘冲锋舟或橡皮船单独巡查。

(3)巡查时,对重点地段要进行地毯式搜救。

(4)对搜救出来的群众,要进行登记造册,交相应村庄的负责人进行核实,全力确保群众全部安全转移。

五、人员返迁与善后

(一)人员返迁时机

人员返迁由县防指据情发布,乡(镇)防指组织落实,村支部书记、村长负责具体实施。返迁时机待洪水回落后进行。其组织、治安、交通、卫生等保障措施与迁出同。

(二)滩区运用补偿

滩区运用后,财政部门会同水利部门及时核查区内居民的损失情况,上报省级财政部门和水利部门,并按照《黄河下游滩区运用财政补偿资金管理办法》的规定,做好相关的补偿工作。参加财产保险的,由财产保险公司负责灾后的理赔工作。

(三)水毁工程修复

第18条水毁工程修复工作由县级防指统筹安排。县粮食部门做好群众返迁后的生活物质供应工作;教育部门负责灾区学校复课工作;河务部门要组织人员对堤防和河道整治等工程的水毁情况进行普查和上报,并组织有关人员对水毁部分进行修复工作,地方有关部门负责对滩区交通、通信、电力、水利等设施的水毁情况进行普查、统计和上报,并及时组织修复。

附图：

1. 东明县黄河滩区撤退道路图(见附图 1～附图 3)
2. 东明县黄河滩区淹没范围图(见附图 4～附图 5)
3. 东明县黄河滩区滞洪迁安图(见附图 6～附图 8)

附表：

1. 东明县黄河滩区基本情况表(见附表 1)
2. 东明县黄河滩区群众转移安置计划表(见附表 2～附表 7)

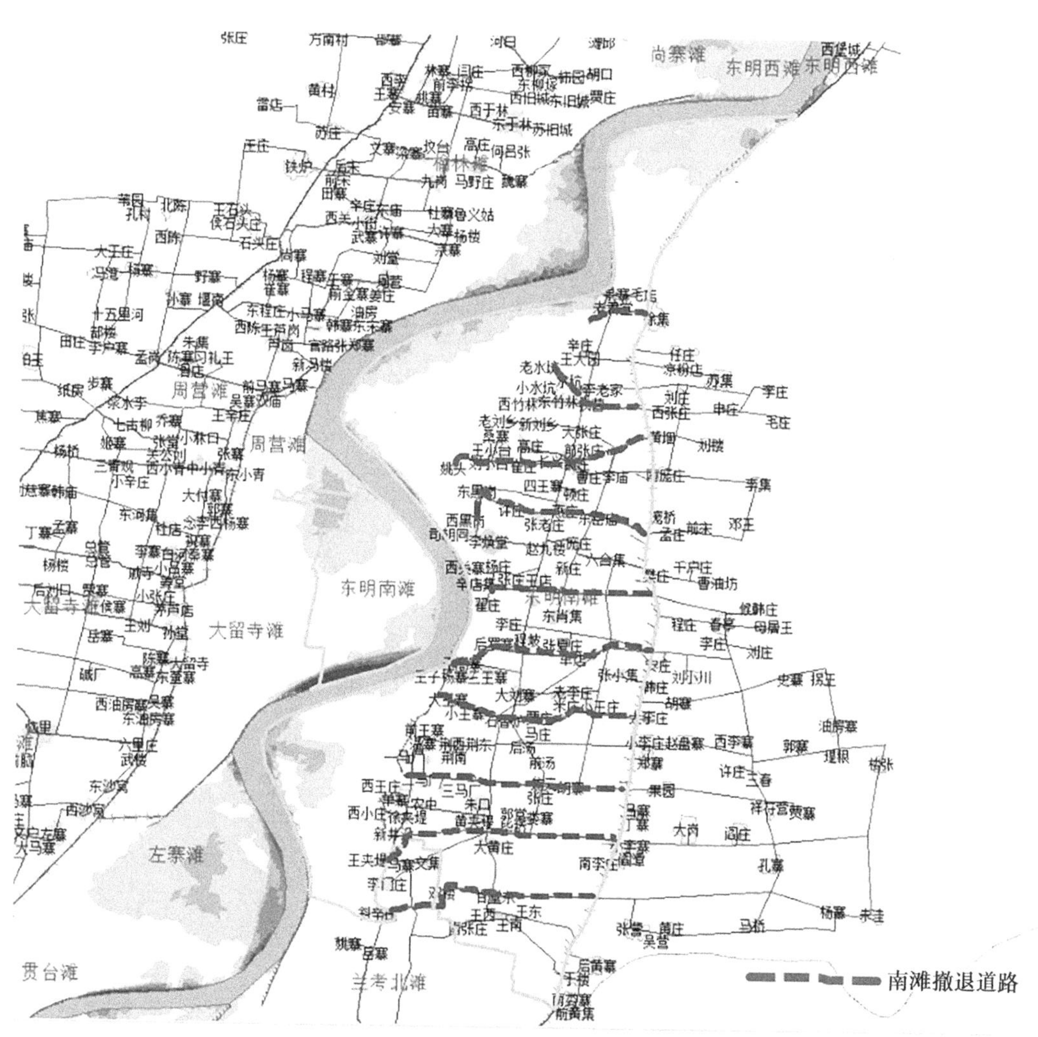

附图 1　东明县黄河滩区南滩撤退道路图

附图 2　东明县黄河滩区西滩撤退道路图

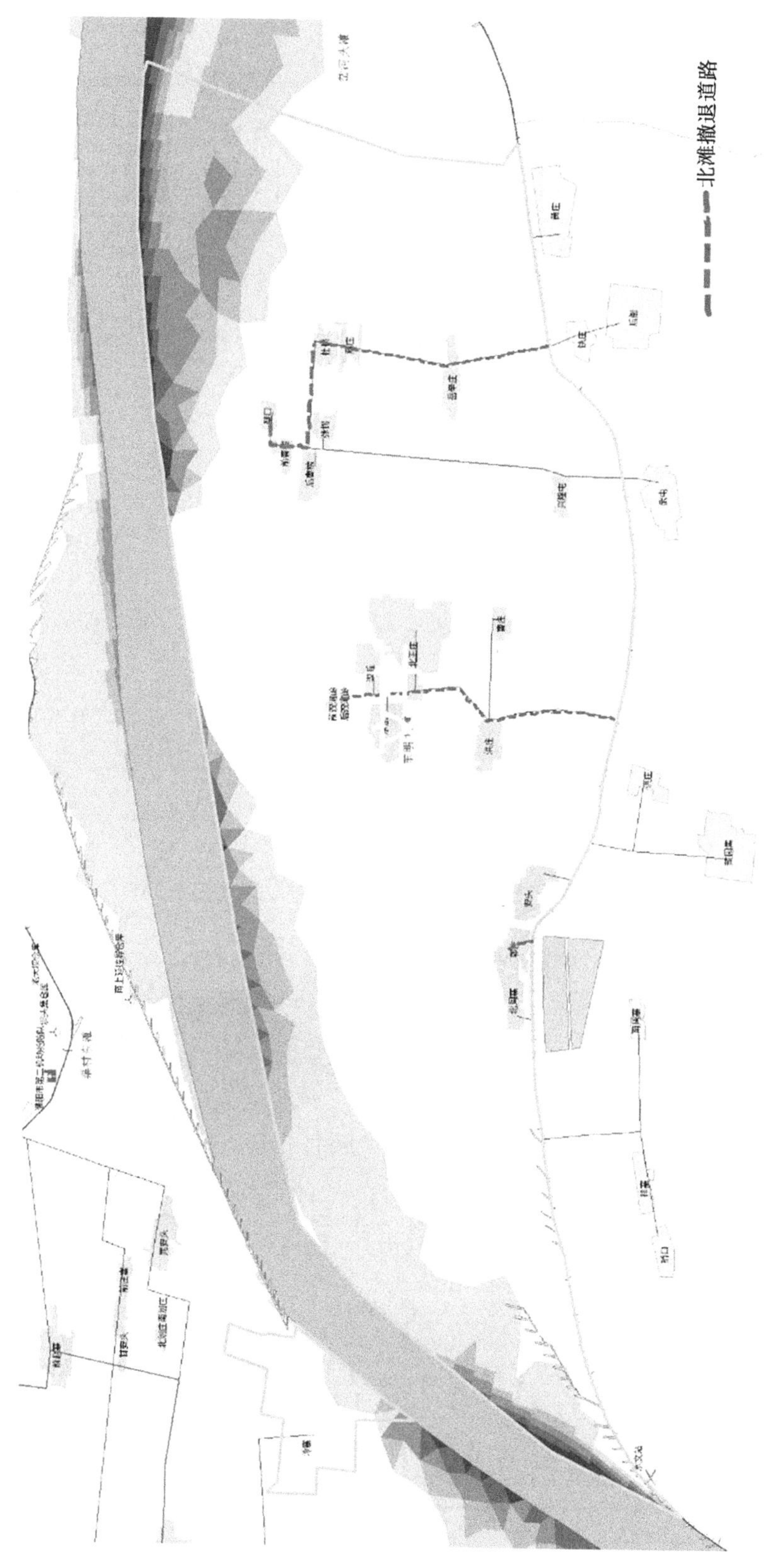

附图3 东明县黄河滩区北滩撤退道路图

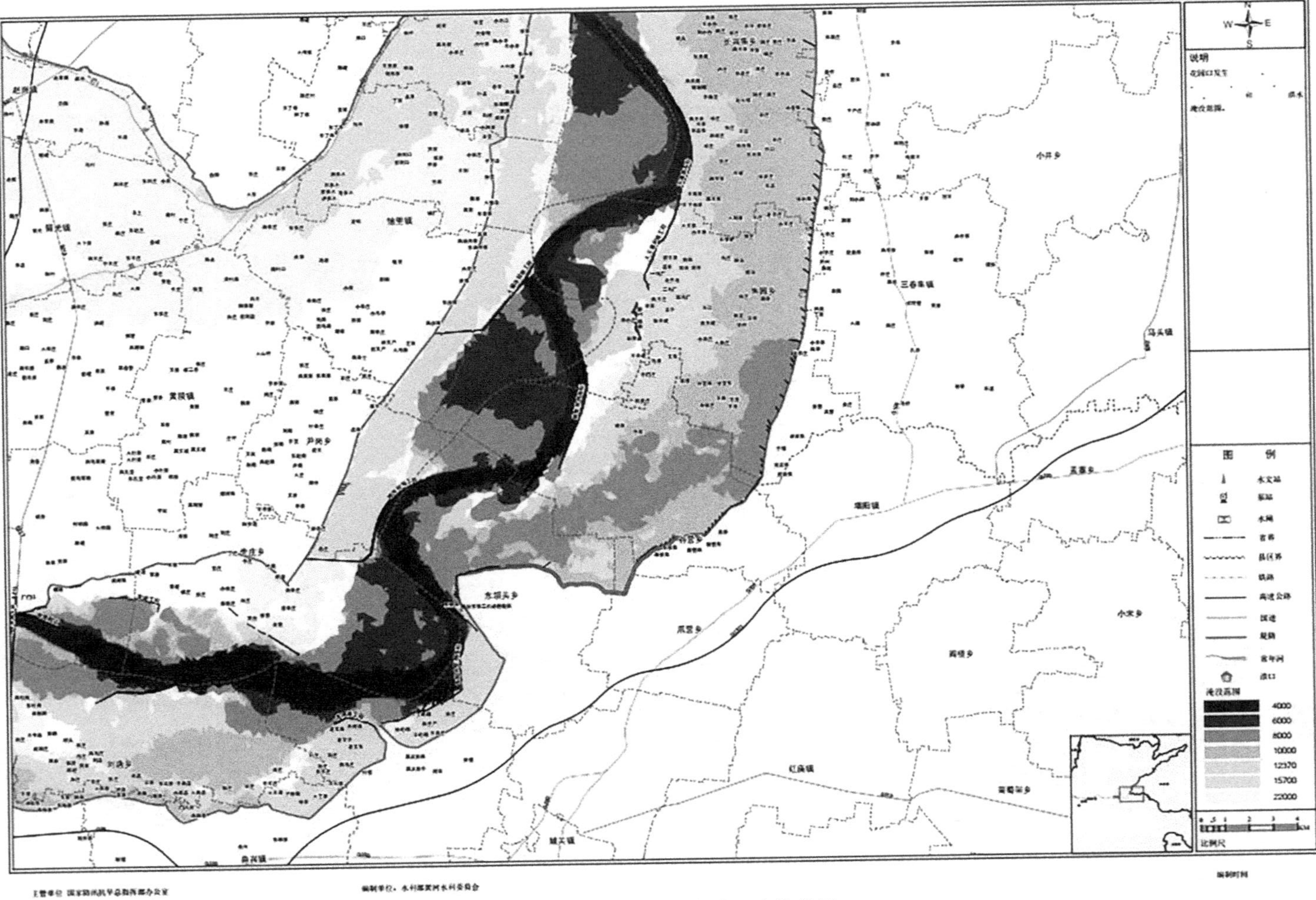

附图 4　东明县黄河南滩区淹没范围

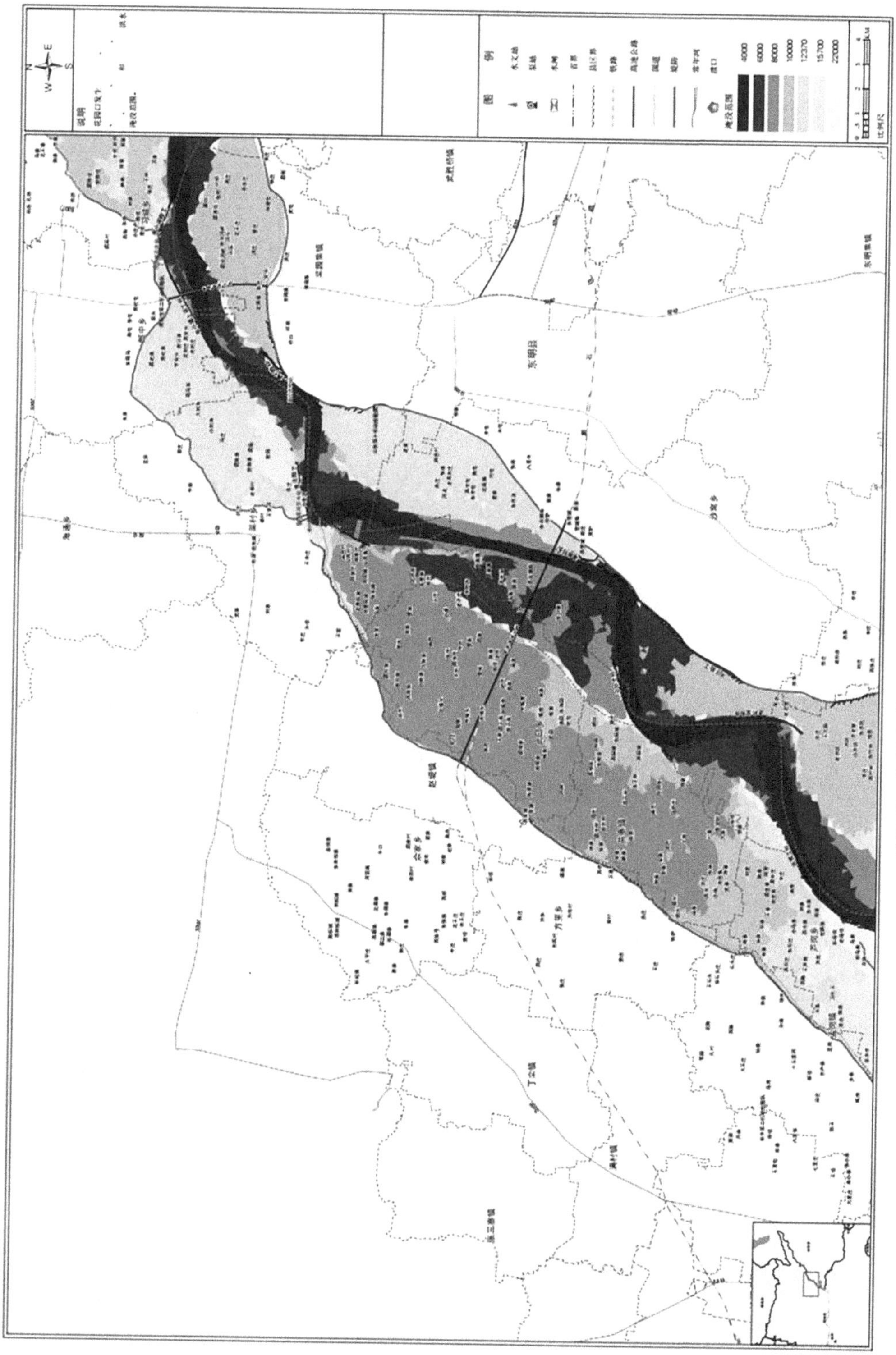

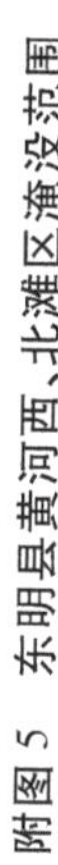

附图5 东明县黄河西、北滩区淹没范围

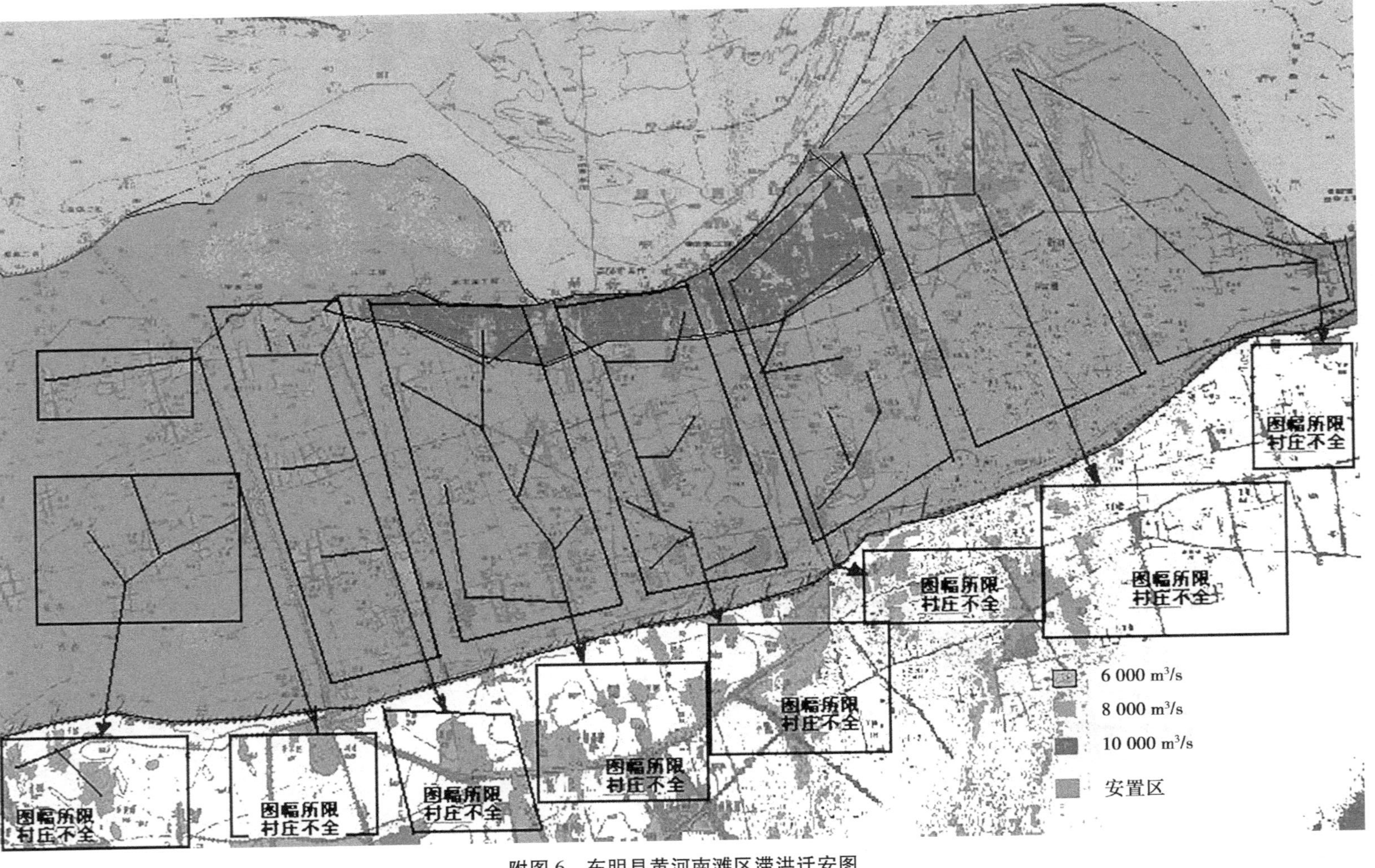

附图 6　东明县黄河南滩区滞洪迁安图

附图 7 东明县黄河西滩区滞洪迁安图

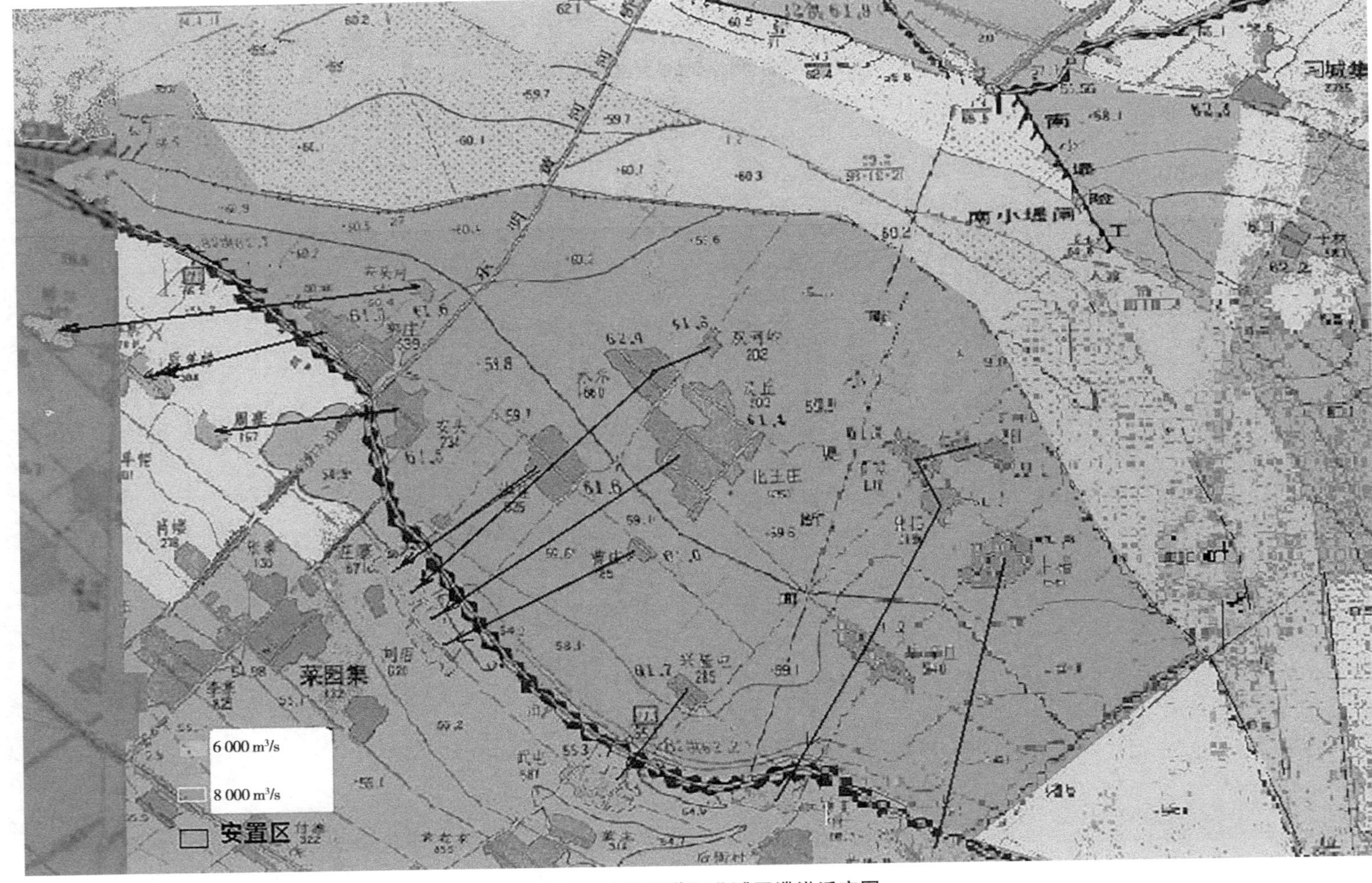

附图 8　东明县黄河北滩区滞洪迁安图

附表 1 东明县黄河滩区基本情况表

<table>
<tr><td colspan="2">滩区名称</td><td>东明黄河滩区</td><td colspan="2">安全设施解决人口(人)</td><td></td></tr>
<tr><td colspan="2">所在市县</td><td>菏泽市东明县</td><td colspan="2">运用时需转移人口(人)</td><td>119 337</td></tr>
<tr><td colspan="2">设计蓄滞洪水位(m)</td><td></td><td colspan="2">通信设施</td><td>电话、手机等</td></tr>
<tr><td colspan="2">设计蓄滞洪量(亿 m^3)</td><td></td><td colspan="2">报警设施</td><td>电视、广播等</td></tr>
<tr><td colspan="2">淹没面积(km^2)</td><td>318.12</td><td colspan="2">船只(只)</td><td></td></tr>
<tr><td colspan="2">耕地(万亩)</td><td>36.05</td><td rowspan="2">撤退道路</td><td>条数</td><td>16</td></tr>
<tr><td colspan="2">地面高程范围(m)
注明高程系</td><td>68.87~57.86
(1985 黄海)</td><td>长度(km)</td><td>191.67</td></tr>
<tr><td colspan="2">运用概率</td><td></td><td rowspan="4">黄河堤防</td><td>堤顶高程(m)</td><td>75.29~66.45
(1985 黄海)</td></tr>
<tr><td rowspan="4">涉及区域</td><td>乡镇(个)</td><td>7</td><td>设防黄堤长(m)</td><td>61 135</td></tr>
<tr><td>行政村(个)</td><td>115</td><td>堤顶宽(m)</td><td>11~12</td></tr>
<tr><td>自然村(个)</td><td>254</td><td>防洪标准</td><td>花园口站 22 000 m^3/s</td></tr>
<tr><td>人口(万人)</td><td>21.22</td><td colspan="3" rowspan="15">备注:</td></tr>
<tr><td rowspan="3">区内</td><td>人口(万人)</td><td>11.93</td></tr>
<tr><td>行政村(个)</td><td>66</td></tr>
<tr><td>自然村(个)</td><td>153</td></tr>
<tr><td rowspan="4">安全区
(围村堰)</td><td>安全区(处)</td><td></td></tr>
<tr><td>围堤长(m)</td><td></td></tr>
<tr><td>堤顶高程(m)</td><td></td></tr>
<tr><td>可安置人口(人)</td><td></td></tr>
<tr><td rowspan="3">避水楼
(房)</td><td>座数</td><td></td></tr>
<tr><td>安全层面积(m^2)</td><td></td></tr>
<tr><td>可安置人口(人)</td><td></td></tr>
<tr><td rowspan="4">安全台
(村台)</td><td>座数</td><td>155</td></tr>
<tr><td>高程(m)</td><td>68.73~60.24</td></tr>
<tr><td>面积(万 m^2)</td><td>2 303.87</td></tr>
<tr><td>可安置人口(人)</td><td>11.93</td></tr>
</table>

附表 2　东明县黄河滩区群众转移安置计划表

6 000 m^3/s 流量级洪水

序号	市	县（区、市）	乡（镇）	村（分队）	总人口（人）	就地安置人口（人）	计划转移人口（人）	其他重要财产	转移方式	安置地点
	菏泽									
		东明县			2 786		2 786			
一			沙窝乡		2 786		2 786			
1			沙窝乡	前高堌	159		159		陆地转移	堡城集
2			沙窝乡	后高堌	174		174		陆地转移	堡城集
3			沙窝乡	西水坡	586		586		陆地转移	贾炉
4			沙窝乡	马集	1 381		1 381		陆地转移	东堡城
5			沙窝乡	薛寨	155		155		陆地转移	堡城集
6			沙窝乡	西双堌堆	219		219		陆地转移	东堡城
7			沙窝乡	车卜寨	112		112		陆地转移	蔡寨

附表 3　东明县黄河滩区群众转移安置计划表

8 000 m^3/s 流量级洪水

序号	市	县（区、市）	乡（镇）	村（分队）	总人口（人）	就地安置人口（人）	计划转移人口（人）	其他重要财产	转移方式	安置地点
	菏泽									
		东明县			104 057	9 453	94 604			
一			焦园乡		24 524	0	24 524			
1			焦园乡	郭堂	780		780		陆地转移	马桥
2			焦园乡	毕桥	801		801		陆地转移	马桥
3			焦园乡	南张庄	697		697		陆地转移	前黄集
4			焦园乡	王东	1 317		1 317		陆地转移	闫庄
5			焦园乡	王西	706		706		陆地转移	于楼
6			焦园乡	王南	848		848		陆地转移	胡寨
7			焦园乡	双楼	257		257		陆地转移	郭寨
8			焦园乡	甘西	522		522		陆地转移	郭寨
9			焦园乡	甘东	1 807		1 807		陆地转移	大岗
10			焦园乡	老李庄	836		836		陆地转移	大李庄
11			焦园乡	高庄	511		511		陆地转移	大李庄
12			焦园乡	小王庄	256		256		陆地转移	大李庄
13			焦园乡	贾庄	853		853		陆地转移	许庄
14			焦园乡	焦园	1 106		1 106		陆地转移	吕寨
15			焦园乡	后王	220		220		陆地转移	吕寨
16			焦园乡	前汤	677		677		陆地转移	赵盘占

续附表 3

8 000 m^3/s 流量级洪水										
序号	市	县（区、市）	乡（镇）	村（分队）	总人口（人）	就地安置人口（人）	计划转移人口（人）	其他重要财产	转移方式	安置地点
17			焦园乡	娄寨	2 159		2 159		陆地转移	朱洼
18			焦园乡	胡寨	757		757		陆地转移	西李寨
19			焦园乡	张庄	401		401		陆地转移	拐王
20			焦园乡	大黄庄	1 919		1 919		陆地转移	孔寨
21			焦园乡	小黄庄	183		183		陆地转移	孔寨
22			焦园乡	黄夹堤	1 272		1 272		陆地转移	后黄集
23			焦园乡	辛庄	1 834		1 834		陆地转移	果园
24			焦园乡	石香炉	759		759		陆地转移	堤根
25			焦园乡	后汤	690		690		陆地转移	杨寨
26			焦园乡	马庄	209		209		陆地转移	杨寨
27			焦园乡	朱口	2 147		2 147		陆地转移	三春
二			长兴乡		58 014	9 453	48 561			
1			长兴乡	老君堂	1 108		1 108		陆地转移	徐集
2			长兴乡	景店	520		520		陆地转移	徐集
3			长兴乡	毛店	735		735		陆地转移	徐集
4			长兴乡	辛庄	913		913		陆地转移	徐集
5			长兴乡	王大园	430		430		陆地转移	徐集
6			长兴乡	水坑	1 215		1 215		陆地转移	凉粉店
7			长兴乡	老水坑	205		205		陆地转移	凉粉店
8			长兴乡	小水坑	140		140		陆地转移	凉粉店
9			长兴乡	找营	990		990		陆地转移	任庄

续附表 3

8 000 m^3/s 流量级洪水										
序号	市	县（区、市）	乡（镇）	村（分队）	总人口（人）	就地安置人口（人）	计划转移人口（人）	其他重要财产	转移方式	安置地点
10			长兴乡	东水坑	189		189		陆地转移	任庄
11			长兴乡	李老家	758		758		陆地转移	任庄
12			长兴乡	东竹林	1 247	1 247			陆地转移	大村台
13			长兴乡	西竹林	874	874			陆地转移	大村台
14			长兴乡	毛庄	1 104	1 104			陆地转移	大村台
15			长兴乡	新刘乡	1 198	1 198			陆地转移	大村台
16			长兴乡	老刘乡	659	659			陆地转移	大村台
17			长兴乡	大张庄	858		858		陆地转移	黄固
18			长兴乡	王小台	828		828		陆地转移	刘楼、申庄
19			长兴乡	商寨	275		275		陆地转移	刘楼、申庄
20			长兴乡	高庄	2 655		2 655		陆地转移	南庞
21			长兴乡	崔庄	716		716		陆地转移	申庄
22			长兴乡	长兴集	840		840		陆地转移	刘庄
23			长兴乡	前张庄	345		345		陆地转移	刘庄
24			长兴乡	曹庄	925		925		陆地转移	西张庄
25			长兴乡	李庙	436		436		陆地转移	任庄、安庄
26			长兴乡	魏庄	846		846		陆地转移	刘庄
27			长兴乡	东岳庙	737		737		陆地转移	邓王
28			长兴乡	顿庄	930		930		陆地转移	李集
29			长兴乡	四王寨	335		335		陆地转移	李集

续附表 3

8 000 m^3/s 流量级洪水										
序号	市	县（区、市）	乡（镇）	村（分队）	总人口（人）	就地安置人口（人）	计划转移人口（人）	其他重要财产	转移方式	安置地点
30			长兴乡	燕庄	870		870		陆地转移	毛庄
31			长兴乡	张老庄	1 251		1 251		陆地转移	苏集、李庄
32			长兴乡	刘庄	387		387		陆地转移	候韩庄、油房寨
33			长兴乡	许庄	1 309		1 309		陆地转移	毛庄
34			长兴乡	赵九楼	957		957		陆地转移	母居王
35			长兴乡	庞庄	638		638		陆地转移	刘庄
36			长兴乡	新庄	167		167		陆地转移	刘庄
37			长兴乡	陆合集	1 189		1 189		陆地转移	千户庄
38			长兴乡	蔡庄	477		477		陆地转移	千户庄、樊庄
39			长兴乡	肖集	2 123		2 123		陆地转移	孟庄
40			长兴乡	西肖集	237		237		陆地转移	孟庄
41			长兴乡	李庄	1 004		1 004		陆地转移	春亭
42			长兴乡	程坡	264		264		陆地转移	春亭
43			长兴乡	罗占	1 226		1 226		陆地转移	李庄
44			长兴乡	后罗寨	443		443		陆地转移	李庄
45			长兴乡	大刘占	2 033		2 033		陆地转移	任庄
46			长兴乡	米庄	152		152		陆地转移	任庄
47			长兴乡	张小集	771		771		陆地转移	韩庄
48			长兴乡	张夏庄	1 064		1 064		陆地转移	母居王、候韩庄

续附表 3

8 000 m^3/s 流量级洪水										
序号	市	县（区、市）	乡（镇）	村（分队）	总人口（人）	就地安置人口（人）	计划转移人口（人）	其他重要财产	转移方式	安置地点
49			长兴乡	车店	478		478		陆地转移	春亭
50			长兴乡	刘小台	1 532		1 532		陆地转移	刘楼
51			长兴乡	姚庄	596		596		陆地转移	刘楼、申庄
52			长兴乡	姚头	551		551		陆地转移	庞桥
53			长兴乡	西黑岗	1 158		1 158		陆地转移	前宋
54			长兴乡	司胡同	1 136		1 136		陆地转移	刘楼
55			长兴乡	东黑岗	1 793		1 793		陆地转移	刘楼
56			长兴乡	王店	1 089		1 089		陆地转移	刘庄、春亭
57			长兴乡	张庄	741		741		陆地转移	西张庄
58			长兴乡	三王占	1 098		1 098		陆地转移	候韩庄、曹油坊
59			长兴乡	王高占	1 257		1 257		陆地转移	春亭、程庄
60			长兴乡	李焕堂	2 641		2 641		陆地转移	春亭
61			长兴乡	杨庄	777	777			陆地转移	大村台
62			长兴乡	关寨	187	187			陆地转移	大村台
63			长兴乡	后翟庄	534	534			陆地转移	大村台
64			长兴乡	西关寨	148	148			陆地转移	大村台
65			长兴乡	辛店集	588	588			陆地转移	大村台
66			长兴乡	翟庄	1 631	1 631			陆地转移	大村台
67			长兴乡	林口	506	506			陆地转移	大村台

附表 4　东明县黄河滩区群众转移安置计划表

10 000 m^3/s 流量级洪水

序号	市	县（区、市）	乡（镇）	村（分队）	总人口（人）	就地安置人口（人）	计划转移人口（人）	其他重要财产	转移方式	安置地点
	菏泽									
		东明县			119 337	9 453	109 884			
一			焦元乡		39 804	0	39 804			
1			焦元乡	郭堂	780		780		陆地转移	马桥
2			焦元乡	毕桥	801		801		陆地转移	马桥
3			焦元乡	南张庄	697		697		陆地转移	前黄集
4			焦元乡	王东	1 317		1 317		陆地转移	闫庄
5			焦元乡	王西	706		706		陆地转移	于楼
6			焦元乡	王南	848		848		陆地转移	胡寨
7			焦元乡	双楼	257		257		陆地转移	郭寨
8			焦元乡	甘西	522		522		陆地转移	郭寨
9			焦元乡	甘东	1 807		1 807		陆地转移	大岗
10			焦元乡	老李庄	836		836		陆地转移	大李庄
11			焦元乡	高庄	511		511		陆地转移	大李庄
12			焦元乡	小王庄	256		256		陆地转移	大李庄
13			焦元乡	贾庄	853		853		陆地转移	许庄
14			焦元乡	焦园	1 106		1 106		陆地转移	吕寨
15			焦元乡	后王	220		220		陆地转移	吕寨
16			焦元乡	前汤	677		677		陆地转移	赵盘占

续附表 4

10 000 m^3/s 流量级洪水										
序号	市	县（区、市）	乡（镇）	村（分队）	总人口（人）	就地安置人口（人）	计划转移人口（人）	其他重要财产	转移方式	安置地点
17			焦元乡	娄寨	2 159		2 159		陆地转移	朱洼
18			焦元乡	胡寨	757		757		陆地转移	西李寨
19			焦元乡	张庄	401		401		陆地转移	拐王
20			焦元乡	大黄庄	1 919		1 919		陆地转移	孔寨
21			焦元乡	小黄庄	183		183		陆地转移	孔寨
22			焦元乡	黄夹堤	1 272		1 272		陆地转移	后黄集
23			焦元乡	辛庄	1 834		1 834		陆地转移	果园
24			焦元乡	石香炉	759		759		陆地转移	堤根
25			焦元乡	大王寨	1 959		1 959		陆地转移	郑寨
26			焦元乡	小王寨	266		266		陆地转移	郑寨
27			焦元乡	王子扬寨	811		811		陆地转移	郑寨
28			焦元乡	后汤	690		690		陆地转移	杨寨
29			焦元乡	马庄	209		209		陆地转移	杨寨
30			焦元乡	朱口	2 147		2 147		陆地转移	三春
31			焦元乡	王夹堤	1 636		1 636		陆地转移	南娄寨
32			焦元乡	新井沿	123		123		陆地转移	南李庄
33			焦元乡	西小庄	120		120		陆地转移	开州庄
34			焦元乡	徐夹堤	1 836		1 836		陆地转移	闫潭
35			焦元乡	单寨	1 364		1 364		陆地转移	张营
36			焦元乡	农中	168		168		陆地转移	吴营

续附表 4

10 000 m^3/s 流量级洪水

序号	市	县（区、市）	乡（镇）	村（分队）	总人口（人）	就地安置人口（人）	计划转移人口（人）	其他重要财产	转移方式	安置地点
37			焦元乡	西王庄	202		202		陆地转移	黄庄
38			焦元乡	一马厂	848		848		陆地转移	史寨
39			焦元乡	二马厂	793		793		陆地转移	楼张
40			焦元乡	三马厂	198		198		陆地转移	楼张
41			焦元乡	温寨	585		585		陆地转移	祥符营
42			焦元乡	北兰通	515		515		陆地转移	祥符营
43			焦元乡	前王寨	404		404		陆地转移	祥符营
44			焦元乡	荆西	1 161		1 161		陆地转移	贾寨
45			焦元乡	荆南	1 170		1 170		陆地转移	刘小川
46			焦元乡	荆东	1 121		1 121		陆地转移	马桥
二			长兴乡		58 014	9 453	48 561			
1			长兴乡	老君堂	1 108		1 108		陆地转移	徐集
2			长兴乡	景店	520		520		陆地转移	徐集
3			长兴乡	毛店	735		735		陆地转移	徐集
4			长兴乡	辛庄	913		913		陆地转移	徐集
5			长兴乡	王大园	430		430		陆地转移	徐集
6			长兴乡	水坑	1 215		1 215		陆地转移	凉粉店
7			长兴乡	老水坑	205		205		陆地转移	凉粉店
8			长兴乡	小水坑	140		140		陆地转移	凉粉店
9			长兴乡	找营	990		990		陆地转移	任庄

附表 5　东明县黄河滩区群众转移安置计划表

12 370 m^3/s 流量级洪水

序号	市	县（区、市）	乡（镇）	村（分队）	总人口（人）	就地安置人口（人）	计划转移人口（人）	其他重要财产	转移方式	安置地点
	菏泽									
		东明县			119 337	0	119 337			
一			焦元乡		39 804	0	39 804			
1			焦元乡	郭堂	780		780		陆地转移	马桥
2			焦元乡	毕桥	801		801		陆地转移	马桥
3			焦元乡	南张庄	697		697		陆地转移	前黄集
4			焦元乡	王东	1 317		1 317		陆地转移	闫庄
5			焦元乡	王西	706		706		陆地转移	于楼
6			焦元乡	王南	848		848		陆地转移	胡寨
7			焦元乡	双楼	257		257		陆地转移	郭寨
8			焦元乡	甘西	522		522		陆地转移	郭寨
9			焦元乡	甘东	1 807		1 807		陆地转移	大岗
10			焦元乡	老李庄	836		836		陆地转移	大李庄
11			焦元乡	高庄	511		511		陆地转移	大李庄
12			焦元乡	小王庄	256		256		陆地转移	大李庄
13			焦元乡	贾庄	853		853		陆地转移	许庄
14			焦元乡	焦园	1 106		1 106		陆地转移	吕寨
15			焦元乡	后王	220		220		陆地转移	吕寨
16			焦元乡	前汤	677		677		陆地转移	赵盘占

续附表 5

12 370 m^3/s 流量级洪水										
序号	市	县（区、市）	乡（镇）	村（分队）	总人口（人）	就地安置人口（人）	计划转移人口（人）	其他重要财产	转移方式	安置地点
17			焦元乡	娄寨	2 159		2 159		陆地转移	朱洼
18			焦元乡	胡寨	757		757		陆地转移	西李寨
19			焦元乡	张庄	401		401		陆地转移	拐王
20			焦元乡	大黄庄	1 919		1 919		陆地转移	孔寨
21			焦元乡	小黄庄	183		183		陆地转移	孔寨
22			焦元乡	黄夹堤	1 272		1 272		陆地转移	后黄集
23			焦元乡	辛庄	1 834		1 834		陆地转移	果园
24			焦元乡	石香炉	759		759		陆地转移	堤根
25			焦元乡	大王寨	1 959		1 959		陆地转移	小李庄
26			焦元乡	小王寨	266		266		陆地转移	郑寨
27			焦元乡	王子扬寨	811		811		陆地转移	郑寨
28			焦元乡	后汤	690		690		陆地转移	杨寨
29			焦元乡	马庄	209		209		陆地转移	杨寨
30			焦元乡	朱口	2 147		2 147		陆地转移	三春
31			焦元乡	王夹堤	1 636		1 636		陆地转移	南娄寨
32			焦元乡	新井沿	123		123		陆地转移	南李庄
33			焦元乡	西小庄	120		120		陆地转移	开州庄
34			焦元乡	徐夹堤	1 836		1 836		陆地转移	闫潭
35			焦元乡	单寨	1 364		1 364		陆地转移	张营
36			焦元乡	农中	168		168		陆地转移	吴营

续附表 5

12 370 m^3/s 流量级洪水										
序号	市	县（区、市）	乡（镇）	村（分队）	总人口（人）	就地安置人口（人）	计划转移人口（人）	其他重要财产	转移方式	安置地点
37			焦元乡	西王庄	202		202		陆地转移	黄庄
38			焦元乡	一马厂	848		848		陆地转移	史寨
39			焦元乡	二马厂	793		793		陆地转移	楼张
40			焦元乡	三马厂	198		198		陆地转移	楼张
41			焦元乡	温寨	585		585		陆地转移	祥符营
42			焦元乡	北兰通	515		515		陆地转移	祥符营
43			焦元乡	前王寨	404		404		陆地转移	祥符营
44			焦元乡	荆西	1161		1161		陆地转移	贾寨
45			焦元乡	荆南	1 170		1 170		陆地转移	刘小川
46			焦元乡	荆东	1 121		1 121		陆地转移	左寨
二			长兴乡		58 014	0	58 014			
1			长兴乡	老君堂	1 108		1 108		陆地转移	徐集
2			长兴乡	景店	520		520		陆地转移	徐集
3			长兴乡	毛店	735		735		陆地转移	徐集
4			长兴乡	辛庄	913		913		陆地转移	徐集
5			长兴乡	王大园	430		430		陆地转移	徐集
6			长兴乡	水坑	1 215		1 215		陆地转移	凉粉店
7			长兴乡	老水坑	205		205		陆地转移	凉粉店
8			长兴乡	小水坑	140		140		陆地转移	凉粉店
9			长兴乡	找营	990		990		陆地转移	任庄

附表 6　东明县黄河滩区群众转移安置计划表

15 700 m^3/s 流量级洪水

序号	市	县（区、市）	乡（镇）	村（分队）	总人口（人）	就地安置人口（人）	计划转移人口（人）	其他重要财产	转移方式	安置地点
	菏泽									
		东明县			119 337	0	119 337			
一			焦元乡		39 804	0	39 804			
1			焦元乡	郭堂	780		780		陆地转移	马桥
2			焦元乡	毕桥	801		801		陆地转移	马桥
3			焦元乡	南张庄	697		697		陆地转移	前黄集
4			焦元乡	王东	1 317		1 317		陆地转移	闫庄
5			焦元乡	王西	706		706		陆地转移	于楼
6			焦元乡	王南	848		848		陆地转移	胡寨
7			焦元乡	双楼	257		257		陆地转移	郭寨
8			焦元乡	甘西	522		522		陆地转移	郭寨
9			焦元乡	甘东	1 807		1 807		陆地转移	大岗
10			焦元乡	老李庄	836		836		陆地转移	大李庄
11			焦元乡	高庄	511		511		陆地转移	大李庄
12			焦元乡	小王庄	256		256		陆地转移	大李庄
13			焦元乡	贾庄	853		853		陆地转移	许庄
14			焦元乡	焦园	1 106		1 106		陆地转移	吕寨
15			焦元乡	后王	220		220		陆地转移	吕寨
16			焦元乡	前汤	677		677		陆地转移	赵盘占

续附表 6

15 700 m^3/s 流量级洪水										
序号	市	县（区、市）	乡（镇）	村（分队）	总人口（人）	就地安置人口（人）	计划转移人口（人）	其他重要财产	转移方式	安置地点
17			焦元乡	娄寨	2 159		2 159		陆地转移	朱洼
18			焦元乡	胡寨	757		757		陆地转移	西李寨
19			焦元乡	张庄	401		401		陆地转移	拐王
20			焦元乡	大黄庄	1 919		1 919		陆地转移	孔寨
21			焦元乡	小黄庄	183		183		陆地转移	孔寨
22			焦元乡	黄夹堤	1 272		1 272		陆地转移	后黄集
23			焦元乡	辛庄	1 834		1 834		陆地转移	果园
24			焦元乡	石香炉	759		759		陆地转移	堤根
25			焦元乡	大王寨	1 959		1 959		陆地转移	小李庄
26			焦元乡	小王寨	266		266		陆地转移	郑寨
27			焦元乡	王子扬寨	811		811		陆地转移	郑寨
28			焦元乡	后汤	690		690		陆地转移	杨寨
29			焦元乡	马庄	209		209		陆地转移	杨寨
30			焦元乡	朱口	2 147		2 147		陆地转移	三春
31			焦元乡	王夹堤	1 636		1 636		陆地转移	南娄寨
32			焦元乡	新井沿	123		123		陆地转移	南李庄
33			焦元乡	西小庄	120		120		陆地转移	开州庄
34			焦元乡	徐夹堤	1 836		1 836		陆地转移	闫潭
35			焦元乡	单寨	1 364		1 364		陆地转移	张营
36			焦元乡	农中	168		168		陆地转移	吴营

续附表 6

序号	市	县（区、市）	乡（镇）	村（分队）	总人口（人）	就地安置人口（人）	计划转移人口（人）	其他重要财产	转移方式	安置地点
15 700 m³/s 流量级洪水										
37			焦元乡	西王庄	202		202		陆地转移	黄庄
38			焦元乡	一马厂	848		848		陆地转移	史寨
39			焦元乡	二马厂	793		793		陆地转移	楼张
40			焦元乡	三马厂	198		198		陆地转移	楼张
41			焦元乡	温寨	585		585		陆地转移	祥符营
42			焦元乡	北兰通	515		515		陆地转移	祥符营
43			焦元乡	前王寨	404		404		陆地转移	祥符营
44			焦元乡	荆西	1 161		1 161		陆地转移	贾寨
45			焦元乡	荆南	1 170		1 170		陆地转移	刘小川
46			焦元乡	荆东	1 121		1 121		陆地转移	左寨
二			长兴乡		58 014	0	58 014			
1			长兴乡	老君堂	1 108		1 108		陆地转移	徐集
2			长兴乡	景店	520		520		陆地转移	徐集
3			长兴乡	毛店	735		735		陆地转移	徐集
4			长兴乡	辛庄	913		913		陆地转移	徐集
5			长兴乡	王大园	430		430		陆地转移	徐集
6			长兴乡	水坑	1 215		1 215		陆地转移	凉粉店
7			长兴乡	老水坑	205		205		陆地转移	凉粉店
8			长兴乡	小水坑	140		140		陆地转移	凉粉店
9			长兴乡	找营	990		990		陆地转移	任庄

续附表 6

15 700 m^3/s 流量级洪水										
序号	市	县（区、市）	乡（镇）	村（分队）	总人口（人）	就地安置人口（人）	计划转移人口（人）	其他重要财产	转移方式	安置地点
	菏泽									
		东明县			119 337	0	119 337			
一			焦元乡		39 804		39 804			
1			焦元乡	郭堂	780		780		陆地转移	马桥
2			焦元乡	毕桥	801		801		陆地转移	马桥
3			焦元乡	南张庄	697		697		陆地转移	前黄集
4			焦元乡	王东	1 317		1 317		陆地转移	闫庄
5			焦元乡	王西	706		706		陆地转移	于楼
6			焦元乡	王南	848		848		陆地转移	胡寨
7			焦元乡	双楼	257		257		陆地转移	郭寨
8			焦元乡	甘西	522		522		陆地转移	郭寨
9			焦元乡	甘东	1 807		1 807		陆地转移	大岗
10			焦元乡	老李庄	836		836		陆地转移	大李庄
11			焦元乡	高庄	511		511		陆地转移	大李庄
12			焦元乡	小王庄	256		256		陆地转移	大李庄
13			焦元乡	贾庄	853		853		陆地转移	许庄
14			焦元乡	焦园	1 106		1 106		陆地转移	吕寨
15			焦元乡	后王	220		220		陆地转移	吕寨
16			焦元乡	前汤	677		677		陆地转移	赵盘占

续附表 6

15 700 m^3/s 流量级洪水										
序号	市	县（区、市）	乡（镇）	村（分队）	总人口（人）	就地安置人口（人）	计划转移人口（人）	其他重要财产	转移方式	安置地点
17			焦元乡	娄寨	2 159		2 159		陆地转移	朱洼
18			焦元乡	胡寨	757		757		陆地转移	西李寨
19			焦元乡	张庄	401		401		陆地转移	拐王
20			焦元乡	大黄庄	1 919		1 919		陆地转移	孔寨
21			焦元乡	小黄庄	183		183		陆地转移	孔寨
22			焦元乡	黄夹堤	1 272		1 272		陆地转移	后黄集
23			焦元乡	辛庄	1 834		1 834		陆地转移	果园
24			焦元乡	石香炉	759		759		陆地转移	堤根
25			焦元乡	大王寨	1 959		1 959		陆地转移	小李庄
26			焦元乡	小王寨	266		266		陆地转移	郑寨
27			焦元乡	王子扬寨	811		811		陆地转移	郑寨
28			焦元乡	后汤	690		690		陆地转移	杨寨
29			焦元乡	马庄	209		209		陆地转移	杨寨
30			焦元乡	朱口	2 147		2 147		陆地转移	三春
31			焦元乡	王夹堤	1 636		1 636		陆地转移	南娄寨
32			焦元乡	新井沿	123		123		陆地转移	南李庄
33			焦元乡	西小庄	120		120		陆地转移	开州庄
34			焦元乡	徐夹堤	1 836		1 836		陆地转移	闫潭
35			焦元乡	单寨	1 364		1 364		陆地转移	张营
36			焦元乡	农中	168		168		陆地转移	吴营

续附表 6

15 700 m^3/s 流量级洪水										
序号	市	县（区、市）	乡（镇）	村（分队）	总人口（人）	就地安置人口（人）	计划转移人口（人）	其他重要财产	转移方式	安置地点
37			焦元乡	西王庄	202		202		陆地转移	黄庄
38			焦元乡	一马厂	848		848		陆地转移	史寨
39			焦元乡	二马厂	793		793		陆地转移	楼张
40			焦元乡	三马厂	198		198		陆地转移	楼张
41			焦元乡	温寨	585		585		陆地转移	祥符营
42			焦元乡	北兰通	515		515		陆地转移	祥符营
43			焦元乡	前王寨	404		404		陆地转移	祥符营
44			焦元乡	荆西	1 161		1 161		陆地转移	贾寨
45			焦元乡	荆南	1 170		1 170		陆地转移	刘小川
46			焦元乡	荆东	1 121		1 121		陆地转移	左寨
二			长兴乡		58 014		58 014			
1			长兴乡	老君堂	1 108		1 108		陆地转移	徐集
2			长兴乡	景店	520		520		陆地转移	徐集
3			长兴乡	毛店	735		735		陆地转移	徐集
4			长兴乡	辛庄	913		913		陆地转移	徐集
5			长兴乡	王大园	430		430		陆地转移	徐集
6			长兴乡	水坑	1 215		1 215		陆地转移	凉粉店
7			长兴乡	老水坑	205		205		陆地转移	凉粉店
8			长兴乡	小水坑	140		140		陆地转移	凉粉店
9			长兴乡	找营	990		990		陆地转移	任庄

附表 7　东明县黄河滩区群众转移安置计划表

22 000 m^3/s 流量级洪水

序号	市	县（区、市）	乡(镇)	村（分队）	总人口（人）	就地安置人口(人)	计划转移人口(人)	其他重要财产	转移方式	安置地点
	菏泽									
		东明县			119 337	0	119 337			
一			焦元乡		39 804		39 804			
1			焦元乡	郭堂	780		780		陆地转移	马桥
2			焦元乡	毕桥	801		801		陆地转移	马桥
3			焦元乡	南张庄	697		697		陆地转移	前黄集
4			焦元乡	王东	1 317		1 317		陆地转移	闫庄
5			焦元乡	王西	706		706		陆地转移	于楼
6			焦元乡	王南	848		848		陆地转移	胡寨
7			焦元乡	双楼	257		257		陆地转移	郭寨
8			焦元乡	甘西	522		522		陆地转移	郭寨
9			焦元乡	甘东	1 807		1 807		陆地转移	大岗
10			焦元乡	老李庄	836		836		陆地转移	大李庄
11			焦元乡	高庄	511		511		陆地转移	大李庄
12			焦元乡	小王庄	256		256		陆地转移	大李庄
13			焦元乡	贾庄	853		853		陆地转移	许庄
14			焦元乡	焦园	1 106		1 106		陆地转移	吕寨
15			焦元乡	后王	220		220		陆地转移	吕寨
16			焦元乡	前汤	677		677		陆地转移	赵盘占

续附表 7

22 000 m^3/s 流量级洪水										
序号	市	县（区、市）	乡（镇）	村（分队）	总人口（人）	就地安置人口（人）	计划转移人口（人）	其他重要财产	转移方式	安置地点
17			焦元乡	娄寨	2 159		2 159		陆地转移	朱洼
18			焦元乡	胡寨	757		757		陆地转移	西李寨
19			焦元乡	张庄	401		401		陆地转移	拐王
20			焦元乡	大黄庄	1 919		1 919		陆地转移	孔寨
21			焦元乡	小黄庄	183		183		陆地转移	孔寨
22			焦元乡	黄夹堤	1 272		1 272		陆地转移	后黄集
23			焦元乡	辛庄	1 834		1 834		陆地转移	果园
24			焦元乡	石香炉	759		759		陆地转移	堤根
25			焦元乡	大王寨	1 959		1 959		陆地转移	小李庄
26			焦元乡	小王寨	266		266		陆地转移	郑寨
27			焦元乡	王子扬寨	811		811		陆地转移	郑寨
28			焦元乡	后汤	690		690		陆地转移	杨寨
29			焦元乡	马庄	209		209		陆地转移	杨寨
30			焦元乡	朱口	2 147		2 147		陆地转移	三春
31			焦元乡	王夹堤	1 636		1 636		陆地转移	南娄寨
32			焦元乡	新井沿	123		123		陆地转移	南李庄
33			焦元乡	西小庄	120		120		陆地转移	开州庄
34			焦元乡	徐夹堤	1 836		1 836		陆地转移	闫潭
35			焦元乡	单寨	1 364		1 364		陆地转移	张营
36			焦元乡	农中	168		168		陆地转移	吴营

续附表 7

22 000 m^3/s 流量级洪水

序号	市	县（区、市）	乡（镇）	村（分队）	总人口（人）	就地安置人口（人）	计划转移人口（人）	其他重要财产	转移方式	安置地点
37			焦元乡	西王庄	202		202		陆地转移	黄庄
38			焦元乡	一马厂	848		848		陆地转移	史寨
39			焦元乡	二马厂	793		793		陆地转移	楼张
40			焦元乡	三马厂	198		198		陆地转移	楼张
41			焦元乡	温寨	585		585		陆地转移	祥符营
42			焦元乡	北兰通	515		515		陆地转移	祥符营
43			焦元乡	前王寨	404		404		陆地转移	祥符营
44			焦元乡	荆西	1 161		1 161		陆地转移	贾寨
45			焦元乡	荆南	1 170		1 170		陆地转移	刘小川
46			焦元乡	荆东	1 121		1 121		陆地转移	左寨
二			长兴乡		58 014		58 014			
1			长兴乡	老君堂	1 108		1 108		陆地转移	徐集
2			长兴乡	景店	520		520		陆地转移	徐集
3			长兴乡	毛店	735		735		陆地转移	徐集
4			长兴乡	辛庄	913		913		陆地转移	徐集
5			长兴乡	王大园	430		430		陆地转移	徐集
6			长兴乡	水坑	1 215		1 215		陆地转移	凉粉店
7			长兴乡	老水坑	205		205		陆地转移	凉粉店
8			长兴乡	小水坑	140		140		陆地转移	凉粉店
9			长兴乡	找营	990		990		陆地转移	任庄

参考文献

[1] 胡一三. 黄河防洪[M]. 郑州:黄河水利出版社, 1996.
[2] 山东黄河河务局. 堤防工程抢险[M]. 郑州:黄河水利出版社,2015.
[3] 帅移海. 水利工程防汛抢险技术[M]. 北京:中国水利水电出版社,2016.
[4] 牡丹黄河河务局. 菏泽牡丹黄河志[M]. 郑州:黄河水利出版社,2013.